“南北极环境综合考察与评估”专项

南极周边海域磷虾等生物资源考察与评估

国家海洋局极地专项办公室　编

海洋出版社

2016 · 北京

图书在版编目（CIP）数据

南极周边海域磷虾等生物资源考察与评估/国家海洋局极地专项办公室编．—北京：海洋出版社，2016.11

ISBN 978-7-5027-9539-9

Ⅰ.①南… Ⅱ.①国… Ⅲ.①南极-虾类-资源调查②南极-虾类-资源评价 Ⅳ.①Q959.223

中国版本图书馆 CIP 数据核字（2016）第 269499 号

NANJI ZHOUBIAN HAIYU LINXIA DENG SHENGWU ZIYUAN KAOCHA YU PINGGU

责任编辑：王　溪
责任印制：赵麟苏
海洋出版社　出版发行
http://www.oceanpress.com.cn
北京市海淀区大慧寺路 8 号　邮编：100081
北京朝阳印刷厂有限责任公司印刷　新华书店北京发行所经销
2016 年 11 月第 1 版　2016 年 11 月第 1 次印刷
开本：889mm×1194mm　1/16　印张：18.5
字数：426 千字　定价：120.00 元
发行部：62132549　邮购部：68038093　总编室：62114335

极地专项领导小组成员名单

组　长：陈连增　国家海洋局

副组长：李敬辉　财政部经济建设司

　　　　曲探宙　国家海洋局极地考察办公室

成　员：姚劲松　财政部经济建设司（2011—2012）

　　　　陈昶学　财政部经济建设司（2013—）

　　　　赵光磊　国家海洋局财务装备司

　　　　杨惠根　中国极地研究中心

　　　　吴　军　国家海洋局极地考察办公室

极地专项领导小组办公室成员名单

专项办主任：曲探宙　国家海洋局极地考察办公室

常务副主任：吴　军　国家海洋局极地考察办公室

副　主　任：刘顺林　中国极地研究中心（2011—2012）

　　　　　　李院生　中国极地研究中心（2012—）

　　　　　　王力然　国家海洋局财务装备司

成　　　员：王　勇　国家海洋局极地考察办公室

　　　　　　赵　萍　国家海洋局极地考察办公室

　　　　　　金　波　国家海洋局极地考察办公室

　　　　　　李红蕾　国家海洋局极地考察办公室

　　　　　　刘科峰　中国极地研究中心

　　　　　　徐　宁　中国极地研究中心

　　　　　　陈永祥　中国极地研究中心

极地专项成果集成责任专家组成员名单

组　长：潘增弟　国家海洋局东海分局

成　员：张海生　国家海洋局第二海洋研究所

余兴光　国家海洋局第三海洋研究所

乔方利　国家海洋局第一海洋研究所

石学法　国家海洋局第一海洋研究所

魏泽勋　国家海洋局第一海洋研究所

高金耀　国家海洋局第二海洋研究所

胡红桥　中国极地研究中心

何剑锋　中国极地研究中心

徐世杰　国家海洋局极地考察办公室

孙立广　中国科学技术大学

赵　越　中国地质科学院地质力学研究所

庞小平　武汉大学

“南极周边海域磷虾等生物资源考察与评估”专题

承担单位：中国水产科学研究院东海水产研究所

参与单位：中国极地研究中心

国家海洋局第一海洋研究所

国家海洋局第三海洋研究所

中国科学院海洋研究所

中国海洋大学

《南极周边海域磷虾等生物资源考察与评估》编写人员名单

主　　编：黄洪亮

副 主 编：陈　波　陈雪忠

编写人员：陈新华　朱天骄　陶振诚　丛柏林　李灵智

陈　帅　杨　桥　黄艳青　李学英　屈泰春

刘　健　吴　越　刘胜浩　汤熙翔　张改云

刘梦坛　宋　炜　刘志东　廖　丽　俞　勇

丁海涛　王熊飞　李德海

序　言

“南北极环境综合考察与评估”专项（以下简称极地专项）是2010年9月14日经国务院批准，由财政部支持，国家海洋局负责组织实施，相关部委所属的36家单位参与，是我国自开展极地科学考察以来最大的一个专项，是我国极地事业又一个新的里程碑。

在2011年至2015年间，极地专项是从国家战略需求出发，整合国内优势科研力量，充分利用“一船五站”（“雪龙”号、长城站、中山站、黄河站、昆仑站、泰山站）极地考察平台，极地专项有计划、分步骤地完成了南极周边重点海域、北极重点海域、南极大陆和北极站基周边地区的环境综合考察与评估，无论是在考察航次、考察任务和内容、考察人数、考察时间、考察航程、覆盖范围，还是在获取资料和样品等方面，均创造了我国近30年来南、北极考察的新纪录，促进了我国极地科技和事业的跨越式发展。

为落实财政部对极地专项的要求，极地专项办制定了包括极地专项“项目管理办法”和“项目经费管理办法”在内的4项管理办法和14项极地考察相关标准和规程，从制度上加强了组织领导和经费管理，用规范保证了专项实施进度和质量，以考核促进了成果产出。

本套极地专项成果集成丛书，涵盖了极地专项中的3个项目共17个专题的成果集成内容，涉及了南、北极海洋学的基础调查与评估，涉及了南极大陆和北极站基的生态环境考察与评估，涉及了从南极冰川学、大气科学、空间环境科学、天文学以及地质与地球物理学等考察与评估，到南极环境遥感等内容。专家认为，成果集成内容翔实，数据可信，评估可靠。

“十三五”期间，极地专项持续滚动实施，必将为贯彻落实习近平主席关于“认识南极、保护南极、利用南极”的重要指示精神，实现李克强总理提出的“推动极地科考向深度和广度进军”的宏伟目标，完成全国海洋工作会议提出的极地工作业务化以及提高极地科学研究水平的任务，做出新的、更大的贡献。

希望全体极地人共同努力，推动我国极地事业从极地大国迈向极地强国之列！

目 次

第1章 总 论

南极周边海域南极磷虾等生物资源考察与评估依托我国极地科学考察船“雪龙”号科考平台，开展环南极周边海域的南极磷虾、微生物等生物资源的考察与评估，调查区域主要为“雪龙”船走航航线覆盖区域、南极半岛和普里兹湾重点调查区域。通过声学评估和拖网等多重采样办法，分析南极磷虾基础生物学、资源丰度、资源密度和区域分布，评估调查海域南极磷虾的种群结构、空间分布和资源量，初步掌握南极磷虾资源分布与环境因子的相关关系，为南极周边海域南极磷虾资源量的综合开发利用提供科学数据。利用考察采集的南极磷虾样品，开展了南极磷虾资源利用潜力分析与评估，考察成果可为我国极地渔业资源的实质性开发利用提供基础数据；微生物资源的获取主要通过考察期间获取的水样、底泥和南极磷虾等生物体，通过培育和筛选，最终获取极地微生物种质与基因资源，并分析评估其在工业、医药、农业等重要领域的应用潜力信息。

围绕专题考察目标，根据考察要素不同，南极周边海域南极磷虾等生物资源考察与评估专题任务分成6项子任务：(1) 南极海域磷虾资源密度及其分布；(2) 南极磷虾等资源种群结构与资源量评估；(3) 南极磷虾综合利用基础研究；(4) 极地微生物种质、基因资源及其信息系统的构建；(5) 极地微生物物种和产物性质与功能评估；(6) 运行极地微生物产物信息管理系统并构建产物信息数据集。分别由中国水产科学研究院东海水产研究所、中国极地研究中心、国家海洋局第一海洋研究所、中国科学院海洋研究所、中国海洋大学等6家单位负责完成，其中中国水产科学研究院东海水产研究所为专题的负责单位。

通过中国第28次、第29次、第30次和第31次南极环境与资源综合考察，共11人次，开展了首次环南极海域及普里兹湾和南极半岛邻近海域南极磷虾等生物资源声学走航调查与评估，初步分析了调查区域南极磷虾资源分布和资源丰度，基本掌握了南极重点调查海域主要磷虾种群结构组成；开展了南极磷虾营养、品质控制等利用关键基础研究，取得了阶段性研究成果；构建了极地微生物产物信息管理系统平台，补充了新增粗提物样品数据库，对不同微生物菌株代谢产物的活性功能进行了评估，筛选并获取了具不同功能基因的菌株。

完成重点调查海域及走航附近海域南极磷虾声学映像数据采集，获得高速采集器、IKMT和拖网站位数据228个，南极磷虾垂直拖网站位数据112个；MultiNet多联网采集南极磷虾样品105个；共计获得南极磷虾等生物样品418个，各类微生物菌株276株。构建了南极走航调查数据，极地微生物菌株的分离及标准化以及功能基因序列数据集；绘制了考察区域南极磷虾资源分布及丰度图，南极磷虾优势种组成、种群结构及丰度、生物量空间分布和极地微生物结构形态图300余幅。共发表论文48篇，其中SCI收录9篇；授权发明专利4项，实用新型专利3项。

综合4年的考察结果，本专题取得了以下成果：(1) 分析了南极磷虾的优势种组成、种群结构及丰度空间分布；(2) 完成了2次环南极声学走航调查，取得了环南极及重点调查区域南极磷虾资源量分布状况；(3) 分析了南极磷虾的营养，开展了南极磷虾综合利用基础理论研究；（4）获得了南极海洋微生物菌株的功能基因序列、产酶活性菌株，补充完善了极地微生物产物信息管理系统；（5）开展了农用活性和药源活性菌株的潜力评估、获得了菌株活性产物资源。

尽管在4年的考察中，取得了许多成果和宝贵经验，但也暴露出了一些问题：（1）参与大洋考察的专题较多，而大洋调查船时有限，南极磷虾等生物资源考察在调查区域和时间上受到一定的制约，造成调查站位密度不足；（2）考察区域局限在物理海洋重点调查区域范围，与南极磷虾等生物资源重点考察区域存在一定的偏差，影响生物资源的评估质量；（3）随船科考人员安排不足，存在生物样品采样和保存质量不稳定，导致样品分析结果可靠性减小或无法分析；（4）受考察平台条件的限制，目前尚无法开展极地鱼类资源考察。

在总结"十二五"考察成果，分析考察成功经验和存在问题的基础上，对未来的科学考察提出如下建议：（1）进一步明确考察目标。南极磷虾资源考察的主要目标是通过南极磷虾资源的年间变化趋势分析，研究全球气候变化、人类活动对极地生态环境影响及其响应，评估南极磷虾资源区域分布和开发潜力并为合理开发利用和保护南极磷虾资源提供依据；南极海洋微生物考察的主要目标是充分利用平台优势，做好南极海洋微生物资源的储备，为开展微生物基因资源和产物资源的研究及其利用提供了前期材料；（2）加强国际合作，拓展考察区域。依托根据地考察船，加强与澳大利亚、挪威、韩国、日本和智利等国家的合作，利用国外的考察平台，通过南极磷虾等生物资源联合考察，弥补我国南极磷虾资源考察能力与平台的不足；（3）进一步优化考察队伍。设立必要的准入机制，优胜劣汰，确保高质量地完成考察工作；（4）进一步加强现场样品处理能力。充分利用考察站现有科考平台，精心准备必要的样品处理条件，能使样品在极地现场及时处理，减少运输过程中损坏的风险，确保样品质量。

第2章　南极周边海域磷虾等生物资源考察的意义与目的

2.1　考察背景与意义

南极周边海域区域辽阔，覆盖了地球系统的低温、高盐、高压、寡营养、巨幅变化的光辐射等多种特殊环境，这些特殊环境造就了极地海洋生物在生物种类、资源分布、基因结构、遗传、适应、代谢及产物等方面的独特性和多样性，蕴涵着生命进化历程的丰富信息，是生物遗传和功能多样性非常丰富的资源宝藏；海洋生物与极地海洋环境形成相互影响的紧密结合体，在生态系统物质和能量循环中扮演着重要角色；极地海洋生物资源研究也在生命科学和地球科学中的地位日益突出。早在20世纪50年代，以苏联和日本为主的综合考察开始，绝大部分从事南极科考的国家均将南极磷虾等生物资源作为考察的重要内容；上世纪80年代至今南极生物资源养护委员会已开展了5次大范围的联合调查。

长期以来我国政府十分重视和关注南极海洋生物资源调查，自1984年首次开展南极科学考察至今已有30多年历史，南极海洋生物资源的相关研究始终作为南极考察的一项重要内容，领域涉及南极磷虾、浮游生物、微生物等。尤其在普里兹湾和南极半岛附近海域开展的多学科的综合调查，这些技术储备为我国2009年启动南极磷虾等生物资源的开发和合理利用奠定了良好基础。为了进一步加强和促进极地海洋生物资源研究，2010年国家海洋局启动了南北极环境综合考察与评估专项，其中第6专题为南极周边海域南极磷虾等生物资源考察与评估，专题的实施为持续开展南极海洋生物资源的分布调查、性质和功能分析及其利用潜力评估做出了部署，为此类可持续利用的生物、基因等资源的了解、储备、理论和应用基础深入研究开启了一扇新的窗口。

2.1.1　南极磷虾资源考察背景与意义

南极磷虾隶属于甲壳纲软甲亚纲磷虾科磷虾属，广泛分布于环南极的南大洋水域。在南大洋水域迄今为止共发现8种南极磷虾，其中以南极大磷虾资源量最大、分布范围最广。南极磷虾资源蕴藏量巨大，据最新的评估结果，其资源蕴藏量为6.5亿~10亿吨，被认为是迄今为止地球上发现的资源量最大的单一生物资源。研究表明南极磷虾是迄今发现的含蛋白质最高的生物之一，蛋白质含量达50%以上，而且还富含人体组织所必需的氨基酸和维生素A。由于较高的营养价值、丰富的资源蕴藏量，南极磷虾资源量的分布及年度变化日益受到世界各渔业国家以及南极生物资源养护组织的关注。

南极海洋生物资源一直是发达国家竞相占有和发掘的重要战略资源，由于生物资源的背后蕴含着资源权益和技术利益，因而成为资源背后技术竞争的焦点。早在20世纪60年代以苏联和日本为主导的渔业发达国家已经开始了南极磷虾资源商业探捕，经过近几十年的发展和技术完善，南极磷虾渔业逐步发展壮大，以挪威为首的渔业发达国家几乎垄断了整个南极磷虾渔业开发技术，涵盖南极磷虾资源调查、捕捞、加工等等。由于南极磷虾在极地生态系统中重要地位，渔业管理也日趋严格，入渔的难度持续加大，南极磷虾产量从大区的配额限制调整至小区配额限制，在资源权益竞争激烈的背后，参与生物资源养护管理、掌握规则制定的话语权急需要科学研究的技术支撑。

南极磷虾也是南大洋生态系统中的关键物种，既是浮游植物的摄食者，也是企鹅、海豹、鲸等动物赖以生存的主要饵料生物，在南大洋生态系统的物质和能量循环中扮演着至关重要角色。

开展南极磷虾等海洋生物资源调查、评估具有如下重要意义。

开展南极磷虾资源的考察、评估及综合利用有利于维护我国海洋权益。我国政府十分重视在南极事务中的国家权益和义务，至今已开展了32次南极科学考察，为世界共同认识南极做出了贡献。在“存在即是权益”的海洋权益竞争中，有必要加速推进我国对南极海洋生物资源的实质性开发和利用，并积极参与南极海洋生物资源的养护与管理，体现我国在极地资源开发利用的实质存在，树立我国负责任渔业强国的形象，为我国争取最大的极地海洋权益。

开展南极磷虾资源的考察、评估及综合利用有利于保障我国粮食安全和国民经济的可持续发展。南极磷虾含有优质蛋白质，氨基酸含量高于牛肉和对虾，可直接食用或替代鱼粉作为养殖饲料。我国是人口大国，也是优质蛋白源的消费大国，每年需从国外进口优质水产蛋白源产品约100多万吨。开展磷虾资源的考察、评估及综合利用能够促进我国极地海洋生物资源的开发利用，缓解我国人口增加与优质动物蛋白短缺的矛盾，促进国民经济的可持续发展。

开展南极磷虾等海洋生物资源的考察、评估及综合利用具有重要科学意义。南极磷虾等极地海洋生物资源是南极海域生态系统中最主要的关键物种，其数量变动将直接影响到整个南极海域生态系统和生物多样性，而南极海域生态系统又与全球气候变化密切相关。因此，南极磷虾等海洋生物资源数量变动及其分布变化可作为监测和分析全球气候变化的主要因子。有助于深入了解南极生态系统、极地海洋环境变化，为促进南极磷虾资源合理利用提供科学依据。

此外，南极海洋生物资源开发与利用在我国是一个崭新的领域，该项目的推动将有助于促进我国在多学科领域的发展，具有十分重要的科学意义。

2.1.2 南极海洋微生物资源考察的背景与意义

南北两极及其周围的宽阔海洋是一个非常多样化的环境，包括极端寒冷的海冰和海洋生境、生物类群和生态要素差异巨大的沉积环境、特殊的各种生物栖息地和生物区系。在这些环境中生活的微生物必须适应这些苛刻和多变的条件，从而代表了令人兴奋的新型生物多样性的源地。近年来各国对尚不知名或新的微生物类群的天然产物的潜力认识持越来越大的兴趣，众多专业研究机构和技术公司正在致力于来自南北极新型生物活性的追踪，不断发现来自南北极及其海域环境样品中分离出针对重大人类疾病的治疗提供新的微生物分子化合物。

同时，科学家也对来源于极地微生物的新特性酶及其基因给予了前所未有的重视，一系列筛选、分子和克隆技术的融入使得特殊微生物的新酶的发现得到了快速发展。

发展南极海洋微生物资源储备及其利用技术，提升我国对南极海域等国际公共海域生物资源挖掘、利用的能力和技术水平。当前，世界各国纷纷以2007/2008国际极地年为契机，大幅增加对极地科学考察的投入，高举科学大旗为争取极地资源和领土权益经略谋划，南北极活动日趋活跃并已演变成为各国以领土划分、主权归属和资源争夺为主导的复杂的区域性政治问题。这场争夺战背后蕴藏着巨大的政治、经济和军事利益，受到了世界各国的普遍关注。极地海洋微生物资源是极地油气、矿物、淡水以外的生物资源的重要成员，具有很强的资源和技术的隐秘性特殊性，其产物资源及其利用技术将对我国在该领域的技术权益及生物技术、生物医药产业形成重要支持作用，挖掘这一资源对提升我国的极地资源拥有量和利用能力、服务国家的经济社会发展具有重要价值。

南极海洋特殊环境微生物天然产物的筛选研究为了解南极海洋微生物代谢产物多样性和新颖性、开发新型活性酶和酶资源、开发新的治疗药物与农用药物、发现新的化学物质开辟新的重要途径，获得酶和小分子代谢产物的结构和功能认识，储备活性产物资源及其制备技术。

2.2　南极周边海域磷虾等生物资源考察目标

2.2.1　南极磷虾资源考察的目标

通过南极磷虾资源考察与评估，对南大洋生态系统中承上启下的关键物种南极磷虾资源进行连续跟踪调查，分析其资源种群结构和资源量，评估南大洋海域的生态系统对全球气候变化的响应，掌握南极磷虾种群结构、年龄组成、幼体分布、产卵群体的结构、生殖特征、消化生理、磷虾的生长、资源量及丰度分布，提出我国南极磷虾开发利用战略与发展战略，实现我国极地科学考察与资源实质性开发利用的有效过渡，提升我国参与南极海洋生物资源利用管理的话语权，切实维护我国南极海洋生物开发利用的国家权益。

2.2.2　南极海洋微生物资源考察的目标

本专题考察与研究的目的是扩大我国南极周边海域微生物种质及基因资源保藏和储备，建立规范的极地环境微生物种质资源库及其代谢产物信息库，基本掌握重点考察区域微生物的物种、基因和代谢产物潜在的利用价值；逐步构建极地微生物功能酶和天然药物先导化合物等产物资源的开发利用技术体系，获得一批微生物菌株在工业、医药、农业等重要领域可能的应用潜力信息。

2.3　南极周边海域磷虾等生物资源考察在专项中的作用

经过4年的南北极站基科学考察，开展了环南极海域及普里兹湾和南极半岛邻近海域南极磷虾等生物资源声学走航调查与评估，初步分析了调查区域南极磷虾资源分布和资源丰度，基本掌握了南极重点调查海域主要磷虾种群结构组成；开展了南极磷虾营养、品质控制等利用关键基础研究，取得了阶段性研究成果；构建了极地微生物产物信息管理系统平台，补充了新增粗提物样品数据库，对不同微生物菌株代谢产物的活性功能进行了评估，筛选并获取了具不同功能基因的菌株。考察结果对进一步评估南极周边海域磷虾等生物资源潜力，制定我国南极磷虾等海洋生物资源开发利用战略具有明显的科学价值和指导意义。

第3章 南极周边海域磷虾等生物资源主要考察任务

3.1 考察内容

以南极磷虾、鱼类以及微生物资源为考察对象，查明南极半岛、罗斯海和普里滋湾重点调查区域以及其他南极周边海域南极磷虾和鱼类资源种群结构、年龄组成、群体特点、生殖特征、消化生理、资源量与时空分布特征，重点评估南极磷虾资源时空分布与海洋环境因子变化的关系；调查分析南大洋不同区域南极磷虾、鱼类和微生物资源种群结构与资源量时空分布的规律；挖掘南极磷虾、鱼类和微生物资源功能基因和遗传资源；综合评估南极周边海域不同区域南极磷虾和主要鱼类资源量及其分布格局，为南极周边海域海洋保护区（MPA）资源养护功能及其对资源开发利用潜在影响提供调查资料和评估依据，也为我国参与南极海洋生物资源资源养护综合管理确立话语权，为争取和维护我国极地最大海洋权益提供决策依据。

本项目主要研究内容包括南极磷虾资源考察、评估及其综合开发利用关键基础技术研究；南极水域极地微生物资源考察评估、极地微生物物种和产物性质与功能评估及其数据库构建，共分为6个研究内容。

3.1.1 南极附近海域磷虾资源密度及其分布

主要根据走航调查结果，重点掌握印度洋侧南极磷虾等资源的分布，分析南极磷虾分布与不同水层温度、叶绿素、浮游生物、海水深度、海面高度、海冰、气象等环境之间的相互关系，掌握南极磷虾群体形成的主要环境特征指标。

3.1.2 南极磷虾种群结构研究

通过多种调查与资源采集方法，采集南极磷虾等生物资源样品，并根据考察/探捕采集样品，开展南极磷虾等海洋生物资源生物学研究。对区域的微生物种属分布做出基础分析。

3.1.3 南极磷虾开发利用基础研究

主要包括南极磷虾等资源高效生态型捕捞技术研发、南极磷虾保鲜与深加工技术和南极磷虾天然活性物质及其功能评估研究。

3.1.4 极地微生物产物信息管理系统平台构建

开展极地微生物种质资源的标准化整理和保藏；对已获得的部分极地微生物菌种产物信

息建立数据库，并录入和转入有关微生物物种和产物信息数据，构建微生物产物信息管理平台。

3.1.5 极地微生物物种和产物性质与功能评估

主要开展产低温酶或功能酶微生物的筛选及其功能评估；极地真菌和放线菌特性与功能评估；开展农用活性的初步筛选与评估。

3.1.6 新增极地微生物粗提物储备

新增基于药物先导物筛选的粗提取物储备量与谱学分析。

3.2 考察任务分工

3.2.1 中国水产科学学院东海水产研究所的任务

负责南极周边海域磷虾等资源考察、评估与综合利用，具体开展南极磷虾拖网调查，南极磷虾资源走航评估，南极海洋动植物共附生微生物调查。评估南极磷虾资源与丰度分布；研究南极磷虾加工等产业技术基础；完成南极磷虾等资源种类与数量的汇总和图件编制；负责南极磷虾资源拖网调查样品、南极磷虾走航调查资料、共附生微生物特性与天然产物结构分析评估；负责提交南极磷虾资源现场考察航次报告、数据分析处理研究报告和考察汇总报告撰写。

3.2.2 中国科学院海洋研究所的任务

负责南极周边海域磷虾种群结构与丰度分析评估，具体开展南极普里兹湾周边海域高速采集器、IKMT 网、北太平洋网垂直拖网 Multinet 全水深磷虾、样品采集。评估南极周边海域磷虾丰度、优势种和种群结构分析获得南极普里兹湾周边高速采集器样品，提交调查站位磷虾种类组成、种群结构及丰度数据集及南极磷虾的优势种组成、种群结构及丰度空间分布图。

3.2.3 中国极地研究中心的任务

负责菌株标准化与极地微生物产物信息化，具体开展可培养微生物菌株资源种类基础调查；极地微生物种质资源的标准化整理、发现新种；极地微生物种质资源的中长期保藏；产低温酶微生物的筛选、菌株特性与功能评估；微生物种质、产物资源及其信息系统的构建。

3.2.4 国家海洋局第一海洋研究所的任务

负责产低温酶与功能基因分析低温酶的筛选、性质与酶基因分析，具体负责可培养微生物菌株资源基础调查；细菌和真菌微生物种质资源的标准化整理；功能基因分析；产低温酶微生物菌株筛选；协同微生物种质、产物资源及其信息系统的构建。

3.2.5 国家海洋局第三海洋研究所的任务

负责极地微生物农用活性产物性质与潜力评估，具体开展产低温酶微生物菌株筛选；真菌和放线菌极地微生物种质资源的标准化整理；功能基因分析真菌或放线菌的特性与功能评估；产低温酶微生物筛选与酶功能评估；农用活性微生物的筛选与应用潜力评估；协同微生物种质、产物资源及其信息系统的构建。

3.2.6 中国海洋大学的任务

负责极地微生物天然产物性质与药源活性分析，具体开展可培养微生物菌株资源基础调查；微生物种质资源的标准化整理真菌；功能基因分析；真菌和/或放线菌特性与功能评估；天然产物结构分析；协同微生物种质、产物资源及其信息系统的构建。

3.3 考察任务指标

（1）基本掌握南极磷虾资源变动规律及其分布；
（2）基本掌握南极磷虾栖息地环境指数；
（3）基本掌握南极磷虾开发利用关键技术；
（4）基本掌握南极主要鱼类资源变动规律及其分布；
（5）基本掌握南极主要鱼类资源栖息地环境指数
（6）基本掌握南极主要鱼类开发利用关键技术；
（7）基本掌握南极主要头足类资源变动规律及其分布；
（8）基本掌握南极主要头足类开发利用关键技术；
（9）基本掌握南极磷虾等资源综合利用关键技术；
（10）逐步构建南极磷虾等关键渔业资源综合利用的技术体系。

3.4 考察人员投入及工作量

3.4.1 人员投入

2012—2015 年累计人员投入 927 人月。

2012 年人员累计投入 243 人月，其中：按技术职称分共投入高级科研人员 20 人，中级科研人员 16 人，初级科研人员 2 人，其他人员 1 人；按学位统计共有博士 18 人，硕士 16 人，学士 5 人。

2013 年人员累计投入 233 人月，其中：按技术职称分共投入高级科研人员 15 人，中级科研人员 21 人，其他科研人员 3 人；按学位统计共有博士 18 人，硕士 17 人，学士 4 人。

2014 年人员累计投入 253 人月，其中：按技术职称分共投入高级科研人员 15 人，中级科研17人，初级科研4人，其他科研2人；按学位统计共有博士18人，硕士17人，学士3人。

2015年人员累计投入198人月，其中：按技术职称分共投入高级科研人员15人，中级科研人员19人，其他科研人员2人；按学位统计共有博士18人，硕士15人，学士3人。

3.4.2 考察完成工作量

考察任务主要包括外业工作和内业工作两大部分。

外业工作主要包括：

（1）EK500南极磷虾资源走航声学评估；

（2）南极磷虾资源定点拖网调查；

（3）磷虾等资源高速采集器取样；

（4）南极磷虾IKMT斜拖网取样；

（5）南极磷虾等生物资源Multinet网取样；

（6）应用CTD采水器、采泥器、拖网等采集微生物种质和基因资源样品。

内业工作主要包括：

（1）有南极磷虾生物学样品的分析处理；

（2）对南极磷虾样品种群进行分析鉴定；

（3）ssu rRNA基因文库方法与分离菌株分子鉴定相结合，对海洋微生物群落结构与组成进行分析；

（4）参照科技部资源平台项目相关规范，标准化整理保藏微生物菌株；

（5）应用细菌、真菌、放线菌等分离培养基分离、纯化微生物菌株；

（6）应用显微观测、生理生化实验和16S rRNA基因序列分析获取菌株基本信息；

（7）采用适温保藏方法、超低温冷冻保藏法或冷冻干粉保藏法保藏微生物菌株；

（8）利用基因扩增技术、测序技术与基因组学等技术分析，获取功能基因；

（9）采用平板方法和摇瓶方法筛选产低温酶菌株；

（10）采用超声提取、树脂层析、HPLC－UV－MS分析、中低压正反相层析、凝胶过滤色谱、HPLC半制备等提取、分离纯化代谢产物；

（11）应用体外模型开展化合物药用、农用活性筛选与分析；

（12）综合运用现代谱学技术方法（1D、2D－NMR，MS，IR，UV）、化学方法、CD谱X－射线单晶衍射等，鉴定各单体化合物的结构；

（13）对前期考察成果进行总结，完成阶段性成果集成。

3.4.2.1 2011/2012年度的工作量

外业、内业累计工作量：6 950人天。

（1）外业调查准备工作量：90人天。

野外调查用品、试剂耗材、仪器等的购置准备1人天。

（2）外业调查工作量：720人天。

南极磷虾样品采集330人天；南极磷虾走航观测与声学评估270人天；微生物种质、基因资源样品的采集30人天；微生物菌株和环境DNA现场分离、纯化90人天。

（3）实验室分析工作量：6 140人天。其中南极磷虾样品分析与鉴定：1 700人天（按磷虾样品生物组成分析20人天/瓶计算，分析85瓶，需1 700人天）；南极磷虾生态学分析研究：850人天（按磷虾基础生物学分析10人天/瓶计算，分析85瓶，需850人天）；南极磷虾声学数据分析评估：100人天；南极磷虾资源丰度分析：400人天（按20人天/站计算，分析20瓶，需400人天）；微生物物种种类分析：500人天［按20株/（人·30天）计算，分析300株菌种，需500人天］；微生物物种资源的标准化整理和保藏：600人天［按5株/（人·30天）计算，标准化整理100株，需600人天］；功能基因序列获取与分析：150人天［按2个/（人·30天）计算，获取与分析10个功能基因序列，需150人天］；微生物产物粗提物制备：150人天［按20个/（人·30天）计算，共制备粗提物100个，需150人天］；药用活性及农用活性筛选：30人天［按40个/（人·30）天计算，共筛选40个样品，需30人天］；天然产物获取与鉴定：300人天［按3个/（人·30天）计算，共获得30个天然产物，需300人天］；低温酶筛选及酶学性质分析：660人天［低温酶筛选，按50株菌/（人·30天）计算，筛选100株菌，共计60人天；酶学性质分析，按300人天/酶，分析2个酶，共计600人天］；数据库建设：100人天；数据分析与整理：600人天。

3.4.2.2 2012/2013年度的工作量

课题外业、内业累计工作量：6 100人天。

（1）外业调查准备工作量：90人天，野外调查设备、用品、试剂耗材、培养基、专用材料与仪器等的购置和准备90人。

（2）外业调查工作量：720人天。

南极磷虾样品采集330人天；南极磷虾走航观测与声学评估270人天；微生物种质、基因资源样品的采集30人天；微生物菌株和环境DNA现场分离、纯化90人天。

（3）实验室分析工作量：5 290人天。南极磷虾样品分析与鉴定：1 200人天（按磷虾样品生物组成分析20人天/瓶计算，分析60瓶，需1 200人天）；南极磷虾生态学分析研究：600人天（按磷虾基础生物学分析10人天/瓶计算，分析60瓶，需600人天）；南极磷虾声学数据分析评估：100人天；南极磷虾资源丰度分析：400人天（按20人天/站计算，分析20瓶，需400人天）；微生物物种种类分析：150人天［按20株/（人·30天）计算，分析100株菌种，需150人天］；微生物物种资源的标准化整理和保藏：600人天［按20株/（人·30天）计算，标准化整理100株，需150人天］功能基因序列获取与分析：150人天［按2个/（人·30天）计算，获取与分析10个功能基因序列，需150人天］；微生物产物粗提物制备：150人天［按20个/（人·30天）计算，制备粗提物100个，需150人天］；药用活性及农用活性筛选：30人天［按20个/（人·30天）计算，共筛选20个样品，需30人天］；天然产物获取与鉴定：300人天［按3个/（人·30天）计算，共获得30个天然产物，需300人天］；低温酶筛选及酶学性质分析：260人天［低温酶筛选，按50株菌/（人·30天）计算，筛选100株菌，共计60人天；酶学性质分析，按100人天/酶，分析2个酶，共计200人天］；数据库升级扩容：100人天；数据分析与整理：450人天；总结材料汇编：50人天。

3.4.2.3 2013/2014 年度的工作量

课题外业、内业累计工作量：3 492 人天。

（1）外业调查准备工作量：90 人天。

野外调查用品、试剂耗材、仪器等的购置准备 1 人天。

（2）外业调查工作量：720 人天。

南极磷虾样品采集 330 人天；南极磷虾走航观测与声学评估 270 人天；微生物种质、基因资源样品的采集 30 人天；微生物菌株和环境 DNA 现场分离、纯化 90 人天。

（3）实验室分析工作量：2 682 人天。

南极磷虾样品分析与鉴定 720 人天（按磷虾样品生物组成分析 20 人天/瓶计算，分析 36 瓶，需 720 人天）；南极磷虾生态学分析研究：360 人天（按磷虾基础生物学分析 10 人天/瓶计算，分析 36 瓶，需 360 人天）；南极磷虾声学数据分析评估：180 人天；南极磷虾资源丰度分析：360 人天（按 2 人天/站计算，分析 180 站点，需 360 人天）；微生物物种种类分析：90 人天［按 20 株/（人·30 天）计算，分析 60 株菌种，需 90 人天］；微生物物种资源的标准化整理和保藏：90 人天［按 20 株/（人·30 天）计算，标准化整理 60 株，需 90 人天］；功能基因序列获取与分析：150 人天［按 2 个/（人·30 天）计算，获取与分析 10 个功能基因序列，需 150 人天］；微生物产物粗提物制备：90 人天［按 20 个/（人·30 天）计算，共制备粗提物 60 个，需 90 人天］；药用活性及农用活性筛选：30 人天［按 20 个/（人·30 天）计算，共筛选 20 个样品，需 30 人天］；天然产物获取与鉴定：300 人天［按 3 个/（人·30天）计算，共获得 30 个天然产物，需 300 人天］；低温酶筛选及酶学性质分析：112 人天［低温酶筛选，按 50 株菌/（人·30 天）计算，筛选 20 株菌，共计 12 人天；酶学性质分析，按 300 人天/酶，分析 1 个酶，共计 100 人天］；数据库建设：100 人天；数据分析与整理：100 人天。

3.4.2.4 2014/2015 年度的工作量

（1）外业调查准备工作量 40 人天。为参与 30 次南极考察队现场考察和 31 次考察前期准备。

（2）外业考察工作量 600 人天。包括磷虾等资源调查连续走航数据采集、初级生产力样品采集、南极磷虾样品的采集、南极鱼类样品的采集、头足类样品的采集、微生物物种、基因资源的采集等。

（3）内业考察工作量 5 290 人天。主要包括南极磷虾等海洋生物资源样品分析、鉴定、培养、数据分析、整理和数据库构建。

南极磷虾样品分析与鉴定：720 人天（按磷虾样品生物组成分析 20 人天/瓶计算，分析 36 瓶，需 720 人天）；南极磷虾生态学分析研究：720 人天（按磷虾基础生物学分析 20 人天/瓶计算，分析 36 瓶，需 720 人天）；南极磷虾声学数据分析评估：360 人天；南极磷虾资源丰度分析：180 人天（按 2 人天/站计算，分析 90 站点，需 180 人天）；微生物菌种分类与多样性分析：240 人天［按 20 株/（人·60 天）计算，分析 60 株菌种，需 120 人天；多样性分析预计 120 人天］微生物物种资源的标准化整理和保藏：120 人天［按 20 株/（人·30 天）计算，标准化整理和保藏 60 株，需 120 人天］；功能基因序列获取与分析：180 人天

［按2个/（人·30天）计算，获取与分析12～15个功能基因序列，需180人天］；微生物产物粗提物制备：100人天［按20个/（人·30天）计算，制备粗提物60个，需100人天］；药用活性及农用活性筛选：60人天［按20个/（人·60天）计算，共筛选20个样品，需60人天］；天然产物获取与鉴定：120人天［按3个/（人·30天）计算，共获得40个天然产物，需120人天］；低温酶筛选及酶学性质分析：160人天［低温酶筛选，按25株菌/（人·30天）计算，筛选50株预计获得25株菌活性菌株，共计60人天；酶学性质分析，预计100人天］；数据库子集构建：预计90人天；系统运行调试与改进：预计200人天；数据分析与整理：2 040人天。

第4章　南极周边海域磷虾等生物资源考察主要数据与样品

4.1　样品和数据采集

4.1.1　南极磷虾等生物资源声学映像数据采集

数据采集仪器为EK500和EK60型科学渔探仪，其中中国第28和第29次南极科学考察使用的调查仪器为EK500，频率为38 kHz，中国第30和第31次南极科学考察为EK60，频率为38 kHz和120 kHz。采集方式为随航不间断采集，地理空间数据来自船载GPS。第28次南极主要调查区域为南极半岛附近海域、南极半岛至普里兹湾之间的海域，共采集的映像数据205 G；第29次南极科学考察主要调查区域为普里兹湾、普里兹湾至罗斯海之间的海域，共采集数据220 G，其中走航历时58天，采集数据121 G，断面调查历时38天，采集数据99 G；第30次南极科学考察主要调查区域为南极半岛附近海域、环南极附近海域，共获得声学数据大约53.73 G，历时约51天；南极半岛附近海域调查断面5条，声学调查数据大约6.70 G，历时约6天9小时；第31次南极科学考察主要调查区域与29次相似，共采集声学映像数据42 G；其中走航调查声学映像数据35 G；进行4个纵向断面和2个横向断面的走航资源调查并进行环境数据采集和拖网采样，采集的声学映像数据7.02 G。南极磷虾映像如图4－1所示。

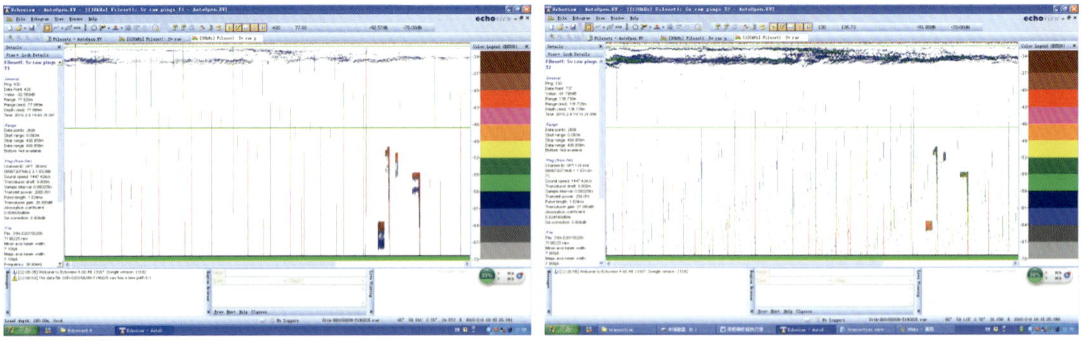

图4－1　南极磷虾声学映像特征

4.1.2 南极磷虾样品采集

4.1.2.1 采样方法

（1）南极磷虾等浮游生物样品走航采集。

采集仪器为高速采集器，结构如图4－2所示，入水口径为7 cm，筛绢孔径为277～350 μm，采样时，使用船尾绞车拖曳采样，放缆长度约为400 m，拖曳时间为20 min，拖曳水深约为20～30 m。样品用甲醛固定，最终浓度5%。

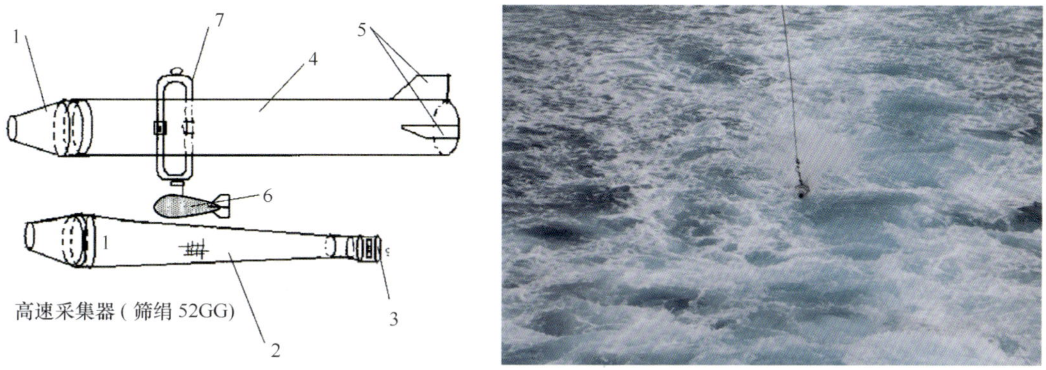

图4－2 高速采集器示意图

1 保护罩，2 纱绢，3 样品收集器，4 不锈钢圆管，5 导流板，6 重锤，7 固定支架

（2）重点调查站位的南极磷虾样品采集。

根据研究目标，重点站位的南极磷虾样品采集包括浅表层南极磷虾样品采集和垂直分层拖网采样。

浅表层南极磷虾样品采集水层主要为200 m以上水层，采样网具为南极磷虾采样框架拖网（如图4－3所示）和IKMT拖网（如图4－4所示），框架拖网网口面积为8 m^2，网目为15 mm，应用船尾绞车拖曳采样，采样拖速为3～4 kn，拖曳时间为20分钟，样品采用冷冻或试剂保存；IKMT拖网网口面积2 m^2，网目6 mm，在船速维持3～4 kn时拖网取样，放缆300 m，然后稳定拖曳约20 min，最后低速收网。样品用甲醛固定，最终浓度5%。

图4－3 南极磷虾框架拖网采样

图 4-4　IKMT 磷虾拖网采样

（3）使用 MultiNet 多联网进行垂直分层拖网采样（如图 4-5 所示），采样层次为：水深小于 1 000 m 时，分 50 m、100 m、200 m、500 m、底层拖网采样（深度不足 500 m 就取消 500 m 水深设置）；大于 1 000 m 时，分 100 m、200 m、500 m、1 000 m、底层拖网采样。样品甲醛固定，最终浓度为 5%。

图 4-5　MULTINET 全水层分层拖网

4.1.2.2　采样站位及样品数量

中国第 28 次南极科学考察（2012 年度）的采样站位及样品数量如下。

（1）获得南极磷虾高速采集器和 IKMT 走航采集样品 35 个，南极磷虾调查拖网样品 7 个；南极磷虾垂直拖网采集样品 46 个；MultiNet 多联网采集南极磷虾样品 20 个。共计获得南极磷虾样品共计 108 个。

（2）利用北太平洋网进行浮游动物垂直拖网，共采集三种南极磷虾：晶磷虾、南极大磷虾和长尾缨磷虾。

（3）完成 46 个调查站位南极磷虾的优势种组成、种群结构及丰度空间分布图 5 幅，已绘制南极磷虾资源分布及其资源丰度图 1 套。

（4）开展磷虾油脂样品的最佳提取方法研究，获得磷虾油脂样品、脱脂磷虾粉样品。

（5）起草南极磷虾冷冻加工操作规程 1 项。

（6）开发南极磷虾特色产品烤虾产品 1 种，产品细菌总数 $\leq 5\times10^4$ cfu/g。

（7）开发南极磷虾高温挤压装置 1 个，可脱去新鲜南极磷虾 40 % 水分，虾粉的水分含量低于10%。

中国第29次南极科学考察（2013年度）时的采样站位及样品数量如下。

（1）采集随航声学影像数据121G，覆盖普里兹湾至罗斯海海域。测试生物学数据超过2×10^4个。

（2）利用高速采集器（如图4-6所示）、南极磷虾调查拖网（如图4-7所示、表4-1）和IKMT网（如图4-8所示）采集样品74站（60°S以南海域），获得南极磷虾样品39个。

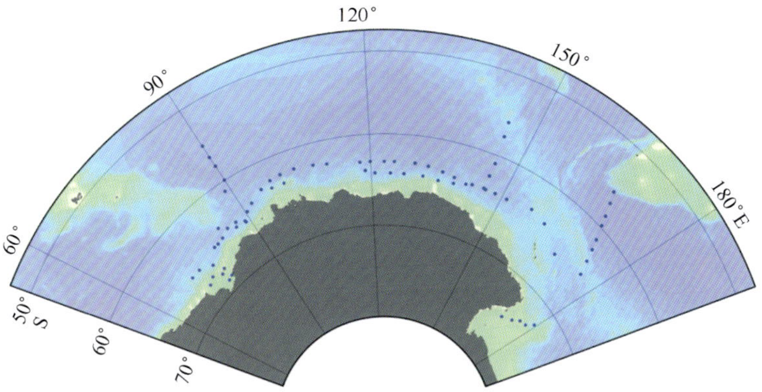

图4-6 高速采集器采样站位

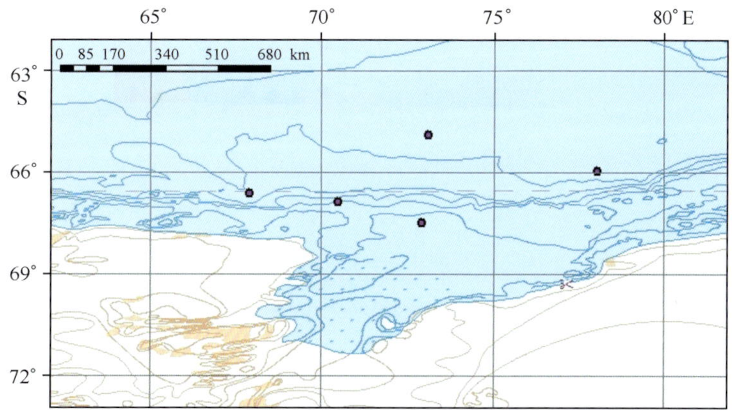

图4-7 普里兹湾附近海域南极磷虾框架拖网采样站位

表4-1 南极磷虾框架拖网采样站位表

纬度	经度	拖网时间	渔获量	样品处理
74°26′S	169°33′E	30 min	约为200 g	4%甲醛溶液、纯酒精、低温各1份
65°57′S	78°3′E	30 min	约为30 g	4%甲醛溶液、纯酒精各1份
64°54′S	73°6′E	30 min	0	
67°29′S	72°55′E	30 min	约为500 g	全用4%甲醛溶液保存
66°36′S	67°54′E	30 min	约为3000 g	4%甲醛溶液、纯酒精、保鲜剂、低温（20℃、80℃）各1份
66°50′S	70°30′E	20 min	约为2200 g	4%甲醛溶液、纯酒精、保鲜剂、低温（20℃、80℃）各1份

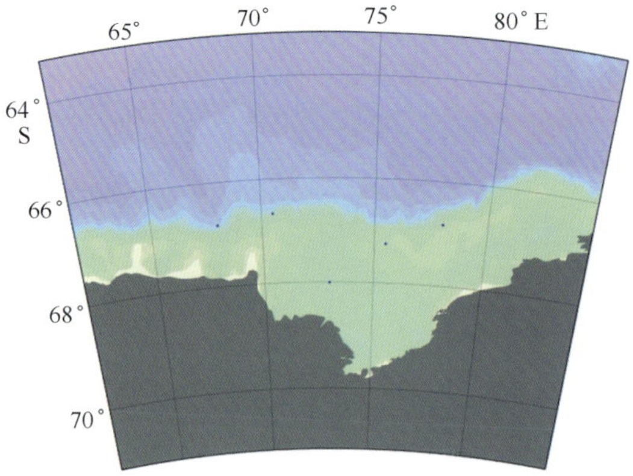

图 4-8　普里兹湾附近海域 IKMT 磷虾拖网采样站位

(3) 在定点站位大洋调查期间，获得浮游动物垂直网南极磷虾样品 26 个。

(4) 多联分层网 9 站，获得分层拖网样品 45 个。

(5) 获得考察线路南极磷虾资源分布与丰度图 1 套。完成南极磷虾种类组成、种群结构及丰度数据集 1 个；完成南极磷虾优势种组成、种群结构及丰度、生物量空间分布图 4 幅。

(6) 已获得磷虾油脂样品、脱脂磷虾粉样品；补充完善了南极磷虾冷冻加工操作规程 1 项。

(7) 已开发南极磷虾特色产品烤虾产品 1 种，产品细菌总数 $\leqslant 5\times10^4$ cfu/g。

(8) 已开发南极磷虾高温挤压装置 1 个，可脱去新鲜南极磷虾 40% 水分，虾粉的水分含量低于 10%。

中国第 30 次南极科学考察（2014 年度）时的采样站位及样品数量如下。

(1) 高速采集器采样站位如图 4-9 所示，IKMT 拖网采样站位如图 4-10 所示，共获得网磷虾样品 30 个（30 站位 ×1）；框架拖网采样站位如表 4-2 所示，获得拖网样品 15 个（15 站位 ×1），Multinet 全水深磷虾样品 20 个（5 站位 ×4 分层），定点磷虾取样样品 20 个（20 站位 ×1），采样站位如图 4-11 所示。

表 4-2　南极磷虾框架拖网采样站位及样品

序号	站位号	采样时间	经纬度	缆长	拖速	样品情况
1	D2-6	2014-02-10 11:23—11:44	61°46.260′S, 53°43.200′W—61°45.420′S, 53°54.880′W	146 m	3.4~4 kn	大约 20 g 南极磷虾等生物样品
2	DA-2	2014-02-12 13:36—14:06	60°42.420′S, 49°29.160′W—60°42.780′S, 49°26.280′W	240 m	3~4 kn	大约 800 g 南极磷虾样品
3	D5-4	2014-02-14 12:04—12:31	61.13.560′S, 44°44.580′W—61°13.980′S, 44°42.000′W	255 m	3~4 kn	大约 30 g 南极磷虾样品，另有 3 尾幼鱼
4	D2-3	2014-02-10 22:04—22:34	60°47.833′S, 54°41.050′W	表层	0~0.5 kn	大约 5 g 南极磷虾样品
5	R2	2014-01-12 18:15—18:45	74.956817°S, 164.066878°E	表层	0~0.5 kn	大约 3 g 南极磷虾样品

(2) 完成 84 株菌株的标准化分析和整理，其中细菌 68 株（含放线菌 11 株），真菌 16

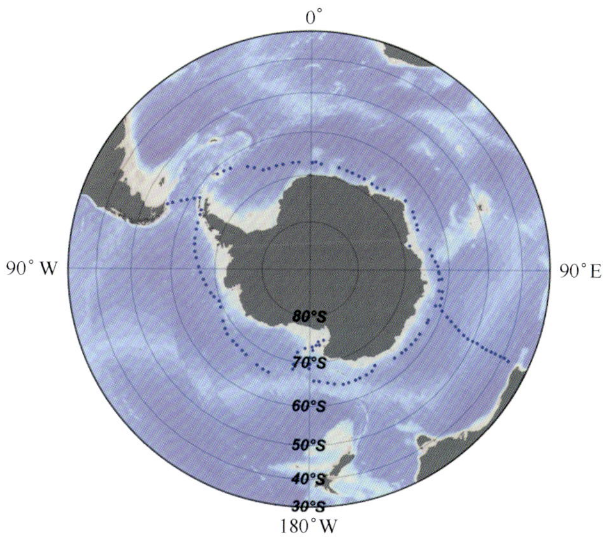

图 4－9　第 30 次南极科学考察环南极高速采集器采样站位

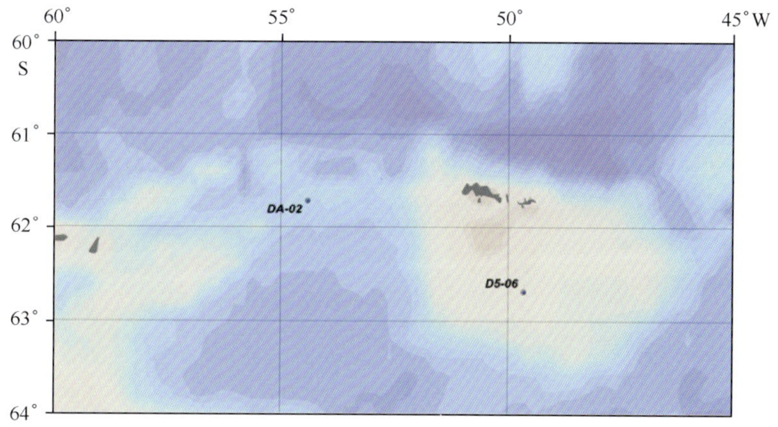

图 4－10　南极半岛附近海域 IKMT 拖网采样站位（30 次）

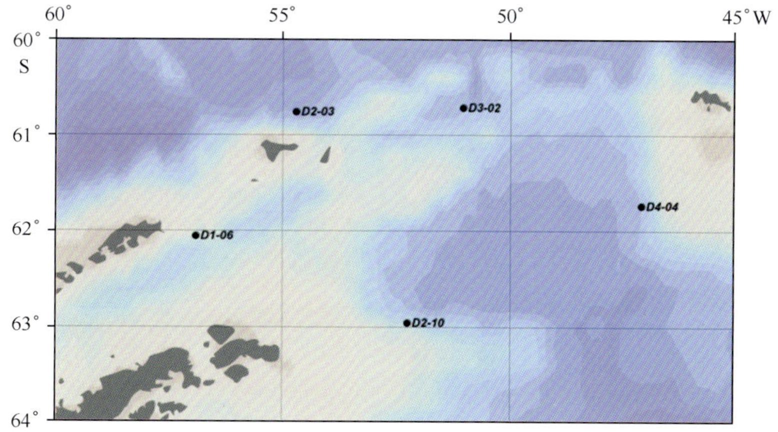

图 4－11　南极半岛附近海域 MultiNet 多联网采样站位

株；获得新增粗提物样品 65 个。

（3）获得南极磷虾走航观测数据 60.43G；磷虾定点拖网数据 3 套；40 个重点站位采集样品中磷虾的种群组成及丰度数据集。完成南极普里兹湾及其邻近海域 84 株菌株的标准化整理（包括种类、形态学描述、生理生化指标和 16S rRNA/18S rRNA/ITS 基因序列及其同源性比对数据等）。

（4）已完成南大洋普里兹湾磷虾种群空间分布、磷虾生长状况及垂直分布图件 3 个图件。

中国第 31 次南极科学考察（2015 年度）时的采样站位及样品数量如下。

（1）获得走航声学映像数据为 35.1G。

（2）获取浮游动物样品，并同步用 TD 测定采样水层深度及温度站位 52 个。

（3）共获得普里滋湾生物映像数据 7.02G，映像特征以带状为主，高密度南极磷虾映像主要出现在普里兹湾口以及普里兹湾西侧。

（4）共进行 8 站位南极磷虾框架拖网采样，共采集南极磷虾样品 15 份；框架拖网站位如图 4－12 所示。

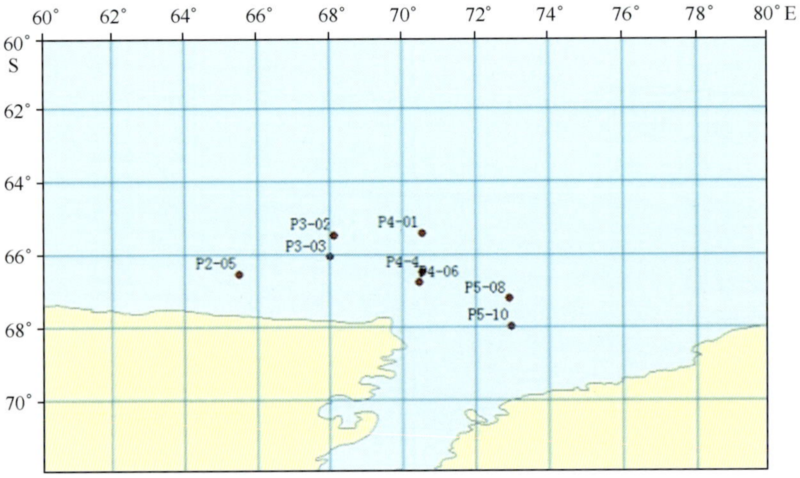

图 4－12　南极磷虾框架拖网站位

（5）完成了 7 站位 IKMT 磷虾拖网定点调查试验；IKMT 磷虾拖网站位如图 4－13 所示。

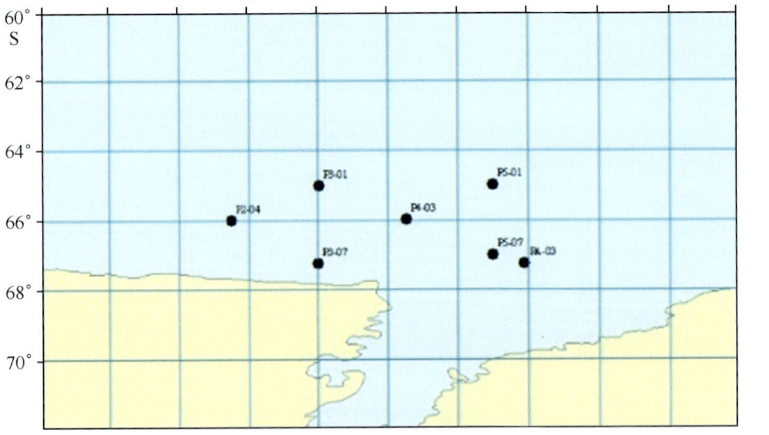

图 4－13　IKMT 磷虾拖网站位分布

（6）在普里兹湾选择典型站位用 MULTINET 网进行磷虾幼体及浮游动物全水深分层采样。采样层次设定为 0 ~ 100 m，100 ~ 200 m，200 ~ 500 m，500 ~ 1 000 m，1 000 m 以上，MULTI-NET 全水层分层拖网站如图 4 – 14 所示。

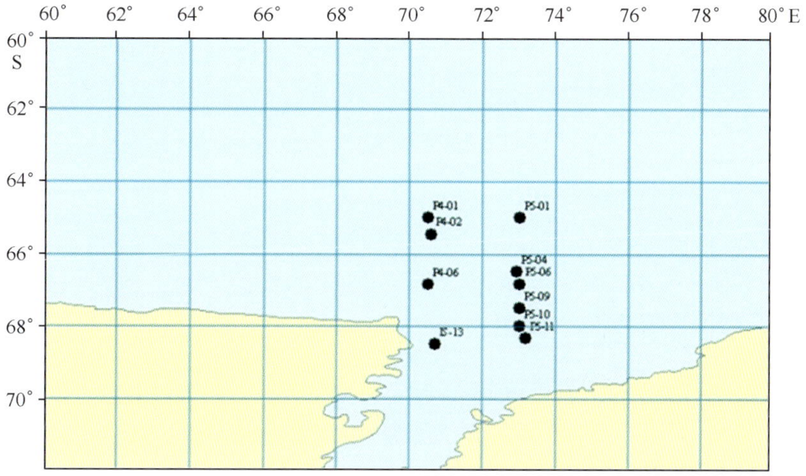

图 4 – 14　MULTINET 全水层分层拖网站位图

4.1.3　南极微生物样品的采集

4.1.3.1　样品采集总体情况

中国第 26 次南极科学考察长城站越冬后期采集了 2 个距长城站较远端的科林斯港（Collins Harbour）冰架前缘的海洋沉积物样品和菲尔德斯半岛西侧的地理湾海岸的砂质样品；中国第 27 次南极科学考察期间在长城站附近的阿德雷岛采集了的 6 份样品；中国第 28 次南极考察期间在南奥克尼岛附近使用箱式采泥器采集了 4 份潮间带沉积物样品；中国第 29 次南极科学考察期间在普里兹湾及邻近海域采集了 25 个站位的海洋表层沉积物样品；中国第 30 次南极科学考察期间在长城站所在的菲尔德斯半岛地区采集了 10 个站位沿岸表层土壤样品及 20 个站位的潮间带沉积物样品；中国第 31 次南极科学考察期间在菲尔德斯半岛地区采集了 17 个站位的 21 个土壤样品、在普里兹湾及其邻近海域采集了 15 站位的中层拖网样品 6 个、表层拖网样品 8 个，9 个站位的 CTD 作业分层海水样品 45 个。

4.1.3.2　各年度的样品采集具体情况

2012 年，中国第 27 次南极科学考察所取得的阿德雷岛的部分样品，6 份样品采集站位如表 4 – 3。土壤样品用无菌铲取 0 ~ 5 cm 深度的土样，装入无菌样品袋中；淡水湖沉积物用便携式沉积物 – 界面水采样器采取湖底表层沉积物，装入无菌样品袋中；淡水湖水样直接取淡水湖表层水，装入无菌样品瓶中。样品于 4 ℃低温无菌保存，回实验室进行菌株的分离培养。

表 4－3　样品采集站位及基本描述

样品名	纬度	经度	采集时间	基本描述
淡水湖沉积物（FS）	62°11′S	58° 54′W	2011 年 2 月	褐色底泥
山顶棕土（PU）	62°11′S	58° 59′W	2011 年 2 月	较干燥
山脚土样（HS）	62°13′S	58°57′W	2011 年 2 月	较湿润
雪层下腐烂物（SS）	62°13′S	57°57′W	2011 年 2 月	苔藓类植物腐烂物
大型海藻腐烂物（MS）	62°13′S	58°58′W	2011 年 2 月	未知海藻，深褐色
淡水湖水样（FW）	62°11′S	57°54′W	2011 年 2 月	无微藻

中国第 26 次南极科学考察长城站越冬后期在 2 个距长城站较远端的科林斯港（Collins Harbour）冰架前缘的海洋沉积物样品和菲尔德斯半岛西侧的地理湾海岸的砂质样品见表 4－4。

表 4－4　南极长城站较远端海洋沉积物样品信息

样品位点	经纬度		水深/m	备注
SS6	62°13′0. 96″S	059°00′35. 29″W	0	地理湾海边岸砂
SS7	62°10′13. 42″S	058°47′47. 54″W	36	科林斯港海底沉积物

中国第 28 次南极考察期间在南奥克尼岛附近使用箱式采泥器采集了 4 份潮间带沉积物样品潮间带沉积物样品。样品信息如表 4－5 所示。

表 4－5　南极潮间带沉积物样品采样点概况

编号	采样日期	站位	经纬度	水深/m
1	2011－12－30	D5－3	60°55. 062′S，44°42. 320′W	239
2	2011－12－30	D5－4	61°12. 078′S，44°41. 627′W	317
3	2011－12－31	D5－5	61°28. 951′S，44°40. 532′W	371
4	2012－01－28	D5－6	61°28. 2′S，44°24′W	384

2013 年，中国第 29 次南极科学考察期间采集中山站周边海域沉积环境样品，考察区域位于普里兹湾及邻近海域。用无菌工具从 25 个站位（见表 4－6）的海洋沉积物表层取样 10～20 g，开展平板培养。

表 4－6　样品采集站位

站位	纬度	经度	表层水温	盐度	水深/m	采集时间
P7－07	65°29. 172′S	77°53. 077′E	1. 92℃	33. 62	3 250	2013－01－31
P7－05	64°29. 005′S	78°4. 342′E	1. 95℃	33. 44	3 547	2013－02－01

续表

站位	纬度	经度	表层水温	盐度	水深/m	采集时间
P7 - 9	68°52. 11′S	78°2. 356′E	0. 36℃	33. 58	1 628	2013 - 02 - 01
P7 - 12	66°56. 104′S	78°0. 596′E	0. 86℃	33. 95	208	2013 - 02 - 02
P7 - 14	67°25. 979′S	77°11. 861′E	0. 58℃	33. 37	300	2013 - 02 - 02
P7 - 16	68°32. 11′S	77°50. 8′E	0. 46℃	33. 56	540	2013 - 02 - 03
P6 - 12	68°54. 511′S	75°28. 501′E	0. 06℃	33. 91	680	2013 - 02 - 07
P6 - 11	68°30. 093′S	75°57. 899′E	0. 55℃	33. 31	590	2013 - 02 - 11
M4 - old	68°53. 043′S	75°53. 209′E	0. 55℃	33. 4	565	2013 - 02 - 12
P6 - 10	68°5. 654′S	75°45. 9′E	0. 32℃	33. 24	465	2013 - 02 - 12
P6 - 8	67°14. 245′S	75°29. 363′E	0. 57℃	33. 75	365	2013 - 02 - 12
P6 - 3	66°0. 055′S	75°34. 399′E	1. 57℃	33. 62	2 936	2013 - 02 - 15
P5 - 1	64°57. 657′S	73°3. 202′E	1. 76℃	33. 7	3 338	2013 - 02 - 14
P5 - 10	67°59. 881′S	72°57. 280′E	1. 05℃	33	605	2013 - 02 - 16
PA - 5	67°25. 1′S	76°33. 811′E	1. 08℃	33. 35	341	2013 - 02 - 18
PA - 3	67°25. 461′S	73°83. 61′E	0. 98℃	33. 64	460	2013 - 02 - 19
M2 - old	67°17. 226′S	72°6. 35′E	0. 96℃	33. 68	532	2013 - 02 - 19
PA - 1	67°14. 326′S	71°18. 824′E	0. 85℃	33. 74	507	2013 - 02 - 20
P4 - 6	65°58. 650′S	70°50. 71′E	0. 82℃	33. 78	398	2013 - 02 - 27
P4 - 3	65°58. 650′S	70°34. 444′E	0. 50℃	33. 78	2 667	2013 - 02 - 28
P4 - 1	64°58. 579′S	70°36. 713′E	0. 76℃	33. 89	3 123	2013 - 02 - 28
P3 - 3	66°0. 567′S	67°53. 700′E	0. 52℃	33. 84	2 651	2013 - 03 - 01
P3 - 5	66°36. 046′S	67°56. 152′E	0. 2℃	33. 76	2 064	2013 - 03 - 02
P3 - 7	66°57. 277′S	67°57. 551′E	0. 35℃	33. 99	1 487	2013 - 03 - 02
P3 - 9	67°6. 21′S	68°0. 5′E	0. 36℃	33. 95	250	2013 - 03 - 02

2014 年，中国第 30 次南极科学考察期间在菲尔德斯半岛地区用无菌工具采集了 10 个站位（见表 4 - 7）的土壤表层样品各取样 10 ~ 20 g，置于无菌离心管中 4℃保存，以便进行平板培养。

表 4 - 7 样品采集站位

站位	纬度	经度	土壤温度	海拔/m	采集时间	采集地点
D2	62°13. 728′S	58°57. 793 ′W	2℃	48	2014 - 02 - 06	西海岸生物湾海豹聚集地
D3	62°12. 252′S	59°59. 970 ′W	4℃	19	2014 - 02 - 18	西海岸生物湾山坡
D4	62°12. 213′S	59°00. 015′W	4℃	15	2014 - 02 - 18	西海岸生物湾海豹聚集地
D5	62°13. 728 ′S	58°57. 793′W	2℃	48	2014 - 02 - 18	西海岸生物湾海豹聚集地

续表

站位	纬度	经度	土壤温度	海拔/m	采集时间	采集地点
E1	62°12.967 ′S	58°55.388′W	2℃	6	2014 – 02 – 12	企鹅岛西岸企鹅聚集地
E3	62°12.682 ′S	58°55.697′W	2℃	36	2014 – 02 – 12	企鹅岛东岸山坡土
E4	62°12.605 ′S	58°55.739′W	1℃	6	2014 – 02 – 17	企鹅岛东岸企鹅聚集地
E5	62°12.789 ′S	58°56.426′W	2℃	32	2014 – 02 – 07	企鹅岛月牙湖山坡腐殖质
J1	62°14.362 ′S	58°59.580′W	3℃	85	2014 – 03 – 02	纳尔逊岛牛肚胡附近山坡
J2	62°14.253 ′S	58°59.679′W	3℃	61	2014 – 03 – 02	纳尔逊岛泰山山腰

中国第30次南极科学考察期间在菲尔德斯半岛地区采集了20个站位（表4－8）的潮间带沉积物样品，各10～20 g。

表4－8　南极潮间带沉积物样品采样点概况

站位号	位置	纬度	经度	底质
E9	长城站	62°13.097′S	58°57.540′W	碎石
E2	玉泉河	62°12.854′S	58°57.747′W	砂滩
E1	好汉碑	62°12.531′S	58°57.739′W	砂滩
E3	酒泉河	62°13.541′S	58°57.016′W	碎石
E4	望龙岩	62°13.259′S	58°57.110′W	碎石
E7	企鹅岛坝西南	62°12.618′S	58°57.034′W	碎石
E6	企鹅岛大角	62°12.595′S	58°56.869′W	碎石
E5	企鹅岛避难所	62°12.536′S	58°56.320′W	砂滩
E8	半边山	62°12.447′S	58°57.171′W	碎石
E11	碧玉滩西	62°13.863′S	58°58.011′W	碎石
E10	碧玉滩东	62°13.844′S	58°57.363′W	碎石
W5	风暴湾	62°11.168′S	58°59.634′W	砂滩
W6	幸福湾	62°10.428′S	58°58.220′W	砂滩
W7	地质湾	62°10.647′S	58°58.823′W	砂滩
W2	格兰德谷口	62°11.885′S	58°59.670′W	砂滩
W3	霍拉修湾	62°12.475′S	59°00.430′W	砂滩
W4	地理湾	62°13.214′S	59°00.687′W	砂滩
E13	诺玛湾	62°11.276′S	58°54.761′W	碎石
E12	岩石湾	62°11.645′S	58°56.086′W	碎石
W1	生物湾	62°12.565′S	59°00.819′W	砂滩

2015年，中国第31次南极科学考察期间在菲尔德斯半岛地区开展了陆地微生物阳平的采集。用无菌工具从17个站位（见图4－15和表4－9）的土壤表层取样10～20 g，置于无

菌离心管中4℃保存，以便进行平板培养。

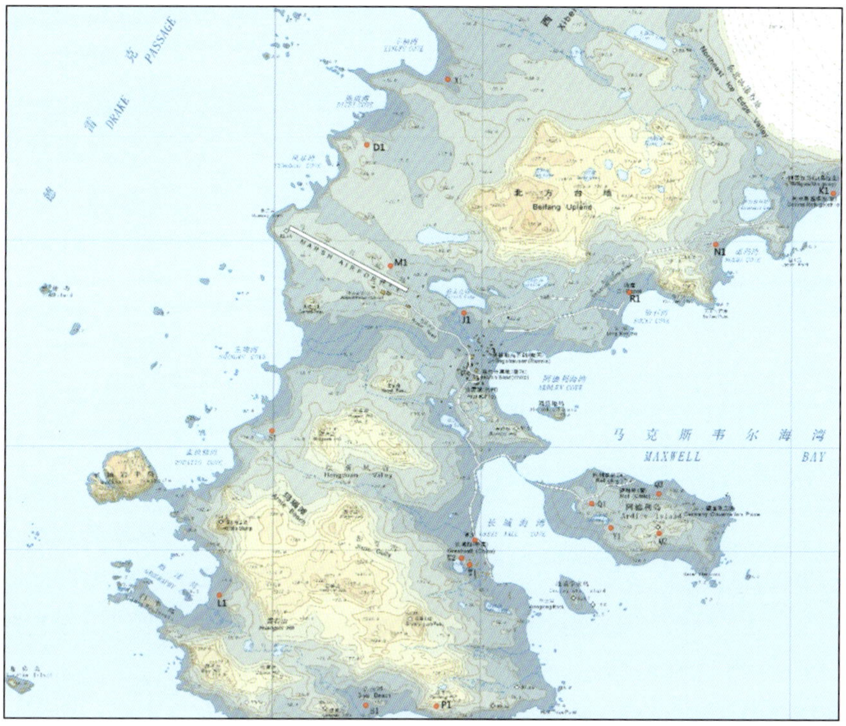

图4－15　样品采集站位图

表4－9　样品采集站位信息

站位	纬度	经度	温度	海拔/m	采集时间	采集地点
W1－1	62°13′08.6″S	58°57′47.4″W	－1℃	39 m	2014－12－15	长城站区西南
W2－1～W2－3	62°13′12.6″S	58°57′49.6″W	－1℃	50 m	2014－12－15	长城站区西南
W3－1	62°12.884′S	58°57.780′W	－1℃	5 m	2014－12－15	长城站区北部/机场公路边
P1－1	62°13.725′S	58°56.888′W	2℃	30 m	2014－12－16	盘龙山山顶土
B1－1	62°13.797′S	58°58.743′W	－2℃	5 m	2014－12－17	碧玉滩海边粪土
Q1－1～Q1－3	62°12.676′S	58°56.88′W	0℃	39 m	2014－12－18	经过沙坝入阿德雷岛处
Q2－1	62°12.864′S	58°56.020′W	0℃	5 m	2014－12－18	企鹅岛最高峰下半坡
Y1－1	62°12.800′S	58°56.366′W	0℃	39 m	2014－12－18	月牙湖西南岸
J1－1	62°11.636′S	58°58.201′W	4℃	27 m	2014－12－20	基太克湖边
K1－1	62°11.028′S	58°58.832′W	4℃	20 m	2014－12－20	柯林斯冰盖南部/乌拉圭站附近
N1－1	62°11.354′S	58°55.832′W	4℃	41 m	2014－12－20	诺马湾西岸/块石堆
R1－1	62°11.567′S	58°56.135′W	4℃	17 m	2014－12－20	岩石湾油库处/输油管处泥土
M1－1	62°11.542′S	58°56.657′W	2℃	33 m	2014－12－21	马尔什机场附近

续表

站位	纬度	经度	温度	海拔 m	采集时间	采集地点
F1－1	62°11.123′S	58°59.443′W	2℃	56 m	2014－12－21	底质湾东岸
D1－1	62°11.771′S	58°58.993′W	2℃	24 m	2014－12－21	幸福湾东岸中部位置
Q3－1	62°12.632′S	58°55.680′W	2℃	28 m	2014－12－21	阿德雷岛北部中间位置/智利避难所附近
S1－1	62°12.417′S	58°59.956′W	－2℃	72 m	2014－12－29	横断风谷出口/西岸生物湾东侧
L1－1	62°12.756′S	59°00.869′W	－2℃	72 m	2014－12－29	纳尔逊岛对面/地理湾东侧

中国第31次南极科学考察期间在普里兹湾调查海域开展了微生物资源样品采集：15站位/次磷虾生物拖网作业中采集并保藏海域中层微生物资源样品6个；表层磷虾活体作业中采集网收集表层微生物资源样品8个；12站位/次底栖生物拖网作业采集并保藏海域底层微生物资源样品47个（包括4个海底土壤样品）。9站位/次CTD作业中采集并保藏分层海水样品45个。共计采集样品106个（图4－16、表4－10）。使用无菌工具将以上样品收集在无菌样品盒/袋中，并记录以上样品的采集时间、环境参数及站位信息等数据。以上样品均使用无菌密封袋或离心管封存于－80℃冰箱。

环境样品DNA提取：使用土壤真菌总基因组提取试剂盒，对采集到的海泥样品的中微生物宏基因组进行了现场提取，获取并保藏环境总DNA 4份。获取的总DNA样品使用灭菌 ddH_2O 溶解保存至－80℃低温冰箱。

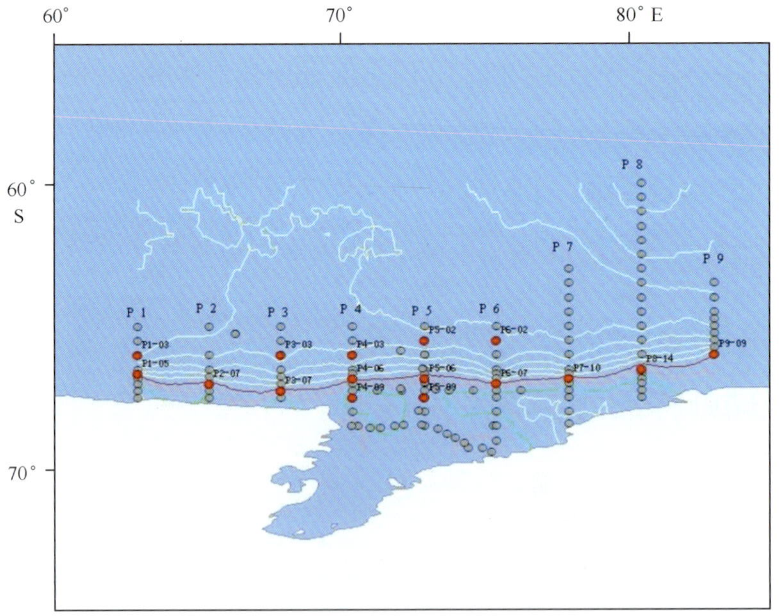

图4－16　2015年普里兹湾附近海域断面调查走航线路及调查站位设置（红点）

表 4-10 南极普里兹湾海域微生物资源样品采集信息表

序号	站位	纬度	经度	水深 /m	CTD 海水样品	底层拖网生物样品	磷虾拖网生物样品	总计
1	P2-02	65.25°S	66.4°E	3 518	P2-02-H1~H5			5
2	P2-07	67°S	65.5°E	408		P2-07-D1~D17	P2-07-L1~L3	20
3	P3-02	65.5°S	68°E	2738	P3-02-H1~H5			5
4	P3-08	67.5°S	68°E	281		P3-08-D18~D29		12
5	P4-02	65.5°S	70.5°E	2891	P4-02-H1~H5			5
6	P4-03	66°S	70.5°	2539			P4-03-L4	1
7	P5-01	65°S	73°E	3502			P5-01-L5~L9	5
8	P5-02	65.5°S	73°E	2987	P5-02-H1~H5			5
9	P5-04	66.5°S	73°E	1542	P5-04-H1~H5			5
10	P5-06	66.83°S	73°E	525	P5-06-H1~H5			5
11	P5-08	67.25°S	73°E	545	P5-08-H1~H5			5
12	P5-09	67.5°S	73°E	627		P5-09-D30~D35		6
13	P5-10	68°S	73°E	632	P5-10-H1~H5			5
14	P6-13	69°S	75.5°E	750		P6-13-D36~D41		6
14	P9-02	64°S	83°E	3649	P9-02-H1~H5			5
15	PA-05	67.25°S	76.33°E	315			PA-05-L9~L14	6
16	IS-10	68.5°S	72°E	501		IS-10-D42~D47		6
合计					45	47	14	106

4.2 样品与处理方法

4.2.1 南极磷虾样品处理方法

生物样品的分析、贮存、运输、分析和标本制作与资料处理均按照《GB/T 12763.6—2007 海洋调查规范 第 6 部分：海洋生物调查》、《GB/T 12763.9—2007 海洋调查规范 第 9 部分：海洋生态调查》和《极地海洋水文气象、化学和生物调查技术规程》中的有关规定进行。

4.2.2 南极磷虾利用基础研究样品处理方法

4.2.2.1 冻藏温度与南极磷虾品质分析

利用-20℃左右冻藏鲜虾样本，进行不同储藏条件下南极磷虾样本感官检验、出肉率测定、pH 测定等品质表征参数监测；选取完整的南极磷虾 5 kg（规格为：50 cm × 10 cm × 5 cm）经塑料密封包装后分别贮藏在（ –8℃、 –18℃和 –28℃） ±0.1℃条件下，根据贮藏温度，间隔适当时间取样，进行感官评分和 pH、出肉率、TVB – N、TBARS 和 Ca^{2+} – ATPase 活性测定。

感官检验　选择 6 名经过训练的评价员组成感官评价小组，根据参考文献（迟海，2010）的评分标准（见表 4 – 11）采用现场打分方式，以南极磷虾的色泽、体表、肌肉及 90℃水煮 5 min 的气味和汤汁为评价指标，各项指标满分为 2 分，总分 10 分为最好品质，2 分为感官不能接受，0 分为最差品质。

表 4 – 11　南极磷虾感官检验评分规则

指标	2	1	0
色泽	体色正常，有光泽	色泽稍有变化，光泽逐渐变暗	色泽发暗，无光泽
体表	个体清洁完整，甲壳、尾部无脱落，无黑头现象	个体较完整，少数出现黑头现象但不明显	个体不完整，甲壳、尾部脱落现象严重，黑头现象严重
肌肉	组织坚实，弹性好	组织稍有连接，较有弹性	手触弹性差，组织松弛
气味	虾体固有的香味	稍有香气，有较淡的腥味或氨味	有强烈的腥味和氨味
汤汁	汤汁清冽带有虾体色泽，汤内无碎肉	汤汁稍混，少有组织脱落于汤内	汤汁浑浊，肉质腐败，脱落悬浮于汤内

出肉率测定　取个体完整、无损伤、无黑头的南极磷虾，在 90 ℃水浴下加热 5 min，称得南极磷虾的质量为 M_D（g），剥去虾头虾壳后南极磷虾的质量为 m（g）。

$$出肉率(\%) = \frac{m}{M_D} \times 100 \qquad (4-1)$$

pH 测定　将南极磷虾进行组织搅碎后取 10 g 加入 90 mL 蒸馏水，静置 30 min，然后用 pH 计对上清液直接进行测定。

TVB – N 测定　参照 GB/T5009.44—2003，按半微量定凯氏氮法进行测定，结果用 mg/100 g表示。

TBARS 的测定　先将南极磷虾均质，称取 10.0 g 于锥形瓶中，加入 50 mL 7.5% 的三氯乙酸（TCA），振荡提取 30 min 后 6 500 r/min 离心，取 5 mL 上清液并加入 5 mL 0.02 mol/L 2 – 硫代巴比妥酸溶液，90℃水浴 40 min，室温冷却，分别在 532 nm 和 600 nm 处进行比色测定，用（4 – 2）计算 TBARS 值，结果以每 kg 南极磷虾肉中丙二醛的毫克数来表示（mg MDA/kg）。（马丽珍，2003）

$$TBARS值（或TBA值）=（A532 - A600）/155 \times（1/10）\times 72.6 \times 1\,000 \qquad (4-2)$$

Ca^{2+} – ATPase 活性测定　参考文献（宜伟，2010），取 1 mL 肌球蛋白稀释液加入 0.5 mL 0.5 mol/L Tris – maleate（pH 7.0），再加 0.5 mL 0.1 mol/L $CaCl_2$，再加 7.5 mL 蒸馏水，然后加入 0.5 mL 20 mmol/L ATP 在 25℃条件下水浴 5 min。然后加入 3 mL 15% TCA 终止反应。反应物在 4 000 g 条件下离心 5 min。采用钼蓝比色法（梁运江，2007）对反应物中磷进行定量。结果用 μmol /（min · mg）表示。

4.2.2.2 冻藏温度对南极磷虾品质变化

利用 -20℃左右冻藏鲜虾样本，冻结规格约为 54.5×33.0×6.0 cm（长×宽×高），质量约为 9.0 kg 的整块南极磷虾经塑料密封包装后，分别放置在（-20℃、-30℃、-40℃、-50±1）℃的冰箱或冰柜中冻藏，每隔 20 d 取样，每次随机取样 3 份进行检测。主要测试内容为感官检验、持水力测定等等：

感官检验、TBARS 的测定见 4.2.2.1。

持水力测定 将 30 g 的样品打浆后在 11 000 r/min 的条件下离心 40 min，除去上清液后称量质量（Roberson，1981）。

$$持水力(\%) = \frac{m}{M} \times 100 \tag{4-3}$$

式中：M 为离心前样品的质量，m 为样品离心后除去上清液的质量，单位均为 g。

盐溶性蛋白质含量测定 按照文献（Pan，1993）提取南极磷虾样品中的盐溶性蛋白质，运用考马斯亮蓝法，595 nm 条件下测定南极磷虾盐溶性蛋白质含量（Bradford，1976）（牛血清蛋白标准曲线的回归方程为 $y=0.005\,8x+0.011\,5$，$R^2=0.996\,3$），计算结果以 mg/g 表示。

4.2.2.3 冻结温度对南极磷虾品质变化的影响

利用 -20℃左右冻藏鲜虾样本，将样品进行流水解冻。为了快速降低样品温度并控制初始温度，解冻完全后，用滤网将样品在冰水中浸泡 30 s，沥干水后放在冻结盘里在不同冻结温度下进行冻结，冻结盘规格 24×16×6 cm（长×宽×高），质量约 2.0 kg，用热电偶监测样品表面及中心的温度变化，待样品中心温度降至 -18℃时即为冻结终点，并记录时间。将冻结结束的样品解冻，解冻完全后进行相关指标的测定。同时使用第一次解冻完全后的样品作为对照组。

按照国际制冷协会提出的食品冻结速率的定义（谢晶，2010），根据式 4-4 进行冻结速率的计算：

$$V_t(\mathrm{cm/h}) = \frac{L}{t} \tag{4-4}$$

式中：L 为食品表面与热中心的最短距离，单位为 cm；t 为食品表面达 0℃至热中心达初始冻结温度以下 10℃所用的时间，单位为 h。

感官检验、Ca^{2+}-ATP 酶活性测定见 4.2.2.1；盐溶性蛋白质测定、持水力测定见 4.2.2.2。

本试验用 TMS-Pro 型质构仪检测样品的最大剪切力，采用燕尾剪切探头对样品进行剪切，测试速度：60 mm/min；回程距离：20 mm；最大力量感应量程：1 000 N，测定样本数 $n=10$。

用 Bouin 氏固定液对样品组织进行固定，采用石蜡包埋法对样品进行处理。用苏木精和伊红对组织切片进行染色，显微镜观察（章静波，2011）。

4.2.2.4 复配保鲜剂对南极磷虾保鲜及品质的影响

利用 -18℃冻藏南极磷虾样品，按参考文献对南极磷虾进行解冻，选择无黑头、个体完整的南极磷虾，复配保鲜剂溶液与原料虾比例（V/m）2∶1 条件下浸渍 10 min，沥干装袋密封，放入高精度低温培养箱中，贮藏温度控制为（2 ±0.5）℃。每隔适当时间间隔取出试样并进行感官评分，并对南极磷虾三氯乙酸可溶性氮（TCA－N）、TBARS 值、汁液浸出体积及损失率进行测定。

根据前期试验，选用 D－山梨糖醇、4－HR 和混合磷酸盐，以感官评分，TCA－N，TBARS，汁液流失体积及损失率为测试指标，按公式（1）进行评分。并采用三因素三水平 L_9（3^4），进行正交试验（表 4－12），同时进行方差分析，根据分析结果确定复配保鲜剂的最佳配比。

表 4－12　南极磷虾复配保鲜剂正交试验因素水平表

水平	质量分数/（g/L）		
	A（D－山梨糖醇）	B（4－HR）	C（混合磷酸盐）
1	5	0.1	5
2	10	0.2	6
3	15	0.3	7

感官检验、TBARS 的测定见 4.2.2.1；

质量损失率参照文献（Pisal，2007），取约 100 g 样品，用棉纱布将虾体表面水分吸取干，置于均质机内充分绞碎，准确称取 25 g 虾肉组织于离心管中，于 4℃，11 000 r/min 条件下离心 1 h，离心后取上清液测量浸出液体积（mL），并计算质量损失，损失率计算公式如下：

$$损失率(\%) = \frac{X_1 - X_2}{X_1} \times 100 \qquad (4-5)$$

式中：X_1 为物料离心前重量（g）；X_2 为物料离心后除去清液后重量（g）。

TCA－N 含量测定 参照文献（Kolakow，1986），取适量南极磷虾在均质机内进行搅碎，称取 10 g 绞碎的虾肉于锥形瓶中，加入 7.5% 的 TCA 溶液 50 mL，振荡提取 30 min，以 11 000 r/min速度离心 10 min，得到上清液。TCA－N 含量按半微量凯氏定氮法进行测定，结果以 mg/g 表示。

本试验应用美国 Food Technology Corporation 公司生产的 TMS－Pro 型质构仪，并通过 Texture Lab Pro 软件来加以控制。本试验采用虾剪切力测定方法，最大力量感应量程：1 000 N，回程距离：20 mm，测试速度：60 mm/min，时间间隔：0.3 min，测定样本数 $n=10$。

在色差仪系统中，L*、a*、b* 分别代表南极磷虾肌肉组织色泽的亮度、红度和黄度，用平均值来表示南极磷虾表面的色泽变化，测量样本数 $n=10$。

实验数据采用 Microsoft Excel 2010 进行回归分析，每项指标测定数据至少采用 3 个平行。用 SPSS 17.0 软件进行方差分析和 Duncan 方法分析（$P<0.05$）。

4.2.2.5　响应面法对南极磷虾保鲜剂工艺参数的优化

样本为－18℃冻藏南极磷虾，将南极磷虾样品按文献方法进行解冻，取完整无黑头的南极磷虾浸泡在不同浓度的复合保鲜剂中（4－HR：山梨糖醇：混合磷酸盐浓度比为

0.1:15:7)，试验设计见表4-13，并按因素水平设计对南极磷虾进行浸泡。空白组选择不同预冷却温度的蒸馏水进行浸泡。

表4-13 Box-Behnken 试验设计因素与水平取值

水平	因素		
	A 保鲜剂浓度/(g/L)	B 浸泡温度/℃	C 浸泡时间/min
-1	20	0	2
0	22	5	6
1	24	10	10

将经保鲜剂浸泡处理后的南极磷虾取出进行感官评分。同时，将取出后的南极磷虾密封后置于(2±0.2)℃条件下进行贮藏，以感官拒绝时中止贮藏实验，记录贮藏时间。综合评分按公式(4-6)和(4-7)进行计算，从而优化及确定南极磷虾保鲜剂工艺参数。

$$指标隶属度 = \frac{指标值 - 指标最小值}{指标最大值 - 指标最小值} \qquad (4-6)$$

$$综合得分 = 感官评分隶属度 \times 0.4 + 贮藏时间隶属值 \times 0.6 \qquad (4-7)$$

感官测评人员根据文献方法，采用当场打分的方式，以南极磷虾色泽、气味、弹性和体表为评价指标，评分规则见表4-14。满分为20分，10分以下为感官拒绝。

表4-14 南极磷虾感官评分标准

指标	5-4分	4-2分	2-0分
色泽	体色正常，有光泽	色泽稍有变化，光泽逐渐变暗	色泽发暗，无光泽
体表	个体清洁完整，甲壳、尾部无脱落，无黑头现象	个体较完整，少数出现黑头现象但不明显	个体不完整，甲壳、尾部脱落现象严重，黑头现象严重
弹性	组织坚实，有肌肉弹性	组织稍有连接，较有弹性	手触弹性差，组织松弛
气味	虾体固有的香味	稍有香气，有较淡的腥味或氨味	有强烈的腥味和氨味

运用TMS-Pro型质构仪，采用TPA模式对试样进行硬度、内聚力、弹性、咀嚼性等物性指标测定，参数设定：P/5柱形探头，测试速度为正向50 mm/min，反向30 mm/min，应变量为50%，负载单元为10 000 N，同时采用燕尾剪切探头对试样进行剪切试验。

运用色差仪对样品肌肉组织进行测定。同时运用便携式色差仪对南极磷虾肌肉RGB值进行测定，其中，R表示红，G表示绿，B表示蓝。

随机选取无黑头、组织无损伤的南极磷虾，平均体长为5.0~6.5 cm。取出验证组和空白组南极磷虾肌肉并固定于Bouin氏液里，固定15 min，进行乙醇梯度洗脱，石蜡包埋，5~7 μm连续切片，HE染色，实验结果置于Olympus双目显微镜下(10×10)观察并拍照。

4.2.2.6 南极磷虾贮藏过程中抗氧化效果的影响

样品为-18℃冻藏南极磷虾，按参考文献方法将南极磷虾解冻，选取无黑头、无损伤的南极磷虾 300 g 左右，将原料虾浸于事先保温（2℃和 25℃）的红酒提取物溶液（浓度分别为 0，0.1 g/L，0.5 g/L，1.0 g/L 和 2.0 g/L）1:2 比例（*m/V*）条件下 10 min 后捞出沥干，密封包装后分别置于高精度培养箱中，温度控制为（2 ±0.5，25 ±1.0）℃。每隔适当时间取出一定量的样品进行指标测定。

TBARS 的测定参照 4.2.2.1。

红酒提取物（由宁波德沃生物科技有限公司提供）由红酒酒浆经萃取、纯化、结晶和干燥获得，提取物主要成分为红酒多酚 30%，白藜芦醇 5%，花青素 2%；三氯乙酸（TCA），2－硫代巴比妥酸，脯氨酸，儿茶酚，磷酸氢二钠和磷酸二氢钠等药品均购于上海国药集团化学试剂有限公司，分析纯。

选择 6 名经过训练的评价员组成感官评价小组，参考文献方法，按表 4－15 的评分标准，采用现场打分的原则，以南极磷虾的体表、肌肉及气味为评价指标，各项指标满分 2 分，总分 6 分为最好品质，0 分为最差品质，当感官评分低于 2 分时认定为感官拒绝。

表 4－15　南极磷虾感官检验评分规则

指标	2	1	0
体表	个体清洁完整，甲壳、尾部无脱落，无黑头现象	个体较完整，少数出现黑头现象但不明显	个体不完整，甲壳、尾部脱落现象严重，黑头现象严重
肌肉	组织坚实，弹性好	组织稍有连接，较有弹性	手触弹性差，组织松弛
气味	虾体固有的香味	稍有香气，有较淡的腥味或氨味	有强烈的腥味和氨味

使用色差仪对南极磷虾的肌肉直接进行测定。取 5 g 南极磷虾打碎后加入 7.5 % TCA 25 mL，静置 30 min 后，2 000 r/min 速度离心 5 min，取上清液在 450 nm 处进行比色测定。同时，将上清液通过便携式色差仪进行颜色（RGB）测定。

取整虾打碎后 1:10 比例（*m/V*）加入事先预冷到 0℃的磷酸缓冲液（pH 为 7.2），0 ℃条件下静置 4 h 后 11 000 r/min 速度离心 30 min，取上清液即为 PPO 粗酶。取 0.2 mL PPO 粗酶分别加入预冷的 2.2 mL 磷酸缓冲液（pH 为 7.2），0.2 mL 0.5 mol/L 儿茶酚和 0.2 mL 0.5 mol/L 脯氨酸，37℃条件下水浴 10 min，在 530 nm 处比色。

酶活力定义：在 37℃，pH 7.2，波长为 530 nm 条件下，以吸光度值每分钟改变 0.001 为一个酶活力单位。

4.2.2.7　部分食品添加剂对南极磷虾品质变化的影响

样品为－18℃冻藏南极磷虾样，按参考文献对南极磷虾进行解冻，选择个体完整、无黑头的南极磷虾。原料虾与食品添加剂溶液比例（*m/V*）1:2 条件下浸渍 10 min，10 min 后捞出沥干，密封装袋，放入高精度低温培养箱中，控制贮藏温度（2 ±0.1）℃。每隔适当时间间隔取出试样并进行感官评分，测定南极磷虾 TCA－N、TBARS 值、盐溶性蛋白质含量变化和汁液浸出体积。

感官检验、TCA－N、TBARS 的测定见 4.2.2.1；盐溶性蛋白质含量测定见 4.2.2.2。

混合磷酸盐、壳聚糖、D－山梨糖醇、植酸、茶多酚和 4－HR 取值水平的选择均参照 GB

2760－2007食品添加剂使用卫生标准添加，其中茶多酚和壳聚糖的使用没有规定鲜虾水产品的限量标准，参照相关文献并结合南极磷虾自身特点选择适宜添加量，最终确定添加量如表4－16所示。

表4－16 食品添加剂的添加量 单位：g/L

混合磷酸盐	壳聚糖	D－山梨糖醇	植酸	4－HR	茶多酚
2	2	5	0.64	0.1	0.3
6	4	10	1.29	0.2	0.5
10	6	15	2.57	0.3	1

注：植酸密度为1.285 g/mL

参照Pisal Sriket等（2007）的方法，稍作修改。取约100 g样品，用棉纱布将虾体表面水分吸取干，置于均质机内充分绞碎，准确称取25 g虾肉组织于离心管中，在4℃，11 000 r/min条件下离心1 h，离心后取上清液测量浸出液体积（mL）。

参照Kolakowski（1986）的方法，三氯乙酸可溶性氮含量按半微量凯氏定氮法进行测定，结果以mg/g表示。

4.3 数据分析

4.3.1 南极磷虾等生物资源声学数据处理

声学数据处理参照第五章5.2节。

4.3.2 南极微生物样品的数据分析

4.3.2.1 分析数据概况

本专题基于中国第26次、第27次、第28次、第29次、第30次、第31次南极科学考察队在南极长城站临近地区和海域、南极半岛外围海域、普里兹湾海域及考察航线区域采集的各类样品，采用多种分离培养技术和策略，按照极地微生物菌株的标准化分析与整理技术方法（科技部《微生物资源描述规范和保藏技术规程》）开展分离菌株的形态学、生理生化学和分子生物学指标的标准化分析整理和保藏，并从酶学筛选与研究、次级代谢产物的分离筛选和分析、结合活性菌株的基因组学和转录组学分析，开展了南极微生物资源的收集、分类、生理生化、分子生物学分析，对获得的菌株资源进行了标准化整理和保藏，形成了上述区域性的微生物菌株资源的储备及其资源性质的基础了解，并对这些菌株资源的酶学、农用和药用产物进行了基础分析，对部分菌株所蕴含的资源性质和利用潜力做出基本评估。形成了一批具有各种活性的菌株资源储备，为今后开发利用这些南极微生物资源奠定了良好的基础。

4.3.2.2　分析数据情况

（1）完成563株南极微生物菌株的标准化整理和保藏，其中各类细菌400多株；放线菌100多株，真菌50多株（表4－17）。分离储备尚未标准化的后台菌株568株，其中真菌371株，细菌153株，放线菌45株。

（2）获得34条一批菌株的各类功能基因序列（表4－18）。

（3）获得一批微生物代谢产物的ESI－MS、HR ESI－MS、1H－NMR、13C NMR、DEPT、1H－1H COSY、HMBC、HMQC、HRESIMS等各类谱学图谱125幅（表4－19）。

（4）筛选获得β－葡萄糖苷酶活性真菌28株，产木质素酶的真菌4株，产生淀粉酶真菌53株，产生蛋白酶真菌37株，产生纤维素酶真菌12株；产蛋白酶细菌4株，产脂肪酶细菌4株，产β－D－半乳糖苷酶细菌1株，含卤化酶基因的放线菌6株，产木质素酶细菌4株；9株细菌和15株真菌对植物病原真菌具有明显抗菌活性；6株南极真菌的次生代谢产物具有茶叶致病抗真菌活性。

（5）开展一批菌株分析及其功能评价。

中国极地研究中心：开展了放线菌（*Streptomyces* sp. R－527F）产物组分与药源活性评估，该菌株具有较强的抑制白色念珠菌（S. aureus）和枯草芽孢杆菌（B. subtilis）活性，分离获得3个纯化产物组分P1－P3。药敏实验展示了P2、P3对清酒酵母菌、粘球菌、绿脓杆菌、短小芽孢杆菌等多种病原菌具有较强抑菌活性，细胞毒性评价显示P1－P3对慢性骨髓性白血病K562表现不同程度的活性，P1－P3在所测试的浓度范围内（0.024～100 μmol/L）均对T细胞增殖表现出不同程度的抑制作用。完成了1株青霉菌属菌株（*Penicillium* sp. C－5）真菌代谢产物的分离和结构鉴定，获得5个二萜类化合物的分离组分，鉴定其中2个化合物。

国家海洋局第一海洋研究所：开展了产木质素酶的Aspergillus sydowii MS－19菌株的转录组测序喝分析，并对其产木质素酶功能分析与活性评价。

中国水产科学研究院东海水产研究所：开展了产吡咯喹啉醌（PQQ）南极磷虾共附生菌PQ－08特性、一氧化氮抑制活性及羟自由基清除抗氧化活性功能评估；对南极磷虾共附生菌（*Salegentibacter* sp. NJC－06）开展了心血管疾病研究模式细胞系ECV－304的抑制筛选分析，该菌株产活性物质二萜，可抑制心血管疾病研究模式细胞系ECV－304内LPS诱导的NO释放，对iNOS基因及蛋白表达具有较强的靶向抑制活性。

中国海洋大学：开展了树粉孢菌（*Oidiodendron truncatum*）真菌的代谢产物及其抗肿瘤活性研究，分离得到了二酮哌嗪类化合物17个，其他类化合物15个，共32个化合物，其中9个为新化合物，1个新天然产物，9个化合物显示出强的细胞毒活性。开展了菌株（*Penicillium* sp. PR19N－1）的代谢产物及其抗肿瘤活性分析，得到了艾里莫芬烷型倍半萜类化合物16个，苯的衍生物3个，二酮哌嗪类化合物1个。其中艾里莫芬烷型倍半萜类化合物6个，5个为新化合物，1个化合物为新的天然产物。该菌株分离自南极普里兹湾海域泥样，GenBank登录号为KC756948。其发酵浸膏对P388细胞有明显的细胞毒活性，新化合物1和8对A549细胞显示较强的细胞毒活性（IC50分别为12.2 μmol/L和5.2 μmol/L）；新化合物9、10显示出弱的细胞毒活性（IC50分别为59.7 μmol/L和82.8 μmol/L）。开展了菌株（*Penicillium* sp. PRB－2）分离自南极普里兹湾海域泥样，GenBank登录号为KF924395。该菌的发酵浸膏对K562细胞有明显的细胞毒活性。分离纯化得到25个代谢产物，其中15个为新化合物。

第三海洋研究所：对真菌菌株 Pc3 开展了发酵和产物分离，菌株 Pc3 粗提产物对绿色木霉显示抑制活性，分离纯化获得 3 个抗菌蛋白。真菌 H915 菌株分离获得 10 个色谱纯的化合物，主代谢产物 915 – 8 – 5 通过核磁进行结构鉴定为弯孢霉菌素（*Curvularin*）。菌株（*Bacilus* sp. xt16）具有良好抗茶叶致病真菌活性，分离获得 15 个化合物单体，化合物 12（macrolactin A）、13（7 – O – succinyl macrolactin A）、14（7 – O – malonyl macrolactin A）对茶叶致病真菌 *Pestalotiopsis theae* 和 *Colletotrichum gloeosporioides* 具有较好的抗致病真菌活性。菌株 Penicillium funiculosum GWT2 – 24 初筛发酵浸膏对 H1N1 流感病毒具有抑制活性，经分离得到 14 个化合物，其中 7 个为新化合物（1，2，8 ~ 12），其中 3 个化合物具有抗 H1N1 流感病毒活性，其 IC50 值分别为 21，55 和 57 μmol/L。菌株（*Simplicillium lamellicola* HDN13 – 430）初筛发酵浸膏对（Candida albicans）具有抑制活性。分离纯化得到 6 个化合物，其中 3 个为新化合物。

表 4 – 17　本专题完成的南极海洋微生物菌株标准化数据摘要

序号	标准化整理菌株	完成单位	完成年度	备注
1	Sw357 – 1	中国极地研究中心	2012	细菌，16S rDNA
2	Sw357 – 2	中国极地研究中心	2012	细菌，16S rDNA
3	Sw358	中国极地研究中心	2012	细菌，16S rDNA
4	Sw359	中国极地研究中心	2012	细菌，16S rDNA
5	Sw360	中国极地研究中心	2012	细菌，16S rDNA
6	Sw361	中国极地研究中心	2012	细菌，16S rDNA
7	Sw362	中国极地研究中心	2012	细菌，16S rDNA
8	Sw363	中国极地研究中心	2012	细菌，16S rDNA
9	Sw364	中国极地研究中心	2012	细菌，16S rDNA
10	Sw365	中国极地研究中心	2012	细菌，16S rDNA
11	Sw366	中国极地研究中心	2012	细菌，16S rDNA
12	Sw367	中国极地研究中心	2012	细菌，16S rDNA
13	Sw368	中国极地研究中心	2012	细菌，16S rDNA
14	Sw369	中国极地研究中心	2012	细菌，16S rDNA
15	Sw370	中国极地研究中心	2012	细菌，16S rDNA
16	Sw371	中国极地研究中心	2012	细菌，16S rDNA
17	Sw372	中国极地研究中心	2012	细菌，16S rDNA
18	Sw374	中国极地研究中心	2012	细菌，16S rDNA
19	Sw375	中国极地研究中心	2012	细菌，16S rDNA
20	Sw376	中国极地研究中心	2012	细菌，16S rDNA
21	Sw377	中国极地研究中心	2012	细菌，16S rDNA
22	Sw378 – 1	中国极地研究中心	2012	细菌，16S rDNA
23	Sw378	中国极地研究中心	2012	细菌，16S rDNA
24	Sw379	中国极地研究中心	2012	细菌，16S rDNA

续表

序号	标准化整理菌株	完成单位	完成年度	备注
25	Sw380	中国极地研究中心	2012	细菌，16S rDNA
26	Sw381	中国极地研究中心	2012	细菌，16S rDNA
27	Sw382	中国极地研究中心	2012	细菌，16S rDNA
28	Sw387	中国极地研究中心	2012	细菌，16S rDNA
29	Sw389	中国极地研究中心	2012	细菌，16S rDNA
30	Sw390 - 1	中国极地研究中心	2012	细菌，16S rDNA
31	Sw390 - 2	中国极地研究中心	2012	细菌，16S rDNA
32	Sw391	中国极地研究中心	2012	细菌，16S rDNA
33	Sw392	中国极地研究中心	2012	细菌，16S rDNA
34	Sw393	中国极地研究中心	2012	细菌，16S rDNA
35	Sw395	中国极地研究中心	2012	细菌，16S rDNA
36	Sw396	中国极地研究中心	2012	细菌，16S rDNA
37	Sw397	中国极地研究中心	2012	细菌，16S rDNA
38	Sw398	中国极地研究中心	2012	细菌，16S rDNA
39	Sw400	中国极地研究中心	2012	细菌，16S rDNA
40	Sw401	中国极地研究中心	2012	细菌，16S rDNA
41	Sw402 - 2	中国极地研究中心	2012	细菌，16S rDNA
42	Sw404	中国极地研究中心	2012	细菌，16S rDNA
43	Sw405 - 1	中国极地研究中心	2012	细菌，16S rDNA
44	Sw405 - 2	中国极地研究中心	2012	细菌，16S rDNA
45	Sw406	中国极地研究中心	2012	细菌，16S rDNA
46	NJ - 001	中国水产科学研究院东海水产研究所	2012	细菌，16S rDNA
47	NJ - 002	中国水产科学研究院东海水产研究所	2012	细菌，16S rDNA
48	NJ - 004	中国水产科学研究院东海水产研究所	2012	细菌，16S rDNA
49	NJ - 005	中国水产科学研究院东海水产研究所	2012	细菌，16S rDNA
50	NJ - 013	中国水产科学研究院东海水产研究所	2012	细菌，16S rDNA
51	NJ - 014	中国水产科学研究院东海水产研究所	2012	细菌，16S rDNA
52	NJ - 019	中国水产科学研究院东海水产研究所	2012	细菌，16S rDNA
53	53	中国水产科学研究院东海水产研究所	2012	细菌，16S rDNA
54	430	中国水产科学研究院东海水产研究所	2012	细菌，16S rDNA
55	510	中国水产科学研究院东海水产研究所	2012	细菌，16S rDNA
56	519	中国水产科学研究院东海水产研究所	2012	细菌，16S rDNA
57	522	中国水产科学研究院东海水产研究所	2012	细菌，16S rDNA
58	523	中国水产科学研究院东海水产研究所	2012	细菌，16S rDNA

续表

序号	标准化整理菌株	完成单位	完成年度	备注
59	523（2）	中国水产科学研究院东海水产研究所	2012	细菌，16S rDNA
60	529（3）	中国水产科学研究院东海水产研究所	2012	细菌，16S rDNA
61	*Cladosporium cladosporioides* FS－03	国家海洋局第一海洋研究所	2012	真菌，18S rDNA
62	*Penicillium* sp. FW－04	国家海洋局第一海洋研究所	2012	真菌，18S rDNA
63	*Geomyces* sp. FW－13	国家海洋局第一海洋研究所	2012	真菌，18S rDNA
64	*Penicillium commune* HS－07	国家海洋局第一海洋研究所	2012	真菌，18S rDNA
65	*Pseudeurotium* sp. HS－11	国家海洋局第一海洋研究所	2012	真菌，18S rDNA
66	*Pseudeurotium* sp. MS－17	国家海洋局第一海洋研究所	2012	真菌，18S rDNA
67	*Penicillium chrysogenum* MS－02	国家海洋局第一海洋研究所	2012	真菌，18S rDNA
68	*Penicillium polonicum* PU－05	国家海洋局第一海洋研究所	2012	真菌，18S rDNA
69	*Onygenales* sp. SS－08	国家海洋局第一海洋研究所	2012	真菌，18S rDNA
70	*Geomyces* sp. SS－10	国家海洋局第一海洋研究所	2012	真菌，18S rDNA
71	*Penicillium chrysogenum* SS－13	国家海洋局第一海洋研究所	2012	真菌，18S rDNA
72	*Ascomycota* sp. MS－10	国家海洋局第一海洋研究所	2012	真菌，18S rDNA
73	*Aspergillus sydowii* MS－19	国家海洋局第一海洋研究所	2012	真菌，18S rDNA
74	*Aureobasidium pullulans* PU－01	国家海洋局第一海洋研究所	2012	真菌，18S rDNA
75	*Cladosporium* sp. SS－04	国家海洋局第一海洋研究所	2012	真菌，18S rDNA
76	*Pseudoalteromonas* sp. xp10	国家海洋局第三海洋研究所	2012	细菌，16S rDNA
77	*Pseudoalteromonas* arctica xp13（1）	国家海洋局第三海洋研究所	2012	细菌，16S rDNA
78	*Bacillus baekryungensis* xp11（3）	国家海洋局第三海洋研究所	2012	细菌，16S rDNA
79	*Geomyces* sp. pp6（1）	国家海洋局第三海洋研究所	2012	细菌，16S rDNA
80	*Geomyces pannorum* var PP9	国家海洋局第三海洋研究所	2012	细菌，16S rDNA
81	*Pseudoalteromonas* sp. xz5（2）	国家海洋局第三海洋研究所	2012	细菌，16S rDNA
82	*Glaciecola* sp. xz18（1）	国家海洋局第三海洋研究所	2012	细菌，16S rDNA
83	*Pseudoalteromonas arctica* xz5（4）	国家海洋局第三海洋研究所	2012	细菌，16S rDNA
84	*Leucosporidium* sp. xz3	国家海洋局第三海洋研究所	2012	细菌，16S rDNA
85	*Glaciecola* sp. xp20（4）	国家海洋局第三海洋研究所	2012	细菌，16S rDNA
86	*Streptomyces fildesensis* sp. nov. GW25－5	中国海洋大学	2012	细菌，16S rDNA
87	*Nocardiopsis* sp. nov. GW9－2	中国海洋大学	2012	细菌，16S rDNA
88	Y110	中国海洋大学	2012	细菌，16S rDNA
89	Y103	中国海洋大学	2012	细菌，16S rDNA
90	Y95	中国海洋大学	2012	细菌，16S rDNA
91	Y71	中国海洋大学	2012	细菌，16S rDNA
92	Y75	中国海洋大学	2012	细菌，16S rDNA

续表

序号	标准化整理菌株	完成单位	完成年度	备注
93	Y78	中国海洋大学	2012	细菌，16S rDNA
94	Y83	中国海洋大学	2012	细菌，16S rDNA
95	Y88	中国海洋大学	2012	细菌，16S rDNA
96	Y89	中国海洋大学	2012	细菌，16S rDNA
97	Y99	中国海洋大学	2012	细菌，16S rDNA
98	*Streptomyces* sp. 514	中国极地研究中心	2013	放线菌，16S rDNA
99	*Nocardiopsis* sp. 518	中国极地研究中心	2013	放线菌，16S rDNA
100	*Streptomyces* sp. 527	中国极地研究中心	2013	放线菌，16S rDNA
101	*Roseicitreum* sp. 530	中国极地研究中心	2013	细菌，16S rDNA
102	*Streptomyces* sp. 575	中国极地研究中心	2013	放线菌，16S rDNA
103	*Nocardiopsis* sp. 500	中国极地研究中心	2013	放线菌，16S rDNA
104	*Nocardiopsis* sp. 502	中国极地研究中心	2013	放线菌，16S rDNA
105	*Nocardiopsis* sp. 503	中国极地研究中心	2013	放线菌，16S rDNA
106	*Mesorhizobium* sp. 516	中国极地研究中心	2013	细菌，16S rDNA
107	*Nocardiopsis* sp. 520	中国极地研究中心	2013	放线菌，16S rDNA
108	*Brevibacterium* sp. 523	中国极地研究中心	2013	细菌，16S rDNA
109	*Pseudonocardia* sp. 525	中国极地研究中心	2013	放线菌，16S rDNA
110	*Streptomyces* sp. 528	中国极地研究中心	2013	放线菌，16S rDNA
111	*Nocardiopsis* sp. 531	中国极地研究中心	2013	放线菌，16S rDNA
112	*Nocardiopsis* sp. 532	中国极地研究中心	2013	放线菌，16S rDNA
113	*Nocardiopsis* sp. 535	中国极地研究中心	2013	放线菌，16S rDNA
114	*Streptomyces* sp. 594	中国极地研究中心	2013	放线菌，16S rDNA
115	*Streptomyces* sp. 595	中国极地研究中心	2013	放线菌，16S rDNA
116	*Streptomyces* sp. 597	中国极地研究中心	2013	放线菌，16S rDNA
117	*Pseudonocardia* sp. 598	中国极地研究中心	2013	放线菌，16S rDNA
118	*Streptomyces* sp. 599	中国极地研究中心	2013	放线菌，16S rDNA
119	*Streptomyces* sp. 600	中国极地研究中心	2013	放线菌，16S rDNA
120	*Streptomyces* sp. 606	中国极地研究中心	2013	放线菌，16S rDNA
121	*Streptomyces* sp. 607	中国极地研究中心	2013	放线菌，16S rDNA
122	*Streptomyces* sp. 608	中国极地研究中心	2013	放线菌，16S rDNA
123	*Streptomyces* sp. 609	中国极地研究中心	2013	放线菌，16S rDNA
124	*Streptomyces* sp. 610	中国极地研究中心	2013	放线菌，16S rDNA
125	*Streptomyces* sp. 611	中国极地研究中心	2013	放线菌，16S rDNA
126	*Streptomyces* sp. 612	中国极地研究中心	2013	放线菌，16S rDNA

续表

序号	标准化整理菌株	完成单位	完成年度	备注
127	*Streptomyces* sp. 613	中国极地研究中心	2013	放线菌，16S rDNA
128	*Streptomyces* sp. 614	中国极地研究中心	2013	放线菌，16S rDNA
129	*Streptomyces* sp. 615	中国极地研究中心	2013	放线菌，16S rDNA
130	*Streptomyces* sp. 616	中国极地研究中心	2013	放线菌，16S rDNA
131	*Streptomyces* sp. 537	中国极地研究中心	2013	放线菌，16S rDNA
132	*Streptomyces* sp. 540	中国极地研究中心	2013	放线菌，16S rDNA
133	*Streptomyces* sp. 541	中国极地研究中心	2013	放线菌，16S rDNA
134	*Streptomyces* sp. 543	中国极地研究中心	2013	放线菌，16S rDNA
135	*Streptomyces* sp. 544	中国极地研究中心	2013	放线菌，16S rDNA
136	*Streptomyces* sp. 545	中国极地研究中心	2013	放线菌，16S rDNA
137	*Streptomyces* sp. 546	中国极地研究中心	2013	放线菌，16S rDNA
138	*Streptomyces* sp. 547	中国极地研究中心	2013	放线菌，16S rDNA
139	*Streptomyces* sp. 548	中国极地研究中心	2013	放线菌，16S rDNA
140	*Streptomyces* sp. 549	中国极地研究中心	2013	放线菌，16S rDNA
141	*Streptomyces* sp. 550	中国极地研究中心	2013	放线菌，16S rDNA
142	*Streptomyces* sp. 551	中国极地研究中心	2013	放线菌，16S rDNA
143	*Streptomyces* sp. 552	中国极地研究中心	2013	放线菌，16S rDNA
144	*Streptomyces* sp. 555	中国极地研究中心	2013	放线菌，16S rDNA
145	*Streptomyces* sp. 556	中国极地研究中心	2013	放线菌，16S rDNA
146	*Streptomyces* sp. 557	中国极地研究中心	2013	放线菌，16S rDNA
147	*Streptomyces* sp. 558	中国极地研究中心	2013	放线菌，16S rDNA
148	*Roseicitreum* sp. 559	中国极地研究中心	2013	细菌，16S rDNA
149	*Streptomyces* sp. 560	中国极地研究中心	2013	放线菌，16S rDNA
150	*Streptomyces* sp. 561	中国极地研究中心	2013	放线菌，16S rDNA
151	*Streptomyces* sp. 562	中国极地研究中心	2013	放线菌，16S rDNA
152	*Streptomyces* sp. 563	中国极地研究中心	2013	放线菌，16S rDNA
153	*Streptomyces* sp. 564	中国极地研究中心	2013	放线菌，16S rDNA
154	*Acinetobacter* sp. 565	中国极地研究中心	2013	细菌，16S rDNA
155	*Streptomyces* sp. 567	中国极地研究中心	2013	放线菌，16S rDNA
156	*Streptomyces* sp. 568	中国极地研究中心	2013	放线菌，16S rDNA
157	*Streptomyces* sp. 570	中国极地研究中心	2013	放线菌，16S rDNA
158	*Streptomyces* sp. 571	中国极地研究中心	2013	放线菌，16S rDNA
159	*Streptomyces* sp. 579	中国极地研究中心	2013	放线菌，16S rDNA
160	*Streptomyces* sp. 580	中国极地研究中心	2013	放线菌，16S rDNA

续表

序号	标准化整理菌株	完成单位	完成年度	备注
161	*Streptomyces* sp. 584	中国极地研究中心	2013	放线菌，16S rDNA
162	*Streptomyces* sp. 585	中国极地研究中心	2013	放线菌，16S rDNA
163	*Streptomyces* sp. 586	中国极地研究中心	2013	放线菌，16S rDNA
164	*Streptomyces* sp. 587	中国极地研究中心	2013	放线菌，16S rDNA
165	*Streptomyces* sp. 588	中国极地研究中心	2013	放线菌，16S rDNA
166	*Streptomyces* sp. 589	中国极地研究中心	2013	放线菌，16S rDNA
167	*Streptomyces* sp. 625	中国极地研究中心	2013	放线菌，16S rDNA
168	*Streptomyces* sp. 626	中国极地研究中心	2013	放线菌，16S rDNA
169	*Streptomyces* sp. 628	中国极地研究中心	2013	放线菌，16S rDNA
170	*Streptomyces* sp. 629	中国极地研究中心	2013	放线菌，16S rDNA
171	*Streptomyces* sp. 630	中国极地研究中心	2013	放线菌，16S rDNA
172	*Streptomyces* sp. 631	中国极地研究中心	2013	放线菌，16S rDNA
173	*Streptomyces* sp. 632	中国极地研究中心	2013	放线菌，16S rDNA
174	*Streptomyces* sp. 633	中国极地研究中心	2013	放线菌，16S rDNA
175	*Streptomyces* sp. 634	中国极地研究中心	2013	放线菌，16S rDNA
176	*Streptomyces* sp. 635	中国极地研究中心	2013	放线菌，16S rDNA
177	*Streptomyces* sp. 603	中国极地研究中心	2013	放线菌，16S rDNA
178	NF3 – 3	中国极地研究中心	2013	细菌，16S rDNA
179	NF3 – 16	中国极地研究中心	2013	细菌，16S rDNA
180	NF3 – 14 – 1	中国极地研究中心	2013	细菌，16S rDNA
181	ZS1 – 14 – 1	中国极地研究中心	2013	细菌，16S rDNA
182	Stn21 – 7	中国极地研究中心	2013	细菌，16S rDNA
183	Stn21 – 29	中国极地研究中心	2013	细菌，16S rDNA
184	Stn21 – 19	中国极地研究中心	2013	细菌，16S rDNA
185	NF3 – 20	中国极地研究中心	2013	细菌，16S rDNA
186	NF3 – 14 – 2	中国极地研究中心	2013	细菌，16S rDNA
187	NF3 – 12	中国极地研究中心	2013	细菌，16S rDNA
188	K1B – 3	中国极地研究中心	2013	细菌，16S rDNA
189	PR4 – 6	中国极地研究中心	2013	细菌，16S rDNA
190	NF1 – 29	中国极地研究中心	2013	细菌，16S rDNA
191	PR1 – 17	中国极地研究中心	2013	细菌，16S rDNA
192	ZS1 – 4	中国极地研究中心	2013	细菌，16S rDNA
193	ZS4 – 27	中国极地研究中心	2013	细菌，16S rDNA
194	NF1 – 11	中国极地研究中心	2013	细菌，16S rDNA

续表

序号	标准化整理菌株	完成单位	完成年度	备注
195	K2B－3	中国极地研究中心	2013	细菌，16S rDNA
196	K3B－5	中国极地研究中心	2013	细菌，16S rDNA
197	KS5－3	中国极地研究中心	2013	细菌，16S rDNA
198	K3d－1	中国极地研究中心	2013	细菌，16S rDNA
199	KS9－10	中国极地研究中心	2013	细菌，16S rDNA
200	Stn21－32	中国极地研究中心	2013	细菌，16S rDNA
201	NF3－11－1	中国极地研究中心	2013	细菌，16S rDNA
202	Stn21－20	中国极地研究中心	2013	细菌，16S rDNA
203	TWM3	中国极地研究中心	2013	细菌，16S rDNA
204	TLW5	中国极地研究中心	2013	细菌，16S rDNA
205	NF3－22	中国极地研究中心	2013	细菌，16S rDNA
206	NF3－10	中国极地研究中心	2013	细菌，16S rDNA
207	Stn21－21	中国极地研究中心	2013	细菌，16S rDNA
208	NF4－1	中国极地研究中心	2013	细菌，16S rDNA
209	NF3－21	中国极地研究中心	2013	细菌，16S rDNA
210	NF3－11	中国极地研究中心	2013	细菌，16S rDNA
211	ZS6－31	中国极地研究中心	2013	细菌，16S rDNA
212	ZS4－15	中国极地研究中心	2013	细菌，16S rDNA
213	K1B－7	中国极地研究中心	2013	细菌，16S rDNA
214	NF1－23－1	中国极地研究中心	2013	细菌，16S rDNA
215	K4B－6	中国极地研究中心	2013	细菌，16S rDNA
216	ZS6－27	中国极地研究中心	2013	细菌，16S rDNA
217	ZS6－11	中国极地研究中心	2013	细菌，16S rDNA
218	NF1－27	中国极地研究中心	2013	细菌，16S rDNA
219	KS7－2	中国极地研究中心	2013	细菌，16S rDNA
220	K3d－2	中国极地研究中心	2013	细菌，16S rDNA
221	K3B－2	中国极地研究中心	2013	细菌，16S rDNA
222	NJES－02	中国水产科学研究院东海水产研究所	2013	细菌，16S rDNA
223	NJES－03	中国水产科学研究院东海水产研究所	2013	细菌，16S rDNA
224	NJES－07	中国水产科学研究院东海水产研究所	2013	细菌，16S rDNA
225	NJES－08	中国水产科学研究院东海水产研究所	2013	细菌，16S rDNA
226	NJES－09	中国水产科学研究院东海水产研究所	2013	细菌，16S rDNA
227	NJES－10	中国水产科学研究院东海水产研究所	2013	细菌，16S rDNA
228	NJES－11	中国水产科学研究院东海水产研究所	2013	细菌，16S rDNA

续表

序号	标准化整理菌株	完成单位	完成年度	备注
229	NJES－12	中国水产科学研究院东海水产研究所	2013	细菌，16S rDNA
230	NJES－15	中国水产科学研究院东海水产研究所	2013	细菌，16S rDNA
231	NJES－16	中国水产科学研究院东海水产研究所	2013	细菌，16S rDNA
232	NJES－17	中国水产科学研究院东海水产研究所	2013	细菌，16S rDNA
233	NJES－18	中国水产科学研究院东海水产研究所	2013	细菌，16S rDNA
234	NJES－19	中国水产科学研究院东海水产研究所	2013	细菌，16S rDNA
235	NJES－21	中国水产科学研究院东海水产研究所	2013	细菌，16S rDNA
236	NJES－24	中国水产科学研究院东海水产研究所	2013	细菌，16S rDNA
237	NJES－25	中国水产科学研究院东海水产研究所	2013	细菌，16S rDNA
238	NJES－26	中国水产科学研究院东海水产研究所	2013	细菌，16S rDNA
239	NJES－27	中国水产科学研究院东海水产研究所	2013	细菌，16S rDNA
240	NJES－28	中国水产科学研究院东海水产研究所	2013	细菌，16S rDNA
241	NJES－29	中国水产科学研究院东海水产研究所	2013	细菌，16S rDNA
242	5303	国家海洋局第三海洋研究所	2013	真菌，18S rDNA
243	4921	国家海洋局第三海洋研究所	2013	真菌，18S rDNA
244	1127	国家海洋局第三海洋研究所	2013	细菌，16S rDNA
245	30120702	国家海洋局第三海洋研究所	2013	真菌，18S rDNA
246	13272326	国家海洋局第三海洋研究所	2013	真菌，18S rDNA
247	W1281	国家海洋局第三海洋研究所	2013	真菌，18S rDNA
248	W1282	国家海洋局第三海洋研究所	2013	真菌，18S rDNA
249	W174	国家海洋局第三海洋研究所	2013	真菌，18S rDNA
250	PC3	国家海洋局第三海洋研究所	2013	细菌，16S rDNA
251	CL D5－4	国家海洋局第三海洋研究所	2013	真菌，18S rDNA
252	W161	国家海洋局第三海洋研究所	2013	真菌，18S rDNA
253	W1296	国家海洋局第三海洋研究所	2013	真菌，18S rDNA
254	H24	国家海洋局第三海洋研究所	2013	真菌，18S rDNA
255	H917	国家海洋局第三海洋研究所	2013	真菌，18S rDNA
256	H915	国家海洋局第三海洋研究所	2013	真菌，18S rDNA
257	H918	国家海洋局第三海洋研究所	2013	真菌，18S rDNA
258	H8	国家海洋局第三海洋研究所	2013	真菌，18S rDNA
259	H35	国家海洋局第三海洋研究所	2013	真菌，18S rDNA
260	H903	国家海洋局第三海洋研究所	2013	真菌，18S rDNA
261	y116	中国海洋大学	2013	细菌，16S rDNA
262	y121	中国海洋大学	2013	细菌，16S rDNA

续表

序号	标准化整理菌株	完成单位	完成年度	备注
263	y114	中国海洋大学	2013	细菌，16S rDNA
264	y111	中国海洋大学	2013	细菌，16S rDNA
265	y73	中国海洋大学	2013	细菌，16S rDNA
266	y74	中国海洋大学	2013	细菌，16S rDNA
267	y84	中国海洋大学	2013	细菌，16S rDNA
268	y117	中国海洋大学	2013	细菌，16S rDNA
269	y85	中国海洋大学	2013	细菌，16S rDNA
270	y187	中国海洋大学	2013	细菌，16S rDNA
271	y409	中国海洋大学	2013	细菌，16S rDNA
272	A－5－1	国家海洋局第一海洋研究所	2013	细菌，16S rDNA
273	A－5－2	国家海洋局第一海洋研究所	2013	细菌，16S rDNA
274	K P7－5－3	国家海洋局第一海洋研究所	2013	细菌，16S rDNA
275	L P6－8－1	国家海洋局第一海洋研究所	2013	细菌，16S rDNA
276	L P6－11－1	国家海洋局第一海洋研究所	2013	细菌，16S rDNA
277	L P6－12－2	国家海洋局第一海洋研究所	2013	细菌，16S rDNA
278	P7－5－1	国家海洋局第一海洋研究所	2013	细菌，16S rDNA
279	P7－9－1	国家海洋局第一海洋研究所	2013	细菌，16S rDNA
280	A－3－1	国家海洋局第一海洋研究所	2013	细菌，16S rDNA
281	M2－2	国家海洋局第一海洋研究所	2013	细菌，16S rDNA
282	M2－3	国家海洋局第一海洋研究所	2013	细菌，16S rDNA
283	P7－5－3	国家海洋局第一海洋研究所	2013	细菌，16S rDNA
284	P7－7－4	国家海洋局第一海洋研究所	2013	细菌，16S rDNA
285	P7－9－4	国家海洋局第一海洋研究所	2013	细菌，16S rDNA
286	P3－3－2	国家海洋局第一海洋研究所	2013	细菌，16S rDNA
287	P3－3－4	国家海洋局第一海洋研究所	2013	细菌，16S rDNA
288	P6－12－1	国家海洋局第一海洋研究所	2013	细菌，16S rDNA
289	P6－12－4	国家海洋局第一海洋研究所	2013	细菌，16S rDNA
290	P3－8－2	国家海洋局第一海洋研究所	2013	细菌，16S rDNA
291	P7－16－4	国家海洋局第一海洋研究所	2013	细菌，16S rDNA
292	P6－8－3	国家海洋局第一海洋研究所	2013	细菌，16S rDNA
293	P3－9－4	国家海洋局第一海洋研究所	2013	细菌，16S rDNA
294	P6－11－8	国家海洋局第一海洋研究所	2013	细菌，16S rDNA
295	P5－6－1	国家海洋局第一海洋研究所	2013	细菌，16S rDNA
296	P7－16－4	国家海洋局第一海洋研究所	2013	细菌，16S rDNA

续表

序号	标准化整理菌株	完成单位	完成年度	备注
297	P7 - 16 - 5	国家海洋局第一海洋研究所	2013	细菌，16S rDNA
298	P6 - 8 - 2	国家海洋局第一海洋研究所	2013	细菌，16S rDNA
299	P6 - 11	国家海洋局第一海洋研究所	2013	细菌，16S rDNA
300	P - 9 - 3	国家海洋局第一海洋研究所	2013	细菌，16S rDNA
301	R09 - 9	中国极地研究中心	2014	细菌，16S rDNA
302	R09 - 12	中国极地研究中心	2014	细菌，16S rDNA
303	K1B - 3	中国极地研究中心	2014	细菌，16S rDNA
304	ZS1 - 4	中国极地研究中心	2014	细菌，16S rDNA
305	NF1 - 11	中国极地研究中心	2014	细菌，16S rDNA
306	BSs20122	中国极地研究中心	2014	细菌，16S rDNA
307	K4B - 6	中国极地研究中心	2014	细菌，16S rDNA
308	NF3 - 21	中国极地研究中心	2014	细菌，16S rDNA
309	BSw20196	中国极地研究中心	2014	细菌，16S rDNA
310	NF1 - 27	中国极地研究中心	2014	细菌，16S rDNA
311	BSw20187	中国极地研究中心	2014	细菌，16S rDNA
312	K1B - 10	中国极地研究中心	2014	细菌，16S rDNA
313	K4B - 5	中国极地研究中心	2014	细菌，16S rDNA
314	K3B - 5	中国极地研究中心	2014	细菌，16S rDNA
315	KS5 - 6	中国极地研究中心	2014	细菌，16S rDNA
316	KS5 - 1	中国极地研究中心	2014	细菌，16S rDNA
317	KS5 - 3	中国极地研究中心	2014	细菌，16S rDNA
318	K3d - 1	中国极地研究中心	2014	细菌，16S rDNA
319	K4d - 1	中国极地研究中心	2014	细菌，16S rDNA
320	K1d - 2	中国极地研究中心	2014	细菌，16S rDNA
321	PR4 - 6	中国极地研究中心	2014	细菌，16S rDNA
322	PR1 - 17	中国极地研究中心	2014	细菌，16S rDNA
323	NF3 - 16	中国极地研究中心	2014	细菌，16S rDNA
324	NF1 - 29	中国极地研究中心	2014	细菌，16S rDNA
325	BCw031	中国极地研究中心	2014	细菌，16S rDNA
326	BCw022	中国极地研究中心	2014	细菌，16S rDNA
327	KS8 - 8	中国极地研究中心	2014	细菌，16S rDNA
328	KS7 - 2	中国极地研究中心	2014	细菌，16S rDNA
329	KS9 - 10	中国极地研究中心	2014	细菌，16S rDNA
330	BR097	中国极地研究中心	2014	细菌，16S rDNA

续表

序号	标准化整理菌株	完成单位	完成年度	备注
331	E5－11－3	国家海洋局第一海洋研究所	2014	细菌，16S rDNA
332	D2－1	国家海洋局第一海洋研究所	2014	细菌，16S rDNA
333	J2－3	国家海洋局第一海洋研究所	2014	细菌，16S rDNA
334	E5－6－3	国家海洋局第一海洋研究所	2014	细菌，16S rDNA
335	E1－1－6	国家海洋局第一海洋研究所	2014	细菌，16S rDNA
336	E4－1	国家海洋局第一海洋研究所	2014	细菌，16S rDNA
337	D3－2－1	国家海洋局第一海洋研究所	2014	细菌，16S rDNA
338	D4－2－3	国家海洋局第一海洋研究所	2014	细菌，16S rDNA
339	E5－3－3	国家海洋局第一海洋研究所	2014	细菌，16S rDNA
340	E4－4－2	国家海洋局第一海洋研究所	2014	细菌，16S rDNA
341	D4－4－3	国家海洋局第一海洋研究所	2014	细菌，16S rDNA
342	D4－2	国家海洋局第一海洋研究所	2014	细菌，16S rDNA
343	J1－4	国家海洋局第一海洋研究所	2014	真菌，18S rDNA
344	J5－1	国家海洋局第一海洋研究所	2014	真菌，18S rDNA
345	J5－3	国家海洋局第一海洋研究所	2014	真菌，18S rDNA
346	J2－2－2	国家海洋局第一海洋研究所	2014	真菌，18S rDNA
347	J2－4	国家海洋局第一海洋研究所	2014	真菌，18S rDNA
348	J5－4	国家海洋局第一海洋研究所	2014	真菌，18S rDNA
349	W1294	国家海洋局第三海洋研究所	2014	真菌，18S rDNA
350	W1295	国家海洋局第三海洋研究所	2014	真菌，18S rDNA
351	W1297	国家海洋局第三海洋研究所	2014	真菌，18S rDNA
352	W1298	国家海洋局第三海洋研究所	2014	真菌，18S rDNA
353	11203	国家海洋局第三海洋研究所	2014	真菌，18S rDNA
354	522105	国家海洋局第三海洋研究所	2014	真菌，18S rDNA
355	11206	国家海洋局第三海洋研究所	2014	真菌，18S rDNA
356	11207	国家海洋局第三海洋研究所	2014	真菌，18S rDNA
357	W161	国家海洋局第三海洋研究所	2014	真菌，18S rDNA
358	W1296	国家海洋局第三海洋研究所	2014	真菌，18S rDNA
359	N501	国家海洋局第三海洋研究所	2014	细菌，16S rDNA
360	N505	国家海洋局第三海洋研究所	2014	细菌，16S rDNA
361	N504	国家海洋局第三海洋研究所	2014	细菌，16S rDNA
362	E226	中国海洋大学	2014	放线菌，16S rDNA
363	E223	中国海洋大学	2014	放线菌，16S rDNA
364	E0401	中国海洋大学	2014	放线菌，16S rDNA

续表

序号	标准化整理菌株	完成单位	完成年度	备注
365	E0409	中国海洋大学	2014	放线菌，16S rDNA
366	E0410	中国海洋大学	2014	放线菌，16S rDNA
367	E0413	中国海洋大学	2014	放线菌，16S rDNA
368	E2R16	中国海洋大学	2014	放线菌，16S rDNA
369	E2R03	中国海洋大学	2014	放线菌，16S rDNA
370	E2R20	中国海洋大学	2014	放线菌，16S rDNA
371	E0442	中国海洋大学	2014	放线菌，16S rDNA
372	NJES - 13	中国水产科学研究院东海水产研究所	2014	细菌，16S rDNA
373	NJES - 27	中国水产科学研究院东海水产研究所	2014	细菌，16S rDNA
374	NJES - 29	中国水产科学研究院东海水产研究所	2014	细菌，16S rDNA
375	NJES - 52	中国水产科学研究院东海水产研究所	2014	细菌，16S rDNA
376	NJES - 54	中国水产科学研究院东海水产研究所	2014	细菌，16S rDNA
378	NJES - 60	中国水产科学研究院东海水产研究所	2014	细菌，16S rDNA
379	NJES - 78	中国水产科学研究院东海水产研究所	2014	细菌，16S rDNA
380	NJES - 79	中国水产科学研究院东海水产研究所	2014	细菌，16S rDNA
381	NJES - 88	中国水产科学研究院东海水产研究所	2014	细菌，16S rDNA
382	NJES - 104	中国水产科学研究院东海水产研究所	2014	细菌，16S rDNA
383	PA - 3 - X2	中国极地研究中心	2015	细菌，16S rDNA
384	PA - 5 - x5	中国极地研究中心	2015	细菌，16S rDNA
385	P5 - 10 - x4	中国极地研究中心	2015	细菌，16S rDNA
386	PA - 3 - x10	中国极地研究中心	2015	细菌，16S rDNA
387	P5 - 4 - x4	中国极地研究中心	2015	细菌，16S rDNA
388	PA - 3 - x5	中国极地研究中心	2015	细菌，16S rDNA
389	PA - 5 - x4	中国极地研究中心	2015	细菌，16S rDNA
390	PA - 3 - x6	中国极地研究中心	2015	细菌，16S rDNA
391	P5 - 10 - x1	中国极地研究中心	2015	细菌，16S rDNA
392	P3 - 8 - x3	中国极地研究中心	2015	细菌，16S rDNA
393	P5 - 10 - x2 - Y	中国极地研究中心	2015	细菌，16S rDNA
394	P5 - 10 - x3 - Y	中国极地研究中心	2015	细菌，16S rDNA
395	P7 - 7 - x1	中国极地研究中心	2015	细菌，16S rDNA
396	P6 - 11 - x1	中国极地研究中心	2015	细菌，16S rDNA
397	HM85	中国极地研究中心	2015	细菌，16S rDNA
398	HQ12	中国极地研究中心	2015	细菌，16S rDNA
399	HM10	中国极地研究中心	2015	细菌，16S rDNA

续表

序号	标准化整理菌株	完成单位	完成年度	备注
400	LW128	中国极地研究中心	2015	细菌，16S rDNA
402	HS31	中国极地研究中心	2015	细菌，16S rDNA
402	PA－5－X2－Y	中国极地研究中心	2015	细菌，16S rDNA
403	HS05	中国极地研究中心	2015	细菌，16S rDNA
404	HQ01	中国极地研究中心	2015	细菌，16S rDNA
405	HQ51	中国极地研究中心	2015	细菌，16S rDNA
406	HM145	中国极地研究中心	2015	细菌，16S rDNA
407	HS17	中国极地研究中心	2015	细菌，16S rDNA
408	HM77	中国极地研究中心	2015	细菌，16S rDNA
409	PA－3－X3－Y	中国极地研究中心	2015	细菌，16S rDNA
410	A1－6	中国极地研究中心	2015	细菌，16S rDNA
411	HQ09	中国极地研究中心	2015	细菌，16S rDNA
412	A1－16	中国极地研究中心	2015	细菌，16S rDNA
413	HQ33	中国极地研究中心	2015	细菌，16S rDNA
414	HM46	中国极地研究中心	2015	细菌，16S rDNA
415	HQ43	中国极地研究中心	2015	细菌，16S rDNA
416	HJM08	中国海洋大学	2015	放线菌，16S rDNA
417	NM12	中国海洋大学	2015	放线菌，16S rDNA
418	HHBR09	中国海洋大学	2015	放线菌，16S rDNA
419	NM13	中国海洋大学	2015	放线菌，16S rDNA
420	A3DR01	中国海洋大学	2015	放线菌，16S rDNA
421	NR02	中国海洋大学	2015	放线菌，16S rDNA
422	FDM09	中国海洋大学	2015	放线菌，16S rDNA
423	NM18	中国海洋大学	2015	放线菌，16S rDNA
424	QBM03	中国海洋大学	2015	放线菌，16S rDNA
425	HHBR01	中国海洋大学	2015	放线菌，16S rDNA
426	HJM17	中国海洋大学	2015	放线菌，16S rDNA
427	HJM13	中国海洋大学	2015	放线菌，16S rDNA
428	1PF3	国家海洋局第一海洋研究所	2015	细菌，16S rDNA
429	1PQ2－6	国家海洋局第一海洋研究所	2015	细菌，16S rDNA
430	1K1lan	国家海洋局第一海洋研究所	2015	细菌，16S rDNA
431	1Q1lan－6	国家海洋局第一海洋研究所	2015	细菌，16S rDNA
432	1EK3	国家海洋局第一海洋研究所	2015	细菌，16S rDNA
433	1EQ1	国家海洋局第一海洋研究所	2015	细菌，16S rDNA

续表

序号	标准化整理菌株	完成单位	完成年度	备注
434	1PK1	国家海洋局第一海洋研究所	2015	细菌，16S rDNA
435	W3－1－3	国家海洋局第一海洋研究所	2015	细菌，16S rDNA
436	2EK3	国家海洋局第一海洋研究所	2015	细菌，16S rDNA
437	2PK7	国家海洋局第一海洋研究所	2015	细菌，16S rDNA
438	2EK4	国家海洋局第一海洋研究所	2015	细菌，16S rDNA
439	1F1lan	国家海洋局第一海洋研究所	2015	细菌，16S rDNA
440	1PM2	国家海洋局第一海洋研究所	2015	细菌，16S rDNA
441	1PF2－6	国家海洋局第一海洋研究所	2015	细菌，16S rDNA
442	1PK2	国家海洋局第一海洋研究所	2015	细菌，16S rDNA
443	2PM9	国家海洋局第一海洋研究所	2015	细菌，16S rDNA
444	1PM1	国家海洋局第一海洋研究所	2015	细菌，16S rDNA
445	1EK4－6	国家海洋局第一海洋研究所	2015	细菌，16S rDNA
446	1PM3	国家海洋局第一海洋研究所	2015	细菌，16S rDNA
447	2M2lan	国家海洋局第一海洋研究所	2015	细菌，16S rDNA
448	2PF3	国家海洋局第一海洋研究所	2015	细菌，16S rDNA
449	2PF2lan	国家海洋局第一海洋研究所	2015	细菌，16S rDNA
450	2PM4	国家海洋局第一海洋研究所	2015	细菌，16S rDNA
451	2PQ2	国家海洋局第一海洋研究所	2015	细菌，16S rDNA
452	2EK2	国家海洋局第一海洋研究所	2015	细菌，16S rDNA
453	Q1－3－2	国家海洋局第一海洋研究所	2015	细菌，16S rDNA
454	Q1－3－1	国家海洋局第一海洋研究所	2015	细菌，16S rDNA
455	1EQ2	国家海洋局第一海洋研究所	2015	细菌，16S rDNA
456	Q2－1－2	国家海洋局第一海洋研究所	2015	细菌，16S rDNA
457	2EM1	国家海洋局第一海洋研究所	2015	细菌，16S rDNA
458	2PQ3	国家海洋局第一海洋研究所	2015	细菌，16S rDNA
459	2PQ41	国家海洋局第一海洋研究所	2015	细菌，16S rDNA
460	2EQ1	国家海洋局第一海洋研究所	2015	细菌，16S rDNA
461	2EM5	国家海洋局第一海洋研究所	2015	细菌，16S rDNA
462	1EF2	国家海洋局第一海洋研究所	2015	细菌，16S rDNA
463	1EB1	国家海洋局第一海洋研究所	2015	细菌，16S rDNA
464	1EB2	国家海洋局第一海洋研究所	2015	细菌，16S rDNA
465	2EB3	国家海洋局第一海洋研究所	2015	细菌，16S rDNA
466	2EB4	国家海洋局第一海洋研究所	2015	细菌，16S rDNA
467	2EB5	国家海洋局第一海洋研究所	2015	细菌，16S rDNA

续表

序号	标准化整理菌株	完成单位	完成年度	备注
468	2EB11	国家海洋局第一海洋研究所	2015	细菌，16S rDNA
469	2EB12	国家海洋局第一海洋研究所	2015	细菌，16S rDNA
470	2EB21	国家海洋局第一海洋研究所	2015	细菌，16S rDNA
471	2PB1lan	国家海洋局第一海洋研究所	2015	细菌，16S rDNA
472	2PK1	国家海洋局第一海洋研究所	2015	细菌，16S rDNA
473	2PK6	国家海洋局第一海洋研究所	2015	细菌，16S rDNA
474	2PK8	国家海洋局第一海洋研究所	2015	细菌，16S rDNA
475	2PQ1	国家海洋局第一海洋研究所	2015	细菌，16S rDNA
476	2PK9	国家海洋局第一海洋研究所	2015	细菌，16S rDNA
477	2PF3lan	国家海洋局第一海洋研究所	2015	细菌，16S rDNA
478	2PM4lan	国家海洋局第一海洋研究所	2015	细菌，16S rDNA
479	2PQ5	国家海洋局第一海洋研究所	2015	细菌，16S rDNA
480	2PM3lan	国家海洋局第一海洋研究所	2015	细菌，16S rDNA
481	1K2lan	国家海洋局第一海洋研究所	2015	细菌，16S rDNA
482	K1 -1	国家海洋局第一海洋研究所	2015	细菌，16S rDNA
483	2M1lan	国家海洋局第一海洋研究所	2015	细菌，16S rDNA
484	1a	国家海洋局第一海洋研究所	2015	细菌，16S rDNA
485	0. 1a	国家海洋局第一海洋研究所	2015	细菌，16S rDNA
486	2PK3	国家海洋局第一海洋研究所	2015	细菌，16S rDNA
487	2PK7lan	国家海洋局第一海洋研究所	2015	细菌，16S rDNA
488	N1 -1 -1	国家海洋局第一海洋研究所	2015	细菌，16S rDNA
489	1PM7	国家海洋局第一海洋研究所	2015	细菌，16S rDNA
490	2PF4	国家海洋局第一海洋研究所	2015	细菌，16S rDNA
491	2PM11	国家海洋局第一海洋研究所	2015	细菌，16S rDNA
492	1EK2	国家海洋局第一海洋研究所	2015	细菌，16S rDNA
493	2PM10	国家海洋局第一海洋研究所	2015	细菌，16S rDNA
494	1EM1	国家海洋局第一海洋研究所	2015	细菌，16S rDNA
495	2EM3	国家海洋局第一海洋研究所	2015	细菌，16S rDNA
496	1EB3	国家海洋局第一海洋研究所	2015	细菌，16S rDNA
497	1EF3 -6	国家海洋局第一海洋研究所	2015	细菌，16S rDNA
498	D1 -1 -1	国家海洋局第一海洋研究所	2015	细菌，16S rDNA
499	F1 -1 -1	国家海洋局第一海洋研究所	2015	细菌，16S rDNA
500	2PF1lan	国家海洋局第一海洋研究所	2015	细菌，16S rDNA
501	2EF1	国家海洋局第一海洋研究所	2015	细菌，16S rDNA

续表

序号	标准化整理菌株	完成单位	完成年度	备注
502	2EK1	国家海洋局第一海洋研究所	2015	细菌，16S rDNA
503	2EM2	国家海洋局第一海洋研究所	2015	细菌，16S rDNA
504	1M2lan	国家海洋局第一海洋研究所	2015	细菌，16S rDNA
505	1EM2	国家海洋局第一海洋研究所	2015	细菌，16S rDNA
506	M1 －1 －2	国家海洋局第一海洋研究所	2015	细菌，16S rDNA
507	2EM4	国家海洋局第一海洋研究所	2015	细菌，16S rDNA
508	2PM12	国家海洋局第一海洋研究所	2015	细菌，16S rDNA
509	2PM7	国家海洋局第一海洋研究所	2015	细菌，16S rDNA
510	2PK12	国家海洋局第一海洋研究所	2015	细菌，16S rDNA
511	1PM6	国家海洋局第一海洋研究所	2015	真菌，18S rDNA
512	1EK1	国家海洋局第一海洋研究所	2015	真菌，18S rDNA
513	2PB5	国家海洋局第一海洋研究所	2015	真菌，18S rDNA
514	2PM1	国家海洋局第一海洋研究所	2015	真菌，18S rDNA
515	1PF2 －8	国家海洋局第一海洋研究所	2015	真菌，18S rDNA
516	1PQ2 －8	国家海洋局第一海洋研究所	2015	真菌，18S rDNA
517	1Q1lan －8	国家海洋局第一海洋研究所	2015	真菌，18S rDNA
518	1PQ1	国家海洋局第一海洋研究所	2015	真菌，18S rDNA
519	1EF3 －8	国家海洋局第一海洋研究所	2015	真菌，18S rDNA
520	1PB1	国家海洋局第一海洋研究所	2015	真菌，18S rDNA
521	1	国家海洋局第一海洋研究所	2015	真菌，18S rDNA
522	4	国家海洋局第一海洋研究所	2015	真菌，18S rDNA
523	6	国家海洋局第一海洋研究所	2015	真菌，18S rDNA
524	2PB3	国家海洋局第一海洋研究所	2015	真菌，18S rDNA
525	2PB4	国家海洋局第一海洋研究所	2015	真菌，18S rDNA
526	2PB1	国家海洋局第一海洋研究所	2015	真菌，18S rDNA
527	2PB2	国家海洋局第一海洋研究所	2015	真菌，18S rDNA
528	2PQ6	国家海洋局第一海洋研究所	2015	真菌，18S rDNA
529	2PF1	国家海洋局第一海洋研究所	2015	真菌，18S rDNA
530	W2 －1	国家海洋局第一海洋研究所	2015	真菌，18S rDNA
531	2PM2	国家海洋局第一海洋研究所	2015	真菌，18S rDNA
532	2PK2	国家海洋局第一海洋研究所	2015	真菌，18S rDNA
533	2PQ42	国家海洋局第一海洋研究所	2015	真菌，18S rDNA
534	2PK13	国家海洋局第一海洋研究所	2015	真菌，18S rDNA
535	1PM5	国家海洋局第一海洋研究所	2015	真菌，18S rDNA

续表

序号	标准化整理菌株	完成单位	完成年度	备注
536	1EK4－8	国家海洋局第一海洋研究所	2015	真菌，18S rDNA
537	1PM4	国家海洋局第一海洋研究所	2015	真菌，18S rDNA
538	2EB6	国家海洋局第一海洋研究所	2015	真菌，18S rDNA
539	2EK5	国家海洋局第一海洋研究所	2015	真菌，18S rDNA
540	701	国家海洋局第三海洋研究所	2015	真菌，ITS
541	607	国家海洋局第三海洋研究所	2015	真菌，ITS
542	Z6	国家海洋局第三海洋研究所	2015	真菌，ITS
543	Z8	国家海洋局第三海洋研究所	2015	真菌，ITS
544	1303	国家海洋局第三海洋研究所	2015	真菌，ITS
545	1304	国家海洋局第三海洋研究所	2015	真菌，ITS
546	1316	国家海洋局第三海洋研究所	2015	真菌，ITS
547	1324	国家海洋局第三海洋研究所	2015	真菌，ITS
548	1335	国家海洋局第三海洋研究所	2015	真菌，ITS
549	1339	国家海洋局第三海洋研究所	2015	真菌，ITS
550	N302	国家海洋局第三海洋研究所	2015	细菌，16S rDNA
551	N306	国家海洋局第三海洋研究所	2015	细菌，16S rDNA
552	N307	国家海洋局第三海洋研究所	2015	细菌，16S rDNA
553	N311	国家海洋局第三海洋研究所	2015	细菌，16S rDNA
554	NJES－47	中国水产科学研究院东海水产研究所	2015	细菌，16S rDNA
555	NJES－65	中国水产科学研究院东海水产研究所	2015	细菌，16S rDNA
556	NJES－67	中国水产科学研究院东海水产研究所	2015	细菌，16S rDNA
557	NJES－73	中国水产科学研究院东海水产研究所	2015	细菌，16S rDNA
558	NJES－88	中国水产科学研究院东海水产研究所	2015	细菌，16S rDNA
559	NJES－91	中国水产科学研究院东海水产研究所	2015	细菌，16S rDNA
560	NJES－92	中国水产科学研究院东海水产研究所	2015	细菌，16S rDNA
561	NJES－94	中国水产科学研究院东海水产研究所	2015	细菌，16S rDNA
562	NJES－101	中国水产科学研究院东海水产研究所	2015	细菌，16S rDNA
563	NJES－112	中国水产科学研究院东海水产研究所	2015	细菌，16S rDNA

表4－18　本专题完成的南极微生物功能基因序列摘要

序号	功能基因	完成单位	完成年度	备注
1	八氢番茄红素合成酶	中国水产科学研究院东海水产研究所	2012	crtIB gene，290 bp

续表

序号	功能基因	完成单位	完成年度	备注
2	八氢番茄红素脱氢酶	中国水产科学研究院 东海水产研究所	2012	crtI gene，301 bp
3	*Streptomyces* sp. GW31－48，NRPS	中国海洋大学	2012	部分功能基因序列
4	*Streptomyces* sp. ZS22－3N，NRPS	中国海洋大学	2012	部分功能基因序列
5	*Streptomyces* sp. ZS22－3N，PKS Ⅰ	中国海洋大学	2012	部分功能基因序列
6	*Bacillus pumilus* 脂肪酶基因	国家海洋局第三海洋研究所	2012	约 600 bp
7	*Arthrobacter* sp. β－D－半乳糖苷酶基因	国家海洋局第三海洋研究所	2012	约 3 000 bp
8	*Marinomonas* sp. BSi20414 β－D－半乳糖苷酶基因	中国极地研究中心	2012	全长：1971 bp
9	*Marinomonas* sp. BSi20584 β－D－半乳糖苷酶基因	中国极地研究中心	2012	全长：1971bp
10	*Aspergillus sydowii* MS－19 乙酰辅酶 A 合成酶基因	国家海洋局第一海洋研究所	2013	Length_ 1011
11	*Aspergillus sydowii* MS－19 乙醇脱氢酶基因	国家海洋局第一海洋研究所	2013	Length_ 1406
12	*Aspergillus sydowii* MS－19 果糖二磷酸醛缩酶基因	国家海洋局第一海洋研究所	2013	Length_ 524
13	*Aspergillus sydowii* MS－19 烯醇酶基因	国家海洋局第一海洋研究所	2013	Length_ 643
14	*Aspergillus sydowii* MS－19 果糖二磷酸醛缩酶基因	国家海洋局第一海洋研究所	2013	Length_ 1068
15	*Streptomyces* sp. 604F 卤化酶基因	中国极地研究中心	2013	全长：1443bp
16	海藻糖合成酶	国家海洋局第三海洋研究所	2013	
17	卤酸脱卤酶	国家海洋局第三海洋研究所	2013	
18	吡咯喹啉醌合成酶	中国水产科学研究院 东海水产研究所	2013	
19	*Tritirachium* sp. PKS Ⅰ	中国海洋大学	2013	登录号：KF880425
20	*Eurotium amstelodami* PKS Ⅰ	中国海洋大学	2013	登录号：KF880426
21	*Aspergillus sydowii* PKS Ⅰ	中国海洋大学	2013	登录号：KF880427
22	甲醇氧化酶编码序列	国家海洋局第一海洋研究所	2014	3845bp，其中 CDS 长：1721bp
23	阿魏酸酯酶编码序列	国家海洋局第一海洋研究所	2014	2707bp，其中 CDS 长：1584bp
24	醛脱氢酶编码序列	国家海洋局第一海洋研究所	2014	8645bp，其中 CDS 长：1800bp
25	过氧化物酶编码序列	国家海洋局第一海洋研究所	2014	2922bp，其中 CDS 长：1182bp
26	热激蛋白编码序列	国家海洋局第一海洋研究所	2014	1394bp，其中 CDS 长：888bp
27	同型半胱氨酸甲基转移酶编码序列	国家海洋局第一海洋研究所	2014	CDS 长度：2902 bp

续表

序号	功能基因	完成单位	完成年度	备注
28	腺嘌呤磷酸核糖转移酶编码序列	国家海洋局第一海洋研究所	2014	CDS 长度：1 195 bp
29	α－1，2－甘露糖转移酶编码序列	国家海洋局第一海洋研究所	2014	CDS 长度：1 829 bp
30	α－葡糖苷酶编码序列	国家海洋局第一海洋研究所	2014	CDS 长度：2 958 bp
31	葡萄糖磷酸变位酶编码序列	国家海洋局第一海洋研究所	2014	CDS 长度：1 887 bp
32	HDN13－356 PKS Ⅰ	中国海洋大学	2014	登录号：KJ531415
33	HDN13－389 PKS Ⅰ	中国海洋大学	2014	登录号：KF986474
34	HDN13－417 PKS Ⅰ	中国海洋大学	2014	登录号：KF986472

表 4－19 本专题完成的微生物代谢产物波谱学数据摘要

序号	单体化合物	完成单位	完成年度	谱学图
1	化合物 B－2－1（Sordaricin）	中国水产科学研究院东海水产研究所	2012	ESI－MS
2	化合物 B－2－3（BE－31405）	中国水产科学研究院东海水产研究所	2012	ESI－MS
3	化合物 NJO1301	中国水产科学研究院东海水产研究所	2012	HR ESI－MS
4	化合物 NJO1302	中国水产科学研究院东海水产研究所	2012	HR ESI－MS
5	化合物 NJO1303	中国水产科学研究院东海水产研究所	2012	HR ESI－MS
6	化合物 NJO1305	中国水产科学研究院东海水产研究所	2012	HR ESI－MS
7	化合物 NJO1308	中国水产科学研究院东海水产研究所	2012	^{1}H－NMR
8	化合物 NJO1310	中国水产科学研究院东海水产研究所	2012	^{1}H－NMR
9	化合物 613AB－3	中国水产科学研究院东海水产研究所	2012	^{13}C NMR
10	化合物 613AB－7	中国水产科学研究院东海水产研究所	2012	HR ESI－MS
11	化合物 1	中国海洋大学	2012	^{1}H－NMR
12	化合物 2	中国海洋大学	2012	^{1}H－NMR
13	化合物 3	中国海洋大学	2012	^{1}H－NMR
14	化合物 4	中国海洋大学	2012	^{1}H－NMR
15	化合物 5	中国海洋大学	2012	^{1}H－NMR
16	化合物 6	中国海洋大学	2012	^{1}H－NMR
17	化合物 7	中国海洋大学	2012	^{1}H－NMR
18	化合物 8	中国海洋大学	2012	^{1}H－NMR
19	化合物 9	中国海洋大学	2012	^{1}H－NMR
20	化合物 10	中国海洋大学	2012	^{1}H－NMR
21	化合物 11	中国海洋大学	2012	^{1}H－NMR
22	化合物 12	中国海洋大学	2012	^{1}H－NMR
23	化合物 13	中国海洋大学	2012	^{1}H－NMR

续表

序号	单体化合物	完成单位	完成年度	谱学图
24	化合物 14	中国海洋大学	2012	^1H-NMR
25	化合物 15	中国海洋大学	2012	^1H-NMR
26	化合物 16	中国海洋大学	2012	^1H-NMR
27	化合物 17	中国海洋大学	2012	^1H-NMR
28	化合物 18	中国海洋大学	2012	^1H-NMR
29	化合物 19	中国海洋大学	2012	^1H-NMR
30	化合物 20	中国海洋大学	2012	^1H-NMR
31	化合物 21	中国海洋大学	2012	^1H-NMR
32	化合物 22	中国海洋大学	2012	^1H-NMR
33	化合物 23	中国海洋大学	2012	^1H-NMR
34	化合物 24	中国海洋大学	2012	^1H-NMR
35	化合物 25	中国海洋大学	2012	^1H-NMR
36	化合物 26	中国海洋大学	2012	^1H-NMR
37	化合物 27	中国海洋大学	2012	^1H-NMR
38	化合物 28	中国海洋大学	2012	^1H-NMR
39	化合物 29	中国海洋大学	2012	^1H-NMR
40	化合物 30	中国海洋大学	2012	^1H-NMR
41	化合物 31	中国海洋大学	2012	^1H-NMR
42	化合物 32	中国海洋大学	2012	^1H-NMR
43	化合物 1	中国海洋大学	2013	^1H-NMR
44	化合物 1	中国海洋大学	2013	^{13}C NMR
45	化合物 1	中国海洋大学	2013	DEPT
46	化合物 1	中国海洋大学	2013	$^1H-^1H$ COSY
47	化合物 1	中国海洋大学	2013	HMBC
48	化合物 1	中国海洋大学	2013	HMQC
49	化合物 1	中国海洋大学	2013	HRESIMS
50	化合物 1	中国海洋大学	2013	NOESY
51	化合物 2	中国海洋大学	2013	^1H-NMR
52	化合物 2	中国海洋大学	2013	^{13}C NMR
53	化合物 2	中国海洋大学	2013	DEPT
54	化合物 2	中国海洋大学	2013	HMBC
55	化合物 2	中国海洋大学	2013	HRESIMS
56	化合物 2	中国海洋大学	2013	NOESY
57	化合物 3	中国海洋大学	2013	^1H-NMR

续表

序号	单体化合物	完成单位	完成年度	谱学图
58	化合物 3	中国海洋大学	2013	^{13}C NMR
59	化合物 3	中国海洋大学	2013	DEPT
60	化合物 3	中国海洋大学	2013	HRESIMS
61	化合物 4	中国海洋大学	2013	^{1}H - NMR
62	化合物 4	中国海洋大学	2013	^{13}C NMR
63	化合物 4	中国海洋大学	2013	DEPT
64	化合物 4	中国海洋大学	2013	HMBC
65	化合物 4	中国海洋大学	2013	HRESIMS
66	化合物 5	中国海洋大学	2013	^{1}H - NMR
67	化合物 5	中国海洋大学	2013	^{13}C NMR
68	化合物 5	中国海洋大学	2013	DEPT
69	化合物 5	中国海洋大学	2013	HMBC
70	化合物 5	中国海洋大学	2013	HRESIMS
71	化合物 5	中国海洋大学	2013	NOESY
72	化合物 6、7	中国海洋大学	2013	^{1}H - NMR
73	化合物 6、7	中国海洋大学	2013	^{13}C NMR
74	化合物 6、7	中国海洋大学	2013	DEPT
75	化合物 6、7	中国海洋大学	2013	^{1}H - ^{1}H COSY
76	化合物 6、7	中国海洋大学	2013	HMBC
77	化合物 6、7	中国海洋大学	2013	HMQC
78	化合物 6、7	中国海洋大学	2013	HRESIMS
79	化合物 8	中国海洋大学	2013	^{1}H - NMR
80	化合物 8	中国海洋大学	2013	^{13}C NMR
81	化合物 8	中国海洋大学	2013	^{1}H - ^{1}H COSY
82	化合物 8	中国海洋大学	2013	HMBC
83	化合物 8	中国海洋大学	2013	HMQC
84	化合物 8	中国海洋大学	2013	NOESY
85	化合物 9	中国海洋大学	2013	^{1}H - NMR
86	化合物 9	中国海洋大学	2013	^{13}C NMR
87	化合物 9	中国海洋大学	2013	DEPT
88	化合物 9	中国海洋大学	2013	HRESIMS
89	化合物 10	中国海洋大学	2013	^{1}H - NMR
90	化合物 10	中国海洋大学	2013	^{13}C NMR
91	化合物 10	中国海洋大学	2013	DEPT

续表

序号	单体化合物	完成单位	完成年度	谱学图
92	化合物 10	中国海洋大学	2013	$^{1}H-^{1}H$ COSY
93	化合物 10	中国海洋大学	2013	HMBC
94	化合物 10	中国海洋大学	2013	HMQC
95	化合物 10	中国海洋大学	2013	HRESIMS
96	化合物 10	中国海洋大学	2013	NOESY
97	化合物 11	中国海洋大学	2013	$^{1}H-NMR$
98	化合物 11	中国海洋大学	2013	^{13}C NMR
99	化合物 11	中国海洋大学	2013	DEPT
100	化合物 11	中国海洋大学	2013	HMBC
101	化合物 11	中国海洋大学	2013	HRESIMS
102	化合物 12	中国海洋大学	2013	$^{1}H-NMR$
103	化合物 12	中国海洋大学	2013	^{13}C NMR
104	化合物 12	中国海洋大学	2013	DEPT
105	化合物 12	中国海洋大学	2013	HRESIMS
106	化合物 1	中国海洋大学	2013	$^{1}H-NMR$
107	化合物 2	中国海洋大学	2014	$^{1}H-NMR$
108	化合物 3	中国海洋大学	2014	$^{1}H-NMR$
109	化合物 4	中国海洋大学	2014	$^{1}H-NMR$
110	化合物 5	中国海洋大学	2014	$^{1}H-NMR$
111	化合物 6	中国海洋大学	2014	$^{1}H-NMR$
112	化合物 7	中国海洋大学	2014	$^{1}H-NMR$
113	化合物 8	中国海洋大学	2014	$^{1}H-NMR$
114	化合物 9	中国海洋大学	2014	$^{1}H-NMR$
115	化合物 10	中国海洋大学	2014	$^{1}H-NMR$
116	化合物 11	中国海洋大学	2014	$^{1}H-NMR$
117	化合物 12	中国海洋大学	2014	$^{1}H-NMR$
118	化合物 13	中国海洋大学	2014	$^{1}H-NMR$
119	化合物 14	中国海洋大学	2014	$^{1}H-NMR$
120	化合物 15	中国海洋大学	2014	$^{1}H-NMR$
121	化合物 16	中国海洋大学	2014	$^{1}H-NMR$
122	化合物 17	中国海洋大学	2014	$^{1}H-NMR$
123	化合物 18	中国海洋大学	2014	$^{1}H-NMR$
124	化合物 19	中国海洋大学	2014	$^{1}H-NMR$
125	化合物 20	中国海洋大学	2014	$^{1}H-NMR$

4.3.2.3 各年度分析数据情况

2012 年，对中国第 27 次南极科学考察中采集自阿德雷岛的 6 份样品进行了真菌的分离培养及胞外酶活性测定。从南极 6 份样品中共分离得到 168 株真菌，其中产低温酶菌株 82 株；标准化菌株 15 株，获得菌株 ITS 基因序列 15 条；对一种产低温木质素酶的菌株进行了转录组测序，测序正在进行中；本课题组成员靳永轩参加了第 29 次南极科学考察，目前已登船。本年度规定研究任务都已基本完成。

我们研究发现从南极大型海藻腐烂物样品中分离到的真菌种类和数量最多，占所分离菌株总数的 34.6%；对 15 株代表真菌菌株利用 ITS rDNA 序列进行了鉴定，结果表明它们分属于 4 个纲、8 个属。其中，青霉属 5 株，假散囊菌属、地丝菌属和枝孢属各 2 株，生赤壳属、曲霉属、出芽短梗霉属和 unclassified Onygenales 各 1 株，这些结果表明南极大陆的真菌具有丰富的物种多样性，且优势真菌类群为青霉菌。南极真菌产胞外酶活性测定显示产淀粉酶、蛋白酶和纤维素酶产生菌分别占供试菌株的 64.6%、45.1%、14.6%。产纤维素酶的菌株可能在南极物质能量循环中扮演着重要角色。

对来自中国第 27 次南极科学考察的阿德雷岛样品进行了木质素降解真菌筛选纯化，通过苯胺蓝脱色平板初筛和木质素酶活测定复筛，共筛选到 4 株产木质素酶的真菌。经过 ITS rDNA 序列鉴定和系统进化树分析，结果表明这 4 株菌分属于 4 个属，分别为曲霉属（*Aspergillus*）、出芽短梗霉属（*Aureobasidium*）、枝孢属（*Cladosporium*）和生赤壳属（*Bionectria*）。在这 4 株菌种中，聚多曲霉酶活性最高，所以选择 *Aspergillus sydowii* MS-19 作为进一步研究的目标菌株，进行了培养条件的优化。

对中国第 26 次南极科学考察长城站越冬后期在 2 个距长城站较远端的科林斯港（Collins Harbour）冰架前缘的海洋沉积物样品和菲尔德斯半岛西侧的地理湾海岸的砂质样品分离获得的 45 株沉积环境细菌开展了标准化菌株数据分析整理，同时对极地微生物菌种库保藏的 65 株北极真菌开展了分子鉴定和葡糖糖苷酶活性筛选，获得 28 株葡糖糖苷酶活性菌株，对其中 1 株高活性菌株 *Penicillium* sp. C-5 开展了代谢产物分离和产物结构分析，分离得到系列二萜类 5 个化合物，并坚定了其中 2 个化合物，所获得 1 个天然 sordarin 类化合物具有较强的抗真菌活性。对 1 株链霉属放线菌（*Streptomyces* sp. R-527F）株开展了芽孢杆菌抑制活性的筛选和评估。从 *Marinomonas* sp. BSi20414 中克隆了 1 个 β-半乳糖苷酶基因（命名为 galm 基因），从同属的 *Marinomonas* sp. BSi20584 中克隆另 1 个 β-半乳糖苷酶基因，这两来源于同一海单胞菌属的酶具有相同的底物特异性和水解作用的键型特异性即均表现对 β-1-3-糖苷键的高水解活性，但却在最适作用温度上表现较大的差异，前者最适作用温度为 60℃，而后者则为 37℃；根据本课题年度计划开展了极地微生物菌种资源信息库菌株粗提物信息子集和代谢产物信息库子集的扩容与信息库升级。

选取 2012 年南极考察采集的沉积物样品 10 份，进行南极微生物的分离鉴定。选用 YEPD、PDA、FJ、S1、2216E 五种培养基加抗生素进行细菌分离。结果共筛选得到 80 余株微生物，根据其表型上的差异，初步判定分离到细菌 50 株、放线菌 2 株、霉菌 20 株（表 4-20）。对所有菌株进行抗菌活性检测，将筛得的菌株进行液体发酵，并通过平板打孔法检测各菌株无菌发酵液对 1 株指示细菌（溶壁微球菌）和 7 株植物致病真菌（分别为：核盘菌、绿色木霉、立枯丝核菌、宛氏拟青霉、香蕉炭疽菌、长柄链格孢、棉花枯萎病菌）的拮抗活性。结果显示，6 株细菌和 5 株真菌分别对 1 株或者多株受试菌具有抑菌活性。

表 4－20　南极样品分离菌株统计表

菌株	同源性较高序列真菌种（序列号）	同源性（%）	归属类群
XT58	*Cladosporium cladosporioides*（EF577236）	99	*Cladosporium* sp.
XT17	*Trichoderma atroviride*（HM176575）	99	*Trichoderma* sp.
XT16	*Gibberella moniliformis*（JN664959）	100	*Gibberella* sp.
XT27	*Hypocrea lixii*（GU046487）	99	*Hypocrea* sp.
XT2	*Phoma* sp.（HQ630963）	100	*Phoma* sp.
XT35	*Penicillium* sp.（JF439496）	99	*Penicillium* sp.
XT12	*Penicillium raperi*（AF033433）	99	*Penicillium* sp.
XT88	*Aspergillus niger*（AB369898）	100	*Aspergillus* sp.
XT36	*Aspergillus versicolor*（FJ878627）	99	*Aspergillus* sp.

对中国 28 次南极科考及农业部南极磷虾探捕项目 2010 年、2011 年所采集样品（南极海洋动物如南极磷虾、鱼及水样），分离获得微生物菌株 56 株，标准化 20 株南极海洋动物共附生微生物。发现南极放线菌新种 2 个（表 4－21）。

表 4－21　南极放线菌新种信息

菌株编号	种属名称	Genbank 序列号	采集地点	样品基质
GW25－5	*Streptomyces fildesensis* sp. nov	DQ408297	长城站	土壤样品
GW9－2	*Nocardiopsis* sp. nov.	FJ853144	长城站	土壤样品

2013 年，第 29 次南极科学考察中对采自南极普里兹湾及邻近海域 25 个站位的海洋沉积物样品进行了细菌、真菌的分离培养，分离得到真菌、细菌共计 1 468 株，经细菌 16S rDNA、真菌 ITS rDNA 序列分析及系统发育分析，并进行了生理生化测试，共鉴定并标准化整理细菌、真菌 39 株，其中有 12 个属的 29 株细菌和 7 个属的 10 株真菌；在对微生物的分离培养中进行了营养筛选，因而 39 株细菌、真菌全部具有水解酶活性。对 *Aspergillus sydowii* MS－19 产低温木质素酶的菌株进行了转录组测序，通过拼接聚类得到 14 828 条 unigene。

第 29 次南极考察获得的微生物分离培养的现场实验和记录，共分离菌株 1 468 株。其中细菌 826 株，真菌 642 株 各站位微生物分离培养的情况如表 4－22。

表 4－22　南极普里兹湾及邻近海域 25 个站位的海洋沉积物样品

站位		日期 4.18	日期 5.4
P6－3	总数	37	42
	细菌	26	27
	真菌	11	15
	菌落描述	五种菌，P6－3－1 真菌，8 个，丝状，白色，直径 0.5－1.0cm。P6－3－2 酵母菌，2 个，淡黄色边缘规则，圆形有光泽，直径 3mm。P6－3－3 细菌 1 个，黄色直径 0.5mm。P6－3－4 细菌 25 个，白色直径 0.5mm。P6－3－5，酵母菌，1 个，浅黄透明	
PA－03	总数	4	4
	细菌	3	3
	真菌	1	1
	菌落描述	两种菌，PA－03－1 酵母菌一个浅黄透明有光泽，直径 3mm. PA－03－2 细菌 3 个，白色直径 0.5mm	
P7－16	总数	22	34
	细菌	16	23
	真菌	6	11
	菌落描述	四种菌，P7－16－1，真菌 2 个，丝状，白色，直径 5mm。P7－16－2，酵母菌 4 个，淡黄色，圆形有光泽，直径 3mm。P7－16－3，细菌 15 个，白色直径 0.5mm。P7－16－4，细菌 1 个，黄色直径 0.8mm	
M2	总数	10	13
	细菌	1	3
	真菌	9	10
	菌落描述	三种菌，M2－1，真菌 7 个，白色丝状，直径在 0.5－1.0cm。M2－2，酵母菌 2 个，浅黄有光泽，直径 3mm。M2－3，细菌 1 个，白色，0.5mm。五月四号发现另外一种菌，M2－4，淡黄色直径 7mm	
PA－05	总数	7	15
	细菌	2	6
	真菌	5	9
	菌落描述	两种菌，PA－05－1，酵母菌 5 个，淡黄色，边缘规则，圆形有光泽，直径 0.5cm。PA－05－2，细菌 2 个白色，直径 0.5mm。五月四号发现另外一种菌，PA－05－3，淡黄色，有凸起，圆形，直径 3mm	
P6－12	总数	24	30
	细菌	15	20
	真菌	9	10
	菌落描述	三种菌，P6－12－1，酵母菌 7 个，淡黄圆形有光泽，直径 3 mm。P6－12－2，真菌 2 个，丝状白色，直径 0.5～1.0 cm。P6－12－3，细菌 15 个，白色直径 1.0～2.0 mm	

续表

		日期	
		04 - 28	05 - 04
P7 - 5	总数	12	20
	细菌	9	16
	真菌	3	4
	菌落描述	三种菌，P7 - 5 - 1，酵母菌 2 个，淡黄边缘规则，圆形有光泽，直径 5mm。P7 - 5 - 2，酵母菌 1 个，透明有光泽，直径 3mm。P7 - 5 - 3，细菌 19 个，白色，直径 1mm。五月四号发现另外一种菌，P7 - 5 - 4，黄色，边缘规则，圆形，中间有凸起，直径 4mm	
P3 - 3	总数	20	25
	细菌	10	12
	真菌	10	13
	菌落描述	两种菌，P3 - 3 - 1，酵母菌 10 个，边缘规则，淡黄有光泽，直径 0.5 - 0.8cm。P3 - 3 - 2，细菌 10 个，直径 1mm。五月四号发现另外一种菌，P3 - 3 - 3，细菌 2 个，白色边缘不规则，直径 8mm	
P6 - 10	总数	160	185
	细菌	100	120
	真菌	60	65
	菌落描述	两种菌，P6 - 10 - 1，酵母菌 60 个，淡黄边缘规则，圆形有光泽，直径 0.2 - 1.0cm。P6 - 10 - 2，细菌 100 个，白色，直径 1mm	
P7 - 11	总数	33	42
	细菌	27	32
	真菌	6	10
	菌落描述	三种菌，P7 - 11 - 1，酵母菌，4 个，淡黄，边缘规则，圆形有光泽，直径 8mm。P7 - 11 - 2，酵母菌 2 个，黄色圆形，有光泽，直径 2mm。P7 - 11 - 3，细菌 27 个，白色，直径 1mm	
PA - 1	总数	53	73
	细菌	48	60
	真菌	5	13
	菌落描述	三种菌，PA - 1 - 1，酵母菌 2 个，淡黄圆形有光泽，直径 5mm。PA - 1 - 2，真菌 3 个，白色丝状，直径 0.5 ~ 1.0cm。PA - 1 - 3，细菌 48 个，白色直径 1mm	
P3 - 8	总数	26	32
	细菌	11	15
	真菌	15	17
	菌落描述	三种菌，P3 - 8 - 1，酵母菌 14 个，淡黄，圆形有光泽直径 5mm。P3 - 8 - 2，酵母菌 1 个，淡黄圆形，直径 3mm。P3 - 8 - 3，细菌 11 个，白色，直径 1mm。五月四号发现另外一种菌，P3 - 8 - 4，细菌 4 个，如白色圆形，有凸起，直径 0.5mm	

续表

		日期	
		04 - 28	05 - 04
P6 - 8	总数	183	
	细菌	13	
	真菌	170	
	菌落描述	两种菌，P6 - 8 - 1，酵母菌 170 个，淡黄圆形有光泽，直径 0.5 - 0.8cm。P6 - 8 - 2，细菌 13 个，白色直径 2mm	
P7 - 7	总数	20	30
	细菌	17	23
	真菌	3	7
	菌落描述	三种菌，P7 - 7 - 1，，酵母菌，2 个，淡黄圆形有光泽，直径 8mm。P7 - 7 - 2，真菌 1 个，丝状白色，直径 1cm。P7 - 7 - 3，细菌 17 个，白色直径 1mm	
P4 - 6	总数	101	115
	细菌	60	45
	真菌	41	70
	菌落描述	两种菌，P4 - 6 - 1，酵母菌，160 个，淡黄圆形有光泽，直径 3.0 - 8.0mm。P4 - 6 - 2，酵母菌 1 个，透明，直径 3mm。五月四号发现另外一种菌，P4 - 6 - 3，细菌 2 个，黄色，直径 1.5mm	
P3 - 9	总数	23	30
	细菌	20	27
	真菌	3	3
	菌落描述	三种菌，P3 - 9 - 1，酵母菌 1 个，透明，直径 4mm。P3 - 9 - 2，酵母菌 2 个，淡黄圆形有光泽，直径 6mm。P3 - 9 - 3，细菌 20 个，白色，直径 1mm	
P7 - 9	总数	14	29
	细菌	5	11
	真菌	9	18
	菌落描述	四种菌，P7 - 9 - 1，酵母菌 1 个，淡黄圆形有光泽，直径 3mm。P7 - 9 - 2，酵母菌 1 个，黄色圆形有光泽，直径 2mm。P7 - 9 - 3，真菌 7 个，白色丝状，直径 3.0 ~ 8.0mm。P7 - 9 - 4，细菌 5 个，白色，直径 1mm	

对中国第 29 次南极科学考察采集中山站周边海域沉积环境样品（表 4 - 23）开展了可培养微生物菌株的分离培养，按照科技部《微生物资源描述规范和保藏技术规程》实施上述菌株的标准化整理和保藏，完成 123 株极地微生物菌株的标准化保藏，获得 287 株尚未标准化整理的菌株储备。

表 4 - 23 中山站沿岸和普里兹湾海域菌株属性信息表

序号	菌株编号	16SrDNA 长度/bp	最接近属名	最接近模式菌株	与模式菌株相似性/%
1	NF3 - 3	1352	*Pseudomonas*	SP1402 (T)	99.778
2	NF3 - 16	1408	*Pseudomonas*	MS - 3 (T)	98.081

续表

序号	菌株编号	16SrDNA 长度/bp	最接近属名	最接近模式菌株	与模式菌株相似性/%
3	NF3 - 14 - 1	1 407	*Tenacibaculum*	a4 (T)	45. 319
4	ZS1 - 14 - 1	1 397	*Rhodococcus*	DS472 (T)	47. 173
5	Stn21 - 7	1 415	*Pseudoalteromonas*	NCIMB 2127 (T)	99. 636
6	Stn21 - 29	1 412	*Marinobacter*	SM19 (T)	98. 584
7	Stn21 - 19	1 413	*Pseudoalteromonas*	KMM 3562 (T)	100
8	NF3 - 20	1 409	*Halomonas*	Eplume1 (T)	99. 218
9	NF3 - 14 - 2	1 413	*Pseudoalteromonas*	HJ51 (T)	46. 079
10	NF3 - 12	1 404	*Tenacibaculum*	LL04 11. 1. 1 (T)	99. 43
11	K1B - 3	1 514	*Planomicrobium*	IFO 12536 (T)	99. 25
12	PR4 - 6	1 504	*Pseudomonas*	CIP 105273 (T)	99. 532
13	NF1 - 29	1 488	*Arenibacter*	KMM 6032 (T)	98. 323
14	PR1 - 17	1 503	*Pseudomonas*	CIP 105273 (T)	99. 666
15	ZS1 - 4	1 482	*Subsaxibacter*	P7 (T)	98. 097
16	ZS4 - 27	1 507	*Colwellia*	ACAM 608 (T)	98. 974
17	NF1 - 11	1 482	*Bizionia*	HFD (T)	99. 3
18	K2B - 3	1 515	*Planococcus*	CMS 26or (T)	98. 58
19	K3B - 5	1 500	*Pseudoalteromonas*	NCIMB 8614 (T)	99. 93
20	KS5 - 3	1 499	*Pseudoalteromonas*	KMM 3562 (T)	99. 933
21	K3d - 1	1 500	*Pseudoalteromonas*	KMM 162 (T)	99. 932
22	KS9 - 10	1 426	*Sulfitobacter*	DSW - 25 (T)	98. 293
23	Stn21 - 32	1 417	*Marinobacter*	NTU - 104 (T)	47. 616
24	NF3 - 11 - 1	1 330	*Mesorhizobium*	CCBAU 83306 (T)	94. 35
25	Stn21 - 20	1 407	*Pseudomonas*	MS - 3 (T)	100
26	TWM3	1 379	*Pseudomonas*	VC - 1 (T)	99. 855
27	TLW5	1 418	*Yersinia*	ATCC 43969 (T)	47. 115
28	NF3 - 22	1 321	*Mesorhizobium*	CCBAU 83306 (T)	93. 916
29	NF3 - 10	1 363	*Tenacibaculum*	LL04 11. 1. 1 (T)	99. 56
30	Stn21 - 21	1 413	*Pseudoalteromonas*	KMM 3549 (T)	46. 603
31	NF4 - 1	1 418	*Pseudoalteromonas*	LMEB 39 (T)	47. 426
32	NF3 - 21	1 337	*Seohaeicola*	SD - 15 (T)	95. 808
33	NF3 - 11	1 342	*Mesorhizobium*	CCBAU 83330 (T)	93. 745
34	ZS6 - 31	1 410	*Spongiibacter*	CL - CB221 (T)	93. 866
35	ZS4 - 15	1 339	*Brevundimonas*	J22 (T)	99. 102

续表

序号	菌株编号	16SrDNA 长度/bp	最接近属名	最接近模式菌株	与模式菌株相似性/%
36	K1B－7	1 361	*Rhizobium*	CCBAU 05176（T）	97.395
37	NF1－23－1	1 390	*Winogradskyella*	R60（T）	95.492
38	K4B－6	1 407	*Alteromonas*	CIP 105339（T）	99.644
39	ZS6－27	1 407	*Spongiibacter*	CL－CB221（T）	93.862
40	ZS6－11	1 412	*Dasania*	KOPRI 20902（T）	93.555
41	NF1－27	1 426	*Colwellia*	34H	99.86
42	KS7－2	1 420	*Shewanella*	ACAM 456（T）	98.732
43	K3d－2	1 417	*Pseudoalteromonas*	A 37－1－2（T）	99.929
44	K3B－2	1 415	*Pseudoalteromonas*	KMM 3562（T）	100

对普里兹湾海域采集的南极磷虾样品开展了附生菌的属性分析，如表4－24。

表4－24 标准化整理的20株南极磷虾共附生菌的属性信息表

菌株编号	种 属	与最近模式菌株的相似度（%）
NJES－02	德沃斯氏菌	99.33，*Devosia psychrophila* Cr7－05（T）
NJES－03	食烷菌属	99.64，*Alcanivorax borkumensis* SK2（T）
NJES－07	科迪单胞菌	99.26，*Kordiimonas gwangyangensis* GW14－5（T）
NJES－08	食烷菌属	99.64，*Alcanivorax borkumensis* SK2（T）
NJES－09	科迪单胞菌	99.27，*Kordiimonas gwangyangensis* GW14－5（T）
NJES－10	食烷菌属	99.66，*Alcanivorax borkumensis* SK2（T）
NJES－11	嗜冷杆菌属	98.21，*Psychrobacter sanguinis* 13983（T）
NJES－12	食烷菌属	99.64，*Alcanivorax borkumensis* SK2（T）
NJES－15	抗锑斯科曼氏球菌	99.78，*Skermanella aerolata* 5416T－32（T）
NJES－16	嗜冷杆菌属	97.71，*Psychrobacter sanguinis* 13983（T）
NJES－17	亚硫酸盐杆菌属	99.77，*Sulfitobacter pontiacus* DSM 10014（T）
NJES－18	亚硫酸盐杆菌属	99.65，*Sulfitobacter pontiacus* DSM 10014（T）
NJES－19	嗜冷杆菌属	99.71，*Psychrobacter pulmonis* CECT 5989（T）
NJES－21	橙单胞菌属	99.95，*Aurantimonas coralicida* WP1（T）
NJES－24	嗜冷杆菌属	98.36，*Psychrobacter arenosus* R7（T）
NJES－25	气球菌属	99.93，*Aerococcus urinaeequi* IFO 12173（T）
NJES－26	节杆菌属	98.79，*Arthrobacter alpines* S6－3
NJES－27	栖地下菌属	99.35，*Subtercola frigoramans* K265（T）
NJES－28	盐地杆菌	99.06，*Salinibacterium amurskyense* KMM 3673（T）
NJES－29	盐地杆菌	98.87，*Salinibacterium amurskyense* KMM 3673（T）

开展了植物致病真菌（分别为：核盘菌、绿色木霉、立枯丝核菌、宛氏拟青霉、香蕉炭疽菌、长柄链格孢、棉花枯萎病菌）的拮抗活性筛选，获得有抑制或杀灭植物病原菌的极地微生物菌株 18 株，抗肿瘤活性 16 个。6 株具有较强抗茶叶致病真菌的筛选结果如表 4－25。

表 4－25　南极丝状真菌抗茶叶致病真菌活性筛选结果

致病真菌	*Pestalotiopsistheae* LH13	*Colletotrichum gloeosporioides* LH30	*Neofusicoccum* sp. LH107
H915	＋＋＋		＋＋
H918	＋＋＋	＋＋＋	＋＋
H35	＋＋＋	＋	＋
H917	＋＋	＋＋	
H8	＋＋＋	＋＋	
H908	＋＋＋	＋	

注：＋：5 mm≤抑菌圈直径＜10 mm；＋＋：10 mm≤抑菌圈直径＜15 mm；＋＋＋：抑菌圈直径≥15 mm。

从多种来源不同的微生物菌株中开展了蛋白酶、纤维素酶、木质素酶、脂肪酶等多种酶活性的筛选（表 4－26，表 4－27，表 4－28），获得蛋白酶活性菌株 74 株、脂酶活性菌株 81 株、琼脂酶活性菌株 4 株、放线菌卤化酶阳性菌株 6 株，合计活性菌株 165 株，形成了一批具有上述酶活性的菌株储备，为今后深入开展酶学及后期开发利用极地微生物活性酶资源奠定了良好基础。

表 4－26　蛋白酶、脂酶、琼脂酶活性菌株筛选

底物	酪蛋白	弹性蛋白	Tween－80	三丁酸甘油酯	琼脂
活性株/筛选数	38/96	36/96	81/96	89/96	4/96
阳性率	39%	37%	84%	92%	4%

表 4－27　CAZyme 中与木质纤维素降解有关的酶

降解酵种类	数目	序列信息
纤维二糖水解酶	1	Locus_ 6027
内切－β－1，4－葡聚糖酶	4	Locus 11132，Locus 1390，Locus 17868，Locus 18412
β－葡萄糖苷酶	8	Locus_ 10259，Locus_ 17789，Locus_ 17844，Locus_ 19999、Locus_ 20606、Locus_ 2085、Locus_ 3913、Locus_ 5135、
葡萄糖苷酶	4	Locus_ 11276，Locus_ 13641，Locus_ 16700，Locus_ 5600
内切－β－1，4－木聚糖酶	4	Locus_ 11622，Locus_ 131，Locus_ 14631，Locus_ 9815
β－木糖苷酶	5	Locus_ 16267，Locus_ 18132，Locus_ 19019，Locus_ 6125，Locus_ 9756
B－甘露糖苷酶	2	Locus_ 1319，Locus_ 14823
α－半乳糖苷酶	2	Locus_ 11372，Locus_ 18352
阿魏酸酯酶	4	Locus_ 18500，Locus_ 4357，Locus_ 5886，Locus_ 25427

续表

降解酶种类	数目	序列信息
果胶酸裂解酶	2	Locus_ 13318，Locus_ 17762
果胶甲酯酶	2	Locus_ 21899，Locus_ 25588，
乙酰酯酶	1	Locus_ 26565
几丁质酶	6	Locus_ 1056，Locus_ 12831，Locus_ 1429，Locus_ 16340，Locus_ 18421，Locus_ 2206，

表 4－28　卤化酶阳性菌株信息

菌株	种属名称	GenBank 序列号	卤化酶 Blaxtx 结果（相似度/阳性）	PKSI 基因	PKSII 基因	基因	抗菌活性
620F	*Streptomyces albidoflavus*	KF597545	*Streptomyces* sp. L131（99%/98%）	+	+	+	+
514F	*Streptomyces pluricolorescens*	KF597546	*Asticcacaulis biprosthecium*（64%/72%）	+	+	+	+
551F	*Streptomyces sampsonii*	KF597549	*Streptomyces turgidiscabies*（82%/89%）	+	−	+	−
604F	*Streptomyces sampsonii*	KF597548	*Streptomyces* sp. L131（99%/99%）	+	+	+	+
623F	*Streptomyces variabilis*	KF597547	*Brevundimonas* sp. BAL3（87%/93%）	+	+	+	+
531F	*Nocardiopsis lucentensis*	KF597550	*Asticcacaulis biprosthecium*（66%/74%）	−	+	+	+

注：（+）有抗菌活性；（−）无抗菌活性。

选用 YEPD、PDA、FJ、YPD、2216E、M_1 等多种培养基进行筛选，共筛选得到 247 株微生物，根据其表型上的差异，初步判定分离到细菌 153 株、放线菌 2 株、真菌 92 株。对其中部分细菌和真菌进行菌种鉴定，包含有青霉属、拟青霉属、拟盘多毛孢属、隔孢伏革属、金孢霉属等真菌；枯草芽孢杆菌等细菌（表 4－29）。

表 4－29　南极样品分离菌株统计表

菌株	同源性较高序列菌种	同源性/%	归属类群
5303	*Penicillium* sp.	99	*Penicillium* sp.
4921	*Penicillium* sp.	100	*Penicillium* sp.
1127	*Bacillus* sp.	100	*Bacillus* sp.
30120702	*Hormodendrumcladosporioides*	100	*Hormodendrum* sp.
13272326	*Aspergillusflavus*	100	*Aspergillus* sp.

续表

菌株	同源性较高序列菌种	同源性/%	归属类群
W1281	*Eutypella* sp.	100	*Eutypella* sp.
W1282	*Eutypellascoparia*	100	*Aureobacidium* sp.
W174	*Cochliobolus lunatus*	99	*Cochliobolus* sp.
PC3	*Bacillus subtilis*	99	*Bacillus* sp.
CL D5 – 4	*Penicilliumcitrinum*	100	*Penicillium* sp.
W161	*Pestalotiopsis* sp.	100	*Pestalotiopsis* sp.
W1296	*Basidiomycota* sp.	100	*Basidiomycota* sp.
H24	*Cochlioboluslunatus*	97	*Cochliobolus* sp.
H917	*Trichodermaatroviride*	99	*Trichoderma* sp.
H915	*Fusarium* sp.	94	*Fusarium* sp.
H918	*Fusariumequiseti*	100	*Fusarium* sp.
H8	*Hypocreajecorina*	100	*Hypocrea* sp.
H35	*Penicillium* sp.	99	*Penicillium* sp.
H903	*Penicilliumexpansum*	99	*Penicillium* sp.
H58	*Penicilliumpulvillorum*	97	*Penicillium* sp.

2014 年，对中国第 28 次南极科学考察及之后采集自长城站和中山站邻近地区的各种样品开展了可培养微生物菌株的分离培养，分别应用真菌、放线菌和细菌培养基进行菌株分离培养，按照科技部《微生物资源描述规范和保藏技术规程》开展标准化整理和保藏。完成 84 株菌株的标准化分析和整理，其中细菌 68 株（含放线菌 11 株），真菌 16 株。

对 4 株细菌开展了低温木质素酶活性评估，其中两株活性较高的产低温木质素酶细菌 *Arthrobacter alpinus* D4 – 2 和 *Pseudomonas arsenicoxydans* E4 – 1 进行了转录组测序，测序数据量 4G。获得木质素降解相关基因序列 10 条。对极地真菌进行了次级代谢产物功能基因的研究，通过设计相关生物合成基因的引物，采用 PCR 方法，筛选获得了 3 个聚酮合成酶 Ⅰ（PKS Ⅰ）基因（表 4 – 30）。采用 hiTAIL – PCR 分别从该片段两端染色体步移得到 3 210 bp，包括一个完整的卤化酶基因（*fdh*604）及其侧翼序列。*fdh*604 全长为 1 443 bp，GenBank 登录号为 KF597548。FDH604 和参与合成糖肽类化合物的卤化酶聚成一簇，而且 Bootstrap 支持值高达 100%，提示 FDH604 可能参与类似化合物的合成，获得卤化酶全长基因 1 个。从多种来源不同的微生物菌株中开展了 β – 葡萄糖苷酶、卤化酶、木质素酶等酶活性的筛选，获得 6 株含卤化酶基因的放线菌株（其中 5 株为链霉菌、1 株为诺卡氏菌）、28 株产 β – 葡萄糖苷酶真菌、4 株产木质素酶细菌。通过平板打孔法检测各菌株无菌发酵液对 8 株指示细菌（分别为：溶壁微球菌、黄单胞杆菌、金黄色葡萄球菌、副溶血弧菌、嗜水气单胞菌、枯草芽孢杆菌、哈维氏弧菌、坎贝尔弧菌）和 7 株植物致病真菌（分别为：核盘菌、绿色木霉、立枯丝核菌、宛氏拟青霉、香蕉炭疽菌、长柄链格孢、棉花枯萎病菌）的拮抗活性。结果显示，3

株细菌和 10 株真菌分别对 1 株或者多株受试菌具有抑菌活性。选用 YEPD、PDA、FJ、YPD、2216E、M_1 等多种培养基进行筛选，共筛选得到 117 株微生物，根据其表型上的差异，初步判定分离到细菌 53 株、放线菌 2 株、真菌 62 株。对其中部分细菌和真菌进行菌种鉴定，包含有青霉属、拟青霉属、葡柄霉属、曲霉属等真菌；枯草芽孢杆菌等细菌（表 4－31）。形成了一批具有上述酶活性菌株的储备，为今后深入开展其酶学性质、开发利用极地微生物的活性酶资源奠定了良好的基础。

表 4－30　菌株基因筛选结果

PKS 基因片段名称	最近相关基因（序列号）	同源性（%）
HDN13－356（KJ531415）	*Aspergillus ochraceus* WA － type polyketide synthase (AAS98198)	100
HDN13－389（KF986474）	*Cladosporium cladosporioides* polyketide synthase, partial (AEV59802)	100
HDN13－417（KF986472）	*Ascochyta fabae* non － reduced type polyketide synthase protein (ACS74441)	100

表 4－31　南极样品分离菌株统计表

菌株	同源性较高序列菌种	同源性/%	归属类群
W1294	*Stemphylium* sp.	99	*Stemphylium* sp.
W1295	*Penicillium citreonigrum*	100	*Penicillium* sp.
W1297	*Stemphylium* sp.	99	*Stemphylium* sp.
W1298	*Penicillium citreonigrum*	100	*Penicillium* sp.
11203	*Aspergillus* sp.	99	*Aspergillus* sp.
522105	*Podoscypha petalodes*	100	*Podoscypha* sp.
11206	*Penicillium* sp.	99	*Penicillium* sp.
11207	*Penicillium griseofulvum*	99	*Penicillium* sp.
W161	*Pestalotiopsis* sp.	99	*Pestalotiopsis* sp.
W1296	*Agaricales* sp.	99	*Agaricales* sp.
N501	*Bacillus amyloliquefaciens*	99	*Bacillus* sp.
N505	*Bacillus vallismortis*	99	*Bacillus* sp.
N504	*Bacillus* sp.	99	*Bacillus* sp.

4.4 南极磷虾资源调查与评估技术规范

4.4.1 技术要求和调查内容

4.4.1.1 技术要求

（1）调查采用声学探测和生物学拖网取样相结合的方法进行。

（2）在调查开始以及航次结束时，应对仪器设备进行校准，以确保原始声学数据的准确性。

（3）应了解调查海域生物种群的生态习性和声学映像特征，测定各渔获物种类（包括非调查对象种类）的体长、体重，统计渔获物组成，用于映像分析和积分值分配。

（4）查明南极磷虾和其他各主要渔获种类的目标强度，用于定量声学评估。

4.4.1.2 调查内容

调查内容包括声学调查数据和生物种类组成、磷虾生物学特征数据。

4.4.2 调查线路与站位设置

4.4.2.1 调查线路

调查线路采用平行断面形式，断面走向应尽可能平行于影响资源分布的因素（如水深、水温等）变化梯度方向。调查断面数宜不少于5个，断面间距不大于60 n mile。

4.1.2.2 拖网站位设置

原则上每个断面宜不少于2个生物学拖网站位，拖网取样站位一般根据声学映像设定。

4.4.3 采样

4.4.3.1 调查船

应使用装备科学渔探仪、能进行拖网取样生物资源调查船。

4.4.3.2 取样网具

应使用囊网网目尺寸不大于5 mm的专用调查拖网。

4.4.3.3 主要仪器设备

主要仪器设备如下。

（1）科学渔探仪应为分裂波束式，且至少具备38 kHz、70 kHz、120 kHz、200 kHz中的一个工作频率；

（2）仪器校正的成套工具，包括标准球、单丝尼龙线和小型绞车等；

（3）声学数据后处理系统；

（4）导航定位系统。

4.4.3.4 声学数据的采集

声学数据的采集参照海洋调查规范 GB/T12763.6。

4.4.3.5 生物学数据的采集

（1）拖网调查采样。在需要确定生物种类及组成的映像区进行拖网采样，获取适量样品。

（2）渔获物样品处理。称量或估测每网渔获物总重量，进行生物种类组成及各渔获种类生物学分析，其中用于生物学测定的磷虾不少于200尾。

（3）拖网采样记录

应将每次拖网采样情况详细记录，见表4－32。

4.4.3.6 调查观测信息记录

调查过程中应填写声学观测记录，见表4－33。

4.4.4 数据处理

4.4.4.1 声学数据的预处理

排除偶尔出现的非生物来源回波信号，如气泡、不规则海底及本底噪声等，对原始积分值进行必要的修正。

4.4.4.2 生物学数据的预处理

统计、计算各网次渔获物的种类、尾数、体长、体重等数据，供积分值分配和生物量密度计算之用。

4.4.4.3 映像分析和积分值分配

计算方法参照采集参照海洋调查规范 GB/T12763.6。

4.4.5 资源量评估

磷虾资源量评估采用断面法，具体方式参照海洋调查规范 GB/T12763.6。

4.4.6 资源分布图绘制

根据磷虾资源评估结果绘制资源密度分布图。

表 4－32 拖网采样记录表　　第__ 页 共__ 页

基本信息			
航次编号		拖网编号	
船名		拖网类型	
拖网速度		拖网深度	
海况		天气情况	
放网时间		放网经纬度	
起网时间		起网经纬度	

磷虾生物学数据					
体长	体重	性别	摄食强度	性成熟分期	有无发现黑色斑点

其他种类生物学数据							
种类	体长	体重	备注	种类	体长	体重	备注

样品信息				
样品序号	样品类型	样品重量	样品数量	样品存放地点
回声探测映像情况				

备注：

记录人：__________ 校核人：__________

表 4－33　声学观测数据记录表

第__ 页 共__ 页

航次						设备型号	
船名						工作频率	
天气情况						海况	
拖网采样情况							
序号	时间	位置	航程	水深	总积分值	调查信息	数据文件名称

备注：

记录人：__________ 校核人：__________

参考文献

迟海，李学英，杨宪时，等. 2012. 南极磷虾冻藏温度下的品质变化及其货架期分析［J］. 水产学报，36（1）：153－160.

迟海，李学英，杨宪时，等. 2010. 南极磷虾 0、5 和 20℃贮藏中品质变化［J］. 海洋渔业，32（4）：447－453.

梁运江，谢修鸿，许广波，等. 2007. 磷钼蓝比色法合适工作波长及线性范围的讨［J］. 23（1）：35－37.

马丽珍，南庆贤. 2003. 戴瑞彤. 真空包装冷却猪肉低剂量辐照后的理化和感官特性变化［J］. 农业工程学报，19（4）：184－187.

上海市食品卫生监督检验所. GB/T 5009. 44－2003 肉与肉制品卫生标准的分析方法［S］. 北京：中国标准出版社，2003.

谢晶. 2010. 食品冷藏技术与装置［M］. 北京：机械工业出版社.

宣伟，励建荣，李学鹏，等. 2010. 真空包装青石斑鱼片在0℃贮藏时的品质变化［J］. 水产学报，34（8）：1285－1293.

章静波，黄东阳，方瑾. 2011. 细胞生物学实验技术［M］. 北京：化学工业出版社.

Bradford M. 1976. A rapid and sensitive method for the quantitation of microgram quantities of protein utilizing the principle of protein－dye binding［J］. Anal. Biochem，72（1）：248－254.

Kolakow E. 1986. Changes of non－protein nitrogens fractions in Antarctic krill during storage at 3℃ and 20℃［J］，Zeitschrift für Lebensmittel－Untersuchung und Forschung A，（183）：421－425.

Pan B，Yeh W. 1993. Biochemical and morphological changes in grass shrimp（Penaeus monodon）muscle following freezing by air blast and liquid nitrogen methods［J］. Journal of Food Biochemistry，17（3）：147－160.

Pisal Sriket，Soottawat Benjakul，Wonnop Visessanguan，et al. 2007. Comparative studies on the effect of the freeze－tha－wing process on the physicochemical properties and micro—structures of black tiger shrimp（*Penaeus monodon*）and white shrimp（*Penaeus vannamei*）muscle［J］. Food Science，53（5）：113－121.

Roberson J，Eastwood M. 1981. A method to measure the water－holding properties of dietary fibre using suction pressure［J］. Br. J. Nutr. 46（2）：247－255.

第5章 南极周边海域磷虾等生物资源考察主要研究成果

5.1 南极磷虾生物学特性

5.1.1 分类地位

界：动物界
门：节肢动物门
纲：甲壳纲
亚纲：软甲亚纲
目：磷虾目
科：磷虾科
属：磷虾属

5.1.2 种群组成

目前南极海域已发现的磷虾种群主要有8种，呈环南极分布，不同种类和分布区域范围分别为：

大磷虾（*Euphausia superba* Dana，1850），主要分布于南极区；
晶磷虾（*E. crystallorophias* Holt and Tattersall，1906），主要分布于南极区；
冷磷虾（*E. frigida* Hansen，1911），主要分布于南极区；
三刺磷虾（*E. triacantha* Holt and Tattersall，1906），主要分布于亚南极区和南极区北部；
瓦氏磷虾（*E. vallentini* Stebbing，1900），主要分布于亚南极区；
长额磷虾（*Bentheuphausia amblyops* G. O. Sar，1885），主要分布于亚南极区；
长额樱磷虾（*Thysanoessa macrura* G. O. Sar，1883），主要分布于南极区；
近樱磷虾（*Thysanoessa vicina* Hansen，1911），主要分布于南极区；
上述8种磷虾中，大磷虾在数量上占绝对优势。其资源量得到人类普遍关注。

5.1.3 形态特征

8种南极磷虾胸肢形状相似，双肢型，无分化；鳃一列，裸于头胸甲之外，着生在胸肢的底节上；幼体变态发育，初孵化为无节幼体；头胸甲发达；具有特殊的发光器，通常在眼柄上1对，第2和第7胸肢的基部各1对，第1～第4腹节腹甲的中央，两腹肢之间各1对，但数目随种类的不同也有所不同，发光器能发出黄绿色可见光。目前发光器的功能仍不明确，有待进一步研究，如图 5－1 所示。

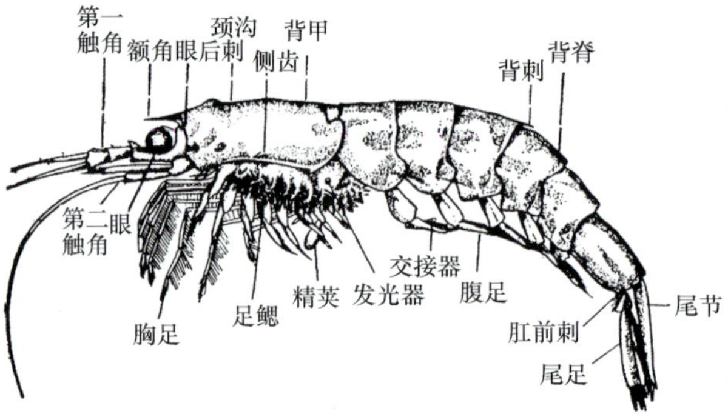

图 5－1　南极磷虾示意图

5.1.3.1　南极大磷虾（*Euphausia superba*）

南极大磷虾属于磷虾目磷虾科的 1 种（图 5－2、图 5－3）。成体体长为 40 ~60 mm。身体较透明，具红褐色斑点；额板三角形（额角短）；头胸甲下缘有 1 对侧齿；第一触角柄部第 1 节有一宽叶状突；大颚触须末节长比宽大 7 倍以上；雄交接器顶突基部弯曲，与末部成直角，末端渐尖并卷向前端，基突有 2 片膜状扩大。

图 5－2　南极大磷虾

5.1.3.2　晶磷虾（*Euphausia crystallorophias*）

与南极大磷虾形态相似（图 5－4），但额角末端长而尖（至眼前端）、眼较大颚须较短，且其个体短小（最大为 35mm 左右）。

5.1.3.3　冷磷虾（*Euphausia frigida*）

冷磷虾个体小，最大约为 24 mm，无额角，额板宽短，三角形，末端尖，至眼柄基部（图 5－5、图 5－6）。第一触角基节内缘有非常小的三角形小叶，第三节上缘直，前缘呈长方形。腹节无背棘。雄性交接器顶突较短，未达中叶前缘，突起的末端分叉，内突起宽大，外突起较长。基突较短，其末端扩大呈长椭圆形，基突的内侧具附突。

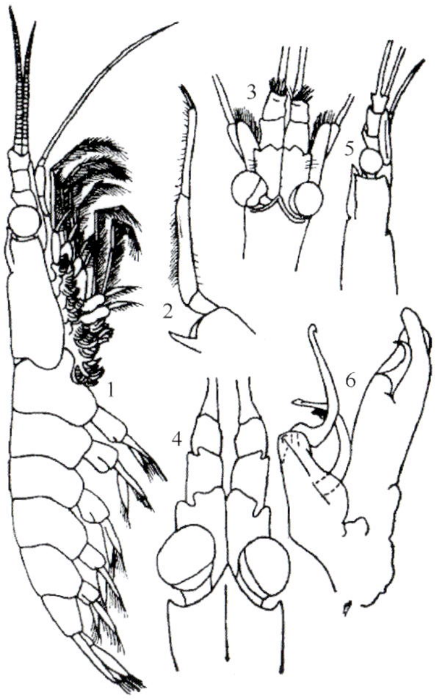

图 5－3 南极大磷虾（何德华，1981）

1. 雌性整体侧面观；2. 雌性大腭触须；3. 雌性头部背面观；4. 雄性头部背面观；
5. 雌性头胸甲侧观；6. 雄性交接器

图 5－4 南极晶磷虾（Baker，1990）

图 5－5 冷磷虾

图片出处：http：//www. marinespecies. org/aphia. php？ p = image&pic = 71595

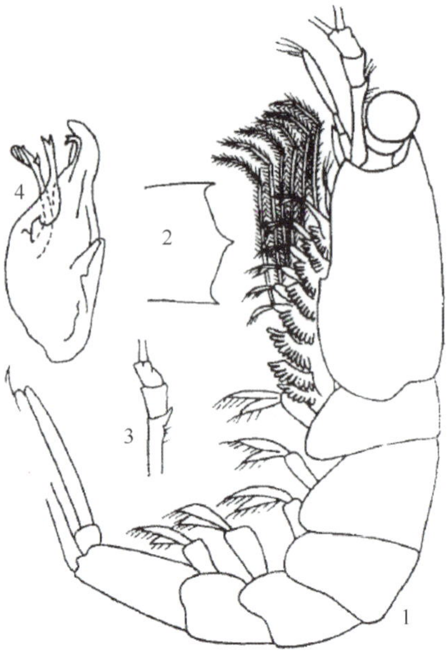

图 5－6　冷磷虾（何德华，1981）

1. 雄性整体侧面观；2. 雌性背甲背面观；3. 雄性第一触角柄部侧面观；4. 雄性交接器

5.1.3.4　三刺磷虾（*Euphausia triacantha*）

三刺磷虾个体中等，眼大而圆，呈鲜红色；额板无框上刺，以致其前侧缘突出；额角长，锐利，伸过眼前缘；头胸甲的胃区有一高而拱形的背脊，背脊一直向下延伸到额角的中心。背甲侧面肝区成弧形突起，无肝刺；背甲下缘有小刺，近中央偏后；第一触角基节有十分明显的叉状小叶，其内侧分枝比外侧分枝长而粗壮，且向外部弯曲，第二节在上部的中央，有刺状突起，第三节有不大的隆凸，第Ⅲ～第Ⅴ腹节每节具有背刺，第Ⅲ腹节的刺大于后几节，第Ⅲ～第Ⅴ腹节的后缘切口浅；雄性交接器的顶突有一宽似足状的基部，末端向内，呈柔和弯曲并渐渐缩小弯曲。从顶端到底部中央内侧有一不突起的短指状结构。基突迎面弯曲，顶端稍微扩大，其边缘有小齿，侧突起钩形弯曲。如图 5－7、图 5－8 所示。

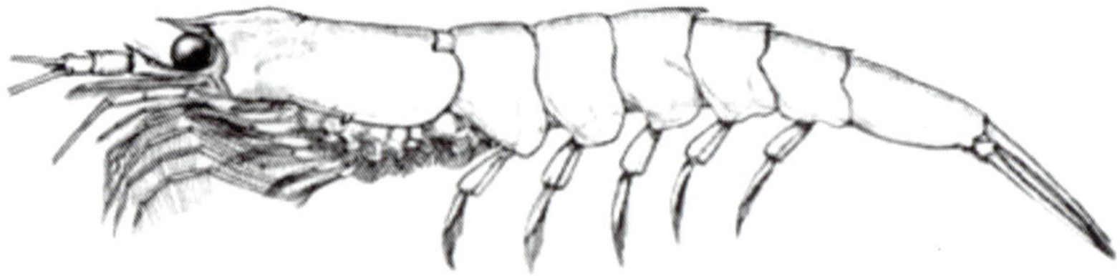

图 5－7　三刺磷虾（Baker，1990）

5.1.3.5　瓦氏磷虾（*Euphausia vallentini*）

瓦氏磷虾个体较小，眼较大，呈暗红色；额角为短而尖的三角形，其长度等于或稍大于额角宽，头胸甲的前缘完全凸于两眼后面；第一触角柄部第一节有一特殊的小叶，宽大且圆形，

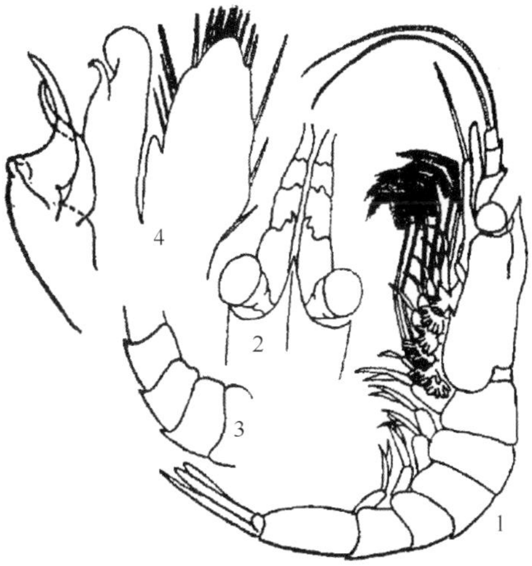

图 5-8　三刺磷虾（何德华，1981）

1. 雄性整体侧面观；2. 雌性头部背面观；3. 雄性腹节侧面观；4. 雄性交接器

第二节顶缘具小的圆形突起，第三节上有一高的背脊；第三腹节的前缘具一尖的背刺。（图 5-9）。

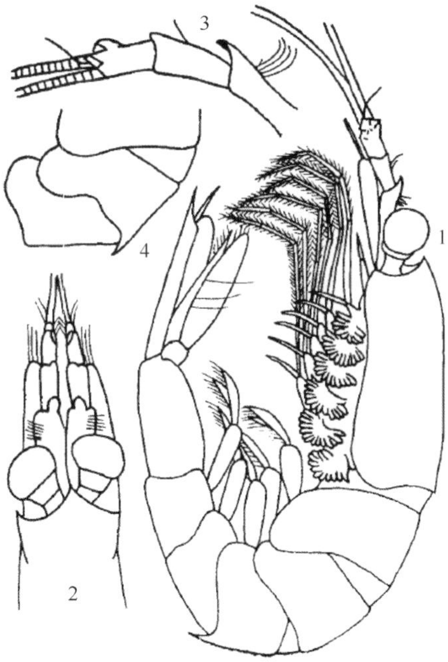

图 5-9　瓦氏磷虾（何德华，1981）

1. 雌性整体侧面观；2. 雌性头部背面观；3. 雌性第一触角柄部侧面观；4. 雌性侧面观

5.1.3.6　长额磷虾（*Bentheuphausia amblyops*）

长额磷虾，眼睛小，卵圆形，红棕色；额角短、尖，至眼的中部；体长 25～50 mm；无发光器，胸足发达，雄性第一、第二腹足无交接器，但在第一腹足内肢有一个小叶，内肢基节上具 1-6 个粗壮的刺（图 5-10）。

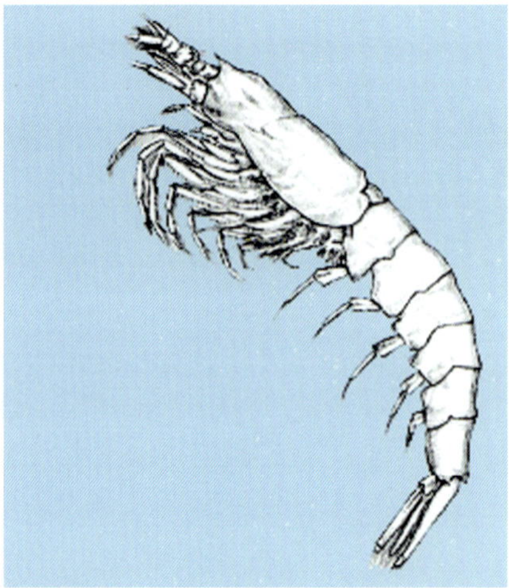

图 5－10　长额磷虾（Baker，1990）

5.1.3.7　长额樱磷虾（*Thysanoessa macrura*）

长额樱磷虾个体中等，眼大，中部有横溢；分上下两部，上部狭，下部宽，额角呈三角形，长而锐利，达第一触角基节的4/5处；额角上缘有隆脊，一直至背甲前方；前侧角锐利；背甲下缘具侧齿，位于第三节后部，第一触角基部膨大，其余二节较匀称，第三节较第二节长，触鞭扁形，上鞭短于下鞭；上鞭11节，下鞭18节；第一对胸肢细长，分5节；第二对胸肢特长且粗壮，成执握肢；第3、第4节延长；第6节是第5节的1/3～1/4长，二侧有粗状刚毛（9～10根），指节短而宽，具3～5周端刚毛；腹节匀称，无脊和突起，第6腹节长约等于第5腹节的二倍；肛前齿复杂，呈砍缺形。（图5－11）

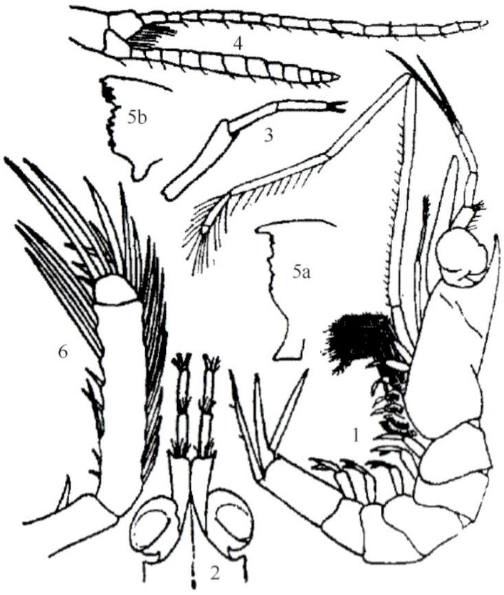

图 5－11　长额樱磷虾（何德华，1981）

1. 雄性整体侧面观；2. 雌性头部背面观；3. 雄性处一触角柄部侧面观；4. 雄性第一触角鞭；5. 雄性肛前刺：a. 标本体长24 mm、b. 标本体长32mm；6. 雄性第二胸足末节

5.1.3.8 近樱磷虾（*Thysanoessa vicina*）

近樱磷虾，眼睛双瓣型，成体小于17 mm；形态与长臂樱磷虾很相似，但可通过第一触角鞭及雄性交接器的形态区分开（图5－12）。

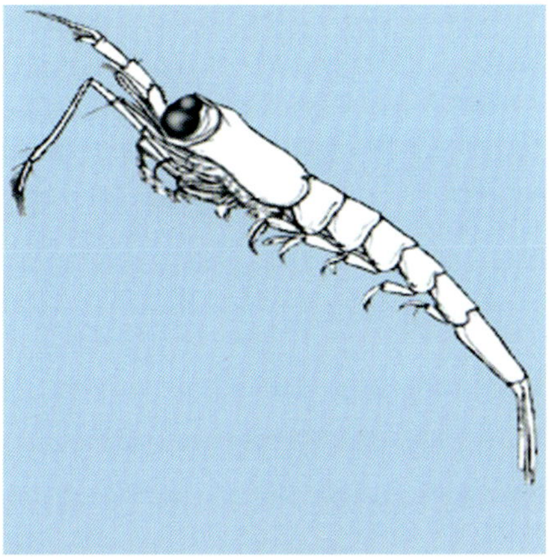

图5－12 近樱磷虾（Baker，1990）

5.1.4 南极磷虾繁殖习性

南极磷虾为南极附近海域生活的甲壳类动物，雌雄异体，体长可达到60 mm，寿命为5～7年。在夏季，南极磷虾主要捕食浮游植物。在浮游植物较少的冬季，也捕食浮游动物。磷虾主要分布于极锋以南的南极表层水，根据季节和成熟阶段有很大的差异。初夏12月到盛夏2月，成熟个体分布在大陆坡海域，未成熟个体分布在大陆架边缘。南极磷虾绝大多数生活在50米以浅的表层，在表层200 m以内形成集群，其集群密度根据海域的不同存在差异。

成熟后的个体，在夏季开始繁殖，在南大洋全年都有生殖个体出现，但一般认为大磷虾的生殖季节主要是在1－3月份，或更长一点12至翌年4月份，繁殖期长达5个半月。在南大西洋区，生殖季节通常从11月份开始，也有12月开始的，一直延续到3月，也可到4月。在普里兹湾邻近海域，大磷虾产卵开始于12月份，至少可持续到3月份比大西洋区晚1～2个月。也有资料表明，1月上旬已排卵个体极少，临产个体也不多。对于生殖群体来讲，可以认为大磷虾还未开始产卵。2月中旬，临产个体已占优势（56.6%），有少量已排卵个体出现（2.5%），这说明2月中下旬可能是产卵的高峰期。从性腺发育和幼体出现情况可以认为：在普里兹湾邻近海域，大磷虾在1月开始产卵，2月中下旬可能达到产卵高潮，并持续到3月。与大西洋区相比，要推迟1个月。

繁殖交尾的时候雄性个体将精夹注入雌性个体（通常2个），盛夏开始产卵。在1个季节可以产好几次卵，一次产卵2 000～10 000个，磷虾卵的直径0.7 mm左右；卵沉降至约1 000～2 000 m水深，磷虾卵下沉的速度很快，每天下沉约140～320 m，三五天后可下沉到1 000～2 000 m的深度，这时孵化也就结束了。孵化后的磷虾边变态发育，边向上缓慢移动，当到达100 m水层时，已成为能够直接主动摄食的幼虾了。下沉到上升的全部时间为三四周。幼体经过3个阶段9个发育期，雄22个月、雌25个月达性成熟。前期幼体的垂直分布比成体深。一龄幼虾体长20～30 mm，体重0.6～0.7 g，两年后就长到45～60 mm，体重0.7～1.5 g。

5.1.5 昼夜栖息变化规律

（1）垂直与水平方向之比。

磷虾的空间分布影响其行为和活动。夜间集群的垂直和水平尺度约为100 m和2 km。由于磷虾之间的距离直接影响游泳时磷虾间的相互作用，因此垂直向上与水平向上之比约为0.05，这也反映了，相对于垂直向上的游泳，磷虾更偏爱于在水平向上的移动。磷虾集群的垂直与水平向之比昼夜相差不大。

（2）集群规模的昼夜差异。

夜间集群时间要长于白天。夜间，集群的水层厚度超过100 m（图5－13）。游泳时相互间随机性的吸引和逃避也直接影响到磷虾间的相互作用。为了克服紊流，磷虾可能会采取统一的方式游泳，这也表明，在集群时，某些磷虾可能会群集（随机游泳，集群上部），而另一些磷虾则会聚集（采取统一的方式游泳，集群下部）。

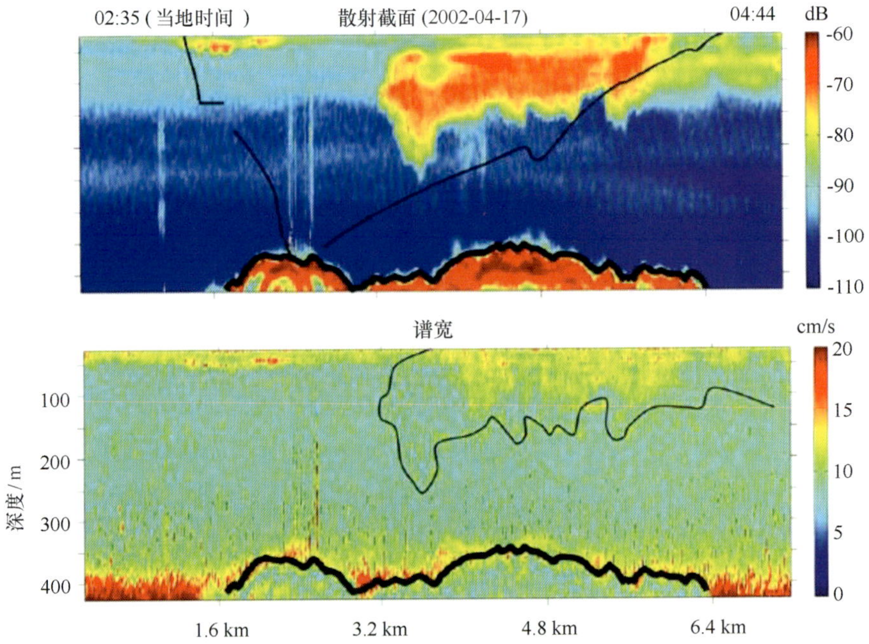

图5－13　Matha海峡夜间ADCP背扫强度截面（上图）及谱宽度截面（下图）
上图实黑线表示拖曳轨迹，下图实黑线表示上图中磷虾集群的边界，图中粗黑线表示底部（Meng zhou，2004）

白天集群的磷虾速度上通常很少呈现出随机的迹象。也就是说，夜间磷虾更为活跃，为寻找食物其所展现的随机性游泳更强，而白天为了躲避捕食者则很少活动（图5－14）。

（3）垂直洄游模式。

通常认为，在白天，躲避捕食者是磷虾垂直洄游的主要原因。自表层到250 m深度范围内，磷虾垂直洄游行为较强。在有海冰保护的海区，或捕食者相对较少的海区，磷虾的垂直洄游深度相对较浅。因此，磷虾洄游深度取决于两个因素：一个是光亮，另一个是捕食者的下潜深度。

磷虾集群特点：无冰区，集群规模小，密度高；覆冰区，集群规模大，密度低。覆冰下，

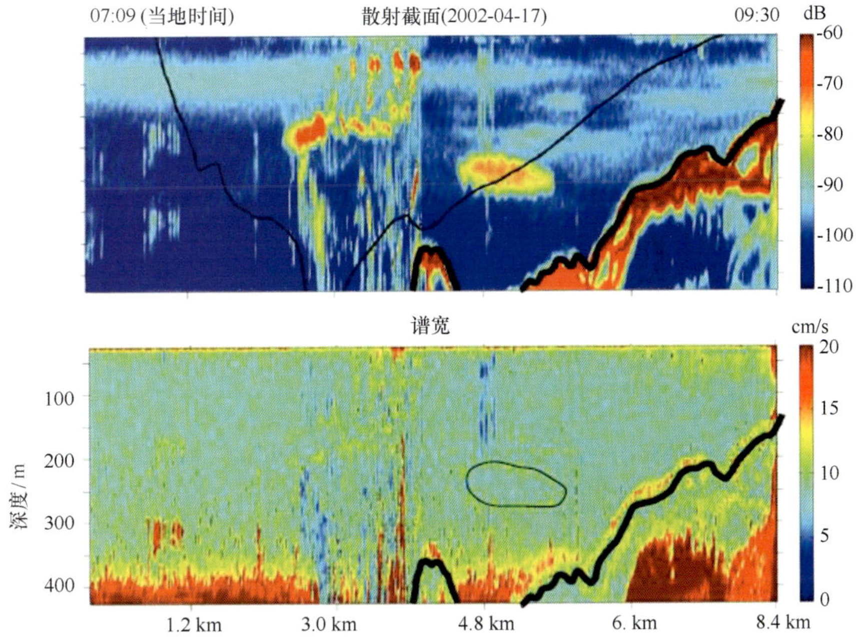

图5-14 Matha海峡白天ADCP背扫强度截面（上图）及谱宽度截面（下图）。上图实黑线表示拖曳轨迹，下图实黑线表示上图中磷虾集群的边界，图中粗黑线表示底部（Meng zhou，2004）

由于海冰的保护，磷虾会在更广的范围内寻找食物，也就是说，在没有外界环境刺激（如食物源或捕食者）的情况下，磷虾通常是采取统一的集群行为（inherent aggregration），也就是喜欢呆在一起。

5.1.6 南极大磷虾基础生物学

样品来源于中国第29次、第31次南极科学考察普里兹湾拖网采样和2010年1月—3月“安兴海”轮和“开利”轮在南大洋48.1渔区和48.2渔区拖网捕捞，本书所使用的生物学数据测定方法参照南极生物资源养护委员会（简称CCAMLR）的观察员手册《SCIENTIFIC OBSERVERS MANUAL》（Part Ⅲ：GUIDELINES FOR SCIENTIFIC OBSERVERS）。

5.1.6.1 体长与体重

（1）普里兹湾附近海域南极大磷虾体长与体重。

根据中国第29次和第31次南极科学考察普里兹湾附近海域断面调查，采集的样品均为南极大磷虾，测量体长、体重、复眼直径等参数，样品量超过200尾的站位，只测量200尾，不到200尾的站位全部测量，

第29次南极科学考察共完成5个站位拖网采样，其中4个站位采集到磷虾样本，共测量南极磷虾1 072尾，以1 mm作为间隔，对体长分布进行频次统计，如图5-15所示，体长分布介于25~52 mm之间，优势体长范围为：32~41 mm。小个体雌体数量多余雄体，43 mm体长以上的雌雄体数量相近。

以0.2 g作为间隔，对体重分布进行频次统计，体重频次分布如图5-16所示，个体体

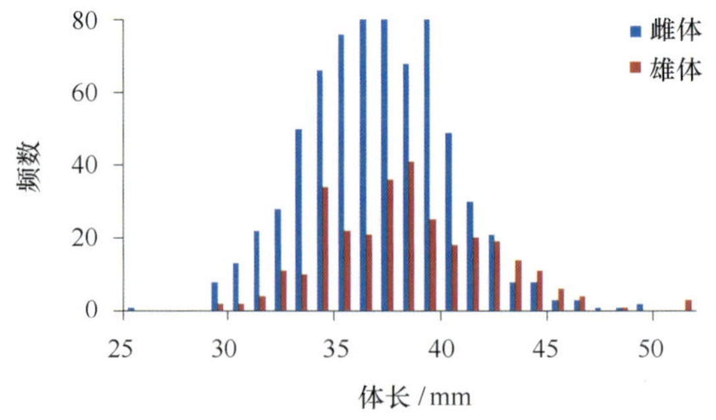

图 5 – 15　南极大磷虾体长频数分布

重分布范围为 0.1 ~ 1.2 g 之间，优势体重范围为 0.3 ~ 0.8 g，雌体体重小于雄体。

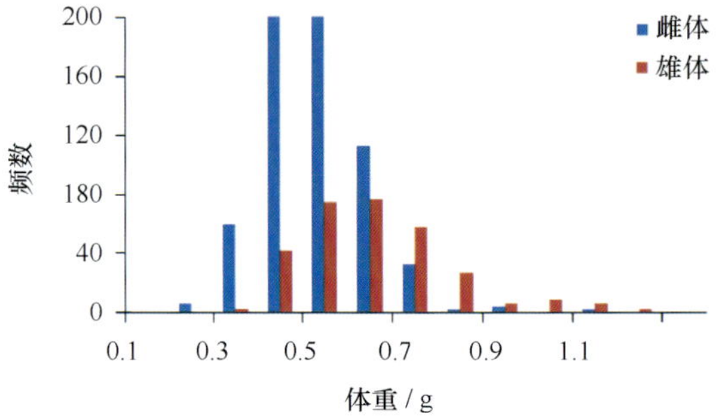

图 5 – 16　南极大磷虾体重频数分布

南极大磷虾雄体和雌体体长与体重的相互关系如图 5 – 17 所示，体长与体重相关性不显著，雌雄体差异不大。

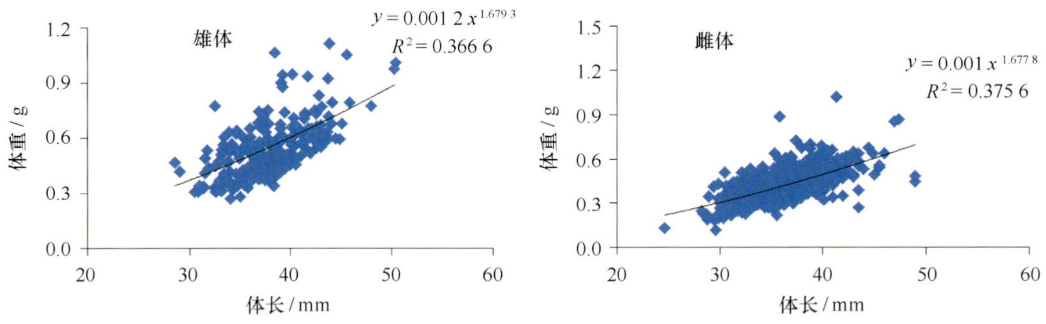

图 5 – 17　南极磷虾体长与体重关系图（左边为雄体、右边为雌体）

中国第 31 次科学考察共完成 8 个站位拖网采样，其中 5 个站位采集到磷虾样本，共测量南极磷虾样本 771 尾，以 1 mm 作为间隔，对体长分布进行频次统计，如图 5 – 18 所示，体长分布介于 34 ~ 66 mm 之间，优势体长范围为：40 ~ 60 mm，雌雄差异不大。个体明显大于与第 29 次科学考察同期。

以 0.2 g 作为间隔，对南极大磷虾体重分布进行频次统计，体重频次分布如图 5 – 19 所示，个体体重分布范围为 0.4 ~ 2.2 g 之间，优势体重范围为 0.6 ~ 1.6 g，雌雄体体重频次分布差异不大。体重明显大于第 29 次同期。

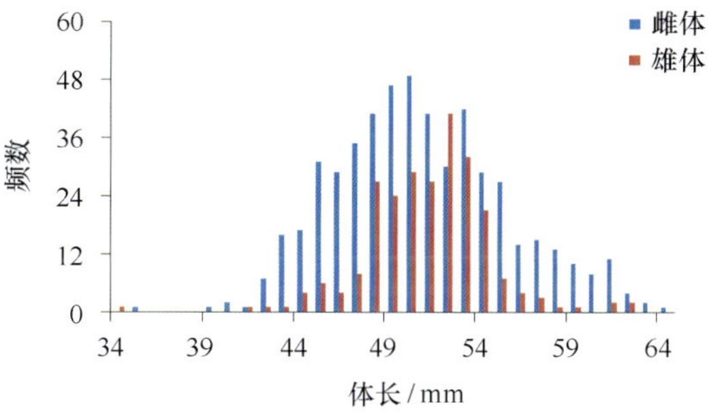

图5-18 南极大磷虾体长频次分布

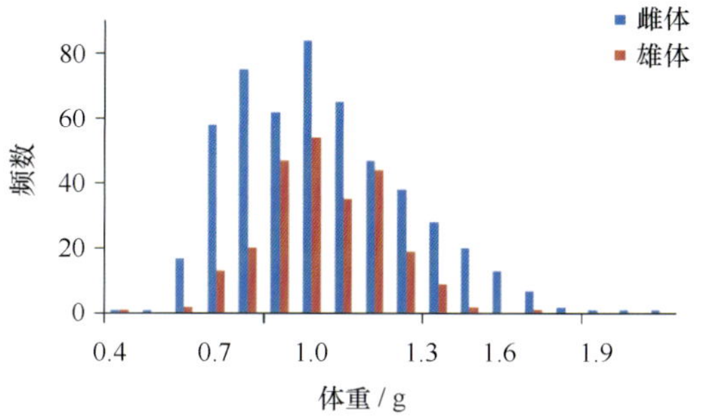

图5-19 南极大磷虾体重频度分布

南极大磷虾雄体和雌体体长与体重的相互关系如图5-20所示，体长与体重成幂函数关系，幂函数指数为2.3和2.6，相关性不显著，但是相关系数大于第29次，表明第31次采集样品中南极磷虾受负生长等因素影响较小，生长状态好于第29次。

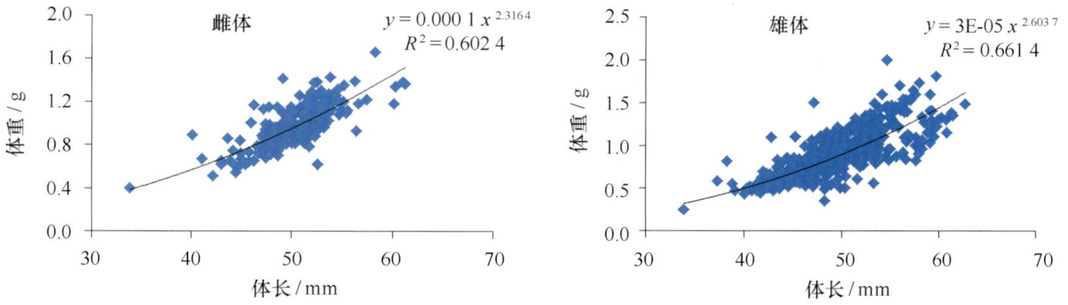

图5-20 南极大磷虾体长与体重相关关系

（2）南极半岛附近海域南极大磷虾体长与体重。

应用2010年1—3月“开利”轮和“安兴海”轮在南极半岛附近海域拖网捕捞采集的南极磷虾样本，每20天为一观测阶段，从中随机选取择5网，每网测200尾磷虾（对连续捕捞方式，每天测200尾，每5天一个阶段）。如果船只移动距离大于50 n mile或者移至其他小尺度管理单元（SSMUs），则重新开始一个20天的观测阶段。取样的分布海区见图5-21。

由于两渔船使用的作业网型有所差别，“安兴海”轮和“开利”轮作业网的网囊孔径分别为20 mm、15 mm，且比较不同渔区的磷虾渔获物体色外观，48.1区渔获南极磷虾基本呈

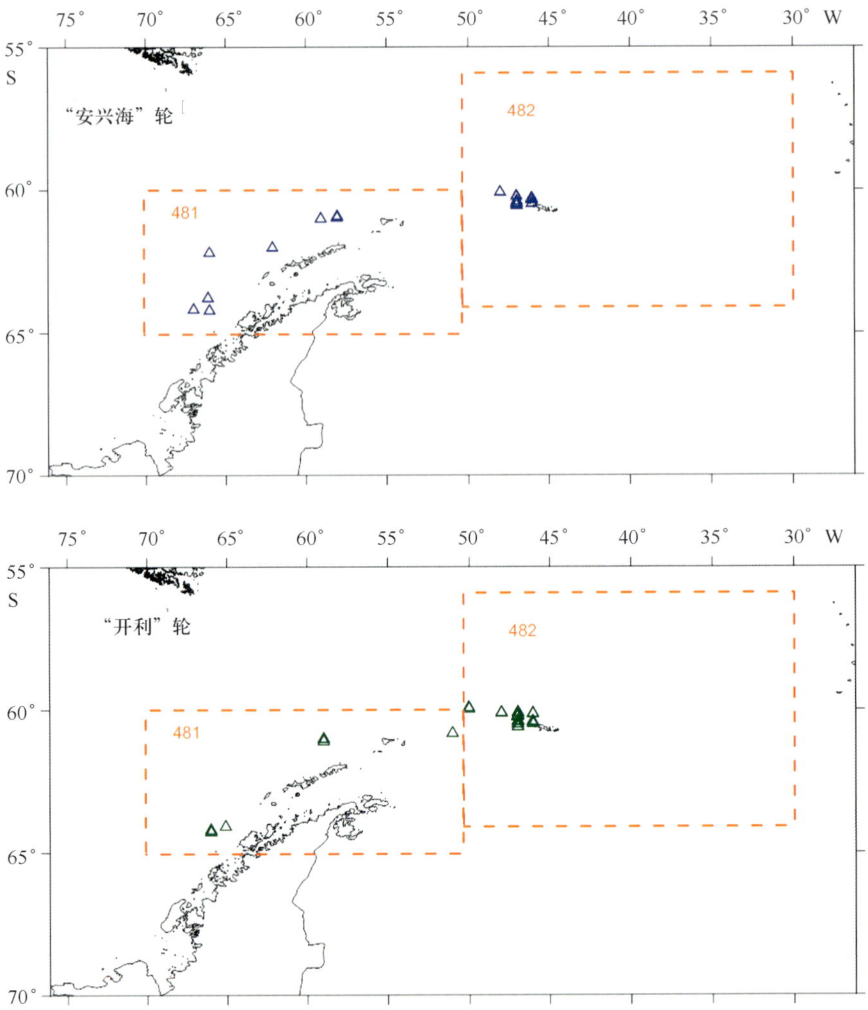

图 5－21　"安兴海"轮和"开利"轮磷虾生物学测定取样海区示意图

粉红色，而 48.2 区渔获南极磷虾基本呈白色。粉红色南极磷虾个体较大，每千克约为 850～1 000尾。白虾南极磷虾较粉红色南极磷虾个体小，每千克约为 1 100～1 200 尾。推测两个区域的南极磷虾可能属于不同种群。

根据"安兴海"轮采集的样品，48.1 区南极大磷虾群体体长范围为 36.5～64 mm，平均体长为（52.06±4.18）mm。大部分个体体长在 50～57 mm 之间，占总测定数的 61%；优势体长组为 52～55 mm，占总测定数的 44%。如图 5－22，48.2 区渔获南极大磷虾群体体长范围为 33.2～69 mm，平均体长为（51.96±6.00）mm。该区渔获南极磷虾群有两个优势体长组，主要优势组为 55～59 mm、次优势组为 44～47 mm，这两个区间的个体数分别占总测定数的 31.38% 和 13.1%。

48.1 区南极磷虾体重范围为 0.3～2.9 g，平均体重为（1.46±0.36）g。大部分个体的体重集中在 1.1～2.0 g 之间，占总个体数的 85.57%；优势体重组为 1.5～1.6 g，占总个体数的 15.86%。48.2 区南极磷虾体重范围为 0.1～2.6 g，平均体重为（1.26±0.41）g，大部分个体集中在 0.8～1.7 g 之间，占总个体数的 78.42%；优势体重组为 1.0 g～1.5 g，分别占总个体数的 11.13 % 和 10.75 %。如图 5－23 所示。

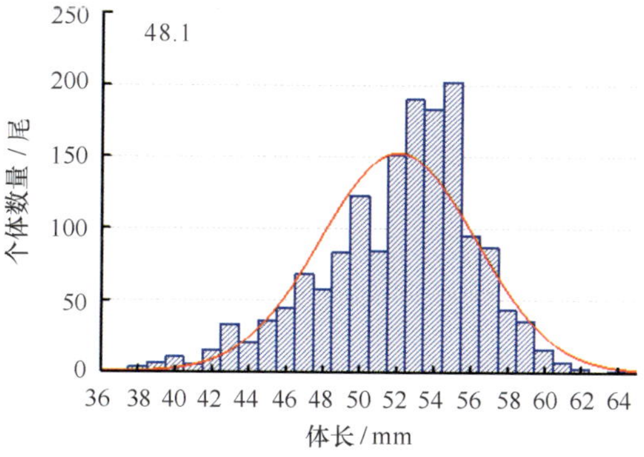

图 5－22 “安兴海”轮渔获磷虾体长—频数分布

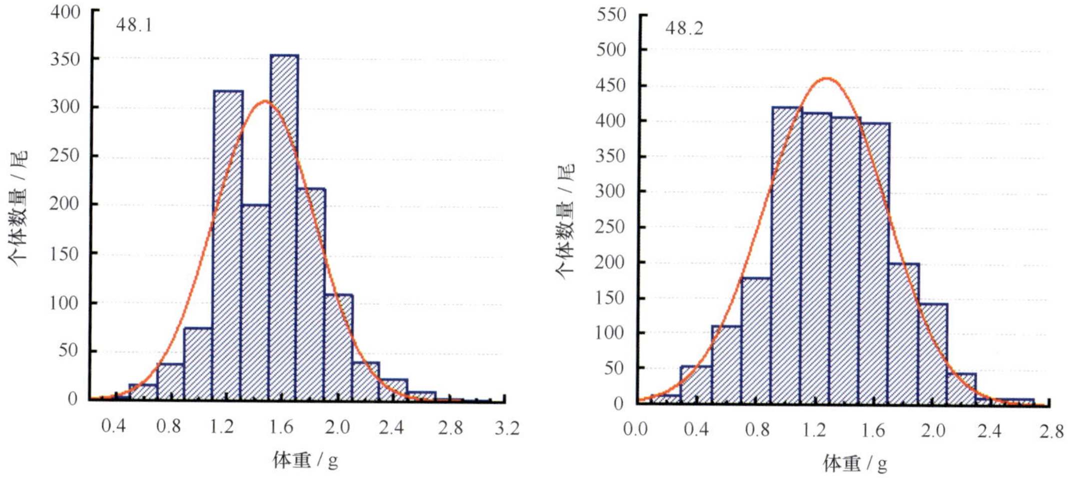

图 5－23 “安兴海”轮渔获磷虾体重—频数分布

根据两渔区的南极磷虾的体长与体重的分布（图 5－24），分别计算两渔区南极磷虾的体长—体重的关系式为如下。

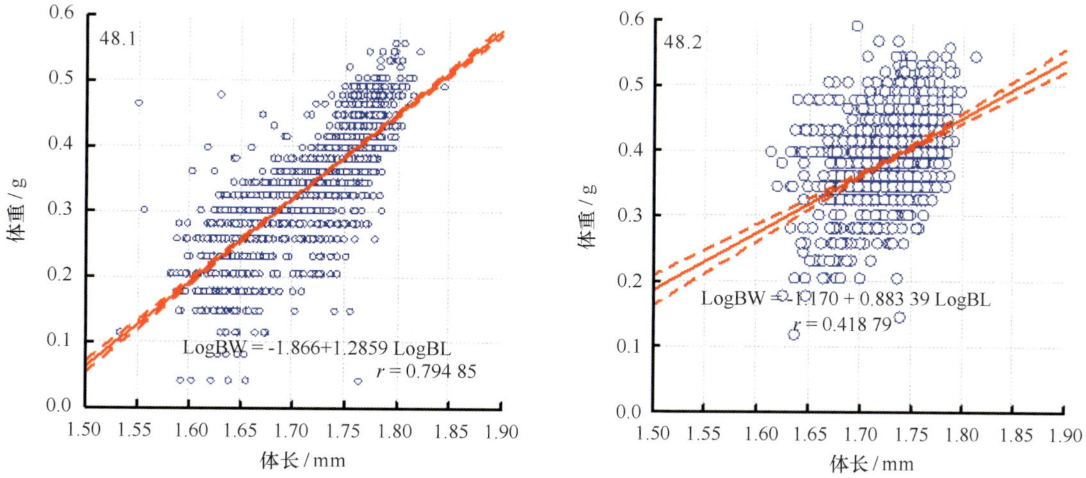

图 5－24 “安兴海”轮渔获磷虾体重—体长关系

$$\text{Log 体重(g)} = -1.866 + 1.2859 \text{ Log 体长(mm)},\ r = 0.79 \quad (5-1)$$

$$\text{Log 体重(g)} = -1.140 + 0.8839 \text{ Log 体长(mm)},\ r = 0.42 \quad (5-2)$$

根据“开利”轮采集的样品，48.1 区渔获南极磷虾体长范围为 33.6 ~ 65.8 mm，平均体长均值（53.1 ± 3.6）mm。优势体长组在 51 ~ 56 mm 之间，占总测定数的 52%（图 5 - 25）。48.2 区体长范围为 34.3 ~ 62.1 mm，均值（51.2 ± 5.6）mm。该区渔获南极磷虾有两个优势体长组，主要优势组为 53 ~ 57 mm、次优势组为 44 ~ 47 mm，这两个区间的个体数分别占总测定数的 35.72% 和 12.31%。

48.1 区南极磷虾体重范围为 0.2 ~ 3.0 g，平均体重为（1.28 ± 0.26）g。大部分个体的体重集中在 1.0 ~ 1.5 g 之间，占总个体数的 87%；优势体重组为 1.0 ~ 1.4 g，占总个体数的 53%。48.2 区南极磷虾体重范围（0.3 ~ 1.9）g，均值 1.02 ± 0.30 g。大部分个体的体重集中在 1.0 ~ 1.5 g 之间，占总个体数的 80%；优势体重组为 1.1 ~ 1.5 g，占总个体数的 46%。如图 5 - 26 所示。

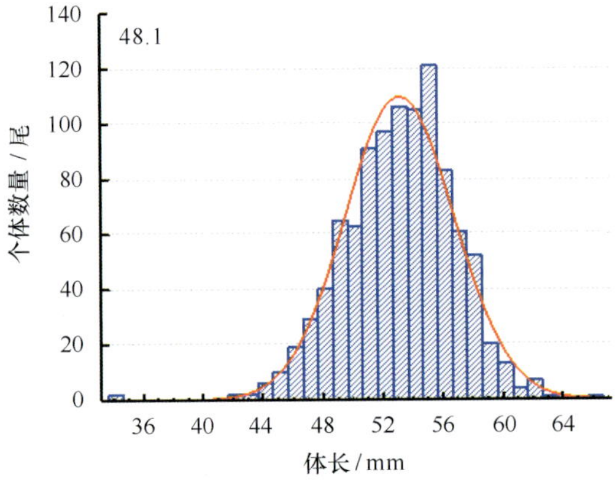

图 5 - 25　“开利”轮渔获磷虾体长—频数分布

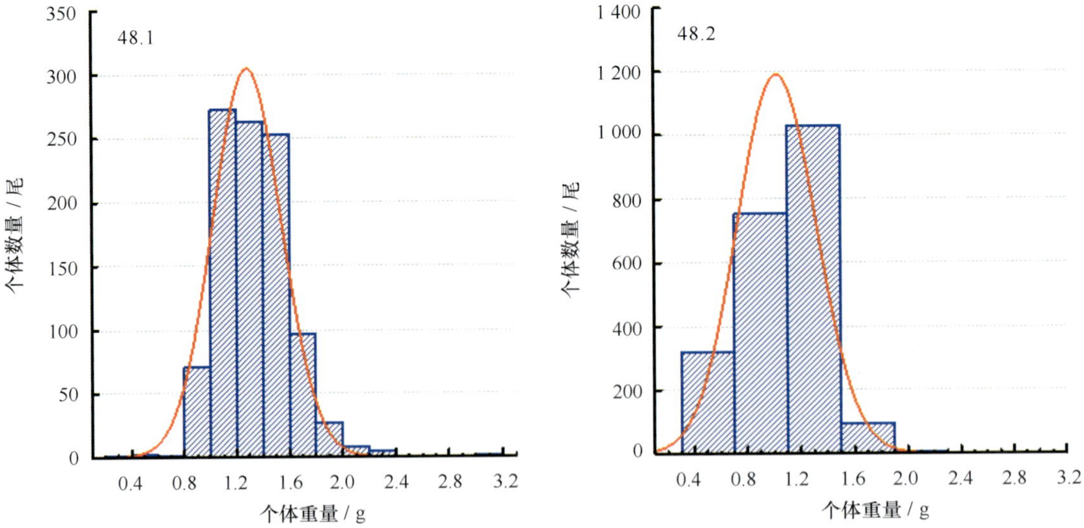

图 5 - 26　“开利”轮渔获磷虾体重频数分布

根据两渔区的南极磷虾的体长与体重的分布（图 5 - 27），分别计算两渔区南极磷虾的体长——体重的关系式为：

$$\text{Log 体重(g)} = -2.011 + 1.366 \text{ Log 体长(mm)}, r = 0.83 \quad (5-3)$$

$$\text{Log 体重(g)} = -1.845 + 1.2509 \text{ Log 体长(mm)}, r = 0.93 \quad (5-4)$$

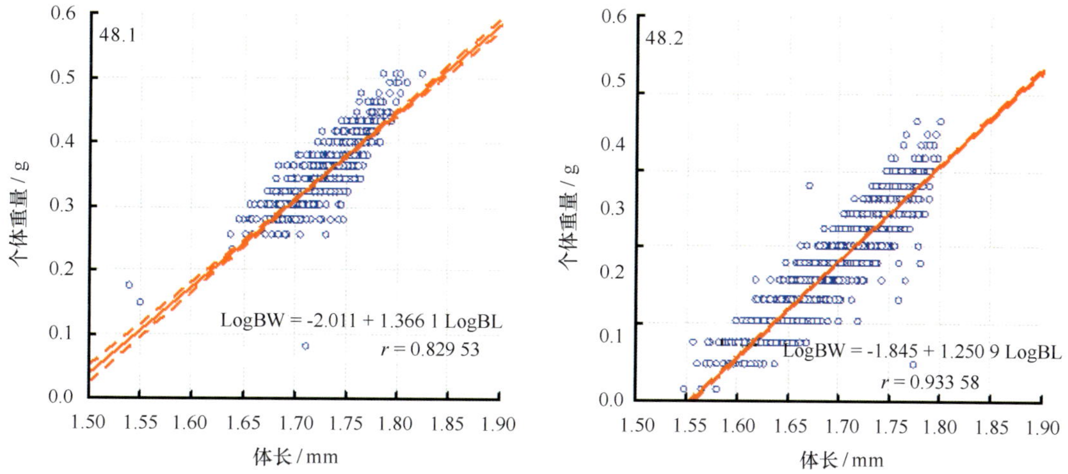

图 5－27 “开利”轮渔获磷虾体重与体长相关关系

分别对两轮、两渔区的南极磷虾体长分布单/两因素方差分析，结果表明（表 5－1）：虽然南极磷虾体长分布存在着渔区间差异显著，渔轮间差异不显著，可见两渔区的南极磷虾渔获的体长分布是不同的，且结合现场渔获品质的分析，48.1 区主要为较大个体粉红虾，而 48.2 区，南极磷虾渔获以个体较少的白虾为主、含少量的个体较大红虾。

表 5－1 不同渔轮、渔区的南极磷虾体长的方差分析

	平方和	自由度	均方	F	p 值
单因素方差分析					
“安兴海”轮					
截距	10 389 792	1	10 389 792	362 541.6	0.000 000
渔区	9	1	9	0.3	0.579 322
误差	114 576	3 998	29		
“开利”轮					
截距	7 483 456	1	7 483 456	284 069.4	0.00
渔区	2 548	1	2 548	96.7	0.00
误差	84 247	3 198	26		
两因素方差分析					
截距	17 673 631	1	17 673 631	635 465.8	0.000 000
渔轮	28	1	28	1.0	0.313 261
渔区	1 216	1	1 216	43.7	0.000 000
误差	200 164	7 197	28		

比较两渔轮、两渔区南极磷虾的体重频数分布，可得，同一渔区的两渔轮所捕获的南极磷虾优势体长组的分布是相似的；两渔轮在不同渔区的南极磷虾的平均体重均以48.1区的值较高、48.2区的值较低，平均值均近似相差0.2 g。由表5－2，方差分析的结果来看，两渔轮、渔区的南极磷虾的个体体重存在极显著的差异。究其原因，可能与两渔轮选择的作业渔区的南极磷虾品质存在差异有关。

表5－2　不同渔轮、渔区的磷虾体重的两因素方差分析

	平方和	自由度	均方	F	p值
截距	9 846.508	1	9 846.508	80 205.16	0.00
渔轮	85.658	1	85.658	697.73	0.00
渔区	79.556	1	79.556	648.02	0.00
误差	858.997	6 997	0.123		

比较上述四个体长—体重关系式，发现两渔轮在48.1区的南极磷虾渔获物的体长—体重的关系分布基本相似，但在48.2区，两渔轮渔获物的体长与体重的关系式分布有着明显的不同，且“安兴海”轮渔获南极磷虾个体体长与体重的关系式斜率较小，相关性值较低。相对而言，“开利”轮的渔获物的南极磷虾体长与体重的关系式与48.1区“安兴海”轮的相应关系式的分布更为相近。

5.1.6.2　复眼直径

由于南极磷虾生长受饵料等外界因素影响较大，在得不到足够的饵料情况下，身体会出现负生长，但负生长对于复眼的影响相对较小，研究表明复眼直径或复眼晶锥数是反映南极磷虾生长状态及进行年龄鉴定的一个重要指标。

29次共采集南极磷虾复眼直径数据1 069尾，以0.1 mm作为间隔，对复眼直径进行频次统计，如图5－28所示，复眼直径分布介于1.1～2.3 mm之间，优势眼径范围为：1.4～1.9 mm。

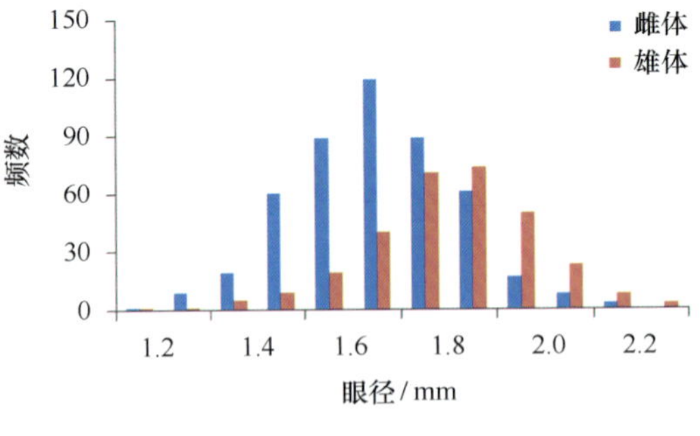

图5－28　复眼直径频数分布

31次共采集南极磷虾复眼直径数据759尾，以0.1 mm作为间隔，对复眼直径进行频次统计，如图5－29所示，复眼直径分布介于1.1～2.3 mm之间，优势眼径范围为：1.4～1.9 mm。

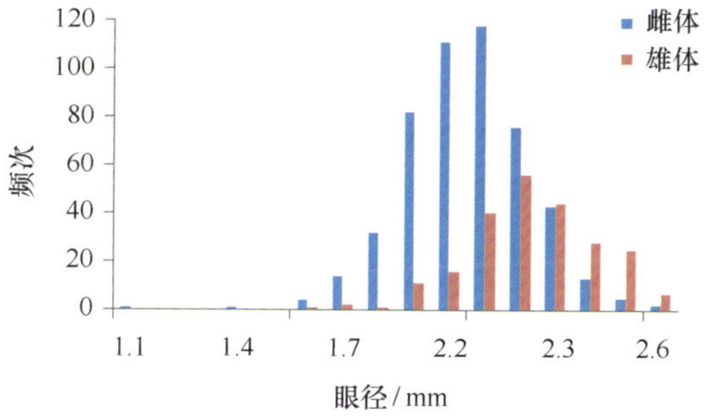

图5-29 南极大磷虾复眼直径频次分布

根据第29次南极科学考察数据，应用复眼直径数据对4个站位磷虾种群年龄组成进行分离图5-30所示，各站位磷虾年龄组成分离指数均大于2，且随眼径增大，分离指数增大；分离出年龄组有1+~4+龄，以2+为主；1+~4+龄在4个站位出现概率分别为50%、100%、75%、25%；4个站位2+龄虾占的比例分别为45%、97%、92%和94%；1+~3+龄对应的复眼直径分布为1.21~1.40 mm、1.59~1.76 mm和1.93~2.08 mm，4+龄复眼直径均值约为2.23 mm；

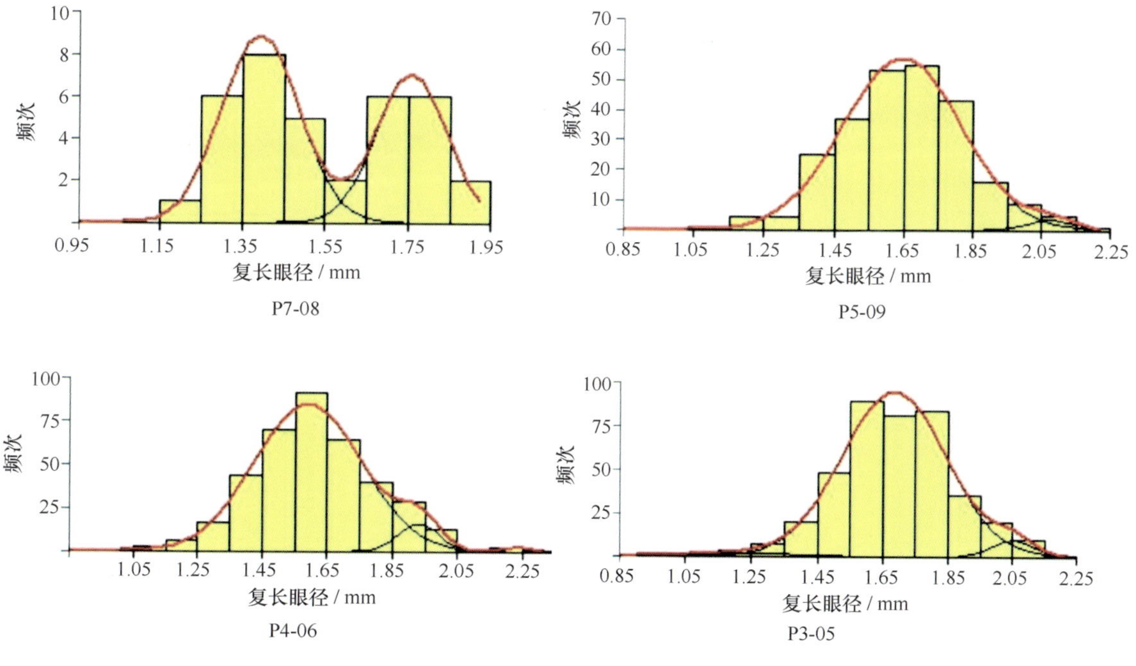

图5-30 基于复眼直径的南极磷虾种群年龄组成分离

根据中国第29次南极科学考察数据，应用体长数据对四个站位磷虾年龄组成进行分离如表5-3、图5-31所示，各站位磷虾年龄组成分离指数介于0.3~6.6，同一站位分离指数变化趋势不明显，随体长增大呈现一定的波动；分离出年龄组有1+~4+龄，以2+为主；1+~4+龄在四个站位出现概率分别为50%、100%、75%、50%；四个站位2+龄虾占的比例分别为58%、59%、89%和80%；1+~4+龄对应的体长分布范围为26.61~28.65 mm、32.32~37.24 mm、35.70~42.28 mm和47.73~50 mm。

“开利轮”观察员曾尝试对48.2区南极磷虾渔获样（取样位置见图5-32）进行了眼球

表 5－3　基于复眼直径和体长的南极磷虾种群年龄结构分离相关参数

方法	站位	1＋				2＋				3＋				4＋			
		L	S. D	P	S. L	L	S. D	P	S. L	L	S. D	P	S. L	L	S. D	P	S. L
复眼直径	3－5	1. 207	1. 308	6	n. a	1. 683	1. 598	378	3. 277	2. 052	0. 612	15	3. 335				
	4－6					1. 59	1. 66	354	n. a.	1. 931	0. 61	25	3	2. 231	0. 51	3	5. 36
	5－9					1. 645	1. 71	246	n. a.	2. 075	0. 66	6	3. 63				
	7－8	1. 393	0. 939	21	n. a	1. 757	0. 835	15	4. 094								
体长	3－5	26. 61	0. 919	11	n. a	34. 46	2. 638	317	4. 416	38. 73	2. 954	68	1. 527	50	0. 5	2	6. 526
	4－6					37. 24	2. 532	339	n. a.	42. 28	1. 483	37	2. 508	47. 73	1. 147	6	4. 144
	5－9					34. 48	2. 376	103	n. a.	35. 7	4. 342	148	0. 361				
	7－8	28. 65	0. 606	5	n. a	32. 32	2. 769	31	2. 177								

注：n. a. 表示空值。

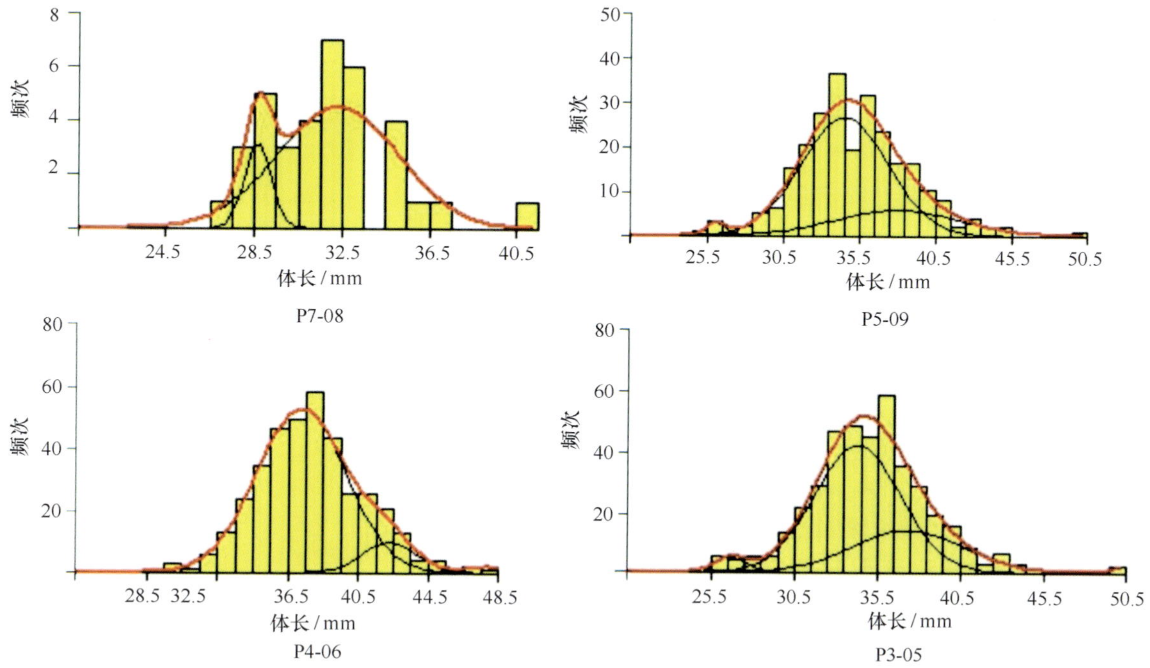

图5-31 基于复眼直径的南极磷虾种群年龄

径的测定，以期从另一角度了解南极磷虾的生长状况和健康水平。随机取样、共测定了120尾，眼球径范围为1.4~3.09 mm，体长范围为37.6~60.0 mm，其中雌体尾数较少为33尾、雄体87尾。一般认为，南极磷虾复眼的直径与体长之间存在指数函数关系（孙松，王荣，1996）。分析其体长与复眼直径之间的相互关系（图5-33），可得混合样本、雌、雄性个体的体长与复眼直径之间的指数函数关系式分别为

ED（Mix）$=0.421\,2e^{0.032\,5\mathrm{BL}}$，$R^2=0.793\,3$（$p<0.000\,1$）

ED（Female）$=1.100\,3e^{0.014\,9\mathrm{BL}}$，$R^2=0.253\,6$（$p=0.002\,4$）

ED（Male）$=0.384e^{0.034\,5\mathrm{BL}}$，$R^2=0.796\,8$（$p<0.000\,1$）。

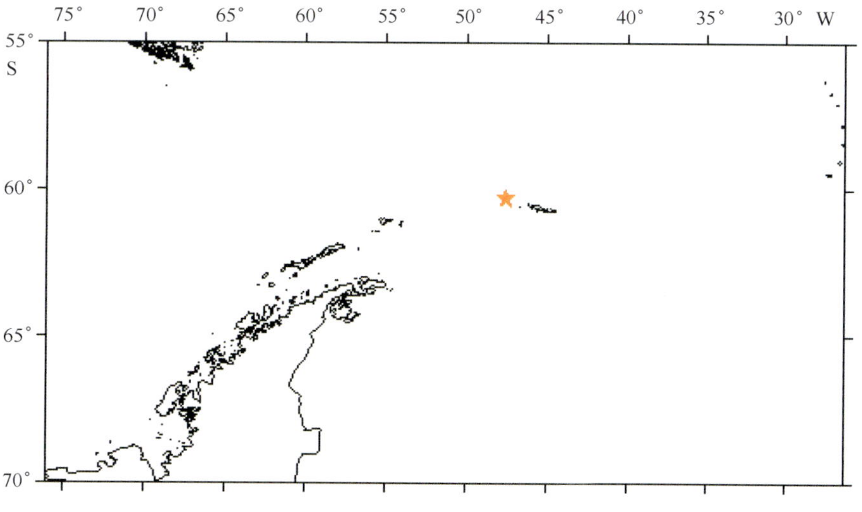

图5-32 磷虾复眼直径测定取样位置

比较本调查与孙松和王荣（1996）所得的复眼直径－体长分布的相应结果（图5－33），可以发现相同体长的南极磷虾个体，本次调查渔获物中磷虾复眼直径较小；此外，本样本中南极磷虾个体体长与复眼直径的比率（BL/ED）值，介于18～30、均值23.16±2.75（雌体均值为22.02，雄体均值为23.61），亦高于孙松和王荣（孙松，1996）的相应值。因此可推本调查中所得南极磷虾并不是处于负生长状态、可能是处于较快生长或正常生长状态。

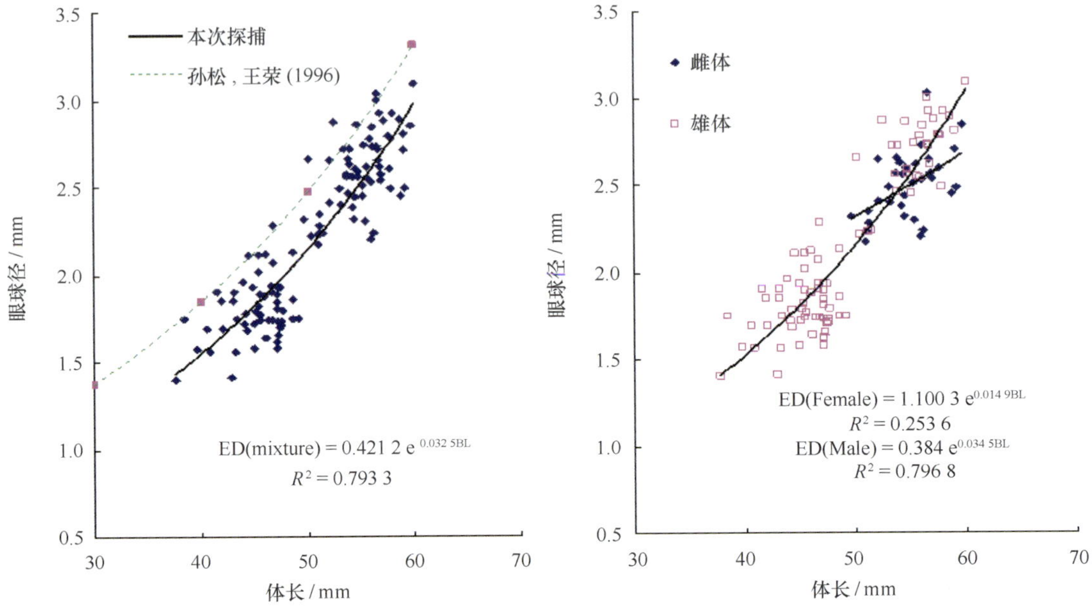

图5－33　南极磷虾复眼直径/体长关系

由图5－34可以看出，雌体较雄体、及摄食强度等级较高的南极磷虾，复眼直径值较高、体长/复眼直径的比值较低。

多因素方差分析发现，性别与摄食强度等级两因素交叉作用，从而对BL/ED的分布产生较显著的影响（表5－4）。这也反映了，个体受不同发育阶段和饵料的共同作用，所处的生长状态是有所不同。

表5－4　南极磷虾体长/直径比率差异的多因子方差分析

变差来源	平方和	自由度	均方	F	p 值
组间	31 753.10	1	31 753.10	4 899.919	0.000 000
性别	11.32	1	11.32	1.747	0.188 905
摄食强度等级	34.30	2	17.15	2.647	0.075 323
性别×摄食强度等级	50.60	2	25.30	3.904	0.022 953
误差	725.80	112	6.48		

5.1.6.3　性别组成

中国第29次垛有考察时对南极磷虾性腺发育观察共采集数据1 028尾，雌体总数为723尾，占总尾数的70.3%，雌雄个体数量比为2.37，性腺发育次成体为主，未发现抱卵雌体。

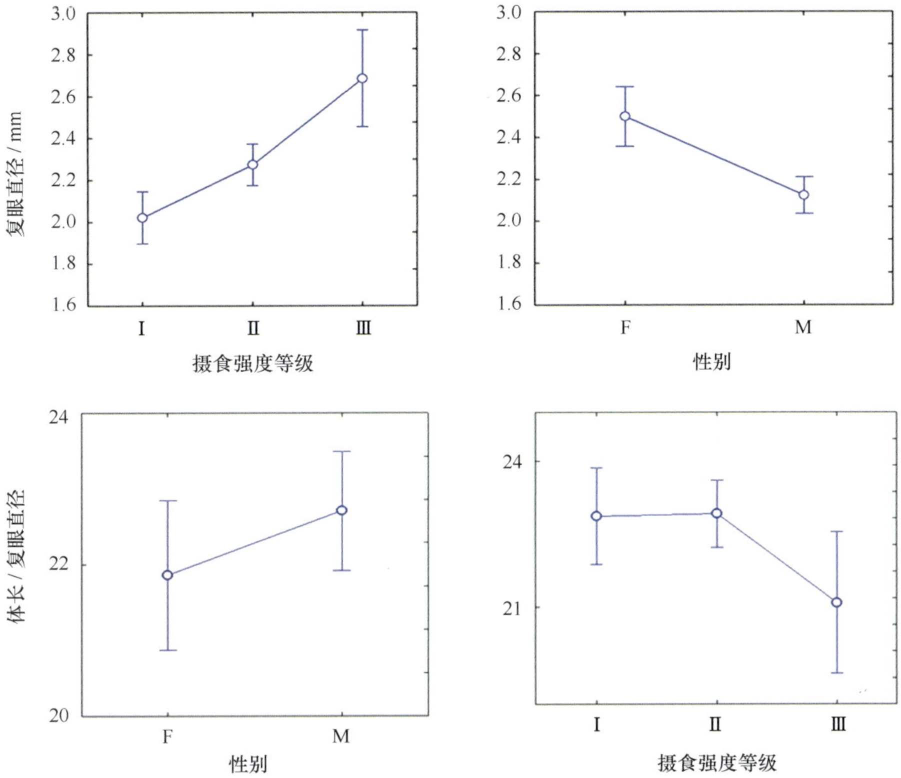

图5-34 不同性别、摄食强度等级的南极磷虾复眼直径、体长/复眼直径均值的比较

中国第31次南极考察时对南极磷虾性腺发育观察共采集数据772尾，其中雌体数量为525尾，占总尾数的67.9%，雌雄个体数量比为2.48，性腺发育以次成体和性成熟期为主，其中抱卵雌体尾数为211尾，占雌体总数的40.1%。

48.1区仅有未成体（20%）和雌体（80%）的出现，分布在南极半岛和南设得兰群岛以北的近岸水域。48.2区中出现的发育期有CⅢ、FⅡ、FⅥ、未成体和成体，未成体占大多数（60.27%），其次为成体（占37.38%），雌雄比例为4.71:1。未成体和雌体多分布于南奥克尼群岛附近水域，群岛东部和南部各有一个站位密度较高，均为未成体和雌体。早期幼体（FⅥ以前）和雄体多分布与调查水域西北部，远离南奥克兰群岛分布。如表5-5所示。

表5-5 48.2区南极大磷虾各发育期体长分布和生长率

发育期	个数	体长/mm			
		最小值	最大值	平均值	标准误差
CⅢ	1	3.54	3.54		
FⅡ	1	5.24	5.24		
FⅥ	5	9.30	11.34	10.33	0.39
J**	85	23.36	39.20	32.77	0.38
F	43	40.51	65.50	47.53	0.77

续表

发育期	个数	体长/mm			
		最小值	最大值	平均值	标准误差
M	36	41. 40	55. 70	47. 11	0. 58
A**	84	40. 08	65. 50	47. 03	0. 49

48. 1 区大磷虾未成体体长为 31. 73 ~ 32. 49 mm，雌体体长范围为 40. 35 ~ 59. 50 mm，平均体长为（49. 07 ± 4. 43）mm。

48. 2 亚区中大磷虾雌体平均体长值大于雄体。雌体的最大值达到了 56. 5 mm。与 2009/2010 年渔季 48. 2 水平网所获大磷虾各发育期（共有的发育期并达到检验个数的发育期有未成体及成体）体长组成进行 T 检验，结果显示，三组体长数据均呈极显著性差异（P = 0. 001、0. 005）。

“安兴海”轮 48. 1 区南极磷虾雌/雄比例为 2. 62，48. 2 区相应比值为 3. 23。观察南极磷虾的性发育度，两区渔获物均以发育较好的南极磷虾成体为主，其中 48. 1 区抱卵成体占 71. 25%，48. 2 区抱卵成体 29. 2%。

“开利”轮 48. 1 区南极磷虾雌/雄比例为 2. 21。48. 2 区南极磷虾雌/雄比例较 48. 1 区值有明显的降低，为 0. 68。两区内渔获南极磷虾绝大多数为发育较好的成体，未成体和抱卵雌体较少观察到。

由表 5 - 6，“安兴海”轮渔获中南极磷虾体长受性别、性成熟度因子的影响均达显著和极显著水平。

表 5 - 6　“安兴海”轮渔获磷虾性别、性成熟度对体长的多因子方差分析

	平方和	自由度	均方	F	p 值
48. 1 区					
截距	177 639. 7	1	177 639. 7	11 049. 76	0. 000 000
性别	116. 0	2	58. 0	3. 61	0. 027 298
性成熟度	454. 4	2	227. 2	14. 13	0. 000 001
标准差	25 625. 7	1 594	16. 1		
48. 2 区					
截距	1 103 486	1	1 103 486	73 118. 64	0. 000 000
性别	658	2	329	21. 80	0. 000 000
性成熟度	13 241	2	6 621	438. 69	0. 000 000
标准差	36 114	2 393	15		

分析不同性别和发育程度的渔获南极磷虾体长分布，可得 48. 1 区和 48. 2 区均以雄体的体长均值较大，其次为雌体（图 5 - 35），抱卵雌体的体长明显大于其他发育期的个体（图 5 - 36）。

由于“开利”轮渔获南极磷虾的性发育程度绝大多数是成体，因此，无法列入因子分

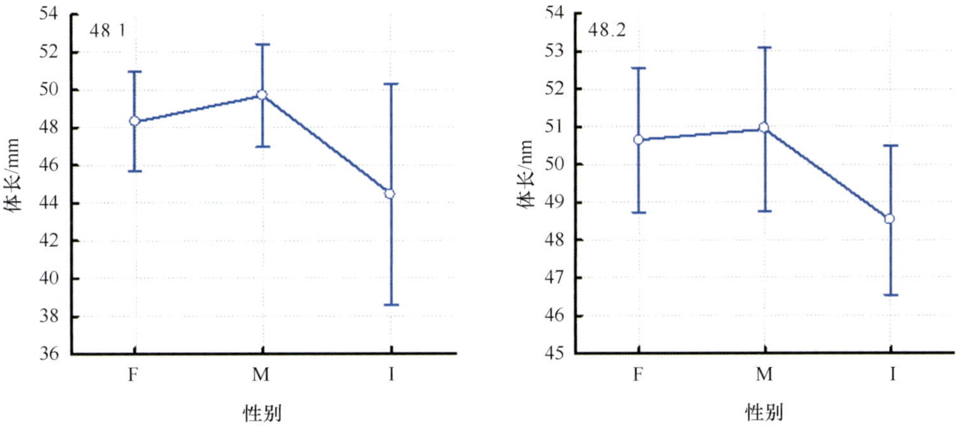

图 5－35 “安兴海”轮渔获物不同性别的南极磷虾体长均值分布

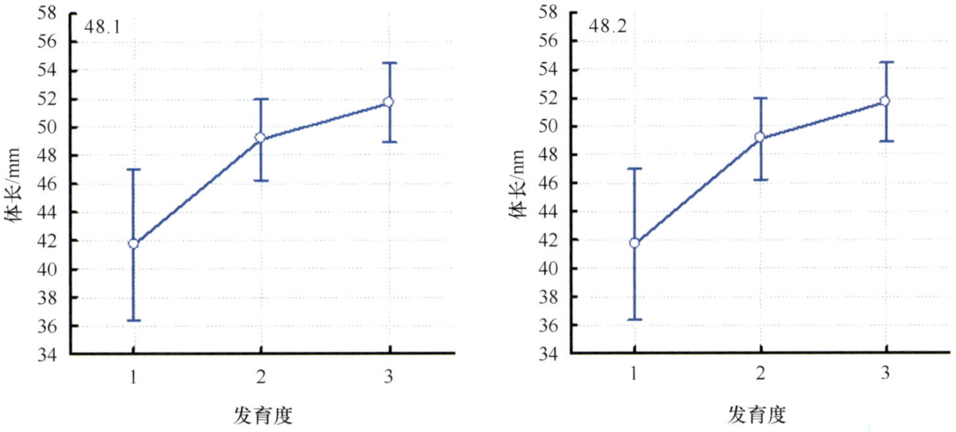

图 5－36 “安兴海”轮渔获物不同性成熟度的南极磷虾体长均值分布

析。比较不同性别的南极磷虾体长分布，亦可发现不同性别的南极磷虾其体长存在显著的差异如表5－7所示。

表 5－7 开利轮渔获南极磷虾性别、性成熟度对体长的单因子方差分析

	平方和	自由度	均方	F	p 值
48.1 区					
截距	2 399 650	1	2 399 650	195 598.8	0.000 000
性别	320	1	320	26.1	0.000 000
标准差	12 219	996	12		
48.2 区					
截距	39 436.63	1	39 436.63	1 478.385	0.00
性别	12 374.94	2	6 187.47	231.953	0.00
标准差	58 606.03	2 197	26.68		

分析两渔区不同性别的南极磷虾体长分布（图 5－37），48. 1 区的雌、雄南极磷虾体长差异较小，48. 2 区的性别间的体长差异较大。

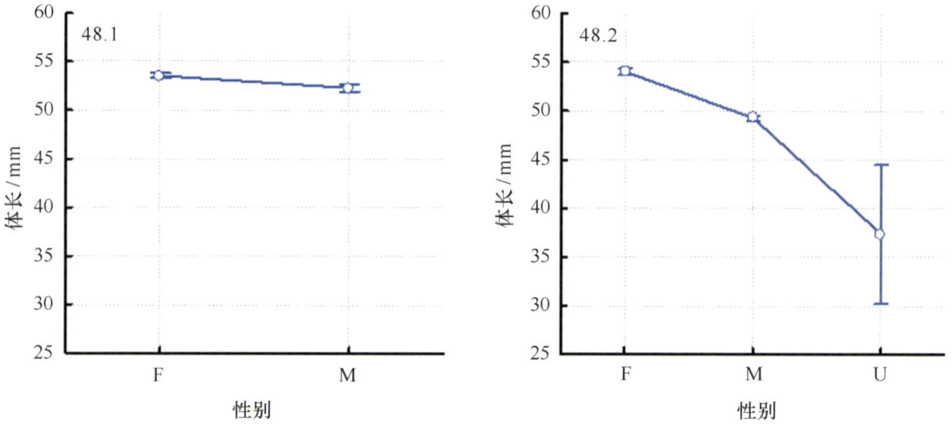

图 5－37 “开利”轮渔获物不同性别的体长均值分布

性成熟度为 3 的南极磷虾体长集中于 50～60 mm 区间，性成熟度为 1 的南极磷虾分布于 30～40 mm 区间；性成熟度为 2 的南极磷虾 48. 1 区分布于 40～60 mm 区间，48. 2 区不仅分布于 40～60 mm 区间，在 30～40 mm 区间也有分布，但数量较少（图 5－38）。

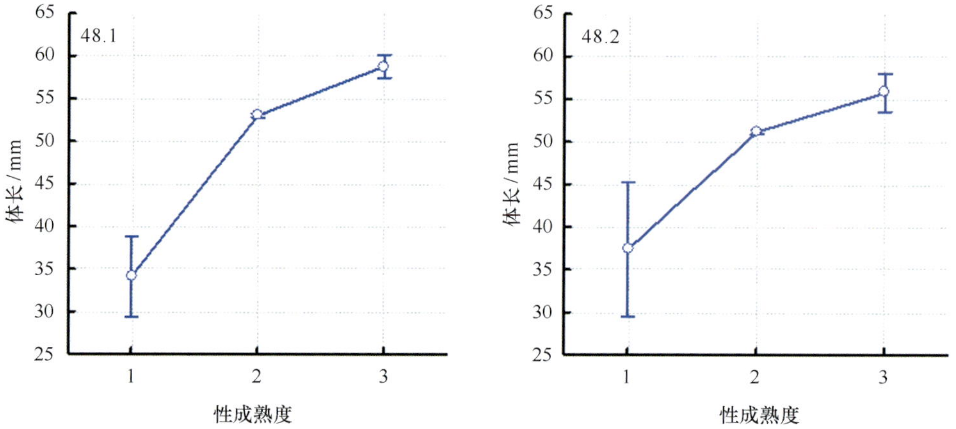

图 5－38 “开利”轮渔获物不同性成熟度的体长均值分布

两渔区不同性别的南极磷虾体重分布总体趋势：即雌体的体重值较雄体相应值较高。但 48. 1 区“安兴海”渔获物中，雌、雄南极磷虾的个体重量相差甚少、且以雄体值略高。如图 5－39、图 5－40 所示。

5. 1. 6. 4 摄食等级

根据第 29 次南极科学考察数据，南极磷虾摄食强度观察共采集数据 887 尾，其中 1 级占 30. 1%，2 级占 69. 7%，摄食等级为 3 级或者以上的个体数量不到 1%。

根据第 31 次南极科学考察数据，南极磷虾摄食强度观察共采集数据 765 尾，其中 1 级占 17%，2 级占 56%，3 级占 23%，4 级占 4%。

“安兴海”轮在 48. 1 区采集的南极磷虾样品中，南极磷虾的摄食强度为 I 期占 47. 64%，

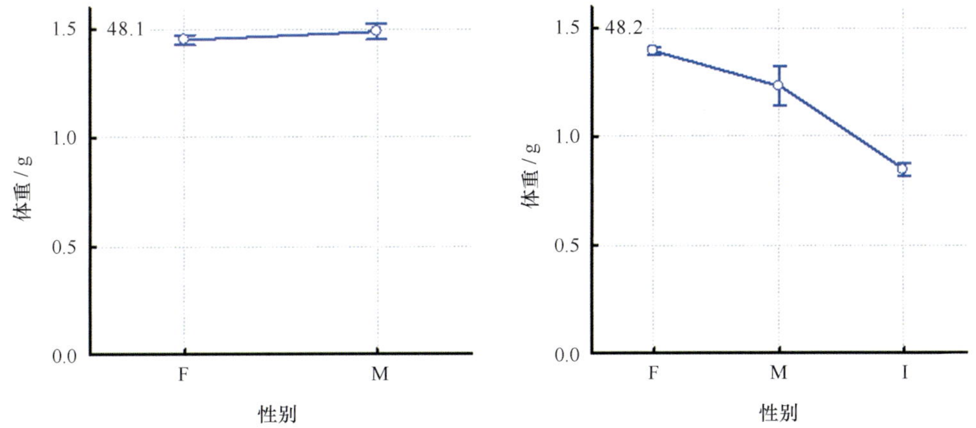

图 5－39 “安兴海”轮渔获物不同性成熟度的体重均值分布

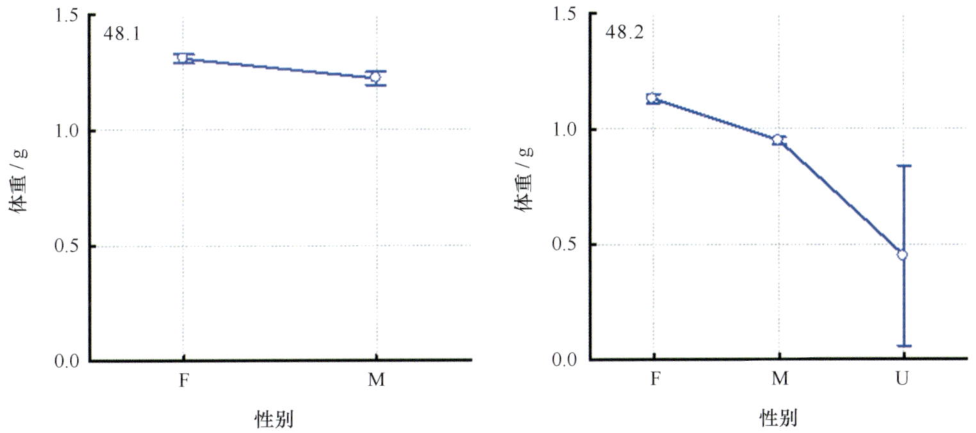

图 5－40 “开利”轮渔获物不同性成熟度的体重均值分布

Ⅱ期占 38.21%，Ⅲ期占 11.14%，Ⅳ期占 3.00%。48.2 区南极磷虾的摄食强度为Ⅰ期占 55.71%，Ⅱ期占 18.58%，Ⅲ期占 9.38%，Ⅳ期占 13.37%。见图 5－41。

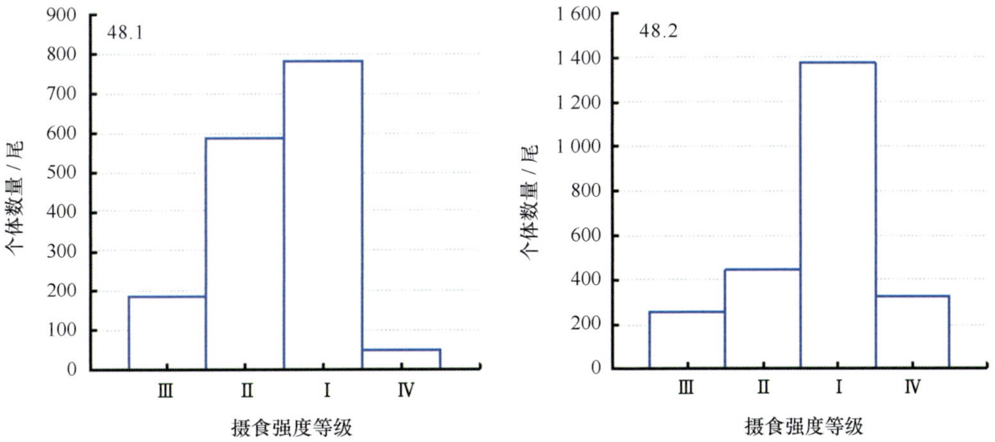

图 5－41 “安兴海”轮渔获物南极磷虾不同摄食强度的频数分布

“开利”轮在48.1区采集的样品中，南极磷虾平均摄食强度1.493，Ⅰ级占52%，Ⅱ级占42%，两级总计几乎达100%；48.2区平均摄食强度1.769，比48.1区高，Ⅱ级过半，占57%，Ⅲ级占8%，摄食情况好于48.1区。见图5-42。

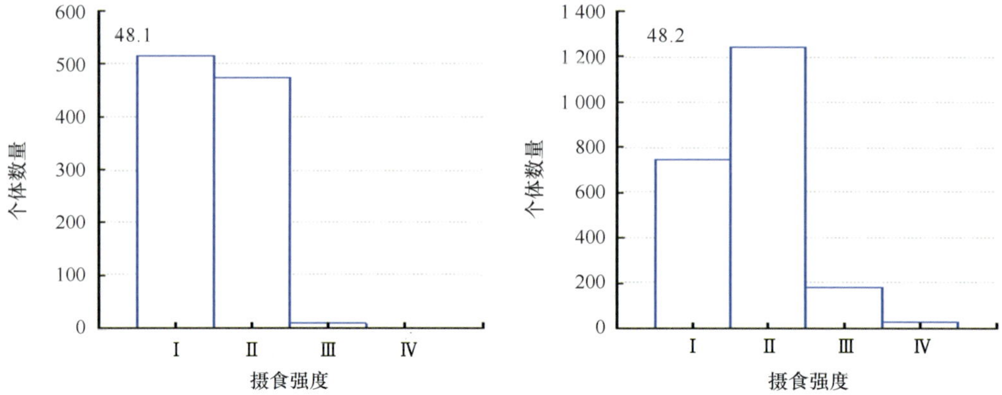

图5-42 “开利”轮渔获物南极磷虾不同摄食强度的频数分布

由图5-43和图5-44，两渔轮48.1区和48.2区两渔区，南极磷虾个体表现趋势为：随摄食强度等级的增加，个体体长也有所增加。

个体小于50 mm的南极磷虾摄食强度多数分布于Ⅰ、Ⅱ级，大于50 mm的在各个摄食强度级别均有分布。未成体南极磷虾摄食强度较低，均为1，成体南极磷虾在各摄食强度等级均有分布。

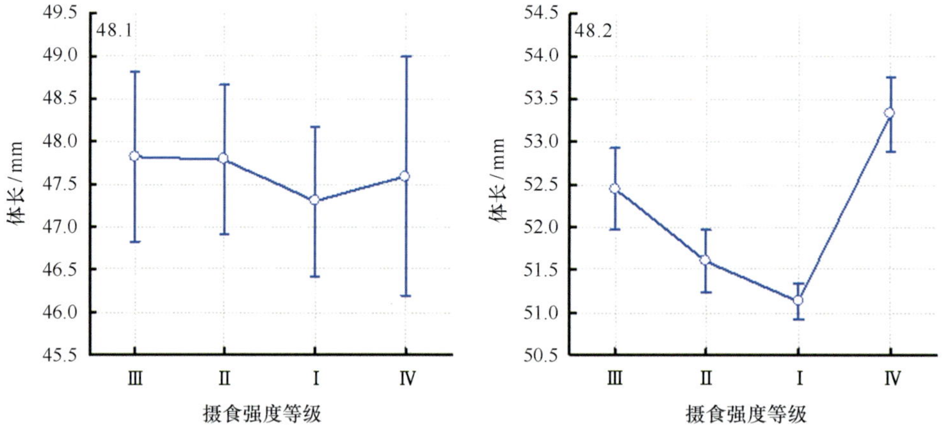

图5-43 “安兴海”轮渔获物南极磷虾不同摄食强度的体长均值分布

两渔区内，在各摄食强度等级，均有不同体重的南极磷虾个体分布。两渔轮分别在48.1区和48.2区内的各摄食强度等级的体重均值见表5-8。

表5-8 各摄食强度等级的南极磷虾体重均值

摄食强度等级	“安兴海”轮		“开利”轮	
	48.1	48.2	48.1	48.2
Ⅰ	1.45±0.37	1.18±0.43	1.29±0.28	0.88±0.29

续表

摄食强度等级	安兴海		开利	
	48.1	48.2	48.1	48.2
Ⅱ	1.48 ±0.33	1.30 ±0.36	1.27 ±0.24	1.08 ±0.28
Ⅲ	1.46 ±0.41	1.35 ±0.36	1.27 ±0.17	1.21 ±0.20
Ⅳ	1.53 ±0.31	1.53 ±0.29		1.26 ±0.17

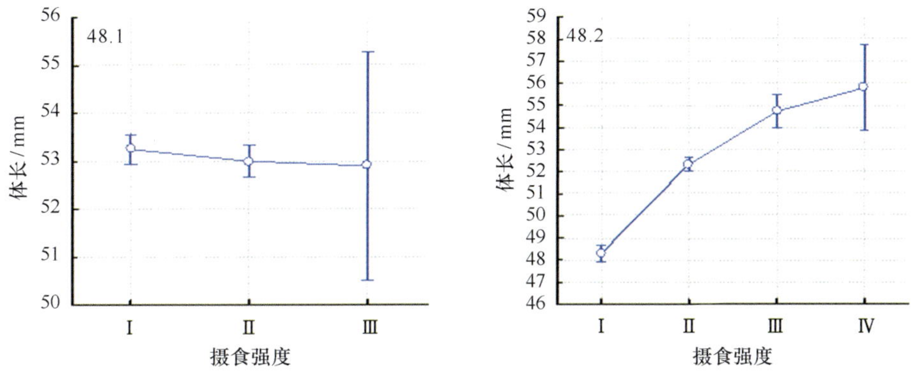

图5-44 “开利”轮渔获物南极磷虾不同摄食强度的体长均值分布

5.1.7 南极大磷虾生物学特性的区域差异

在普里兹湾调查海域内，共进行了5次磷虾拖网，其中4个站位采集到南极磷虾，图5-45和图5-46分别给出了各拖网站位磷虾样品的体长—频率分布和性别构成情况。图5-45表明，各拖网站位的磷虾体长—频率分布都呈单波峰的高斯分布形式，但波峰位置相差较大，系统聚类后形成了两个均质磷虾群，其成因可能为：（1）同种，不同年龄阶段的南极磷虾聚集群体并分布在不同的海域，（2）不同种的南极磷虾会聚集成群并分布在不同的海域。具体原因还不确定，需要专门的调查研究。这4个拖网站位中，P7-08磷虾样品的体长—频率的波峰位置较其他3个站位要小很多，有可能是南极磷虾品种的差异引起的，也可能是这个站位的南极磷虾年龄阶段较低的结果。

同时，4个站位的南极磷虾性别组成上也有较大差别，如图5-46所示，拖网站位P7-08的南极磷虾样品的雌体占样品总数的89%，与其他站位的差异较大。

将各拖网站位磷虾样品的体长数据和性别组成数据汇总，得到表5-9。分析可以得出：（1）P7-08站位的南极磷虾与其他站位的南极磷虾明显不同，平均体长和平均体重与其他站位的最小者分别相差4.71 mm和0.15 g；（2）其他三个站位的南极磷虾各项指标相差较小，平均体长和平均体重（最大者-最小者）分别为2.06 mm和0.03 g；（3）P3-05与P4-06两个站位磷虾样品的性比最接近，与P5-09稍有差距，但这三个站位的性比与P7-08差距非常大。

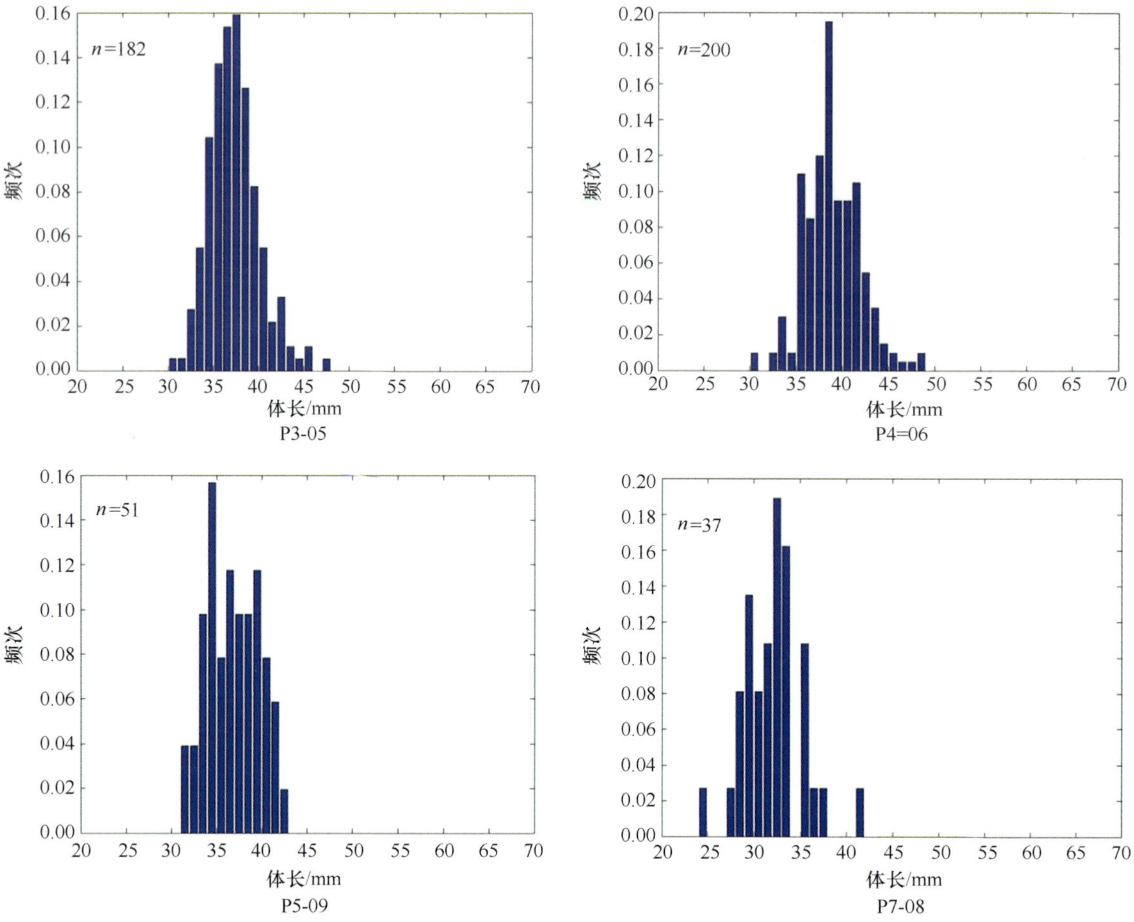

图 5－45　普里兹湾获得渔获物的 4 个拖网站位磷虾样品的体长频率分布图

表 5－9　普里兹湾各拖网站位磷虾样品数据汇总表

站位	P3－05	P4－06	P5－09	P7－08
最小体长/mm	30. 26	30. 50	31. 16	24. 63
最大体长/mm	47. 38	49. 00	42. 68	41. 57
平均体长/mm	37. 29	38. 89	36. 83	32. 12
平均体重/g	0. 42	0. 45	0. 43	0. 27
性比/雄: 雌	1:3. 43	1:3. 83	1:1. 76	1:16. 50

再将表 5－9 中各项指标与拖网站位的地理信息相对应，便可以得出普里兹湾内南极磷虾各项指标的分布情况，如图 5－47 和图 5－48 所示。图 5－47 代表的是体长分布的分布趋势，结合表 22 中的平均体长，可以得出普里兹湾内南极磷虾体长的大体分布趋势为东部小，西部大。图 5－48 代表的是性别结构的分布趋势，结合表 13 中的性比，可以得出普里兹湾内南极磷虾群体性别比例的大体分布趋势为：（1）中间高，两边低，东部南极磷虾群体的性比最低；（2）湾内大于湾外。

综上所述，普里兹湾内的磷虾集群具有明显的空间异质性，为了降低声学评估结果的准

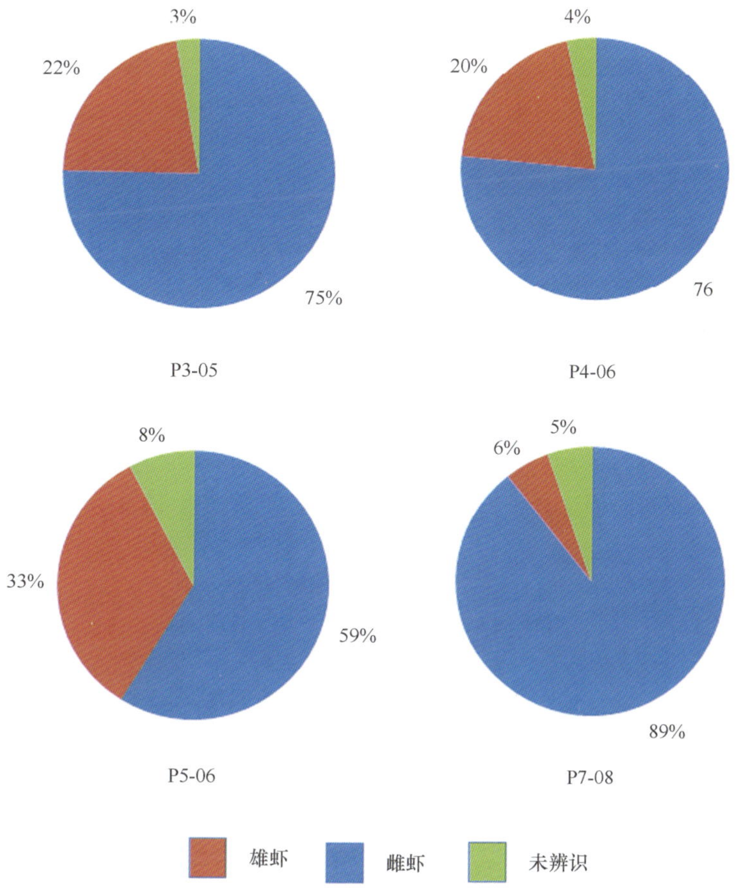

图 5－46　普里兹湾获得渔获物的 4 个拖网站位磷虾样品的性比饼状图

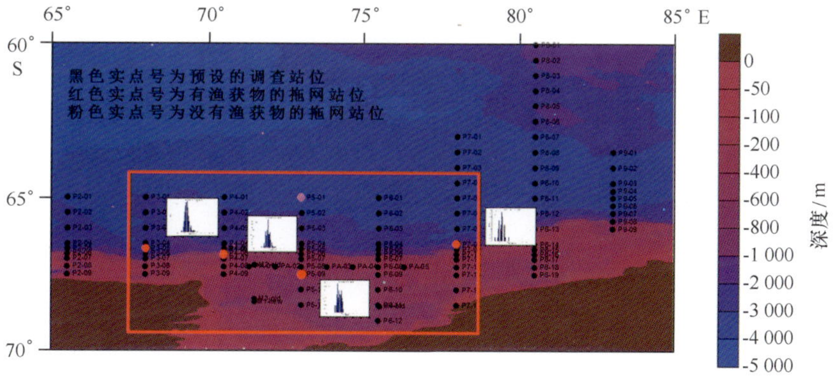

图 5－47　各拖网站位体长—频率分布图

确性，需要对磷虾集群进行归类，划分出不同的均质磷虾群，分别处理。南极磷虾集群的系统聚类结果如图 5－49 所示。

根据南极磷虾集群的系统聚类结果（图 5－49），可以将普里兹湾内的南极磷虾分为两个均质磷虾群，如图 5－50 所示。在红色线框标示出的调查区域内，绿色部分代表第 2 类均质磷虾群的控制范围，这类南极磷虾个体较小，雌性偏多，目标强度较其他区域也小很多；其余的调查区域都是第 1 类均质磷虾群的控制范围。

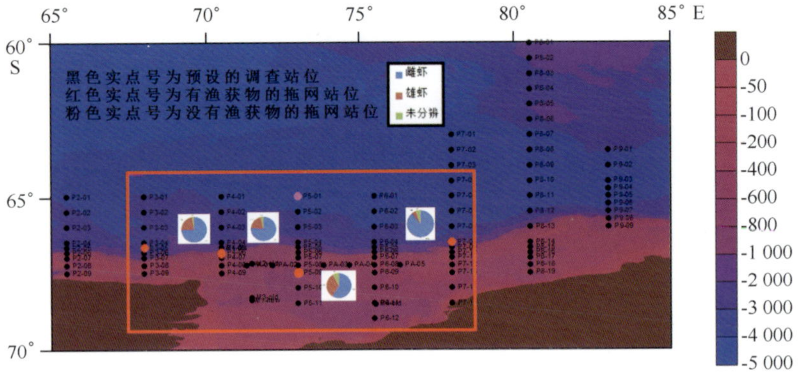

图 5－48　各拖网站位磷虾的性别结构分布图

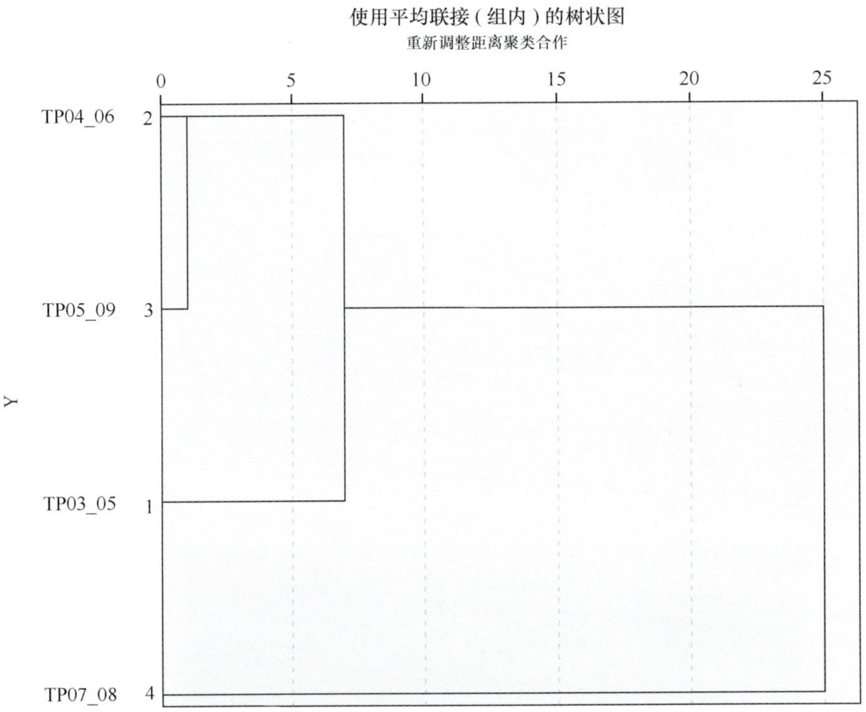

图 5－49　南极磷虾集群的系统聚类图

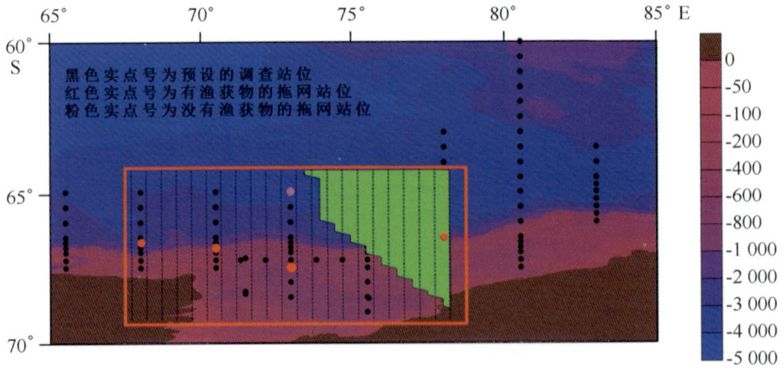

图 5－50　两类南极磷虾均质磷虾群的控制范围

另外，在测量南极磷虾样品时，还对南极磷虾的健康状况（个体上是否有黑化结节，可能是寄生感染后细菌次级感染后引起的）进行了观察，结果表明：所有测量的个体身上都没有发现黑色结节，说明普里兹湾调查海域中的南极磷虾都比较健康。

参考文献

何德华，黄立强.1981. 南极普里兹湾及其邻近海区的磷虾类［J］. 东海海洋，2：42－48

李灵智，杨桥，黄洪亮，等.2015. 基于体长和复眼直径的南极大磷虾种群年龄结构分离研究［J］. 极地研究，27（2）：168－173.

Meng ZHOU，Ryan D. Dorland. 2004，Aggregation and vertical migration behavior of Euphausia superba. Deep－Sea research Ⅱ，2119－2137.

Baker，A. de C.，B. P. Boden and E. Brinton，1990. A practical guide to the euphausiids of the world. British Museum (Natural History)，London. 96 pp.

孙松，王荣. 南极磷虾的生长与复眼直径关系的研究［J］. 南极研究，1996，08（1）：1－8.

5.2 声学映像数据采集与标准化处理

5.2.1 声学映像数据采集

声学映像数据采集仪器为科学渔探仪，中国第28次南极科考、中国第29次南极科考航次为EK500，采样频率为38 kHz，中国第30次南极科考、中国第31次南极科考航次采集仪器为EK60，中国第30次南极科考EK60换能器频率为38 kHz，中国第31次南极科考换能器频率为38 kHz、120 kHz，声学数据随调查船走航不间断采集。

EK60科研回声探测仪是一款集回波积分、分裂波束目标强度测量、数据分析及报告等功能于一身的高性能回波探测仪系统。EK60专为渔业资源评估、鱼类行为学以及种类分类研究以及磷虾和浮游生物探测而设计使用。其主要性能和参数见表5－10。

表 5－10　EK60 主要性能和参数

主要技术指标	
收发器（GPT）	1）频率：38 kHz、70 kHz、120 kHz 分裂式波束 2）操作模式：主动，被动，测试 3）发射功率：可调 4）最大功率：38 kHz：2 kW 70 kHz：1 kW 120 kHz：1 kW 5）脉冲持续：38kHz：256 μs～4 096 μs 70 kHz：128 μs～2 048 μs 120 kHz：64 μs～1 024 μs 6）Ping 速率：可调 7）最大 ping 速率：20 ping/s 8）数据采集范围：38 kHz：0～2 800 m 70 kHz：0～1 200 m 120 kHz：0～880 m 9）接收器瞬间动态量程：150 dB 10）接收器滤波：匹配的数字化滤波器 11）接收器噪音：4 dB 12）分裂式波束：综合数字化检验波 13）工作温度：0～55℃ 14）电源系统：直流 10.5～14 V，交流 110～230 V

续表

主要技术指标	
换能器	1）频率：38 kHz、70 kHz、120 kHz 分裂式波束 2）波束宽度：7° 3）旁瓣：38 kHz：< -15 dB 70 khz：< -23dB 120 kHz：< -23dB 4）后向散射：38 kHz：≤ -35 dB 70 khz：< -40dB 120 kHz：< -40dB 5）阻抗：19 Ω 6）电声效率：38 kHz：0.50 70 kHz：0.75 120 kHz：0.75 7）最大脉冲输入功率：38 kHz：4 kW 70 kHz：1 kW 120 kHz：1 kW 8）最大连续输入功率：38 kHz：40 W 70 kHz：10 W 120 kHz：10 W 9）换能器最大工作深度：38 kHz：50 m 70 kHz：20 m 120 kHz：20 m 10）电缆长度：20 m 11）重量（不含电缆）：6.4 kg 12）储存温度：38 kHz：-40 到 55℃ 70 khz：-20 到 70℃ 120 kHz：-20 到 70℃ 13）物理尺寸：38 kHz：直径：480 mm，高度，主体：150 mm 70 kHz：直径：280 mm，高度，主体：85.2 mm 120 kHz：直径：180 mm，高度，主体：85.2 mm

5.2.2 南极磷虾声学映像特征

通过对南极磷虾的声学映像观察与分析，南极磷虾映像主要成淡黄色散点带状或高密度块状，具体映像特征图（图5-51、图5-52）。从两种最具代表性的不同映像的特点分析，散点状映像虽资源密度较块状小，但分布范围广。而南极磷虾块状映像，其资源密度高，而虾群范围有限。

5.2.3 声学映像数据处理

声学数据后处理总纲参考2009年声学调查与数据分析方法小组（CCAMLR科学委员会）的第4次小组会议制定的声学数据处理过程。处理过程包括：背景噪声剔除、测深仪信号剔

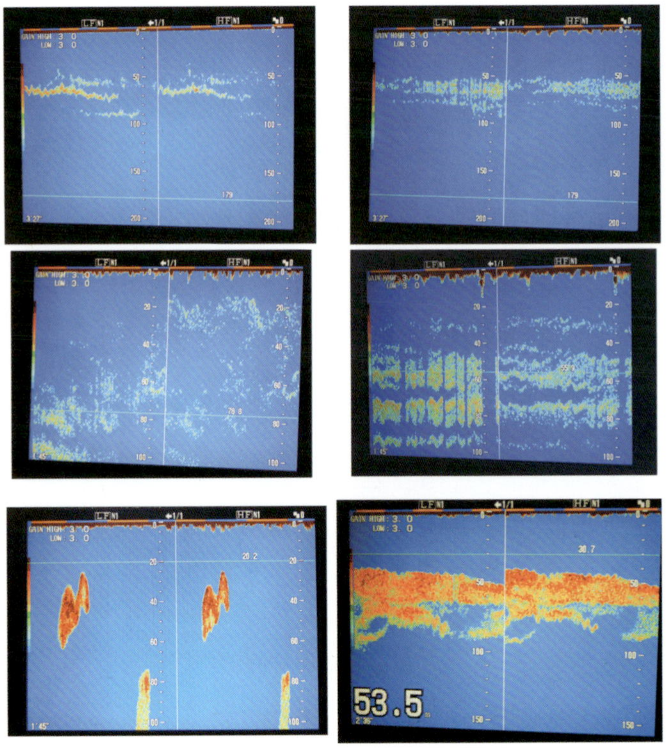

图 5－51　南极磷虾不同映像图（1）

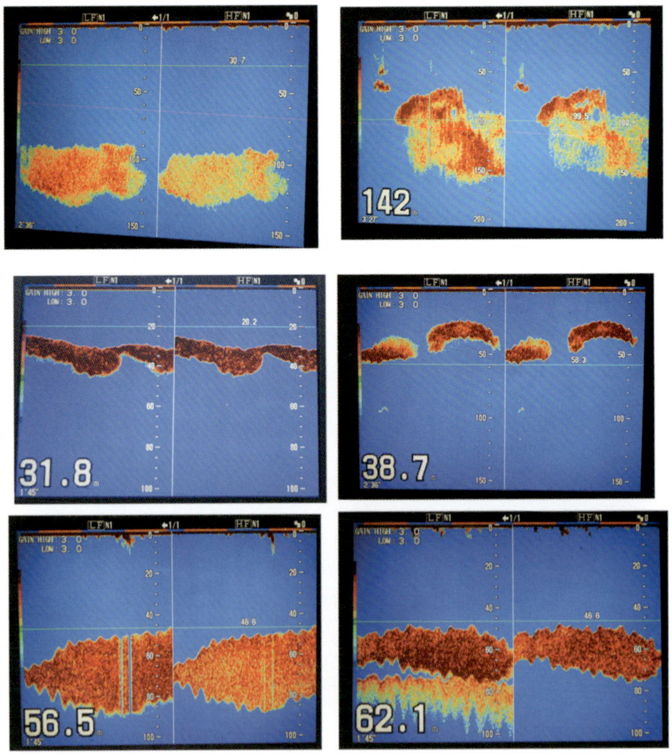

图 5－52　南极磷虾不同映像图（2）

除、其他混响信号的剔除、积分输出、调查区域栅格化、磷虾资源密度计算 6 个部分。以中国第 29 次南极科学考察普里兹湾断面调查期间 EK500 型科学鱼探仪（38 KHz）采集的磷虾声学影像，格式为 Sv W1 telegrams（power）T1，使用 Echoview4.6 进行积分输出并计算资源密度，使用 Matlab 进行数据转换。

采用 Robertis 提出的信噪比估算和背景噪声剔除声学数据后处理方法对原始声学数据进行噪声评估和消除研究（Robertis，2007），直接应用科学渔探仪的主动模式数据对调查断面内的噪声情况作出判断，剔除对象为科学渔探仪自身的电子噪声、船舶噪声和由于海况变化、船舶变速以及海底地形变化引起的背景噪声。

原始声学数据首先消除时变增益（Time - varied - gain，TVG）的放大影响，得到原始声学数据的类功率数值——P 数据序列，单位 dB re 1W；之后按照一定声脉冲间隔分组，计算每个分组内各个水层信号的平均值，取每个分组内的最小平均值作为各个分组内噪声评估值；然后，将噪声评估值加上时变增益得出噪声信号的 Sv 值（或是 TS 值），再应用线性域相减法得出各个分组内剔除噪声后的数据。其中，每个分组内的声脉冲个数和各个水层间隔，即采样间隔需要依据具体的数据和后处理需求做出最佳选择。方法是应用不同的脉冲间隔和水层间隔组合进行噪声评估，取能够使噪声评估值最大，并且符合后处理需求的组合作为最佳组合。

因为噪声评估值是一个平均值，所以剔除噪声影响的声学数据中仍然存在大于平均值的噪声信号，需要剔除。这部分噪声信号使用信噪比屏蔽技术进行剔除。信噪比屏蔽技术是应用一个信噪比阈值将不符合要求的数据点屏蔽掉，即剔除。

调查期间，“雪龙”号科学考察船上搭载了一台 EA600 万米测深仪，并且一直处于工作状态，其信号被 SIMRAD EK500 科学渔探仪接收。因为测深仪的功率非常大，所以测深仪信号在渔探仪回波图中的信号值也非常大，如图 5 - 53 所示。由于回波图（声学数据的显示方式）是数字图像，对于形状规则的测深仪信号可以使用数字滤波器进行识别与剔除。

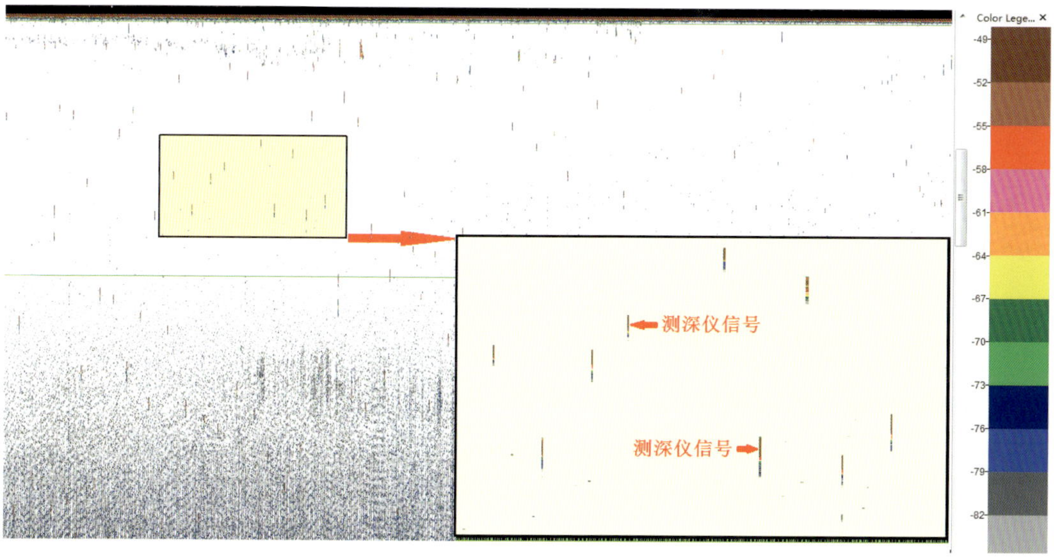

图 5 - 53　EK500 科学渔探仪 Sv 数据回波图中的 EA600 万米测深仪信号

从图 5 - 53 中可以发现，测深仪信号只包含单个声脉冲，因此，只要知道测深仪信号的长度即可，即采样点数，并且出于简化目标识别模型、提高识别准确性的考虑，采用强度阈值的办法将测深仪信号截短。所以，描述测深仪信号特征的参数为测深仪信号的长度和截短阈值。

测深仪信号特征参数的提取。由于测深仪信号不是由渔探仪发射的，而回波的数据是经过渔探仪的时变增益函数放大后的数值，所以在提取测深仪信号特征参数之前应该先将时变增益函数去掉，得到类功率的 P 值回波图。然后，在 P 值回波图中随机选取 30 个测深仪信号样本，导出样本数据，并应用 Excel 软件进行统计分析，大体了解测深仪信号的长度和值域范围，剔除特征差别较大的个别信号。由于 Echoview 4.6 软件的 Convolution operators 中各算法的限制——虽然有 $X \times Y$ convolution 这个算法可以建立任意大小的识别模型，但其运算速度慢，而其他算法一次最多只能处理 7×7 大小的移动窗口数据，所以，还需应用第一次导出样本的长度统计数据，确定合适的重采样间隔，对 P 值回波图进行重采样，再将原来的 30 个测深仪信号样本的重采样数据导出，应用 Excel 软件进行统计分析，得出信号的截短阈值、剩余采样点数（截短后的信号长度）和测深仪信号头、尾被删除数据个数，如表 5－11 所示。

数字图像处理中的一些技术手段是应用移动窗口对像素值进行加权运算，再根据计算结果设置不用的阈值来实现预期的目的。在本文中，目标识别模型就是移动窗口，其目的是利用权值配置识别出测深仪信号。所以，杂乱的回波图数值对于目标识别是有害的，应将回波图二值化、标准化为便于掌握计算结果规律的 0－1 二值图像，即截短阈值内的采样点的值为 1，其他为 0。

表 5－11　测深仪信号特征参数

测深仪信号类别	参数	最小值	最大值	单位
1	截短阈值	-99	-66	dB
	剩余采样点数	3	6	个
	头被删除采样点数	1	1	个
	尾被删除采样点数	8	8	个
2	截短阈值	-120	-95	dB
	剩余采样点数	3	6	个
	头被删除采样点数	1	1	个
	尾被删除采样点数	2	2	个

根据测深仪信号特征，本文应用 Echoview 4.6 软件 Convolution operators 中的 5×5 convolution 模块建立目标识别模型。该模块允许用户根据自己的需求来配置移动窗口内的权值，计算加权平均数并赋值给中心采样点。测深仪目标识别模型的权值分配原则为：（1）移动窗口中间列的权值为正，其他列的为负；（2）中间列权值的变化规律为第一个采样点为 1，以后依次增加 1 直到中间位置，中间位置以后依次减少 1 直到最后；（3）非中间列位置的权值的绝对值要大于中间列非中间位置权值和的一半；（4）中间位置的权值等于其他位置权值代数和的绝对值加 1。此次数据处理所用模型如表 5－12 所示。

表 5 - 12 测深仪信号的 5 ×5 convolution 目标识别模型

-5	-5	1	-5	-5
-5	-5	2	-5	-5
-5	-5	95	-5	-5
-5	-5	2	-5	-5
-5	-5	1	-5	-5

将目标识别模型应用于二值回波图，得到的回波图再用截短阈值进行取值，就可以得到测深仪信号了。但是由于截短阈值的使用，导致测深仪信号的头、尾部分的一些数据被删除，因此，若想得到完整的测深仪信号，还要应用 Echoview ® （V4.6） 软件 Convolution operators 中的 3 ×3 convolution、5 ×5 convolution 或 7 ×7 convolution 模块将头、尾被删除的采样点补充回来。最后，对处理结果重采样，使数据点个数与原始回波图相同，再应用 Bitmap operators 将得到的测深仪信号从渔探仪回波图中剔除。如图 5 - 54 所示。测深仪信号剔除的 Echoview 软件流程见图 5 - 55。

当识别目标的特征不同时，应重复上述步骤，建立不同的识别模型，直到获得满意的剔除效果为止。本文使用的声学数据中，存在两种特征参数完全不同的测深仪信号。

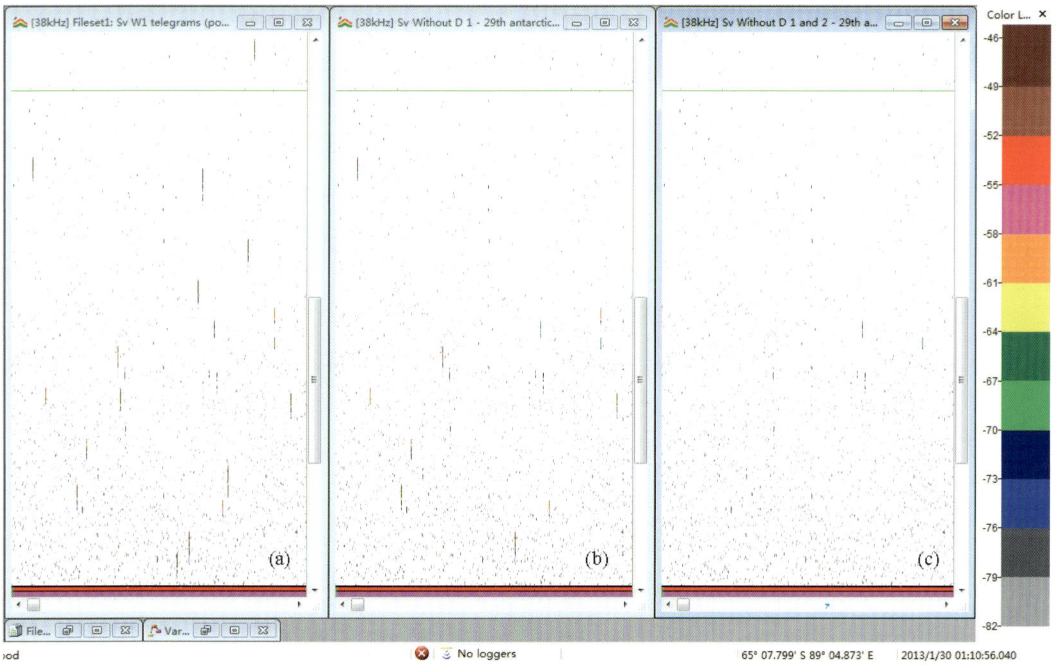

图 5 - 54 测深仪信号的剔除效果图

（a）原始 Sv 回波图；（b）剔除了第一类测深仪信号后的 Sv 回波图；

（c）剔除了第一类和第二类测深仪信号后的 Sv 回波图

混响信号包括海表、海底的混响信号、确定非磷虾群体的鱼类声学信号（如图 5 - 56、图 5 - 57 所示）。海表混响信号的剔除通过 Echoview 软件建立一条固定深度 ［15 m =9 m （船舶吃水深） +6 m（换能器盲区）］ 曲线，并手动修改这条曲线将表层气泡信号排除。海底混

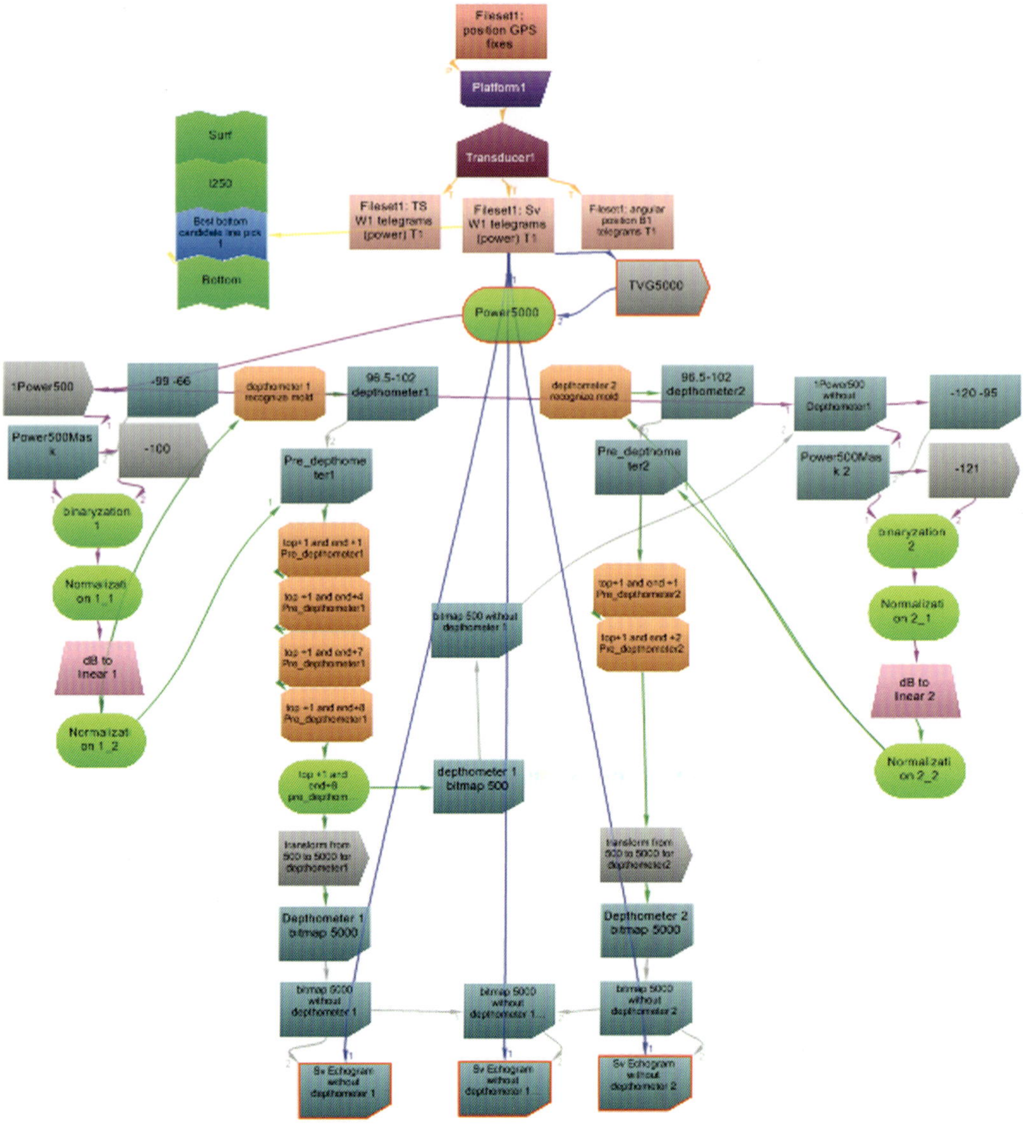

图 5－55　测深仪信号剔除的 Echoview 软件流程

响使用一条距海底约 2 m 的海底曲线进行剔除。对于 200 m 积分下限以上，明显是鱼类集群信号和 CTD 混响信号，通过建立 Bad Data 区域进行剔除。

图像已经过背景噪声和测深仪信号的剔除，并以积分阈值下限 －70 dB 作为回波图显示下限。图中所示的未剔除干净的测深仪信号，由于在 200 m 积分下限以外，不会被计入积分结果。

由于背景噪声的剔除是从总体上削弱了信号强度，其他剔除步骤都是针对特定目标进行的，所以，经过以上处理之后，还会有大量的非磷虾信号，如其他浮游生物信号和较大的噪声信号。为了排除这些信号对积分结果的影响，在积分输出之前，还要设定积分阈值。积分阈值的确定参考 CCAMLR 2004 年对 2000 年南极磷虾调查数据再分析的结果，将 －70 dB 作为积分下限，对应的磷虾体积密度为 10 ind. / m^3， －40 dB 作为积分上限。按照 1 n mile 为间隔对 15～200 m 水层进行积分，将积分结果导出为 xls 文件。

将调查航迹和调查站位数据导入 Surfer 8.0 软件中作图，以中国第 29 次南极科考普里兹

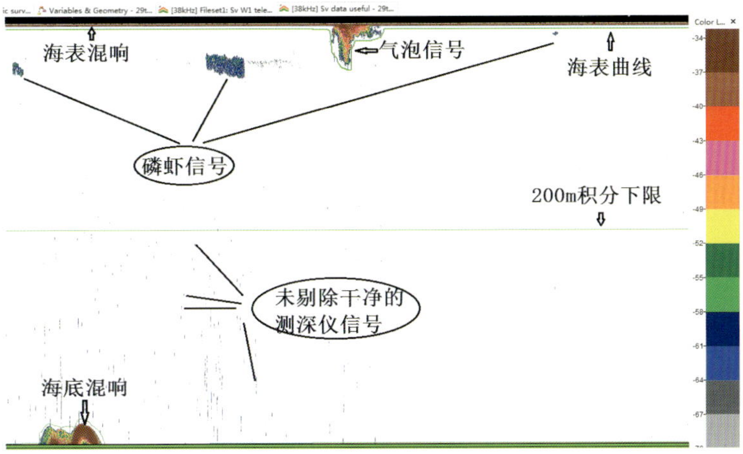

图 5－56　海表、海底和气泡混响示意图

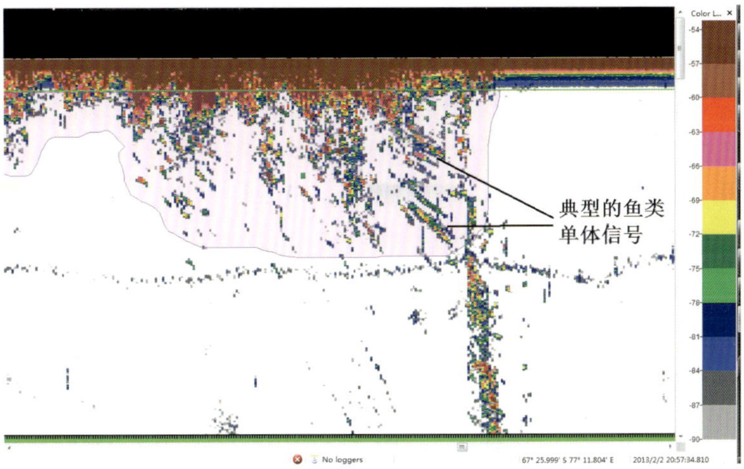

图 5－57　鱼群混响

湾附近海域断面调查为例，得到普里兹湾区域的调查站位设置和航迹线如图 5－58 所示，由图 5－57 可得，实际走航线路较混乱，很多数据不符合平行断面法要求。通过将调查区域栅格化处理，可以实现有效数据的提取，并简化数据处理过程。

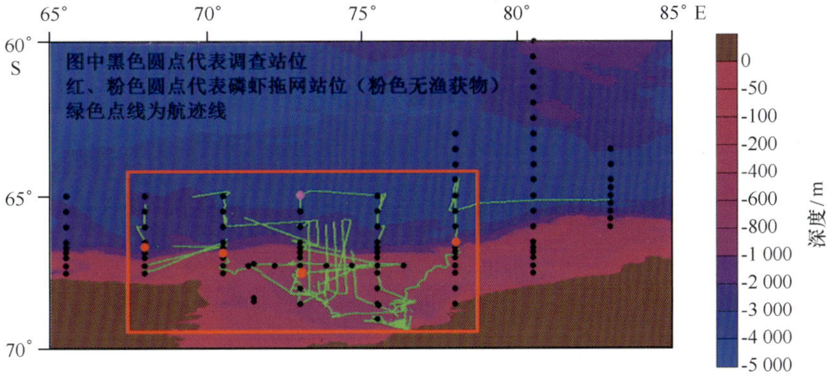

图 5－58　中国第 29 次南极科考调查中普里兹湾区域的调查站位设置和航迹线

将有调查数据的区域用红色方框圈出，如图 5－58 所示，使用 Surfer 软件的“数字化”命令将四个顶点的坐标值导出，见表 5－13。

表 5－13　调查区域经纬度的限定坐标

	纬度	经度
最小值	69.36745106°S	67.45644732°E
最大值	64.19060174°S	78.69030599°E

应用 Matlab 编程，按照纬度间距 0.125°，经度间距 0.5°，将红色框选出来的调查区域栅格化，并赋给每个小栅格一个 ID，通过查询小栅格的 ID，可以对落在其中的数据进行相应处理。每个小栅格的经纬度用中心点的经纬度表示。

由于实际走航线路混乱，部分航线会走两遍，且有的调查站位重复经过，每次经过的时间间隔过长，不能视为同一次调查数据。所以，对积分结果还要进一步整理，提取出有效数据。以小栅格为单位，通过以下条件选取有效数据，重新计算栅格内的总积分值作为该栅格的积分值。有效数据的选取条件为：(a) 时间上最早且连续的积分值，即认为首次经过该栅格的航迹数据为有效数据，不连续航迹的时间间隔为 7 h（综合考虑了栅格大小和调查航速计算得到）；(b) 为了保证在做平均运算时每个数据的权重是一致的，航速在 8～14 kn 之内的数据为有效数据，由于应用平行断面方法调查时，调查船的航速应保持不变，所以，停船作业以及船只减速、加速时的数据都应该去掉。

栅格内总积分结果的计算公式为

$$nasc_i = \frac{\sum_{j=1}^{n_i} \frac{nasc_{ij}}{T_{ij}} \times S_{ij}}{\sum_{j=1}^{n_i} S_{ij}} \times \frac{\sum_{j=1}^{n_i} T_{ij} \times N_{ij}}{\sum_{j=1}^{n_i} N_{ij}} \quad (5-1)$$

式中：$nasc_i$ 为第 i 个栅格的数据整理后的积分结果，下标 i 表示第 i 个栅格；$nasc_{ij}$ 为第 i 个栅格中数据整理前符合条件的第 j 个积分结果；n_i 为第 i 个栅格中符合条件的积分结果的个数；S_{ij} 为第 i 个栅格中第 j 个积分结果的采样点数，随积分结果一起输出；T_{ij} 为第 i 个栅格中第 j 个积分结果的平均积分水层厚度，随积分结果一起输出；N_{ij} 为第 i 个栅格中第 j 个积分结果在计算时用到的脉冲总数，随积分结果一起输出。

由于声学调查采用的是断面法，所以，不在断面范围内的数据也不能用于最后结果的计算。根据调查站位的经纬度坐标，剔除断面以外的栅格数据。

南极大磷虾的 TS 是将积分结果 nasc 转换为单位面积生物量的关键参数，可以采用南极海洋生物资源养护委员会（Commission for the Conservation of Antarctic Marine Living Resources，简称 CCAMLR）现在使用的简化南极大磷虾 SDWBA 模型：

$$TS(kL) = A\left[\frac{\log_{10}(BkL)}{BkL}\right]^C + D(kL)^6 + E(kL)^5 + F(kL)^4 + G(kL)^3 + H(kL)^2 + I(kL) + J + 20\log_{10}\left(\frac{L}{L_0}\right) \quad (5-2)$$

其中：k 为波数（$k = 2\pi/\lambda$）；L 为磷虾体长，m；CCAMLR 于 2009 年对于上面简化的 SDWBA 的参数进行了重新调整，如表 5－14 所示。

表 5－14 2009 年 CCAMLR 给出的南极大磷虾简化 SDWBA 模型的参数

	N (11°, 4°)
A	6.6455874521 －2.3282404324e＋01i
B	$1.2790907635\times10^{-1}$ －3.7077142547e－02i
C	$4.4631814583\times10^{-1}$ －2.0095900992e－01i
D	$-1.1920959143\times10^{-11}$
E	$7.4232471162\times10^{-9}$
F	$-1.7391623556\times10^{-6}$
G	$1.8632719837\times10^{-4}$
H	$-8.6746521481\times10^{-3}$
I	$1.3214087326\times10^{-1}$
J	$-8.1337937326\times10^{1}$
L_0	38.35×10^{-3}
δ	2.18 dB

综上所述，普里兹湾不同地区的磷虾在体长和体重上存在较大差异，而磷虾的体长与声学目标强度 TS（见 TS 公式）直接相关，进而影响到声学评估的结果。下面的公式推导可以说明体长，或者是 TS，对声学评估结果的影响，以生物量密度 ρ_a（ind./m^2）和 TS 之间的关系为例。

$$\rho_a = \frac{nasc}{K\times10^{0.1TS}} \tag{5-3}$$

式中：ρ_a 为单位面积有多少个生物体，单位为 ind./m^2；$nasc$ 为声学数据按水层和航迹的积分结果，单位为 m^2/n mile^2；TS 为目标强度，单位为 dB；K 为常数，$K=4\pi\times1\ 852^2$。

可以将生物密度 ρ_a 看成是目标强度 TS 的函数，那么：

$$\Delta\rho_a = \frac{nasc\times(-0.1)\times\ln10}{K\times10^{0.1TS}}\Delta TS \tag{5-4}$$

$$\Delta\rho_a = \rho_a\times(-0.1)\times\ln10\times\Delta TS \tag{5-5}$$

$$\frac{\Delta\rho_a}{\rho_a}\times100\% = (-0.1)\times\ln10\times\Delta TS\times100\% \tag{5-6}$$

$$\frac{\Delta\rho_a}{\rho_a}\times100\% \approx -23.03\%\times\Delta TS \tag{5-7}$$

上述公式表明，当使用虾群 B 的平均 TS 计算虾群 A 的生物密度 ρ_a（ind./m^2）时，两个虾群的平均 TS 相差 1 dB 时，会给虾群 A 的生物密度 ρ_a 的计算结果带来约 23.03% 的误差，并且，平均 TS 相差越多，误差越大。

所以，当使用声学评估方法调查时，若目标物种在调查区域内有明显的地理区分时，一定要将其归类，使用不同的平均 TS 计算。通过对南极大磷虾拖网样品的分析发现，有渔获物的 4 个站位的磷虾平均体长相差较大，需进行区域虾群的划分。划分工作使用 SPSS 软件中得系统聚类法对拖网站位的经纬度和平均体长进行归类，得到结果如图 5－50，图 5－51 所示。

然后，应用 matlab 编程，将每个栅格按照地理位置分配给距离最近的虾群，认为该栅格的磷虾组成与最近的虾群相同。

这一步的工作内容是将整理好的断面内有效栅格的积分值 nasc 转换为传统易懂的生物资源密度 ρ_g（g/m^2），计算公式如下：

$$\rho_{ai} = \frac{nasc_i}{K \times 10^{0.1 <TS>_{ij}}} \tag{5-8}$$

式中：ρ_{ai}为第 i 个栅格的生物密度，单位为 ind./m^2，下标 i 表示第 i 个栅格；$nasc_i$ 为第 i 个栅格的积分值，单位为 m^2/n mile^2；$<TS>_{ij}$为第 i 个栅格中属于第 j 个虾群的平均目标强度，单位为 dB，下标 j 表示第 i 个栅格在第 j 个物种的分布范围内；K：常数，$K = 4\pi \times 1\ 852^2$。

虾群 j 的平均目标强度 $<TS>_j$ 的计算。在计算之前，首先将虾群 j 范围内的拖网站位样品汇总，在 20～70 mm 的体长范围内，以 1 mm 间隔分组，统计各个体长分组内磷虾的体长频率 P_{jk}，下标 k 表示第 k 个体长分组，则：

$$<TS>_j = 10\lg\left[\sum_{k=1}^{N_j} P_{jk} 10^{0.1TS(L_{jk})}\right] \tag{5-9}$$

式中：$<TS>_j$ 为虾群 j 的平均目标强度，单位为 dB；N_j 为虾群 j 样品的体长分组总数；$TS(L_{jk})$ 表示第 j 个地理种群以第 k 个体长分组的中心体长计算出来的目标强度，参考 CCAMLR 给出的目标强度公式 TS（kL）。

通常来说，生物密度的表示经常使用每平方米有多少克生物（ρ_g）来表示，其与 ρ_a 的转换公式为

$$\rho_{gi} = \rho_{ai} \times <W>_{ij} \tag{5-10}$$

式中：ρ_{gi}为第 i 个栅格的生物密度，单位为 g/m^2，下标 i 表示第 i 个栅格；$<W>_{ij}$为第 i 个栅格中属于第 j 个地理种群的平均体重，单位为 g，下标 j 表示第 i 个栅格在第 j 个物种的分布范围内。

那么，整个调查区域的平均生物量密度和其变异系数可以通过以下两个公式求出：

$$<\rho_g> = \frac{1}{N}\sum_{i=1}^{N} \rho_{gi} \tag{5-11}$$

式中：$<\rho_g>$为调查区域内的平均生物密度，单位为 g/m^2；N：有效栅格数据的个数。

$$CV_{\rho g} = \frac{var(\rho_g)}{<\rho_g>} \times 100\% \tag{5-12}$$

式中：$CV\rho_g$ 为生物密度的变异系数；Var（ρ_g）为生物密度的方差。

5.2.4 南极大磷虾资源密度估算

成熟个体的南极大磷虾体长一般在 5.6～6 cm，并以大规模群集方式生活，适合使用以体积混响测量原理为基础的回波积分方法进行生物量的声学评估。但是，由于南极大磷虾个体较小并且无鳔，属于弱散射体，信噪比（Signal - to - noise ratio，SNR）相对于鱼类小很多。虽然南极大磷虾集群的体积反向散射强度（Volume Backscattering Strength，Sv）信号较大，但由于其集群行为与光照条件、环境因子等有关，集群的 Sv 信号的信噪比变化较大。同时，由于声波在水介质中传播时会发生传播损失，信噪比随着声波传播距离的增大而减小。Foote 等人（Foote，1990）指出信噪比越低，评估结果的偏差越大。所以，噪声的准确评估

是反映南极大磷虾生物量评估结果准确性的一个重要指标。本研究应用2011/2012年度中国第28次南极科学考察的SIMRAD EK500声学数据，重点从声学数据的噪声方面对“雪龙”号南极大磷虾声学调查的有效性进行评估，并给出了此次南极大磷虾声学资源评估的结果。

“雪龙”号科学考察船的吃水深度为9 m，声学换能器安装在船舶底部前1/3位置，声轴垂直向下。2011年11月中旬，在澳大利亚弗里曼特尔港口锚地，使用碳钨标准球对声学仪器进行矫正。声学仪器主要参数的设置见表5-15 。

数据处理采用Robertis（Robertis，2007）提出的信噪比估算和背景噪声剔除声学数据后处理方法对原始声学数据进行噪声评估和消除研究。这种方法直接应用科学渔探仪的主动模式数据对调查断面内的噪声情况作出判断（Robertis，2007；Watkins，1996；Korneliussen，2000），剔除对象为科学渔探仪自身的电子噪声、船舶噪声和由于海况变化、船舶变速以及海底地形变化引起的背景噪声。本研究数据处理软件采用Echoview ®（V4.6）后处理系统、Surfer8.0和Matlab R2010a。

表5-15 SIMRAD EK500声学渔探仪主要技术指标与参数设置

参数	设定值	单位
换能器型号	ES38B	—
工作频率	38	kHz
发射功率	2000	W
双向波束角	-20.6	dB
横向角度灵敏性	21.9	—
纵向角度灵敏性	21.9	—
横向3dB波束宽度	7.1	°
纵向3dB波束宽度	7.1	°
Sv换能器增益	26.5	dB
脉冲延时	1.0	ms
脉冲间隔	200	ms
声速	1500	m/s
吸收系数	0.010	dB/m
采样距离	500	m

参考Robertis的方法，原始声学数据首先消除时变增益（Time-varied-gain，TVG）放大影响，得到原始声学数据的类功率数值——P数据序列，单位dB re 1W；之后按照一定声脉冲间隔分组，计算每个分组内各个水层信号的平均值，取每个分组内的最小平均值作为各个分组内噪声评估值；然后，将噪声评估值加上时变增益得出噪声信号的Sv值（或是TS值），再应用线性域相减法得出各个分组内剔除噪声后的数据。其中，每个分组内的声脉冲个数和各个水层间隔，即采样间隔需要依据具体的数据和后处理需求做出最佳选择。方法是应用不同的脉冲间隔和水层间隔组合进行噪声评估，取能够使噪声评估值最大的，并且符合后处理需求的组合作为最佳组合。

因为噪声评估值是一个平均值，所以剔除噪声影响的声学数据中仍然存在大于平均值的噪声信号，需要剔除。这部分噪声信号使用信噪比屏蔽技术进行剔除。信噪比屏蔽技术是应用一个信噪比阈值将不符合要求的数据点屏蔽掉，即剔除。

磷虾生物密度和总量的计算参考 CCAMLR 在 2000 年组织的对南极半岛海域南极磷虾资源量声学调查的数据处理方法（Hewitt，2004），声学数据积分水层为 15 ~ 200 m，积分间隔为 1 n mile，38 kHz 的南极大磷虾目标强度 - 体长经验公式：

$$TS = 34.85\log_{10}L - 132.44 \tag{5-13}$$

其中，L 为南极大磷虾的体长，单位 mm；TS 为对应体长 L 的目标强度。

调查海域面积的确定。由于调查水域纬度的跨度较大，所以采用梯形的面积作为调查海域面积的近似值。

平均运算所用的声脉冲间隔与水层间隔（采样点间隔）的确定，因为噪声强度是随机变化过程，需用噪声强度的算术平均值来描述噪声等级。但是，使用几个声脉冲以及每个声脉冲的几个采样点数据来计算平均值是一个关键问题。图 5 - 59（a）（b）所示为本文选取的用来确定这一参数的 100 个连续声脉冲数据。从图 5 - 59（a）中可以看到，选用数据序列的噪声条带（中部以及下不灰蓝色条带）水平分布，说明这组数据的噪声变化不大，适合做不同声脉冲间隔与采样点间隔组合对 Pnoise 的影响研究。结果图 5 - 60 表明：

（1）当声脉冲数为 1 时，随着采样点间隔的增加，Pnoise 值逐渐增大（Sample_interval 侧截面），最后趋于常数值 - 155.2 dB，拐点出现在 50 个采样点附近；

（2）当采样点间隔为 10 h（对应本次声学调查水深方向的采样距离为 1 m），随着声脉冲间隔的增加，Pnoise 值逐渐增大（Ping_interval 侧截面），最后同样趋于常数值 - 155.2 dB，Pnoise 值变化较 1）中情况平缓，拐点出现在 15 个声脉冲附近；

（3）在图 5 - 59 中，可以看到，P 数据下部数据值都围绕一个很小的固定值 - 155 dB 左右振动，对比图 5 - 59（b）的相应水层的水体可知，这个水层的数据可认为是空水体数据，振动中心可认为是平均噪声的 P 值，与 2）所得结果相当；

（4）当采样点间隔大于 120 h，Pnoise 值明显增大，在图 5 - 58 中呈现两条脊。这是因为当水深方向采样距离恰好落在两条脊所在范围时，采样水层中非背景噪声信号占了绝大部分或是包含了非背景噪声信号特别大的采样点，因此最后的 Pnoise 较大。而这时脉冲间隔的变化对 Pnoise 值的影响很小，所以形成了两条脊。说明采样点间隔大于 120 h 的组合中都含有非背景噪声的数据点，不适用于平均运算处理。

综上所述，最佳组合应该在采样点间隔小于 120 h 的范围内产生。也就是说，Pnoise 可以通过多种声脉冲间隔和小于 120 的采样点间隔的组合获得，如 40 × 50、10 × 10 或 1 × 70（声脉冲间隔 × 采样点间隔）。其中，10 × 10 组合似乎是所有组合中效果最好的，所用声脉冲数和采样点间隔都是最少的，并且计算结果非常稳定。但是，使用多个声脉冲计算平均噪声强度，会造成部分声脉冲的噪声等级评估偏高，另一部分偏低，使信噪比屏蔽步骤中发生错判；同时，通过对本次南极大磷虾声学数据的分析发现，此次调查时的噪声变化非常大；再加上以后处理数据时对目标物的辨别的影响，所以，所用声脉冲个数应越少越好。因此，本次南极大磷虾噪声评估中平均运算的最佳组合定为 1 × 70。

图 5 - 61 所示为噪声强度评估值随时间和海底地形的变化关系，对比图 5 - 61（a）（b），可以得出：

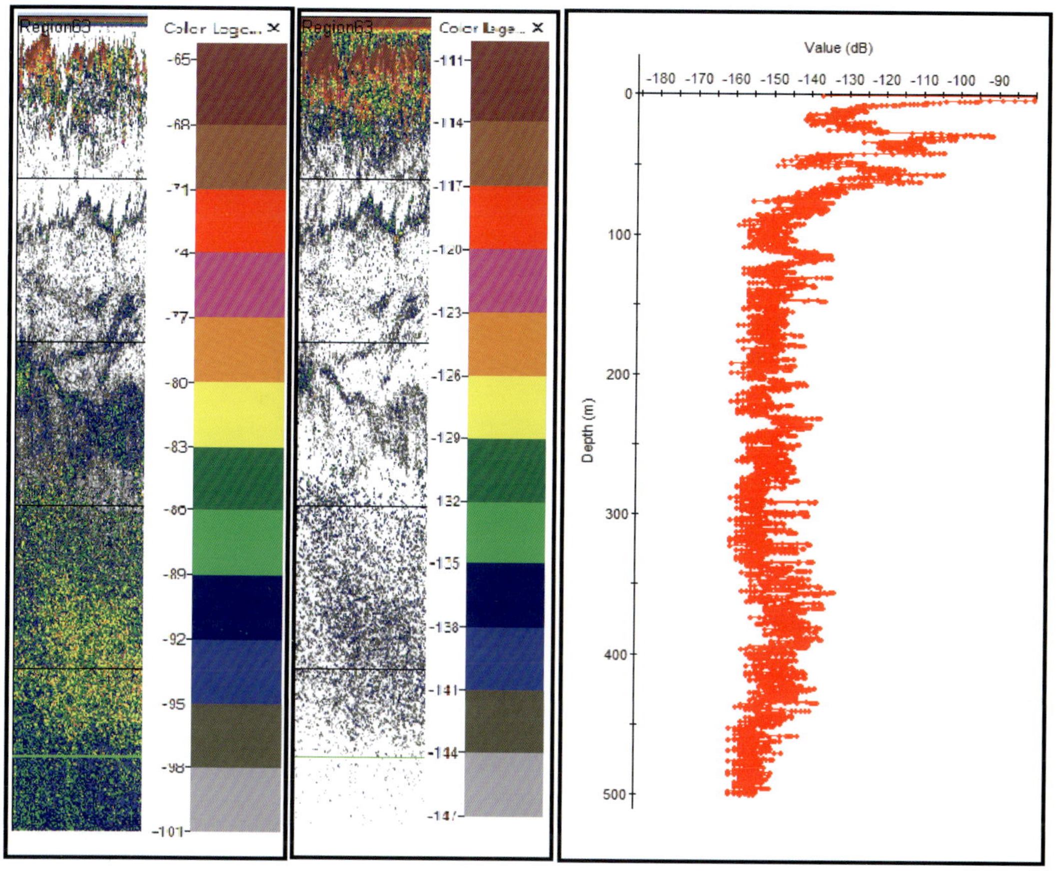

(a)　(b)　(c)

图 5-59　用于确定声脉冲与采样点间隔组合的 P 数据序列

(a) 所用原始数据；(b) 所用数据的 P 数据序列，共 100 个声脉冲序列；(c) P 数据序列中的一个声脉冲示意图

(1) 应用本文方法得出的噪声强度评估值可以真实地反映原始数据中噪声变化情况，回波图 5-61 (b) 中噪声较大的地方，在回波图 4a 对应处的信号强度值也较大；

(2) 噪声等级的大小与海底地形成正相关关系，海底较高的地方，噪声强度评估值较大；海底较低的地方，噪声强度评估值较小；海底地形变化越复杂，噪声强度变化也越复杂，这与 Robertis (Robertis, 2007) 的研究结果一致。

对本次声学调查所有调查断面内声脉冲的噪声评估值进行平均运算，得出“雪龙”号科学考察船在调查期间的平均噪音功率值 Pnoise 为 -146.47dB re 1W。

图 5-62 为分别使用本文的信噪比定义，图 5-62 (c)，和 Robertis 方法中信噪比定义得到的噪声消去效果图，图 5-62 (b) (d)，除信噪比上限阈值设置方法不同，其他处理过程均相同。对比图 5-62 (c) 和图 5-62 (b) (d) 可知本文方法避免了人为因素的干扰。

图 5-63 为使用本文方法得出的噪声消去效果图。从图中可以看出，回波图 5-63 (a) 下方蓝色的噪声信号被剔除得较为干净。并且，无论是深水层中单体信号的边缘还是各种群体信号的边缘保留得都比较完整，说明本文方法可以成功的应用到南极大磷虾声学数据的噪声消去过程中。

在南极大磷虾声学数据中随机地抽取 10 个目测为空白水体（无任何散射物体的水体，可用来评估 Pnoise）的数据区域，计算平均噪声消去百分比。因为空水体信号内应全部是背景

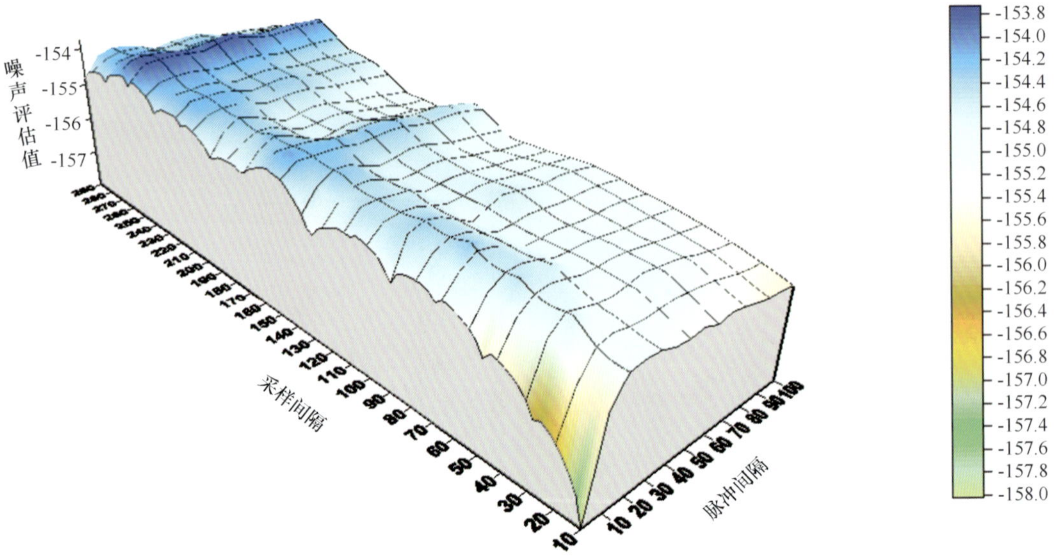

图 5-60　按照声脉冲间隔（Ping_interval）与每个声脉冲采样点间隔（Sample_interval）的不同组合，分别图 5-59 所示数据序列做平均运算得到的噪声评估值 Pnoise 的变化趋势图。声脉冲间隔以 1 为步长从 1 增大到 100，采样点间隔以 10 为步长从 10 增大到 290（根据 EK500 的设置，垂直距离上 10 cm 采样一次，所以采样间隔为 10 h，对应垂直距离 1 m）。绘图软件为 Surfer 8.0

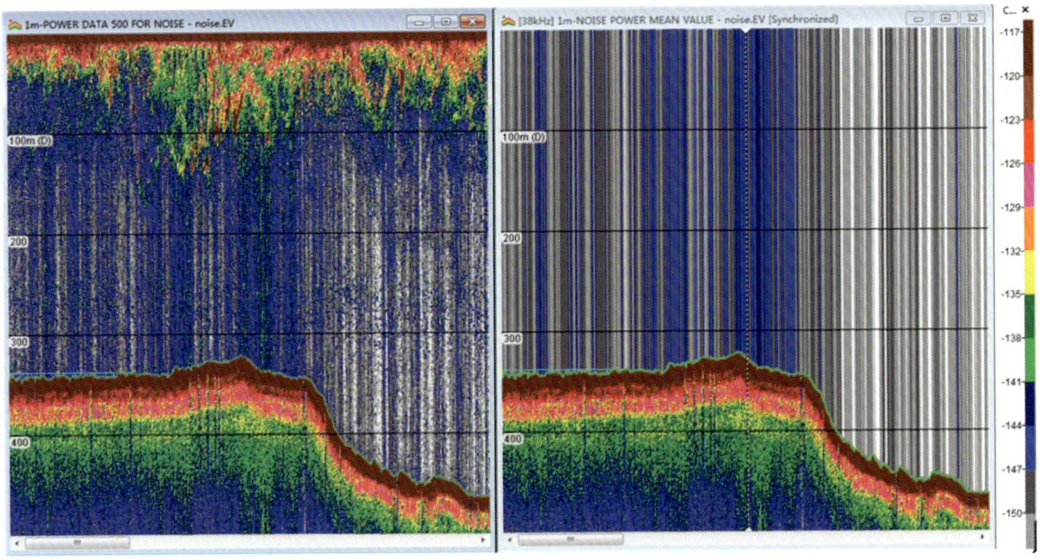

(a)　　　　　　　　　　(b)

图 5-61　消除时变增益 TVG 影响后的 P 值回波图像

（a）图为原始 P 回波图像；（b）图为使用本文方法处理得到的 Pnoise 回波图像

绿线为海底边界线，两图所使用的色标相同

噪声信号，所以噪声消去百分比理论上应该是 100%，这个值越高，说明噪声剔除效果越好。结果显示，10 个区域的噪声平均剔除百分比为 88.3%，最大值为 95.6%，最小值为 82.9%，噪声消去效果良好。

调查海域位于南极半岛北部和西北部陆架和陆坡区域，总面积为 6.11×10^5 km^2。南极大

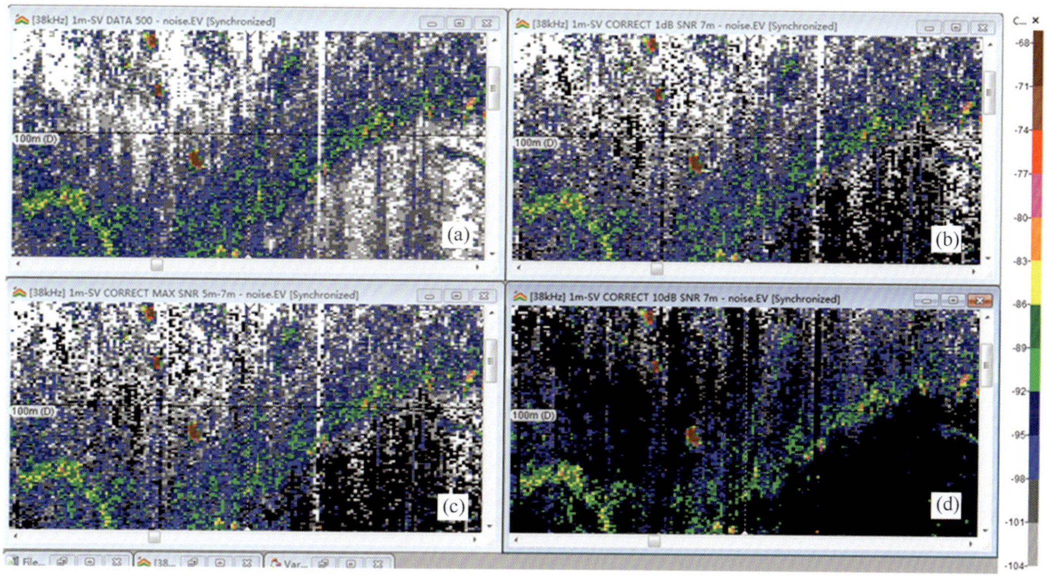

图 5-62 本文所使用的信噪比上限阈值设定方法与 Robertis 方法的噪声消去效果对比

（a）图为原始 Sv 回波图像；（b）图为使用 Robertis 方法中定义的信噪比上限阈值等于 1dB 时得到的噪声剔除效果 Sv 回波图像；（c）图为使用本文中信噪比上限阈值设置方法得到的噪声剔除效果 Sv 回波图像；（d）图为使用 Robertis 方法中定义的信噪比上限阈值等于 10 dB 时得到的噪声剔除效果 Sv 回波图像。四幅图像所用色标相同，黑色像素为被屏蔽掉的信号。除信噪比上限阈值设置方法不同，其他处理过程均相同。

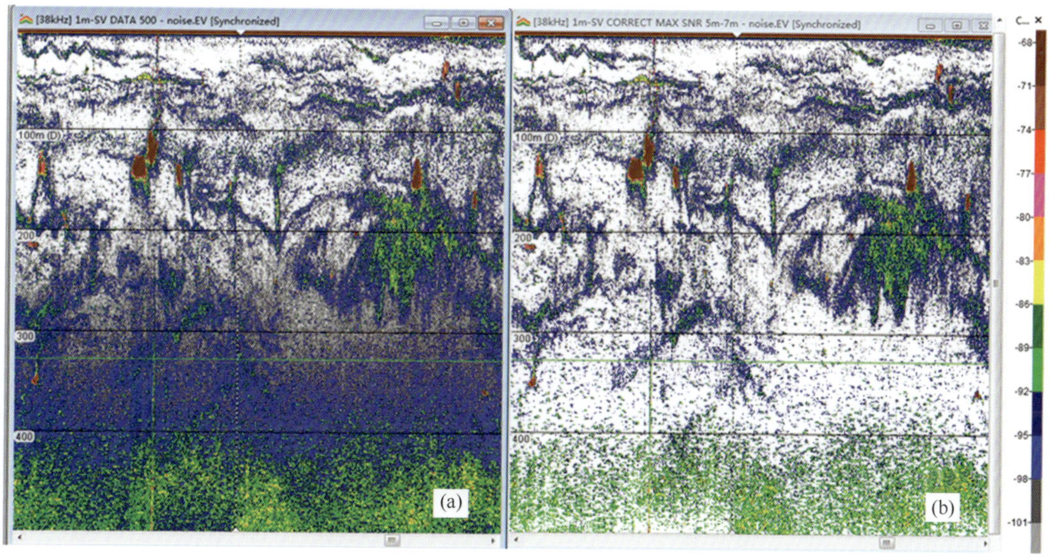

图 5-63 南极大磷虾噪声消去效果图

（a）图为原始 Sv 回波图；（b）图为噪声消去后的 Svuse 回波图，两图使用相同的色标

磷虾的平均密度为 27.30 g/m^2（62.95 ind./m^2），总资源量为 2.06×10^7 t（4.27×10^{13} ind.）。其中以 60.5°S，55°W～60.25°S，51°W 为中线，宽 58.61 km 的区域内资源密度较大，平均值 85.19 g/m^2（176.80 ind./m^2），最大值 190.04 g/m^2（394.41 ind./m^2），其他区域除了 62.8°S，47.5°W 附近的特殊区域（平均值 200.84 g/m^2，最大值 297.24 g/m^2）外都较小，平均值 20.37 g/m^2（42.28 ind./m^2），如图 5-64。

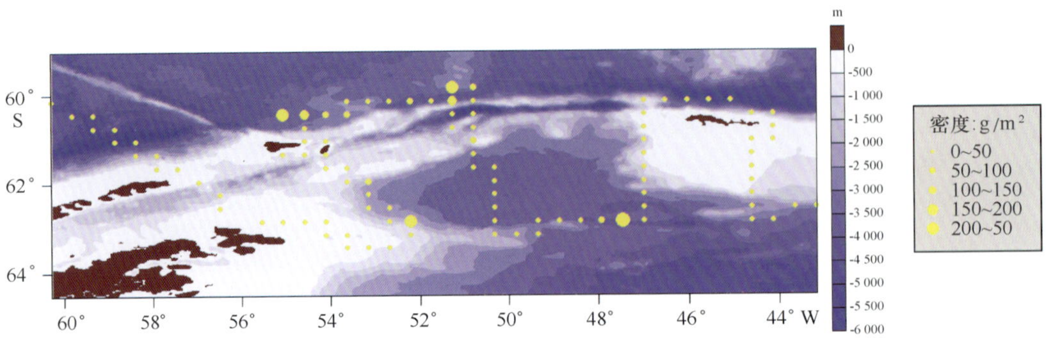

图 5-64　南极大磷虾资源密度分布图

本次调查与其他南极大磷虾资源量调查在象岛（Elephant Island）附近海域的结果对比，见表 5-16。从表 5-16 可知：1978 年 1 月对该区域进行的网具采样调查得到的平均生物量密度为 0.8 ~ 46.8 g/m^2，1990 年 7 月对该区域进行的声学评估得到的平均生物量密度（Mean biomass）为 9.6 ~ 100.4 g/m^2，而本次调查所得的象岛附近海域中南极大磷虾的生物量密度在 1.09 ~ 153.1 g/m^{2}之间。从以上数据可以看出，本次调查的结果与 1990 年 7 月的声学调查结果非常接近，但最大资源密度高于 1990 年 7 月的调查结果。

表 5-16　象岛附近海域中南极大磷虾资源密度

调查时间	拖网或声学	平均生物量
1978-01	拖网采样	0.8 ~ 46.8
1990-07	声学评估	1.87 ~ 94.9
2012	声学评估	1.09 ~ 153.1

本文噪声剔除方法的处理对象中并不包含来自其他弱泳生物（micro-nekton）、非胶质类浮游动物（non-gelatinous zooplankton）、thaliaceans（Hewwitt，2000）以及鳍鱼类的混响信号，这些混响信号的区分和消除需要借助其他声学数据后处理方法，如多频差分技术（Simmonds，2005）。这是因为本文所用方法的原理是应用空水体信号和发射脉冲能量很小的远距离信号（如二次海底回波）作为噪声评估的数据源，由于这些信号中并不包含任何反射声能量，所以其主要特点是数值最小；而混响信号是其他不感兴趣生物的反射回波与背景噪声的叠加信号，数值上大于背景噪声信号，当取平均运算的最小者作为噪声评估值时，较大的混响信号自然被排除。当然，这种方法也可以应用于混响源充满整个调查水体，并且分布均匀的混响信号的剔除处理中，这是因为这部分信号始终存在，并且比较稳定，那么平均运算的最小值中除了包含背景噪声，还包含这部分混响信号。比如，使用本文方法处理调查水体较浑浊，或是浮游生物均匀分布水层的数据时，处理对象则为背景噪声和悬浮泥沙混响或是浮游生物混响。

本文信噪比的定义与 Robertis 方法不同。原文献中，信噪比屏蔽步骤中对信噪比的定义为原始声学数据减去噪声评估值的 Sv 值，其物理意义为混有噪声的原始信号与噪声信号的比值，这样计算出来的信噪比值理论上都是正数（比值大于 1）。为了屏蔽掉较大的噪声信号（信噪比大于 0，且较小），需要人为地设定一个信噪比上限阈值，大于这个阈值的信号被人为是非背景噪声信号予以保留，小于这个阈值的信号则认为是较大的背景噪声信号予以剔除。信噪比上限阈值设置得过小，噪声剔除不完全；设置得过大，又会剔除很多非背景噪声信号，还会给人一种去噪信号较好的错觉，即人为主观因素对去噪效果的影响特别大。本文对信噪比的定义为剔除背景噪声影响的 Sv 数据减去最大噪声评估值的 Sv 值，其物理意义为剔除背景噪声影响的信号与最大噪声评估信号的比值。因为原始信号值是噪声信号与其他信号的叠加，因此，原始声学信号值是大于等于噪声信号值的。当信噪比小于 0，即比值小于 1 时，说明剔除背景噪声影响的信号（注意背景噪声的评估值为平均值）值小于最大噪声信号，即也是比背景噪声（平均值）大的较大背景噪声信号，应予以剔除；相反，当信噪比大于 0，即比值大于 1 时，说明剔除背景噪声影响的信号值大于最大噪声信号，为非背景噪声信号，应予以保留。这样，便找到了一个客观的信噪比上限阈值，解决了原方法人为主观影响非常大的缺点。但是，由于其他混响信号的存在或是屏蔽不完全的原因，噪声剔除效果从主观上不如使用较大信噪比上限阈值的原方法，如图 5－62（c）（d），这是正常的。

根据南极大磷虾声学数据噪声变化剧烈的特点，本文将 Robertis 方法（Robertis，2007）中接收信号平均处理时应用多个声脉冲收发循环减少到使用单个声脉冲收发循环，有助于提高本文方法对剧烈变化噪声的处理能力；同时，对信噪比的重新定义，消除人为主观因素对噪声消去效果的影响。但是，本文方法并没有 100% 地将噪声信号剔除。引起噪声信号剔除不完全的原因大致可以归结为以下三点：一是由于本文噪声消去使用的数据为科学渔探仪主动模式数据，并不能保证评估噪声时所选取区域确实为空白水体信号；二是噪声评估值偏小；三是最大噪声评估值偏小。如何确定噪声信号剔除不完全的原因，并将噪声信号 100% 地剔除还需要进一步的研究。

“雪龙”号与其他声学调查船的噪声对比。2000 年，CCAMLR 组织了一次针对南极半岛附近海域南极大磷虾生物量的多国－多船联合声学调查，声学设备均为 EK500 型科学渔探仪。表 5－17 了 CCAMLR 2000 年调查所用船只和“雪龙”号科考船 38 kHz 的 Pnoise 值。对比 CCAMLR 2000 年调查所用船只与“雪龙”号的 Pnoise 值，可以得出，“雪龙”号科考船对 38 kHz 的声学换能器的影响介于 CCAMLR 2000 年调查所用船只之间，适合南极大磷虾资源量的声学调查工作。但是，为了减小调查误差以及便于与其他科考结果对比，应该针对“雪龙”号科考船的噪声情况进行专门的测量。

表 5－17　“雪龙”号与 CCAMLR 2000 年调查所用船只 38 kHz 的 Pnoise 值

单位：dB re 1W

Atlantida	James Clark Ross	Kaiyo Maru	Yuzhmor－geologiya	“雪龙”号		
				平均值	最小值	最大值
－127.0	－150.2	－142.8	－126.5	－146.5	－161.5	－122.9

5.2.5　噪声剔除方法优化

回声积分技术被广泛地应用于浮游、半浮游鱼类和弱泳生物资源分布的调查中。但是，在使用声学仪器进行数据收录时，由于仪器的、环境的、生物的以及人为的原因，会产生很多干扰信号，如仪器、环境等因素引起的噪声信号和不感兴趣生物引起的混响信号等。这些干扰信号虽然数值很小，但是，由于时间增益（the Time - varied - gain，TVG）对干扰信号的放大作用，使得在一定距离以后，信噪比 SNR（Signal - to - nose ratio）会小于仪器的阈值，信号值就不会被计入回声积分中或不能被仪器检测到，造成资源量评估出现偏差，特别是对于像南极磷虾这样的弱散射体，噪声和混响的影响就更大了。因此，噪声和混响的准确剔除是评估结果准确性的一个重要保障。

噪声（Noise），按照严格声学术语的定义，为任何存在于传播介质中的与发射脉冲无关的不想要的信号。注意与混响（Reverberation）的区别，混响是用来描述来自不感兴趣目标物回波的一个通用术语。从上面的定义可以发现，区分噪声和混响的一个根本标准是：噪声任何时候都存在，即使是声呐不发射脉冲时；而混响是来自不感兴趣物体的回波，首先声呐要先发射声波，才会有混响的概念。

比如，以调查的主体生物——南极磷虾来说，来自其他鳍鱼类的回波就是混响，而若信号是由于鳍鱼类游泳时引起的湍流声，那么这部分信号就是噪声信号了。再比如说，来自气泡群和其他类型的海洋浮游生物的回波，都属于混响的范围，而由于气泡破碎引起的声音就属于噪声的范围。这方面的知识，在 Urick（Urick，1986）的研究中有非常详细的介绍。

总结前人的研究成果，噪声和混响的剔除方法可分为三种：一是设定积分阈值法；二是被动模式评估法；三是主动模式评估法。下面简单介绍一下这三种方法。

设定积分阈值法是在回波积分时，设定一个最小积分阈值，大于这个阈值的回波信号才用来积分。这种方法原理简单、计算迅速，在鳍鱼类等的强声学目标的声学调查当中应用得最为普遍，如王靖等人（王靖，2010）对清河水库鲢鳙鱼类资源进行的声学评估，林鹏程等人（林鹏程，2009）对于葛洲坝上下江段鱼类时空分布特征研究，以及 MacLennan（MacLennan，1992）对于有鳔鱼类的声学调查的相关论述。

正如 Watkins（Watkins，1996）指出的：对于弱散射体，设定积分阈值法在剔除干扰信号的同时，一方面可能由于设定的阈值太高，会剔除很多的有用信号；另一方面可能由于设定的阈值太低，使得噪声剔除得不够干净。还有一个方面不得不考虑：若有用信号与干扰信号之间的差距小到一定程度，噪声信号对总体积分信号的影响是不可忽略的，要从总体积分中减去。否则，声学评估结果会偏高。Nunnallee（Nunnallee，1987）提出一种祛除干扰信号的方法：首先，用调查声呐的被动模式记录声学信号，再对记录到的信号做出评估，最后在总体的回波积分中减去干扰信号的贡献，得出有用信号。这就是被动模式评估法。被动模式评估法所使用的以被动模式工作的接收换器既可以是安装在船体龙骨下的收发合置换能器，也可以是安装在托体上的专门的换能器。

正如 Korneliussen（2000）指出的：总积分信号减去总干扰信号法不太适用于噪声变化幅度和频率很大的情况，而且事先用被动模式录取的干扰信号不可能代表之后用主动模式调查时的实际情况。这便使得一些学者提出了基于声呐主动模式工作时收录的原始数据来评估干扰信号的影响，进而采用同被动模式评估法相同的线性域相减的处理手段，达到消除噪声、混响，甚至是不感兴趣生物混响的目的，这就是主动模式评估法。主动模式评估法使用的数据是调查时收录的原始数据，这些数据中既包含目标物的成分，也包含其他一切干扰成分。若是能从这些数据中分辨出干扰成分并将其剔除，对于弱散射体，最后得出的评估结果相对于其他去噪方法无疑是最值得信赖的。但是，在使用声呐的主动模式调查时，会随时出现各种各样的干扰情况，如海况突然变坏、调查船速度的调整、其他浮游生物集群现象明显和海洋生物无规律的发声等。这就使得主动模式评估法的形式各异，各自有各自的适用情况。

如 Watkins（Watkins，1996）提出的使用重新采样后的最小 Sv 数值进行最小二乘法拟合出一条噪声时间增益曲线“20logR + 20αR + offset”。这种方法快捷，对于处理稳定不变的噪声干扰效果显著，但是不适宜处理噪声发生较大变化的情况。Korneliuseen（Korneliuseen，2000）提出了一种基于海底一次回波以后的信噪比 SNR 很小的远距离声学数据的数学统计方法。这种方法首先在水深方向上对原始数据重新采样，以降低信号的振动幅度和频率，再在一定的采样时间间隔内对数据进行统计分析，根据统计结果确定类似于 Watkins 和 Brierley 方法中“offset”的值，再应用线性域相减的方法剔除干扰信号。由于这种方法限定了对于一定的采样时间间隔内的数据进行处理，使得其对于船速调整和海洋生物发生等这类突发性干扰信号具有一定的适应能力。但是，这种适应能力受到调查生物分布、水深、突发性噪声与所设定时间间隔的匹配情况，等因素制约。再加上这种方法计算量庞大，虽然在数据量小的调查中表现良好，但影响了这种方法在数据量很大的调查中的使用。Robertis（Robertis，2007）提出了一种基于噪声修正“Noise correction”和 SNR 阈值“Signal – to – noise – based thresholds”的快速去噪方法。这种方法首先对原始数据去除时间增益 TVG 的影响，然后在水平和垂直两个方向上进行重新采样，之后找出每个水平间隔中的最小值作为干扰信号的评估值，最后使用这个噪声评估值在线性域与原始信号相减去噪。这种方法是利用 Echoview 软件实现的，中间不需要借助其他软件，操作简单，是这种方法最大的优点。

直接应用资源调查的主动模式的原始数据进行去噪的方法，快速有效，且能应对突发性干扰信号，是声学数据后处理中去噪部分未来的发展方向。所以，本书主要以 Korneliussen，Robertis 和 Higginbottom 的研究成果为基础，尝试将 Robertis 和 Higginbottom 的噪声修正和信噪比（Signal to Noise，简称 SNR）去噪技术应用于南极磷虾的声学评估中，并改进了 Robertis 和 Higginbottom 方法中信噪比阈值设定方法，得到了一种更加有效、便捷的去噪方法。

数据来源于 2012 年 1 月 16 日至 2012 年 1 月 29 日，中国第 28 次南极科学考察在 60.0°—60.4°S，66.0°—45.5°W 之间的南极半岛附近海域的断面调查（见图 5 – 65）。本次调查中，应用 EK500 – 38kHz 型分裂式波束科学鱼探仪，采用预设的平行调查断面对该区域的生物资源量进行了水声学调查，同时还进行了物理海洋学、海洋地质学、海洋地球物理学和海洋化学等其他学科的科学调查。声学数据的采集软件为 Echolog 500。

在南极海域中，由于南极磷虾的声学特性与大量共存的弱泳生物（micro – nekton）、非胶质类浮游动物（non – gelatinous zooplankton）和 thaliaceans 的声学特性十分相似，所以，来自这些生物的混响信号以及鳍鱼类的混响信号并不在本方法的处理范畴之内，这些生物的区分需要借助其他方法，如多频技术等。因此，本方法的处理对象为，大量存在的稳定及相对稳定的干扰信号，如系统的电子噪声、船舶噪声和未知原因的相对稳定的强烈干扰噪声，等。

按照 Korneliussen（Korneliussen，2000）指出的理论，换能器在接收到声压后，将声压转换为电压，再将电压值平方得到一个与能量成比例的参数。由于换能器并不能区分信号与噪声，所以这里的电压既包括信号的电压 US，又包括噪声的电压 UN。平方后的电压值再乘以声学系统的校正参数的平方，用常数 C2 表示，和 TVG 的影响，用 g（t）表示，就可以得到我们想要的 TS 值或是 Sv 值。平均体积后向散射系数 SV 可表示为

$$Sv_{mean} = C2Ave[g(t)(US + UN)2] \tag{5-14}$$

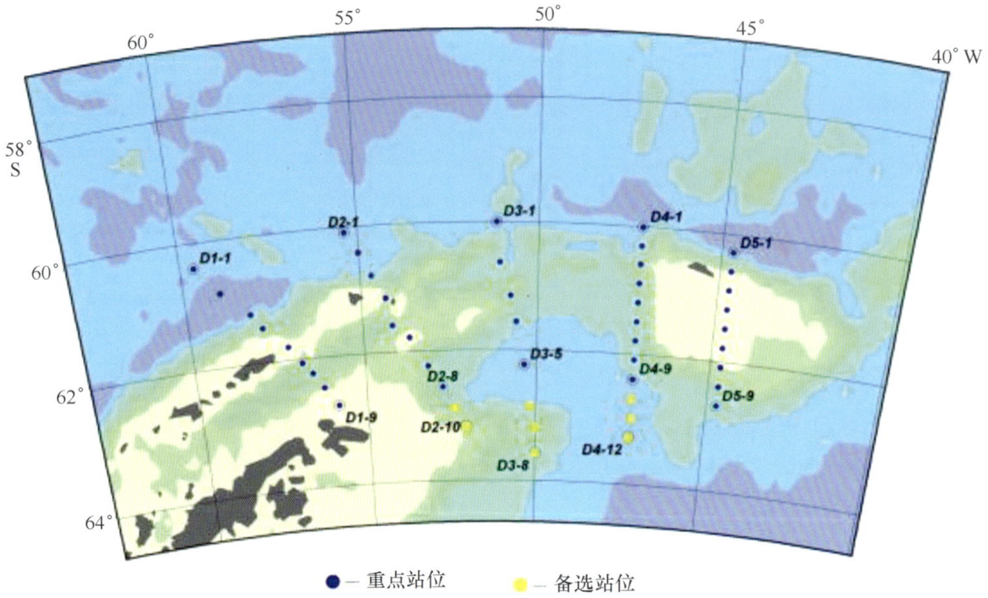

图 5－65　28 次南极科考南极半岛附近海域作业断面和定点站位图

＊重点站位（蓝色）40 个，备选站位（黄色）8 个；图中灰色部分为陆地，其他颜色为海域深度等深线，蓝色区域代表水深大的区域

式中 Ave 表示铅直短距离内多个数据平均的意思。将上式展开，得到：

$$Sv_{mean} = C2g(t)Ave(US2)2 + C2g(t)Ave(UN2)2 + C2g(t)Ave(USUN) \quad (5-15)$$

若噪声与信号不相关（符合声学的情况），则 Ave（USUN）＝0，等式右边第一项用 Sv_{smean} 表示，代表信号产生的后向体积散射系数，第二项用 Sv_{nmean} 表示，代表噪声产生的后向体积散射系数，则公式（5－15）可表达为：

$$Sv_{mean} = Sv_{smean} + Sv_{nmean} \quad (5-16)$$

注意：以上公式都是在线性域中推得的。从公式 20 可以看出，换能器给出的平均后向体积散射系数是信号项和噪声项在线性域中叠加的结果。若噪声项 Svn 可以确定的话，我们就可以通过以下公式计算出信号在线性域中的后向体积散射系数 Svs：

$$Sv_{smean} = Sv_{mean} - Sv_{nmean} \quad (5-17)$$

一般，为减小信号的变化范围，提高评估结果的准确度，声学数据的处理都是建立在数据重采样的基础之上。这种处理手段并不是适用于所有的声学评估情况，要看噪声信号与感兴趣目标信号之间的关系而定。

这里所说的数据重采样是指按照一定的重采样方式计算多个声学数据的平均值作为一个数据来使用，形式如公式（5－18）所示。其结果是减少了 Ping 个数和每一 Ping 的采样点个数，降低了信号的变化范围。重采样的方式一般分为按等断面距离、按等时间间隔和按等 Ping 数三种。从物理意义上来说，按等时间间隔和按等 Ping 数的重采样方法效果相同。数据重采样方法的选择会影响到评估结果的准确性。但是，当调查平台是匀速运动的时候，三种重采样方式是等效的。

由于本次调查时，船只速度的变化较大，所以，首先将船只加速运动或减速运动的数据剔除，再使用等 Ping 数的方法按照公式（5－1）进行重采样：

$$Sv_{mean}(p,s) = 1/(mn)\sum i = 1n\sum j = 1msv(i,j) \quad (5-18)$$

式中，p 和 i 代表第几 Ping，s 和 j 代表每 Ping 的第几个采样点；p，s 表示重采样后的数据，i，j 表示采样前的原始数据。为了不与后面的公式符号相混淆，将重采样后的符号 Sv_{mean}（p，s）简写成 Sv（p，s）。

经过重采样的步骤以后，虽然信号的振动幅度减小了，但噪声信号还是会在一定的范围内波动。所以，若是用平均噪声来代表噪声对信号影响的大小，那么，噪声值超过平均值的那部分信号，会被错误地接受为目标信号，而使最后的评估结果偏大。因此，我们需要借助最大噪声值来排除这种影响，并通过信噪比 SNR 给出声学评估调查的有效距离。

背景噪声应该是平稳的存在于水体中。但是，为了补偿声能量在传播过程中的扩展损失和吸收损失，换能器在接收到声学信号后，会将信号乘以一个与时间有关系的因子，我们称之为时间增益（the Time－varied－gain，TVG），如此，在一 pimg 的收发间隔中本来不变的噪声值会随着距离的增加而增大。所以，若想估算噪声的大小，首先应该去掉在调查时必须使用的 TVG：

$$P(p,s) = Sv(p,s) - TVG;\text{对于 Sv：}TVG = 20\log R + 2\alpha R \quad (5-19)$$

式中，Sv（p，s）为经重采样后的调查数据，p 表示 Sv 为第几 Ping 数据，s 表示该 Ping 中的第几个采样点；R 为采样点距换能器的距离；α 为调查时仪器设置的吸收衰减系数，本次调的 α 等于 0.01 dB/m；P 为去掉 TVG 的一个量，大小与回波功率成正比关系，同 Sv 数据，单位为分贝。经公式（5－19）处理后，原本理论上不随距离（或时间）变化的感兴趣目标物体积混响 Svs 数据将随采样点距换能器的距离的增大而减小。但这种处理方法使得噪声信号保持在一个平稳的水平上，以便于估算。

通常来讲，因为到达换能器表面的信号大小是噪声信号与含有目标物的水体的回波信号相叠加的结果［公式（5－16）］。所以，噪声信号要比任何一个同距离的有目标物的水体回波信号都要小，也就是说噪声信号的功率表示量，用 Pn 表示，要小于等于采样数据的功率表示 P。当 Sv 数据中只包括空白水体或声信号到达不了的海底以下的数据时，这些数据就对应着同距离处的纯噪声数据，而且在所有 P（p，s）中应该是最小的。但是，由于调查用的声学信号是正弦信号的合成，所以真正的 P 数据会围绕一个中心值上下波动。所以，我们取 N 个 Ping × M 个采样点做平均：

$$P_{mean}(n,m) = 10\log\{[1/MN]\sum p = 1N\sum s = 1M10P(p,s)/10\} \quad (5-20)$$

需要注意的一点是：上式是在 $M \times N$ 的可移动窗口中做平均。之后对于每一个 n 所对应的 Ping 中取最小值，作为噪声信号 Pn 的估计值：

$$Pn(n) = \min[P_{mean}(n,m)] \quad (5-21)$$

但是，当我们直接使用渔探仪主动模式的数据来进行噪声评估时，不能保证任意地方都有空白水体或是噪声为主体的海底以下声信号。因此，需要依据调查者的经验、所用仪器设备和调查平台的性能来为 Pn（n）设置一个合理地上限值 Pn_{max}。若 Pn（n）大于 Pn_{max}，则将 Pn（n）所对应的几 Ping 数据去掉。这是为了防止实际噪声变化不大但水体中充满感兴趣目标时不至于过高估计噪声的影响。若被去掉的信号比较多时，还可以根据具体情况人为地进行正确的判断和处理。

得到 Pn（n）后，再计入 TVG 的影响，就得到了距换能器表面不同深度处的噪声估计值：

$$Sv_{nmean}(p,s) = Pn(p) + TVG \qquad 对于 Sv, TVG = 20\log R + 2\alpha R \tag{5-22}$$

式中 Svnmean 是 svnmean 的对数表示。噪声影响的去除，是在线性域中用总信号值减去噪声信号值，如公式（5－17），对公式（5－17）两边取 10 倍的 log 函数，用 svs 代替 svsmean 就得到：

$$Svs(p,s) = 10\log[10Sv(p,s)/10 - 10Sv_{nmean}(p,s)/10] \tag{5-23}$$

式中 Sv 为原始声学信号，Svs 为去除了噪声影响的目标水体信号。对于原始声学信号小于平均噪声信号的水体，可将得到的负值设置成一个特殊的值，以区别于正常值。

但是，正如上面提到的，噪声是在一定的范围内变化的，这样就会有一部分噪声信号低于平均值，同时还会有一部分噪声信号高于平均值。对于低于平均值的噪声信号，很容易区分和剔除。相反，那些高于平均值的噪声信号，由于与真正的目标信号相同，都是大于平均水平的噪声值，很难区分开。所以，我们需要借助信噪比（Signal－to－nose ratio，SNR）来识别和剔除以上两种情况中的噪声信号。信噪比的公式如下：

$$SNR(p,s) = Svs(p,s) - Sv_{nmean}(p,s) \tag{5-24}$$

对于低于平均值的噪声信号，SNR 是小于 0 的，所以可以将 SNR 小于 0 的采样数据都剔除掉；对于高于平均值的噪声信号，我们依据用最大噪声信号获得的信噪比 SNR1 作为 SNR 的最大阈值，也就是用公式（5－24）计算出来的目标水体信号减去最大噪声信号，如公式（5－25）：

$$SNR1(p,s) = Svs(p,s) - Sv_{nmax}(p,s) \tag{5-25}$$

这样若得到的信噪比 SNR1 等于 0，表示这个采样点的最大噪声信号与目标物信号强度相同，应该被剔除掉。公式（5－25）中的 Svmax（p，s）由以下两个公式计算获得：

$$P_{nmax}(p) = \min\{G[P(p,s)]\} \tag{5-26}$$

$$Sv_{nmax}(p,s) = P_{nmax}(p) + TVG \qquad 对于 Sv, TVG = 20\log R + 2\alpha R \tag{5-27}$$

公式（5－26）中的 G（x）函数表示取局部最大。公式（5－26）的基本假设为：一是噪声在一定的范围内变化；二是这一 ping 中有可以用来评估噪声的数据；三是非空白水体信号的最大值要高于噪声信号的最大值。这样，对 P（p，s）取局部最大，得到噪声信号和非空白水体信号的最大值，再取最小值，就得到了噪声信号的最大值。

SNR1 相对于 SNR，其意义在于给出了当噪声信号振幅最大时的信噪比。由于公式（5－24）中使用的噪声信号是一个平均值，使得结果中的一部分 SNR 为负数，表示信号强度小于噪声强度，为了得到高质量的信号值，通常人地为 SNR 设置一个最小正数阈值 T。但是，从另一方面看，人为设置的 SNR 阈值使得我们并不知道有多少的振幅大于平均噪声强度的假信号掺杂在目标信号中，特别是像南极磷虾这类弱散射体的声学调查中，很可能因为这个原因过高地估算了生物资源量。但是，当 SNR1 等于 0 时，说明了噪声能够影响数据的最大范围，也就是说，SNR1 大于 0 所对应的 Svs 数据，都可以不用考虑噪声对评估结果的影响。

由于原始声学数据的变化幅度很大，且不规律，局部最大值并不是最大噪声值，很可能产生错误的最大噪声信号估算值，影响到最后的评估结果。所以在应用本文方法时，首先要对原始数据重新采样。在距离变化不大的水层中，TVG 的变化可以忽略不计。所以本文使用垂直距离 1 m 所对应的采样个数作为 m 值；n，即 Ping 个数，要根据调查对象、调查船速和噪声类型等因素确定。

由于移动窗口的大小不同，会使得噪声均值和最大值的估算结果产生很大的差异。所以，对于每一 Ping 数据移动窗口大小的确定不可以人为指定，而是通过估算产生最适动态窗口；另外评估结果应尽可能脱离噪声的干扰，所以动态窗口的噪声均值和噪声振动均应尽量的小［即没有目标物体信号的叠加、最大噪声值要小（SNR1 给出的有效探测距离越准确）］。可以推测出这条曲线的基本趋势，如图 5－66 所示：第一阶段，当窗口增大时，噪声均值趋于一个常量，且最大噪声与噪声均值的差值也会缩小；第二阶段，当窗口太大以至于窗口中不但包含噪声信号，同时还包含目标物体信号时，噪声均值逐渐变大，且最大噪声与噪声均值的差值开始无规则震动；第三阶段，与第一阶段的变化趋势相同，但噪声均值要比第一阶段的大很多。

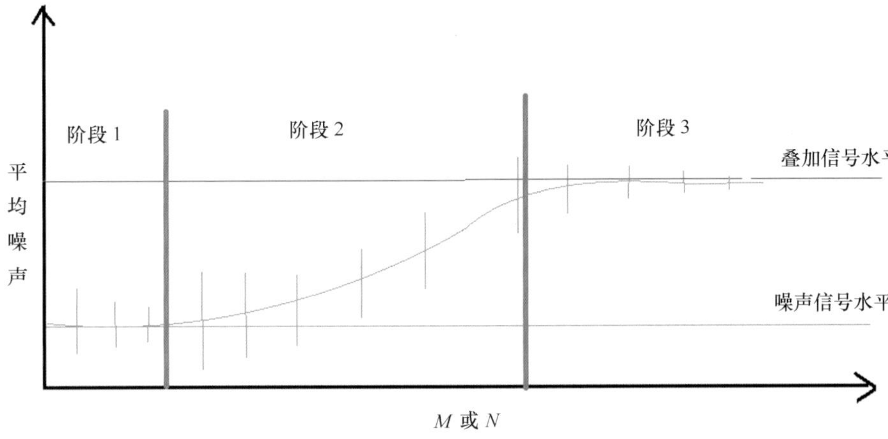

图 5－66　噪声均值及其与最大值的差值随窗口大小 M 或 N 的变化趋势示意图

数据处理时，由于 Echoview 软件模型的限制，只能做 $M \times N$ 分别为 3×3、5×5 和 7×7 的情况。对于每个样本点，对比这三种情况下的噪声均值选取最小者作为噪声的评估值，其对应的局部最大值作为最大噪声信号的评估值。

数据重采样间隔 n、m 的选择对于去噪效果和资源量评估结果的影响非常大。采样后，即不能将噪声信号中混入非空水体的信号，信号振动的局部最大值又能反映出噪声信号的最大值。首先，结合回波图像，大致确定 Ping 数 n 的取值范围，再结合信号与水深的关系，选出能代表噪声信号最大值时所对应的较大 n 值。图 5－67 为 n 等于 10 时，采样前后信号与水深的关系。

从图 5－67 可以看出，重采样后数据振幅及变化的剧烈程度都有所下降，且局部最大值都要比均值大，基本符合本文去噪方法的要求。图 5－68 给出了重采样前后空白水体数据的频率分布直方图，再次证明了重采样对数据振动幅度有明显的下降。

图 5－69 为使用本文方法获得的每 Ping 数据的平均噪声和最大噪声与时间的关系。

从图 5－69 中可以看出，每 Ping 数据的平均和最大噪声值都不相同，且最大噪声值大于平均噪声值，达到了预期效果。图中还有几 Ping 的数据颜色为白色，这是因为他们的噪声平均水平超过了我们限定的阈值，－125 dB。对应数据图像，可以看到这几 Ping 与周围的数据相比，噪声异常，可能是因为仪器自身的原因，也可能是水体中有大量的生物。

图 5－70 给出了噪声随海底地形的变化，黑色部分为海底。从图中我们看出，无论是平均噪声，还是最大噪声，它们的大小与地形的起伏变化密切相关，这与 Robertis（Robertis，2007）的研究结果一致。可见，在水深较浅的海域，海底地形对南极磷虾探测的有效距离有

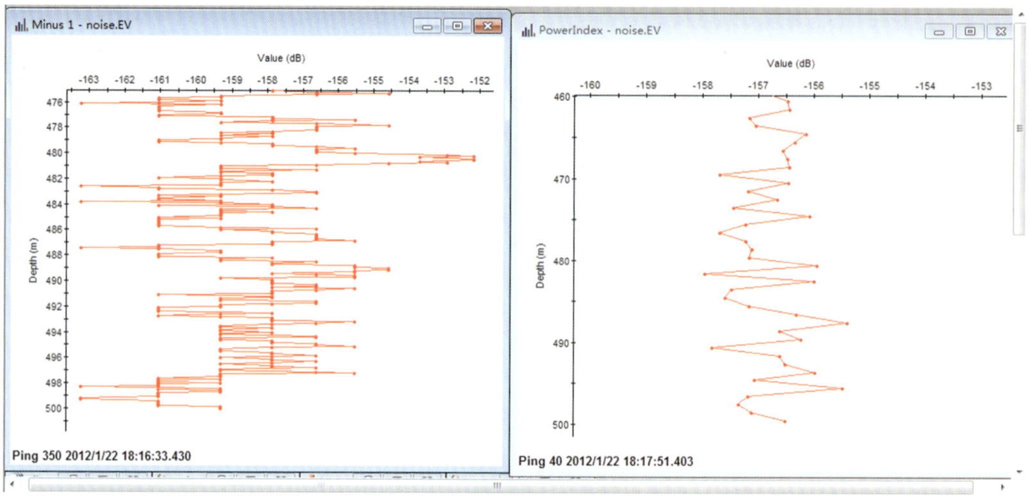

图 5－67　重采样前后信号与水深的关系，左图为重采样前，右图为重采样后

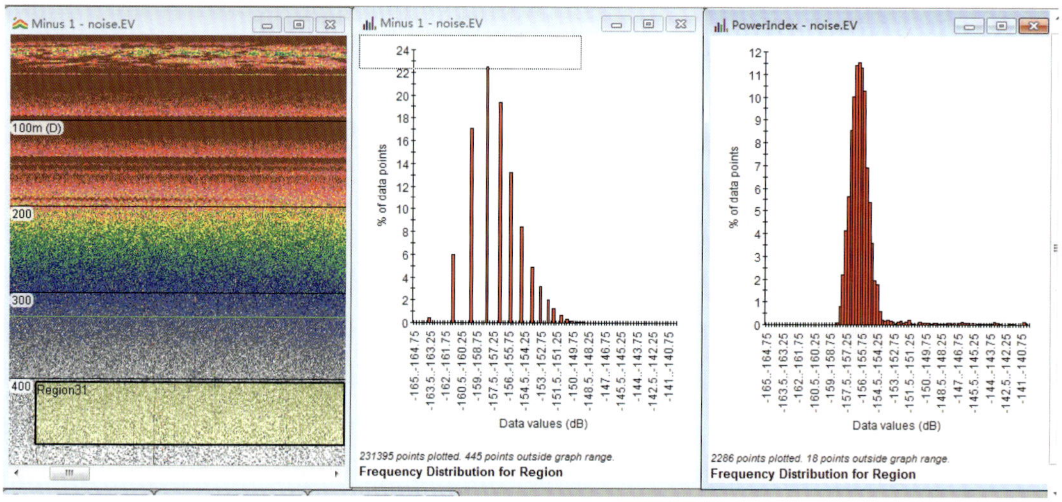

图 5－68　数据重采样前后数据频率分布直方图。左图为统计区域在原始声学回波图中的位置，中图为重采样前数据频率分布直方图，右图为重采样后数据频率分布直方图。

着非常重要的影响。

图 5－71 为信噪比 SNR 与最大有效探测范围的关系图。图 5－71 中左侧视图告诉我们，对于 Sv 信号强度达到－90 dB 的南极磷虾集群，我们所使用的声呐可以观测到这个集群的最大深度为 490 m 左右。这个深度对于南极磷虾的观测来说，是非常充裕的。图 5－72 展示了声学信号等级，背景噪声等级和信噪比 SNR 与探测水深 R 的关系。应用这张图像，我们可以轻松地得到任意噪声等级下已知声学信号强度特性的目标物的最大探测范围。

如我们想要了解目标生物群体的 Sv 信号为－80 dB，在距换能器 1 m 处的海洋环境噪声值为－148 dB 的情况下，要求信噪比 SNR 大于等于 6 dB 时，能够被 38 kHz 换能器探测到的最大距离。我们可以首先找到左侧纵轴为－80 dB 的水平线与代表信噪比为 6 dB 的倾斜直线的交点，找到对应的横轴坐标值，再以该值作横轴的铅垂线，从图 5－72 例中找到“offset”等于－148 dB 噪声曲线的线型和颜色，找到图中对应的曲线，该曲线与刚才所作的铅垂线交

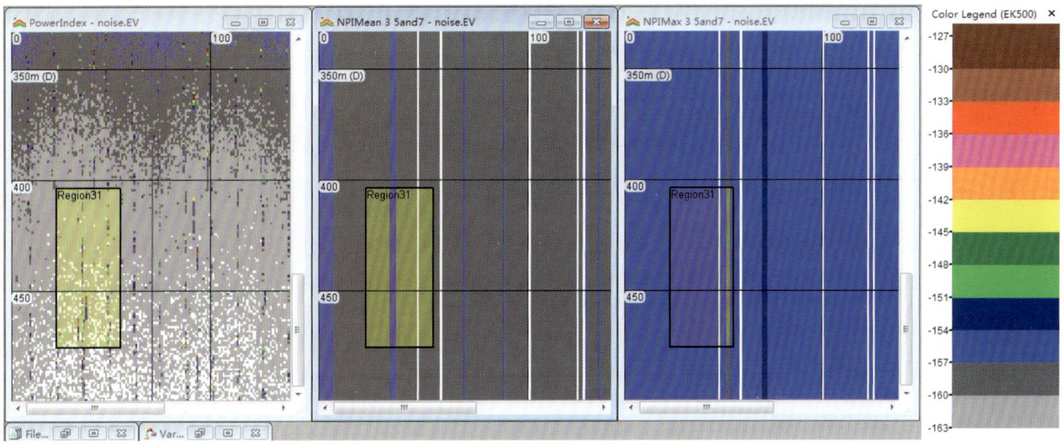

图 5－69　平均噪声和最大噪声随时间的变化

左图为重采样后去掉 TVG 的数据图像，中图为平均噪声，右图为最大噪声，两图使用相同的色标

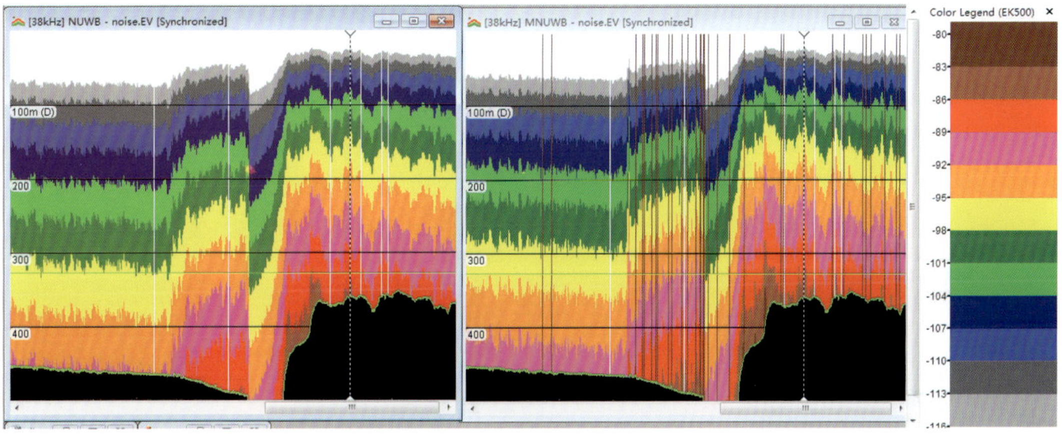

图 5－70　噪声随海底地形的变化

左图为平均噪声随地形的变化，右图为最大噪声随地形的变化

点的右纵坐标值 452 m 即为所求的最大距离，如图 5－72 中的黑色粗实线所示的路径。

图 5－73 为应用本文方法处理的南极磷虾回波图，左侧为原始回波图，右侧为去噪后的回波图，两图使用相同的色标。从图中可以明显地看到噪声去除后的效果。

由于去噪时使用的声学数据是声呐主动模式下记录到的声学数据，并没有相关被动模式或是专门测噪仪器的数据作为参考，来判断本文所使用的数据的有效性。所以，在数据处理之前，首先要结合相关文献来判断所用数据的有效性。根据 Korneliussen（2000）对 38 kHz 换能器噪声特点的研究结果与本文数据中空白水体数据的特点相对比，得出两者均表现出了相同的数据特征，表明在南极磷虾的声学数据去噪工作中，只要有清洁的水体，就可以应用本文的方法，并且可以得到很好的去噪效果。

Korneliussen（2000）方法中信号比阈值的设定方式为人为主观设定，这种方式很难评估噪声去除得是否干净。本研究使用最大噪声值的估算值来代替人为设置的信噪比阈值，一方面通过较合理的方法为每 Ping 数据都设置了一个适合的动态信噪比阈值，减小了人为因素对资源评估结果的影响；另一方面也极大提高了数据处理效率。

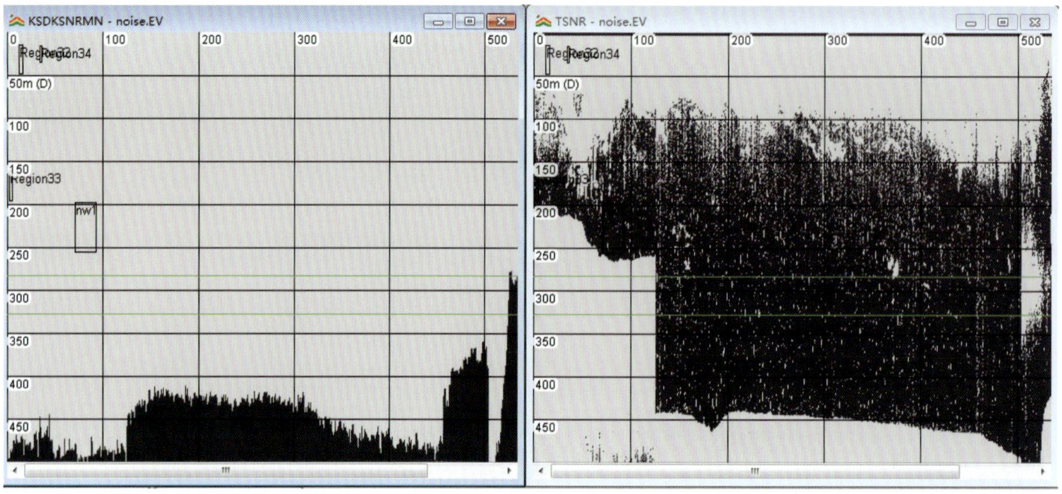

图 5－71　用本文方法获得的最大噪声信号共同决定的最大声呐有效探测范围；
右图为调查数据获得的 SNR 图像

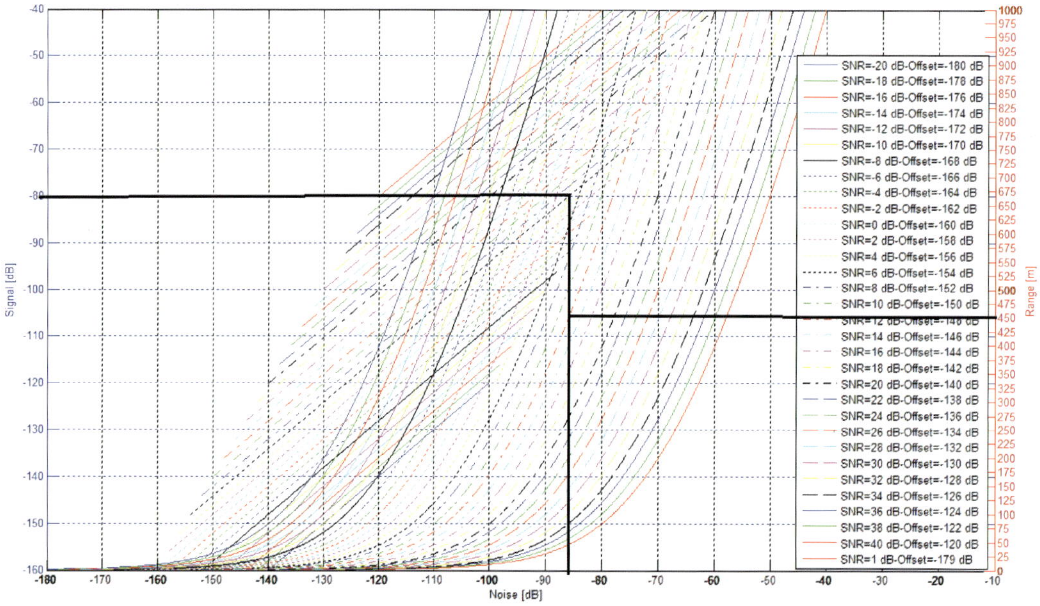

图 5－72　38 kHz 时声学信号等级，背景噪声等级和信噪比 SNR 与探测水深 R 的关系

由于 Echoview 软件算法的原因，本文中对最大噪声值的判断有明显的缺点。我们所使用的最大噪声值是找到的局部最大信号中的最小者。如果第一步中重采样窗口的大小选择不合适的话，取得的最大噪声值很可能是平均值与真正最大噪声值之间的一个值，进而影响数据的取舍和声呐有效探测范围的判断，最终影响资源评估结果的准确性。去噪效果图中的那些杂论无章的点状信号就是较大噪声信号没有剔除干净留下的痕迹。

Robertis（2007）在他们对环境噪声的研究中，也注意到了环境噪声与海底地形起伏呈密切的相关关系，同本文的结果。但并未给出假设去解释这一现象。研究认为，噪声随海底地形的关系，是海洋环境噪声能量在水体中均匀分布的结果。海洋环境噪声，无论在任意水层测量，其值的大小是不变的，说明了海洋环境噪声的总能量在水体中是均匀分布的。当海底

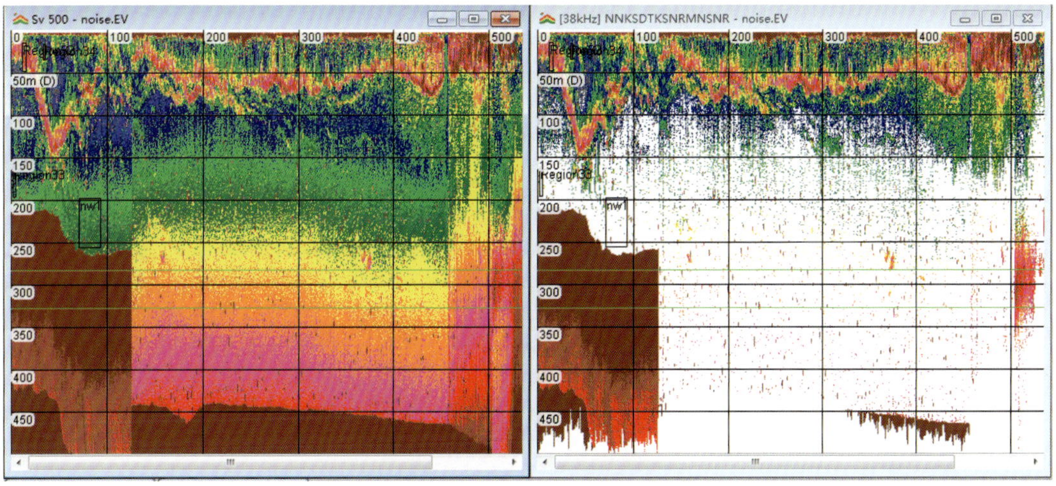

图 5-73 南极磷虾回波图去噪效果

左侧为原始回波图，右侧为去噪后的回波图，两图使用相同的色标

有起伏时，浅的地方水体体积小，声能量密度大，噪声级自然就大；相反，水深的地方水体体积大，声能量密度小，噪声级自然就小，这实际观察的数据相吻合。

参考文献

屈泰春，黄洪亮，汤勇，等．渔业声学数据后处理中噪声剔除的研究进展［J］．渔业信息与战略，2013，28（3）：208-215.

屈泰春，陈帅，黄洪亮，等．南极大磷虾声学调查数据噪声处理与资源密度评估［J］．极地研究，2014，26（4）：451-461.

Robertis A D，Higginbottom L. A post-processing technique to estimate the signal-to-noise. ratio and remove echo-sounder background noise［J］. ICES Journal of Marine Science，2007，64（6）：1282-1291.

Foote K G，Eversom I，Wathins J L，et al. Target strengths of Antarctic krill（Euphausia superba）at 38 and 120kHz. The Journal of the Acoustical Society of America，1990，87（1）：16-24.

Hewitt R P，Demer D A. The use of acoustic sampling to estimate the dispersion and abundance of euphausiids，with an emphasis on Antarctic krill（*Euphausia superba*）. Fisheries Research，2000，47（2）：215-229.

Watkins J L，Brierley A S. A post-processing technique to remove background noise from echo integration data. ICES Journal of Marine Science，1996，53（2）：339-344.

Korneliussen R J. Measurement and removal of echo integration noise. ICES Journal of Marine Science，2000，57（4）：1204-1217.

Nunnallee E P. An alternative method to thresholding during echo-integration data collection. International Symposium on Fisheries Acoustics，1990，189：4-92.

Hewitt R P，Watkins J L，Naganobu M，et al. Biomass of Antarctic krill in the Scotia Sea in January/February 2000 and its use in revising an estimate of precautionary yield. Deep Sea Research Part Ⅱ：Topical Studies in Oceanographt，2004，51（12-13）：1215-1236.

Urick R J. Ambient noise in the sea［M］. Wshington D C：Undersea warfare technology office naval sea systems command department of the navy，1984.

Maclennan D N，Simmonds E J. Fish and fisheries series. 5：fisheries acoustics［M］. London：Chapman and Hall，1992：3-25.

5.3 南极磷虾等生物资源调查与评估

南极有着丰富的磷虾资源，磷虾主要生活在距南极大陆不远的南大洋中（50°S 以南水域），尤其在威德尔海的磷虾更为密集。有时磷虾集体洄游竟形成长、宽达数百米的队伍，每立方米水中有 3 万多只磷虾，从而使得海水也为之变色：在白天海面呈现一片浅褐色；夜里则出现一片荧光。

环绕南极的南大洋蕴含丰富的南极磷虾资源，但离开高纬度的海域，磷虾资源量就显著减少。这是因为南大洋的水温终年是低温，盐度也无大变化，没有江河流入等其他因素干扰，长期稳定的环境造成南极磷虾对海洋环境的应变能力较差，环境略有变动就不能适应。磷虾的适温范围为 0.64 ~ 1.32℃，成体磷虾的适应范围似乎应该广一些，但是，如果温度大于 1.80℃就可能给它带来致命的危险。所以，南极磷虾只适宜生活在南极周围比较寒冷的海域，远离南极的海中并找不到南极磷虾的踪迹。

南极磷虾的分布区位于 50°S 以南水域，呈环南极分布，密集区常出现于陆架边缘、冰边缘及岛屿周围。国外的调查和结果表明，夏季以东风带高纬度沿岸流和威德尔海低纬度洋流海区的磷虾资源最为丰富，布兰斯菲尔德海峡和南乔治亚海区的磷虾资源亦比较丰富。据报道虾群的密度可达每立方米水体 5 kg、100 多万尾；迄今发现的最大虾群覆盖面积 450 km^2，生物量逾 200 万吨。我国自 2001 年“雪龙”号极地考察船安装了国际先进的 SIMRAD EK500 - BI500 科研用回声探测 - 积分系统以来，黄海水产研究所的有关声学评估专家在第 18 次南极考察中，利用 SIMRAD EK500 在阿蒙森海外海 62°23′S，120°45′W 至 62°36′S，119°26′W之间水域，发现一延绵 40 余海里的密集磷虾聚群；中国第 19 次南极考察中的相对密集区则出现于南设得兰群岛附近水域和威德尔海的浮冰区和冰缘水域。

夏季，不同水团交汇的区域磷虾资源最为丰富。开阔大洋区域的磷虾资源较亚南极群岛附近水域少，尤其在南大西洋水域。夏季，磷虾主要分布在东边界流水域和陆架断裂区（图 5 - 74、图 5 - 75、图 5 - 76）。南极环流中，磷虾则聚集在南大西洋区形成的涡流中及南极半岛的复杂水团中。

为综合评估南极海域南极磷虾资源，2000 年，南极海洋生物资源养护委员会（CCAMLR）组织南极磷虾资源共同调查作业小组对各海域的南极磷虾分布密度和资源量进行了调查。由于本次南极磷虾资源共同调查的对象海域扩大，在以往未调查时被推测资源量为零或为非常低的海域的资源量增加（见表 5 - 18），综合调查结果认为在 48 区总的资源量为4 429 万吨，58.4.1 和 58.4.2 海区的南极磷虾资源量的评估结果分别为483 万吨和390 万吨，而整个南极洲地区南极磷虾的生物量估计为 6.5 亿 ~ 10 亿吨。

根据南极磷虾资源调查评估结果，南极海洋生物资源养护委员会对 48 区南极磷虾最大可捕产量从 150 万吨修正为 400 万吨。2010 年，南极海洋生物资源养护委员会通过对南极磷虾调查评估方法改进和完善，又将 48 区南极磷虾最大可捕产量从 400 万吨调整为 561 万吨；同年，南极海洋生物资源养护委员会同时将 58.4.1 和 58.4.2 区的许可捕捞量设定为 89 万吨，可见南极磷虾资源蕴藏量丰富，开发潜力巨大。

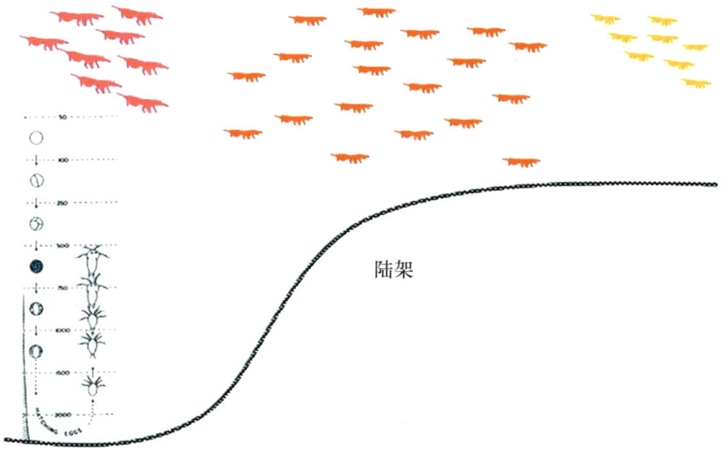

图5－74 夏季近海（左）和近岸（右）磷虾垂直和水平分布

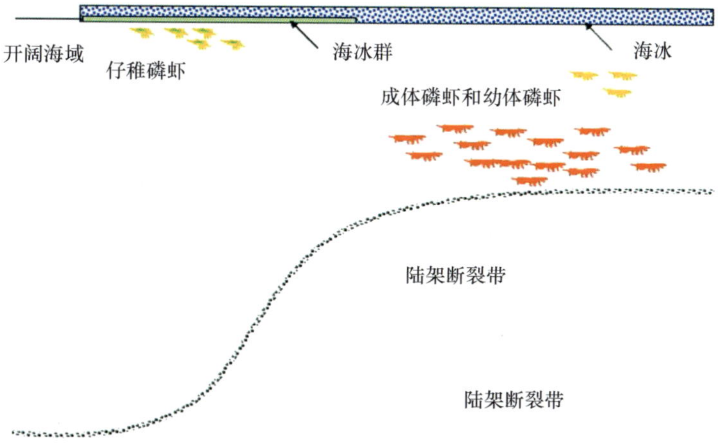

图5－75 秋冬季节近海（左）和近岸（右）磷虾垂直和水平分布

表5－18 南极磷虾各水域分布密度和生物量

海　域	磷虾平均密度 /（g/m^2）	海域面积 /（10^3 km^2）	生物量 /（10^3 t）	变动率 /%
南极半岛	11.2	473.3	5 320	19.3
斯科舍海域	24.5	1109.8	27 235	15.3
东德雷克海峡	11.3	321.8	3 642	42.5
南设得兰群岛	37.7	48.6	1 836	26.2
南奥克尼群岛	150.4	24.4	3 670	55.5
南乔治亚岛	39.3	25	982	30.8
桑德韦奇群岛	25.8	62.3	1 604	26.4
整个海域	21.4	2 065.2	44 289	11.4

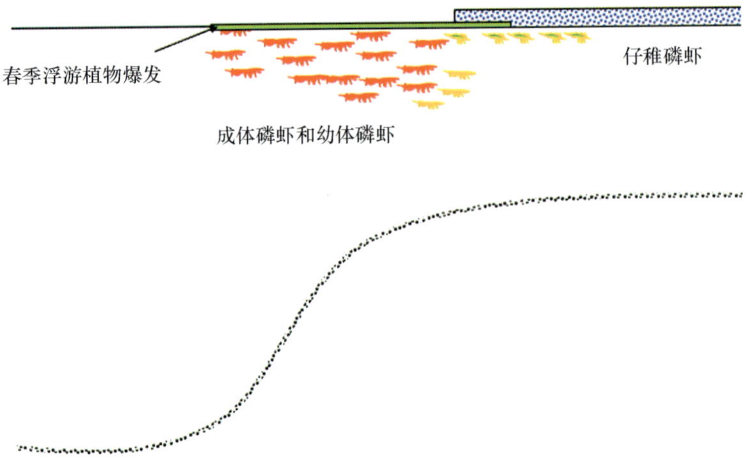

图 5－76　春季节近海（左）和近岸（右）磷虾垂直和水平分布

5.3.1　重点调查区域的南极磷虾资源调查与评估

5.3.1.1　南极半岛附近海域南极磷虾资源调查

南极半岛附近海域是我国南极考察主要调查区域之一，通过声学评估与拖网采样相结合的办法进行南极大磷虾资源调查，其中大磷虾目标强度及资源量估算采用2009 年南极生物资源委员会（CCAMLR）推荐的方法进行。

根据我国第 28 次南极科学考察之南极半岛附近海域断面调查数据，调查海域覆盖面积为 6.11×10^5 km²，南极磷虾的平均密度为 27.30 g/m²（62.95 ind./m²），总资源量为 2.06×10^7 t（4.27×10^{13} ind.）。资源密度分布如图 5－77 所示，其中以 60.5°S，55°W 至 60.25°S，51°W 为中线，宽 58.61 km 的区域内资源密度较大，平均值 85.19 g/m²（176.80 ind./m²），最大值 190.04 g/m²（394.41 ind./m²），其他区域除了 62.8°S，47.5°W 附近的特殊区域（平均值 200.84 g/m²，最大值 297.24 g/m²）外都较小，平均值 20.37 g/m²（42.28 ind./m²）。

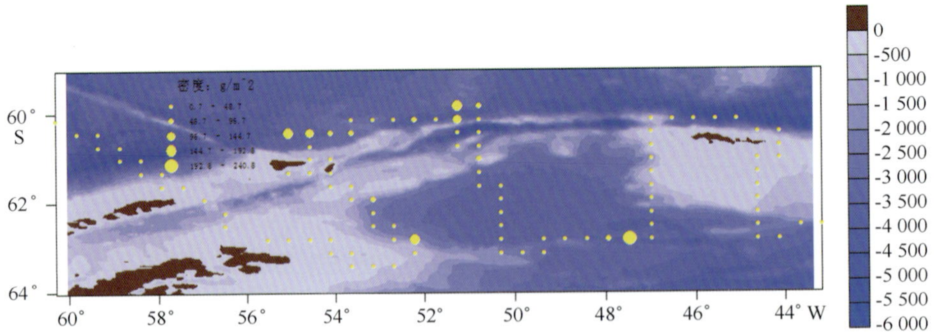

图 5－77　调查海域南极磷虾平均密度分布图

中国第 30 次南极半岛附近海域水声调查工完成 D1、D2、D4、D5 四个断面，由于时间、天气等方面的条件限制，D3 断面在完成部分站位后临时取消，增加 D5 断面。根据实际调查的数据结果，洛佩斯海峡乔治王岛东北、东南两侧海域、象岛南部海域、南奥克尼群岛西部海域以及南奥克尼群岛南部海域五个区域生物资源较为丰富，具体的分布情况如图5－78、图5－79所示。其中南奥克尼群岛西部海域单位航段内NASC最高（22 802.49 $m^2/n\ mile^2$），其次为洛佩斯海峡乔治王岛东北海域，NASC为20 166.59 $m^2/n\ mile^2$。其中NASC最小的海域是洛佩斯海峡乔治王岛东南海域，为7 245.92 $m^2/n\ mile^2$。本次调查中的南极磷虾目标强度平均为－73.33 dB，反射横截面平均为$4.829\ 89\times10^{-8}\ m^2$。调查海域磷虾分布密度为24.47 g/m^2（28.14 ind./m^2），略低与28次调查结果，整个调查区域的资源量为1.48×10^6 t（1.70×10^{12} ind.）。

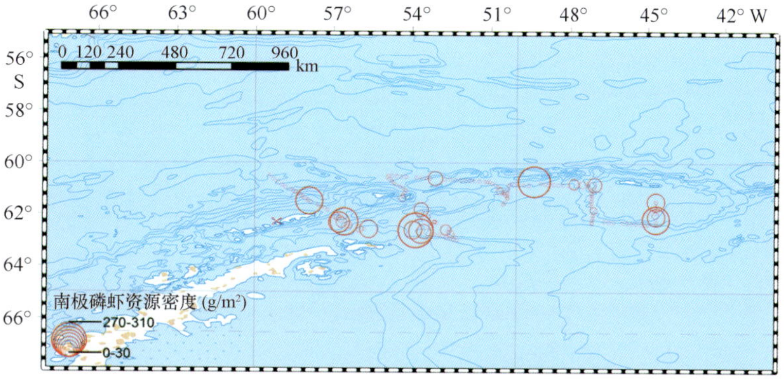

图5－78　南极半岛附近海域生物资源分布图

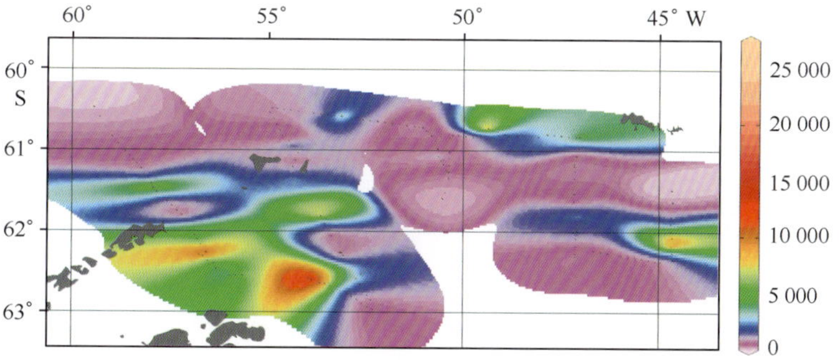

图5－79　南极半岛附近海域生物资源分布插值分析结果

5.3.1.2　普里兹湾附近海域南极磷虾资源调查

中国第29次南极科学考察主要调查区域为普里兹湾附近海域，通过声学评估与拖网采样相结合的办法对南极大磷虾资源进行评估，调查海域总面积为284，780 km^2。其结果表明：该区域大磷虾的平均资源密度为32.8 g/m^2，调查海域总资源量为934.08万吨。大磷虾资源密度水平分布如图5－80所示，大密度的栅格均分布于67°—68.5°S，70.50°—75.50°E的海域，该区域为普里兹湾口的陆坡折区，由湾内向湾外递减，海底水深介于250～1 000 m，尤其在500～700 m等深线的海域资源密度最大；监测到磷虾映像的采样点中分布于陆坡折区的栅格有14个，占77.8%，深海区仅为4个，表明大磷虾分布较集中，具有高度集群特征；另外陆坡折区资源密度为78.1 g/m^2，深海区为1.8 g/m^2，陆坡折区的平均资源密度显著大于深海区。

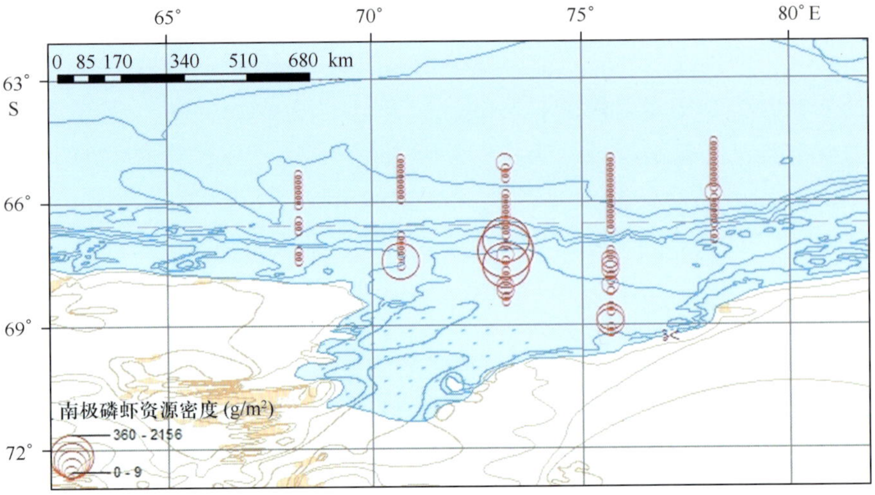

图 5－80 普里兹湾附近海域大磷虾资源密度分布（中空圆圈）及等深线（曲线）

表 5－19 普里兹湾调查海区磷虾资源密度汇总

区域	采样点总数	非0采样点数	占调查区非0采样点百分比/%	平均密度/（g/m^2）	CV/%	面积（比）/km^2（%）
调查区	104	18	100	32.8	659.4	284780
陆架区	43	14	77.8	78.1	427.6	44.7
深海区	61	4	22.2	1.8	224.0	55.3

注：表中的面积项已经祛除了陆地面积。

分析图 5－80 和表 5－19 可以得出普里兹湾调查海域内南极磷虾的分布情况：1）普里兹湾内调查海域的南极磷虾平均资源密度为 32.8 g/m^2（CV，659.4%），2）82.7% 的走航采样点的评估结果为 0 g/m^2，如图 5－80 中代表 0～2 g/m^2 的黄色实心圆点，说明普里兹湾调查海域内的南极磷虾具有高度集群性；3）以大陆坡为界，南极磷虾主要聚集在大陆架海域，资源密度非 0 的采样点占整个调查海域非 0 的采样点的 77.8%，而深海区资源密度非 0 的采样点仅占整个调查海域非 0 的采样点的 22.2%；4）陆架区的平均资源密度大于深海区，陆架区为 78.1 g/m^2（CV，427.6%），深海区为 1.8 g/m^2（CV，224.0%）。

5.3.2 南极周边海域南极磷虾种群丰度分布

2011/2012 年度，在南大洋环南极海域，利用高速采集器和 IKMT 网走航采集南极大磷虾。结果表明：南极大磷虾“斑块”分布比较明显，丰度和生物量（湿重）最高值分别为 32.71 ind./m^3、2.20 g/m^3，出现在 62.81°S，55.40°W 海域。高丰度南极大磷虾主要分布南极半岛东北部海域；生物量较高的海域为南极半岛东北部海域和普里兹湾及其西面海域。如图 5－81、图 5－82 所示。

2012/2013 年度，在南极普里兹湾到罗斯海海域，利用高速采集器和 IKMT 网走航采集南极大磷虾。结果表明：南极大磷虾分布呈现“斑块”特征，丰度和生物量（湿重）最高值分别为 2.78 ind./m^3、0.36 g/m^3，分别出现在 65.74°S，167.41°E 和 73.66°S，174.01°E 海域。高丰度和高生物量的大磷虾主要分布罗斯海及其邻近海域。如图 5－83、图 5－84 所示。

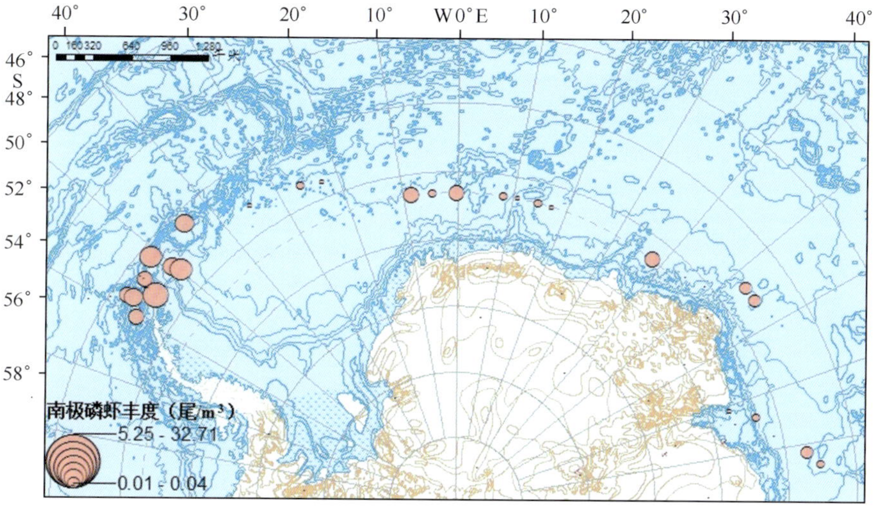

图 5－81　2011/2012 年度南大洋环南极海域南极大磷虾丰度分布

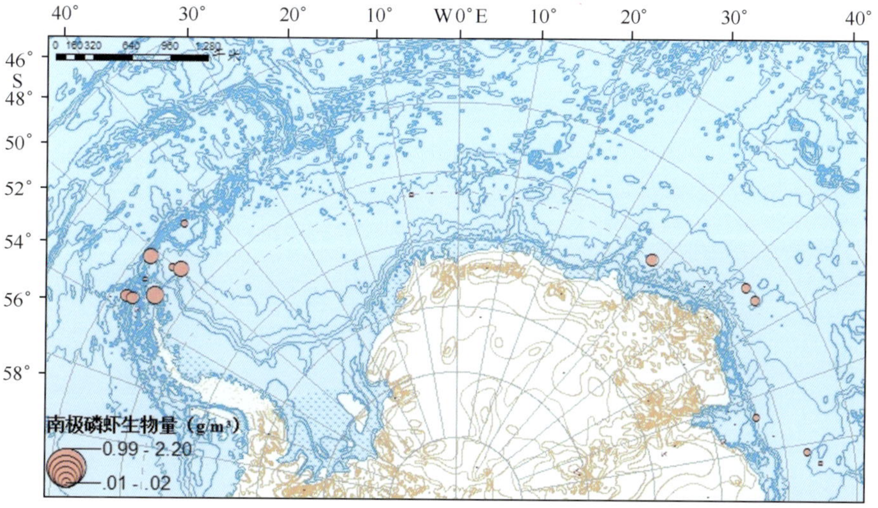

图 5－82　2011/2012 年度南大洋环南极海域南极大磷虾生物量（湿重）分布

将 2012/2013 年度与 2011/2012 年度南极调查结果进行比较。由于两次调查海域不尽相同，选取 60°E—90°E/60°S 以南共同采样覆盖海域，该海域 2011/2012 年度南极大磷虾丰度为 0.03～0.50 ind./m^3，平均丰度为 0.17 ind./m^3，生物量为 0.01～0.12 g/m^3，平均生物量为 0.05 g/m^3（$N=6$）；2012/2013 年度南极大磷虾丰度为 0.01～0.71 ind./m^3，平均丰度为 0.17 ind./m^3，生物量为 0.002～0.254 g/m^3，平均生物量为 0.06 g/m^3（$N=14$）。两个航次南极大磷虾的种群丰度和分布情况比较相似，不存在明显差异性。

2013/2014 年度，在南大洋环南极海域，利用高速采集器和 IKMT 网（只采 2 个站位，未在结果中显示）走航采集南极大磷虾。结果表明：南极大磷虾分布呈现“斑块”特征，丰度和生物量（湿重）最高值分别为 5.26 ind./m^3 和 2.42 g/m^3，分别出现在 63.43°S，61.48°W 和 65.20°S，81.39°W 海域。高丰度和高生物量的大磷虾主要分布在威德尔海及其邻近海域。如图 5－85 所示。

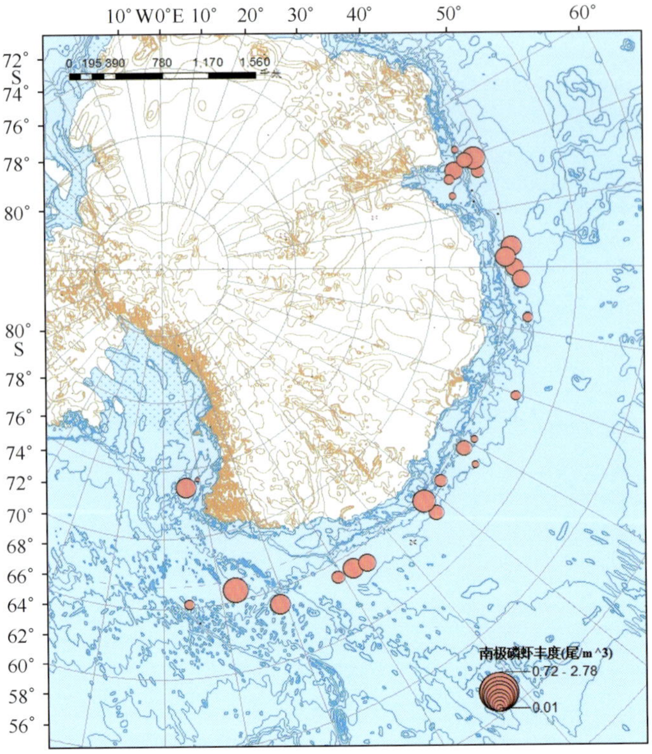

图 5－83　2012/2013 年度南大洋环南极海域南极大磷虾丰度分布

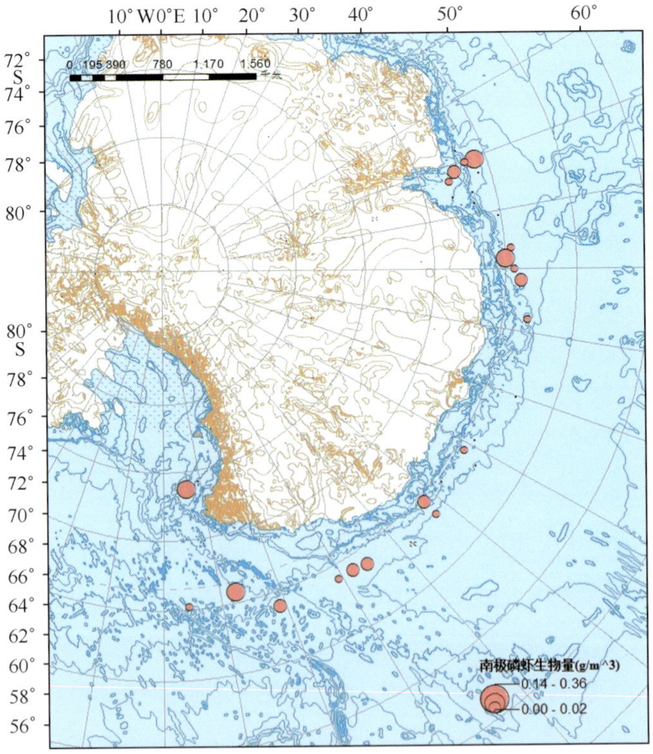

图 5－84　2012/2013 年度南大洋环南极海域南极大磷虾生物量（湿重）分布

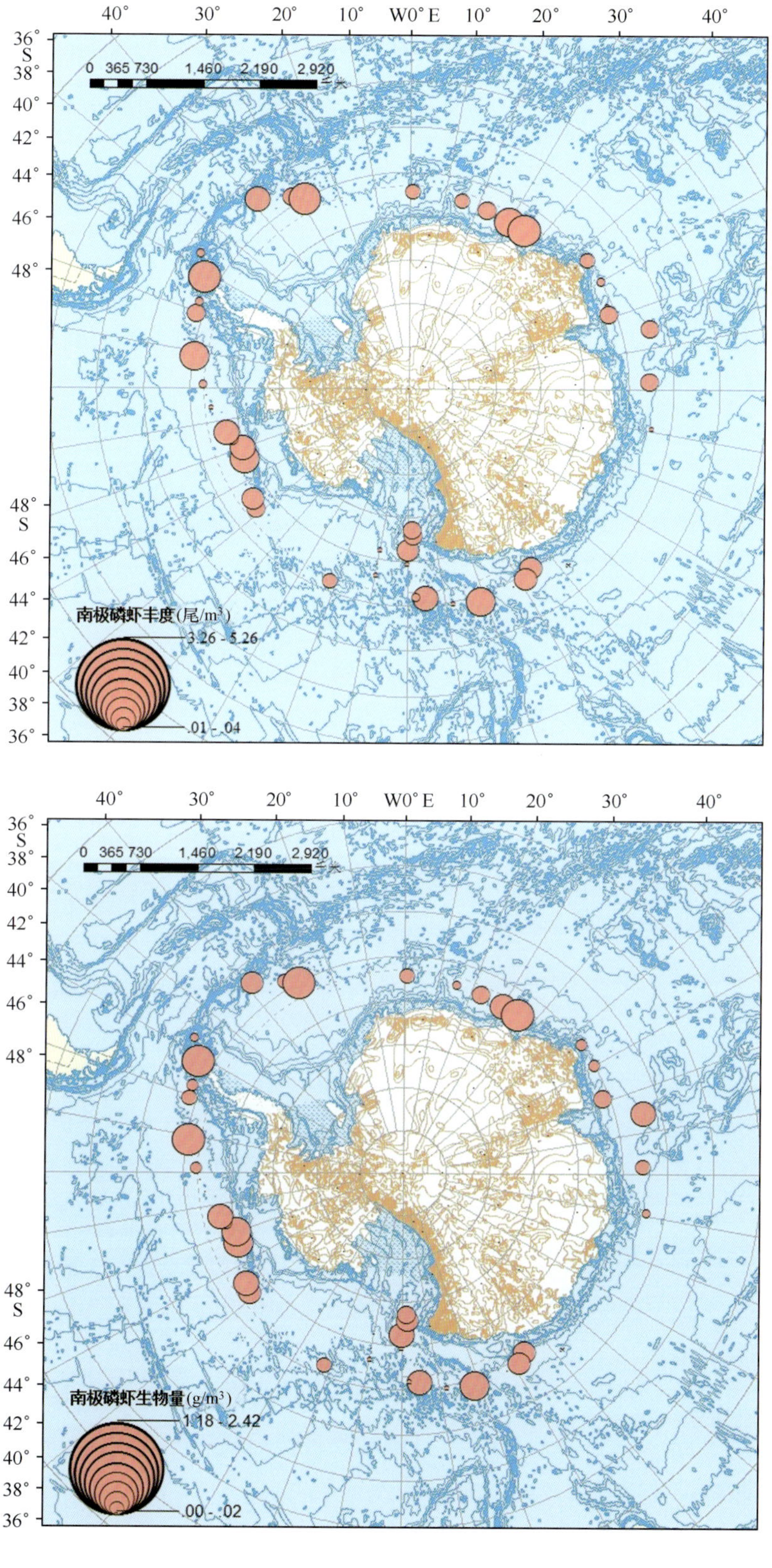

图5－85 2013/2014年南大洋环南极海域南极大磷虾丰度和生物量（湿重）分布

5.3.3 调查海域的南极磷虾资源量评估

基于近几年我国极地科学考察，对南极附近海域磷虾资源进行评估，研究表明南极磷虾不均匀地分布于环南极的南大洋水域，资源密集区域为南极半岛附近海域、普里兹湾附近海域和罗斯海附近海域；2011/2012 年南极半岛附近海域磷虾资源量为 2 060 万吨，2012/2013 年普里兹湾附近海域资源量为 934 万吨，比较近年来在普里兹湾附近海域开展的南极磷虾资源调查，发现南极磷虾主要集群于陆架坡折，该区域的磷虾集群密度和生物量均显著大于深海区；普里兹湾附近海域磷虾资源密度年度变化显著，2012/2013 年度调查中南极磷虾资源密度为 32.8 g/m^2，与 1991 年和 1993 年的评估结果相近，略大于 2006 年澳大利亚的评估值，1996 年的调查评估值最低；从 12 月份至翌年 3 月份，随着调查时间的延后，磷虾集群出现的纬度位置越靠近南极大陆。

基于南极生物资源养护委员会提供的渔业数据，目前南极磷虾商业捕捞主要在 48.1 区、48.2 区、48.3 区进行，其资源的内禀增长率 r 为 0.7 ~ 0.8，3 个区域磷虾资源环境容纳量分别为 100 万吨、150 万吨和 140 万吨；2014 年 48.1 区、48.2 区和 48.3 区评估的资源量分别为 70 万吨、140 万吨和 130 万吨；2014 年 48.1 区、48.2 区和 48.3 区的资源量与其对应的环境容纳量之比分别为 75%、93% 和 94%，对比原始资源量（环境容纳量）的 40%（渔业参考点），三个海区磷虾资源量水平一直处于高水平，基本接近原始资源量；从捕捞死亡水平来看，三个海区的捕捞死亡水平一直处于低水平，远远低于获得 MSY 时所需的捕捞死亡水平，资源一直处在利用不足状态。该项结果与南极生物资源养护委员会评估结果相近。

5.3.4 南极大磷虾垂直分布

2011—2012 年度（中国第 28 次南极考察），在南极半岛东北部海域利用多联网分层采集的南极磷虾样品，同步测定温盐和叶绿素 a 荧光浓度剖面数据。结果显示，只采集到一种磷虾——南极大磷虾，磷虾丰度较低，最高丰度为 1.22 ind./m^3，磷虾种群结构和组成以幼体为主；种群垂直分布格局为，C1 ~ C3 期幼体主要分布 200 m 以上水层，该水层叶绿素 a 浓度较高，F1 ~ F6 期幼体分布层次略深，在 200 ~ 500 m 也有分布，未成体（Juvenile）主要分布在500 ~ 1 000 m 水层。

2012/2013 年度（29 次南极考察），在南极普里兹湾及其邻近海域利用多联网分层采集的南极磷虾样品 9 站位，获得样品 45 份，同步测定温盐和叶绿素 a 荧光浓度剖面数据。结果显示，该海域多联网采集到上述三种磷虾，其中 5 个站位采集到南极大磷虾，6 个站位采集到长尾缨磷虾，而晶磷虾只在 2 个站采集到。三种磷虾的丰度均较低，南极大磷虾种群丰度最高，出现在 P5 - 9 站（0.56 ind./m^3）。晶磷虾的种群组成以 F6 幼体、未成体和成体为主，主要分布在 0 ~ 300 m 水层。长尾缨磷虾分布水层相对浅一些，主要分布在 0 ~ 200 m 水层。南极大磷虾的垂直分布格局为，C1 ~ C3 期幼体主要分布 200 m 以上水层，该水层叶绿素 a 浓度较高，F1 ~ F6 期幼体分布层次略深，在 200 ~ 500 m 也有分布，未成体（Juvenile）和成体的分布水层相对较广，在 0 ~ 800 m 都有分布。以上结果跟中国第 28 次南极考察（2011/2012 年度）调查的南极半岛周边海域的多联网调查结果相比较：磷虾种类多出两种，分别是晶磷虾和长尾缨磷虾，但是磷虾丰度显著低于南极半岛海域。中国第 30 次南极考察的样品已大部分鉴定完毕，数据整理汇总中。

根据南极磷虾声学映像数据，不同采样时间虾群分布水层如图5-86所示，55%的虾群分布于60 m以上水层，深水层发现虾群站位要多余历年调查；采样期间，普里兹湾附近海域白天时间较长，一天中从04：00至21：00大约有17个小时为白天，其余为晚上，除150 m水层之外，白天各水层均有虾群分布；晚上仅在30 m和60 m水层发现虾群。虽然未直接监测大磷虾昼夜垂直移动，但是根据白天和夜间大磷虾的水层分布，可推测大磷虾夜间存在明显上浮的行为，垂直移动的幅度可达100 m以上。

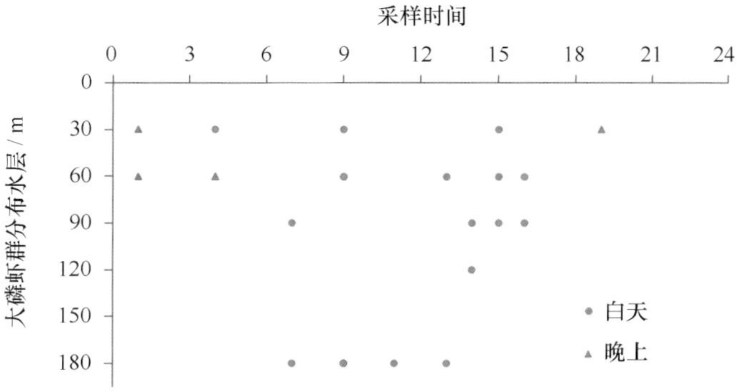

图5-86 普里兹湾附近海域大磷虾垂直分布

磷虾群密度重心水深分布范围为40.0～156.5 m，95%分布于25～125 m。白天磷虾群主要分布于大于40 m的水层，平均分布水深为67.16 m，夜间分布水层变浅，平均分布水深为34.86 m，呈现明显的昼夜垂直移动现象。磷虾集群厚度范围为5.6～55.8 m，90%的虾群厚度为10～50 m，呈现出白天厚度小、夜间厚度大的趋势；虾群厚度白天均值为10.75 m，略高于夜间的8.77 m，平滑线显示无明显的昼夜变化；虾群白天的声学密度均值为9.87 $m^2/n\ mile^2$，夜间为3.08 $m^2/n\ mile^2$；相对长度及声学密度（NASC）分布平滑线均呈现白天高，夜间低的趋势，表明虾群在白天有趋于聚集的特征。如图5-87所示。

2011/2012年度，利用北太平洋网进行浮游动物垂直拖网，共采集到三种南极磷虾：晶磷虾（Euphausia crystallorophias）、南极大磷虾（Euphausia superba）和长尾缨磷虾（Thysanoessa macrura），分别占浮游动物总丰度的1.80%、1.45%和0.37%。磷虾总丰度的最高值为6.07 ind./m^3。

2012/2013年度，利用北太平洋网进行浮游动物垂直拖网31站，其中26站采集到磷虾，同样包括晶磷虾、南极大磷虾和长尾缨磷虾，三种磷虾的总丰度最高值为0.88 ind./m^3，比2011/2012年度最高丰度6.07 ind./m^3低近一个数量级；2012/2013年度三种磷虾总丰度占浮游动物总丰度的比例为1.32%（分别为0.57%、0.60%和0.15%），要低于2011/2012年度的3.62%（分别为1.80%、1.45%和0.37%）。

2011/2012年度，在南极半岛东北部海域利用多联网分层采集南极磷虾样品，并同步测定温盐和叶绿素a荧光浓度剖面数据。结果显示：调查中只采集到一种磷虾—南极大磷虾，且磷虾丰度较低，最高丰度为1.22 ind./m^3；磷虾种群结构以幼体为主；种群垂直分布格局为，C1～C3期幼体主要分布200 m以上水层，该水层叶绿素a浓度较高，F1～F6期幼体分布层次略深，在200～500 m也有分布，未成体（Juvenile）主要分布在500～1 000 m水层。

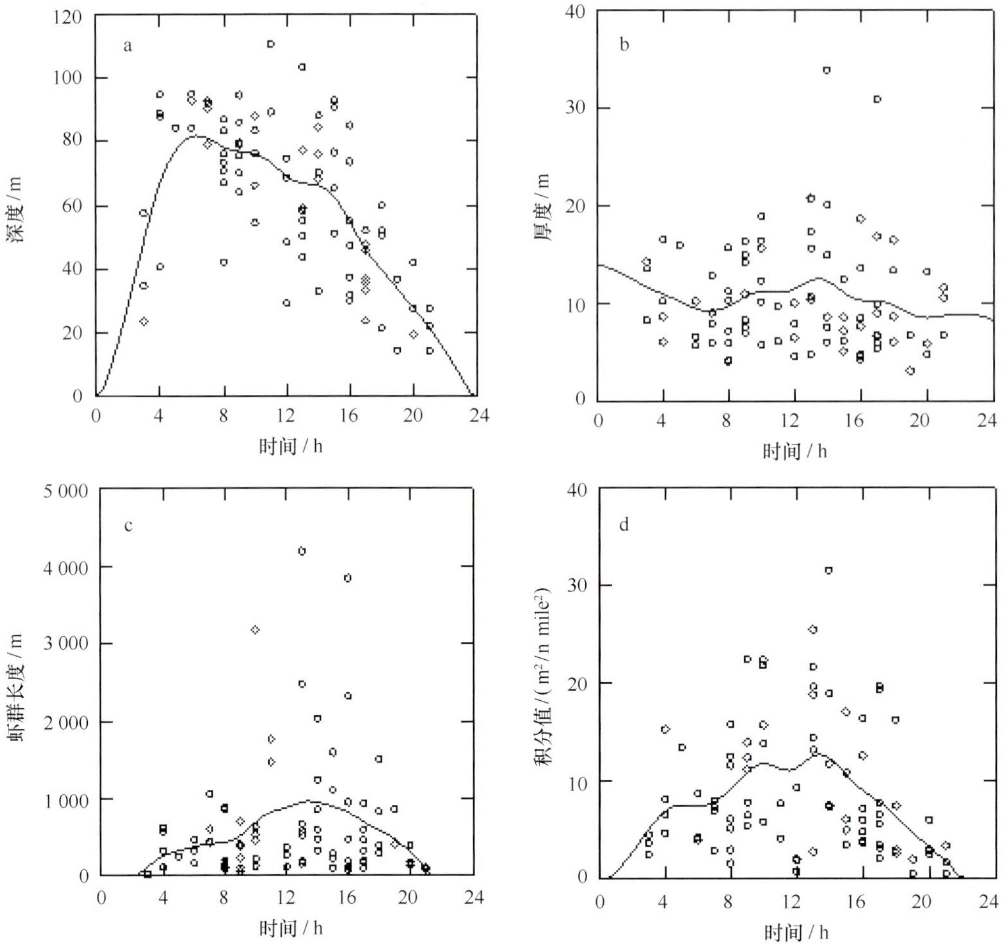

图 5 - 87　虾群中心深度、厚度、长度、声学密度示意图

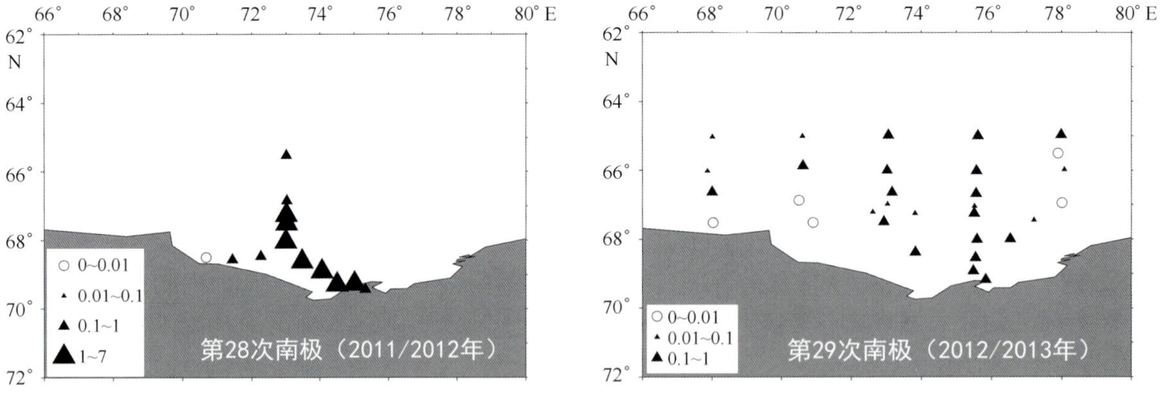

图 5 - 88　2011—2013 年南极普里兹湾海域三种磷虾总丰度（ind. /m^3）分布

2012/2013 年度，在南极普里兹湾及其邻近海域利用多联网分层采集南极磷虾样品 9 个站位，获得样品 45 份，并同步测定温盐和叶绿素 a 荧光浓度剖面数据。结果显示：该海域多联网采集到三种磷虾，其中 5 个站位采集到南极大磷虾，6 个站位采集到长尾缨磷虾，而晶磷虾只在 2 个站采集到。三种磷虾的丰度均较低，其中南极大磷虾种群丰度相对较高，其最高丰度出现在 P5 - 9 站（0. 56 ind. /m^3）。晶磷虾的种群组成以 F6 幼体、未成体和成体为主，

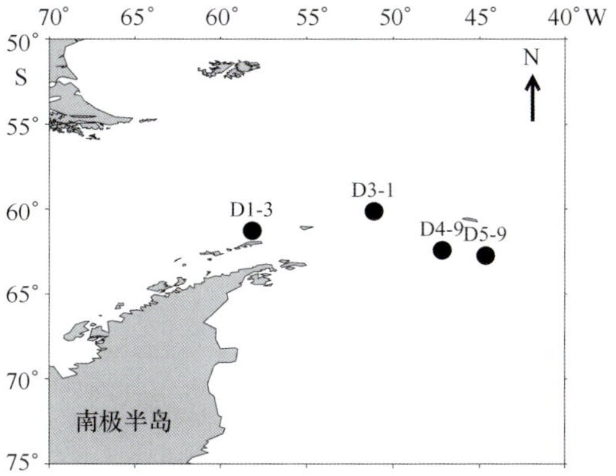

图 5－89　2011/2012 年度 MultiNet 多联网采样站位图

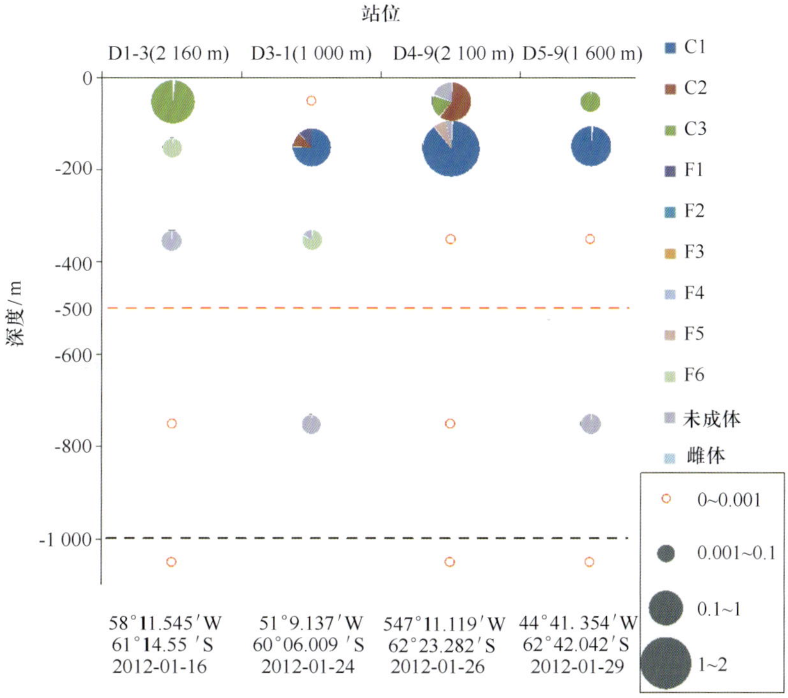

图 5－90　2011/2012 年度南极半岛南极大磷虾种群结构垂直分布（ind. /m^3）

主要分布在 0～300 m 水层。长尾缨磷虾分布水层相对浅一些，主要分布在 0～200 m 水层。南极大磷虾的垂直分布格局为，C1－C3 期幼体主要分布 200 m 以上水层，该水层叶绿素 a 浓度较高，F1～F6 期幼体分布层次略深，在 200～500 m 也有分布，未成体（Juvenile）和成体的分布水层相对较广，在 0～800 m 都有分布。以上结果与 2011—2012 年度调查的南极半岛周边海域的多联网调查结果相比较，磷虾种类多出两种，分别是晶磷虾和长尾缨磷虾，但是磷虾丰度显著低于南极半岛海域。

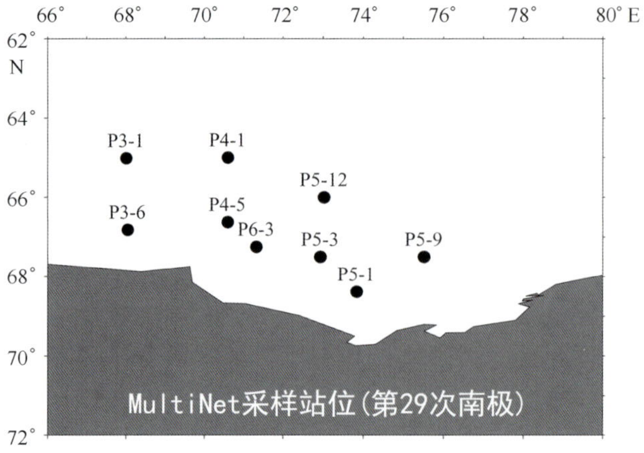

图 5 - 91　2012/2013 年度 MultiNet 多联网采样站位图

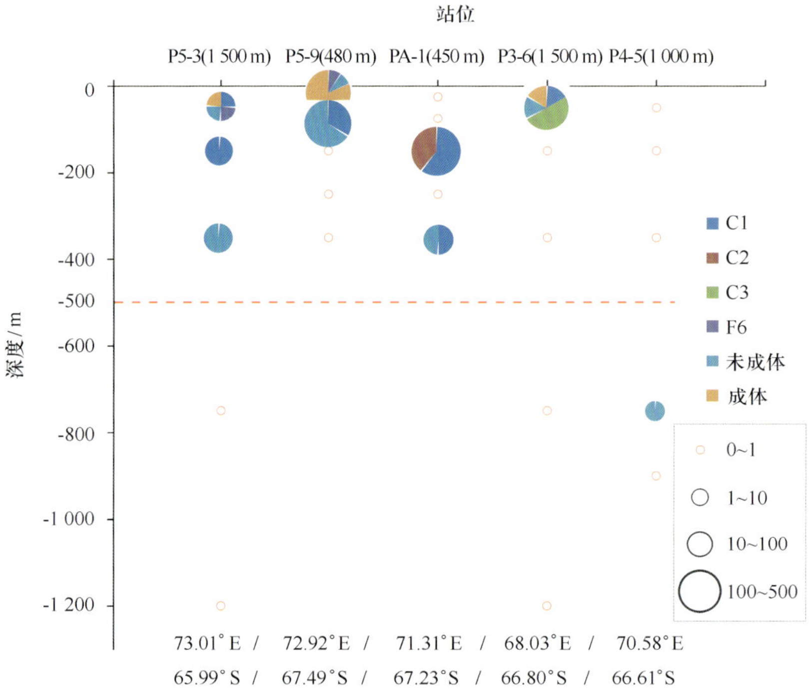

图 5 - 92　2012/2013 年度普里兹湾南极大磷虾种群结构垂直分布（ind. /m^3）

5. 3. 5　南极磷虾资源分布与海洋环境

基于中国第 29 次南极科学考察之普里兹湾附近海域断面调查，开展南极大磷虾资源时空分布与海洋环境的相关性研究，叶绿素浓度与大磷虾资源时空分布显著相关（$P<0.01$），相关系数为 0. 193；未发现水温、盐度和海底水深与大磷虾资源时空分布的直接相关关系；盐度与叶绿素浓度呈显著负相关关系（$P<0.01$），相关系数为 - 0. 23；冬季残留水团和普里兹湾环流可能是引起普里兹湾附近海域大磷虾资源密度差异的原因之一；普里兹湾附近海域大磷虾资源量年度变化明显，种群年龄结构以 2 + 龄的补充群体或 3 + 龄初次繁殖群体为主，补充群体的生长状况是南极磷虾资源量变化直接影响因素。

5.3.5.1 调查海域的水文特征

根据南极大磷虾分布水层，以 30 m 为垂直间隔，选取 6 个水层（30 m、60 m、90 m、120 m、150 m 和 180 m 水层），对各水层的水温、盐度和叶绿素浓度等水文特征及剖面变化进行分析。

调查海域各水层水温水平分布如图 5－93 所示，30 m 水层水温纬向变化趋势明显，由北向南逐渐递减，60 m、90 m 和 120 m 水层水温变化以普里兹湾口为中心，向周围逐渐递增，等温线环形分布，研究表明该区域恰好处于普里兹湾环流区（孙维萍，2012；高郭平，2013）。受环流影响，66°—67. 50°S，70. 50°—75. 50°E 之间海域的 200 m 以上水层水温随着水深增加递减，水温剖面变化趋势稳定，温跃层出现在水下约 50 m 附近，随后稳定在 －1. 9～－1. 5℃之间，形成深水等温层，未发现明显逆温层；而在其周围，由于沿岸西向流、东风漂流和普里兹湾环流的共同作用，多水团相遇混合，水温剖面变化较为复杂，200 m 以上水层存在多个逆温层和温跃层的现象；辐散带温跃层出现在水下约 50 m 附近，逆温层出现在水下约 120 m 水层，随后继续升高。

各水层盐度水平分布如图 5－94 所示，30 m 水层盐度自西向东逐渐递减，高盐度区域出现在普里兹湾口以西，麦克罗伯逊地附近海域，其他各水层高盐区域的位置均分布于普里兹湾口及其东南方向的陆坡区附近，60～90 m 水层在 67°—69°S，72°—77°E 海域形成类似于椭圆形高盐区域并向周围逐渐递减；根据调查海域海水盐度剖面调查数据，50 m 以上水层主要受南极夏季表层水团影响，盐度较低，垂直变化较小，随着水深增加，盐度递增，变化趋势稳定。

调查海域各水层叶绿素浓度水平分布如图 5－95 所示，30 m 水层叶绿素浓度从湾内向外、由陆坡区向深海区浓度逐渐递减，该水层高叶绿素浓度区域对应盐度较低（如图 95 所示），可能与营养盐被大量消耗有关；其他各水层高叶绿素浓度区主要集中于普里兹湾口，类似于以 67°S，73°E 为圆心，向周围逐渐递减，等值线环形分布；根据叶绿素浓度剖面变化数据，大部分调查站位 50 m 以深的水层由于光照强度限制，浮游植物的生物活性和生物量显著下降，叶绿素浓度随着水深增加递减，但是在以 67°S，73°E 为中心的普里兹湾口附近海域最大叶绿素浓度出现在 60～80 m 水层，该现象被称为深层极大值现象。

研究表明冬季残留水团有如下水文特征，（1）水温小于 －1. 5℃；（2）盐度介于 34. 2～34. 5，（3）由于冬季残留水团富含铁等营养元素，铁元素被一致认为是南极附近海域浮游植物生长的限制性元素，因此受冬季残留水团控制的区域通常叶绿素浓度较高，并由于该水团主要分布于次表层，出现叶绿素浓度深层最大值现象；上述三个特征均与本研究 67°S，73°E 附近海域的次表层水文特征相符，因此推测该区域主要受冬季残留水团影响。且由于湾内环流效应，该区域受其他水团影响较小，水温和盐度垂直变化趋势稳定，为浮游植物创造良好的生长环境。

5.3.5.2 普里兹湾附近海域大磷虾资源时空分布与海洋环境

近年来国内外针对普里兹湾附近海域大磷虾资源分布展开大量研究如表 5－22 所示，由于调查时间和调查区域等因素的影响，关于南极磷虾资源的水平分布，不同研究得出的结论差异较大，总体上呈现三种变化趋势：（1）南极磷虾主要集群于陆架坡折，该区域的磷虾集

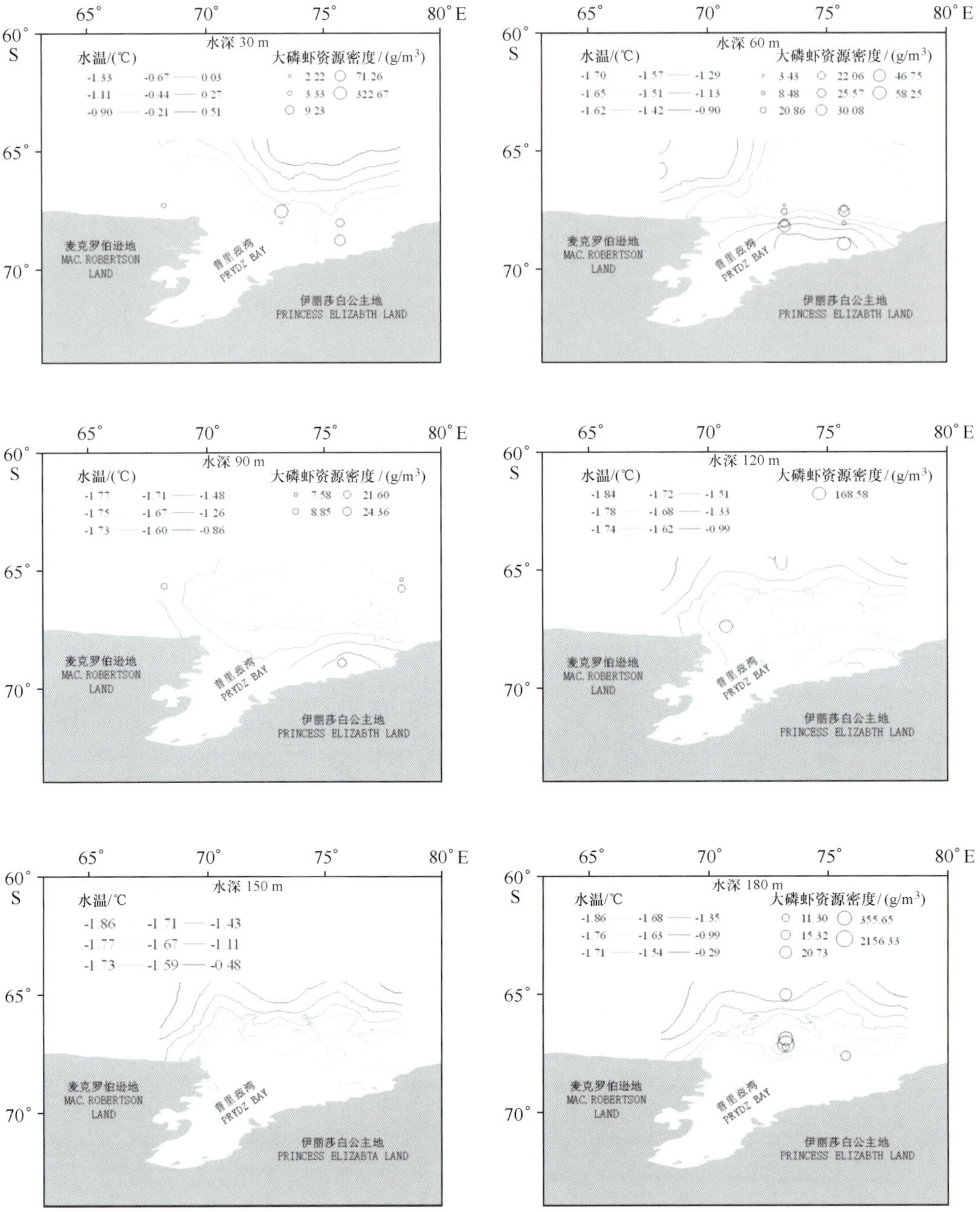

图 5-93 普里兹湾附近海域各水层水温等值线分布和大磷虾资源分布

群密度和生物量均显著大于深海区，2006 年 Toby 的研究中 50% 的磷虾映像采自于陆架坡折距离 1 000 m 等深线 80 km 范围内（Toby，2006；Kawaguchi，2010），本研究监测到磷虾映像的采样点中分布于陆架坡折的采样点占 77.8%；（2）普里兹湾为南大洋印度洋区大磷虾资源主要密集区，其资源密度要大于普里兹湾东、西两侧海域，根据历年调查数据，其调查海域覆盖普里兹湾的评估中，资源量和密度均较大，而在覆盖东西两侧海域的调查中，其面积越大平均资源密度越低，本次调查中南极磷虾资源密度为 32.8 g/m^2，与 1991 年（郭南麟，1993）和 1993 年（陈雪忠，1996）的评估结果相近，略大于 2006 年澳大利亚的评估值，1996 年的调查评估值最低（Tim，2000；Nicol，2000）；（3）从 12 月份至翌年 3 月份，随着

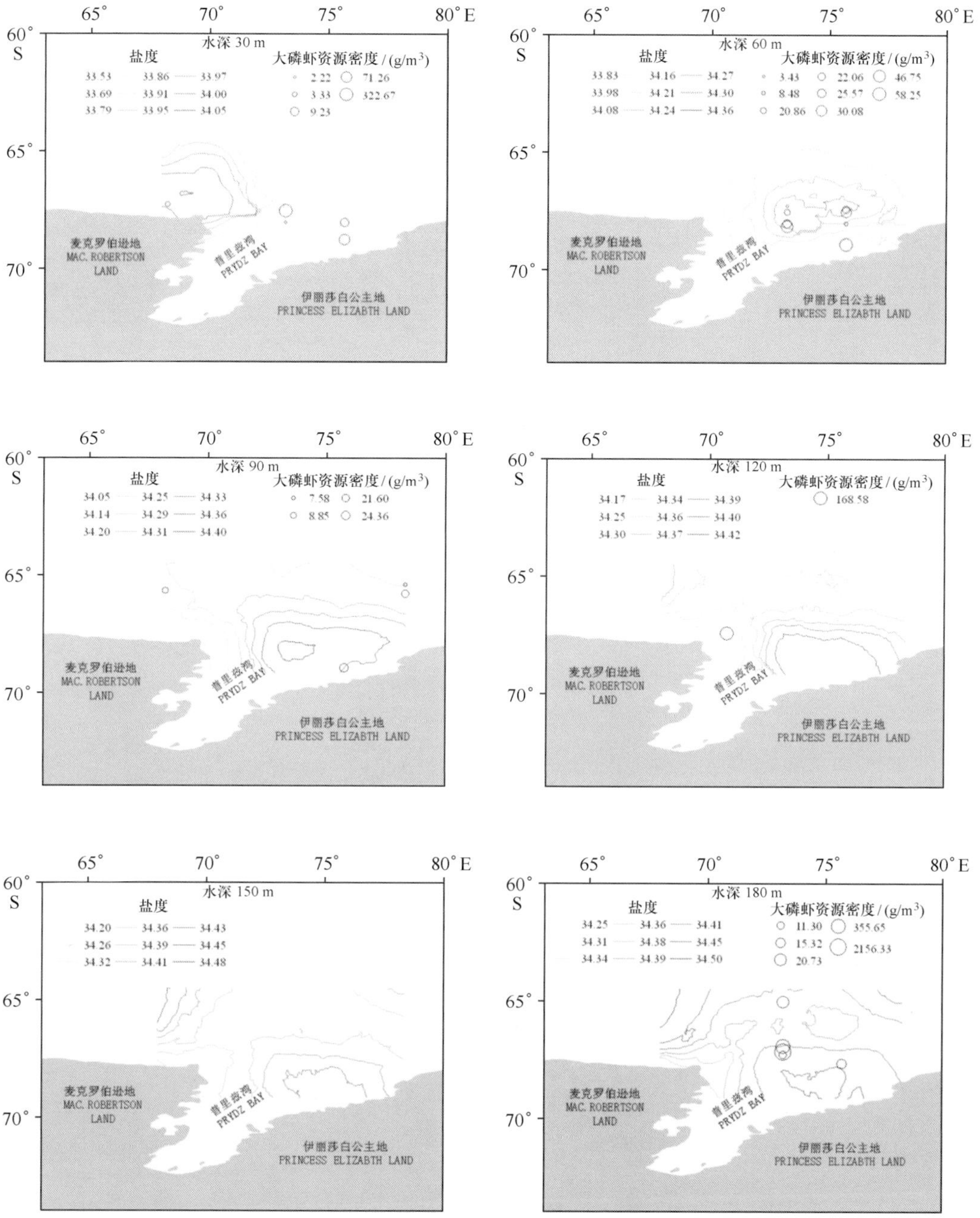

图5－94　普里兹湾附近海域各水层盐度等值线分布和大磷虾资源分布

调查时间的延后，磷虾集群出现的纬度位置越靠近南极大陆。

各水层环境因子水平变化与大磷虾资源分布如图5－94、图5－95、图5－96所示，单因素的相关性分析如表5－20所示，叶绿素浓度与大磷虾资源密度成显著正相关（$P<0.01$），相关系数为0.193。历年调查表明陆架坡折区海水叶绿素浓度要大于深海区，本研究30 m水层叶绿素浓度由湾口向外逐渐递减，其他水层由于冬季残留水团和湾内环流的促进作用，在普里兹湾口水体中出现叶绿素浓度深层极大值现象，形成以67°S，73°E为中心的高叶绿素浓度区域，并向周围逐渐递减。因此大磷虾主要集群于陆架坡折区，普里兹湾大磷虾资源密度大于东西两侧。值得指出的是叶绿素浓度表征的是水体中所有初级生产力的总和，南大洋附

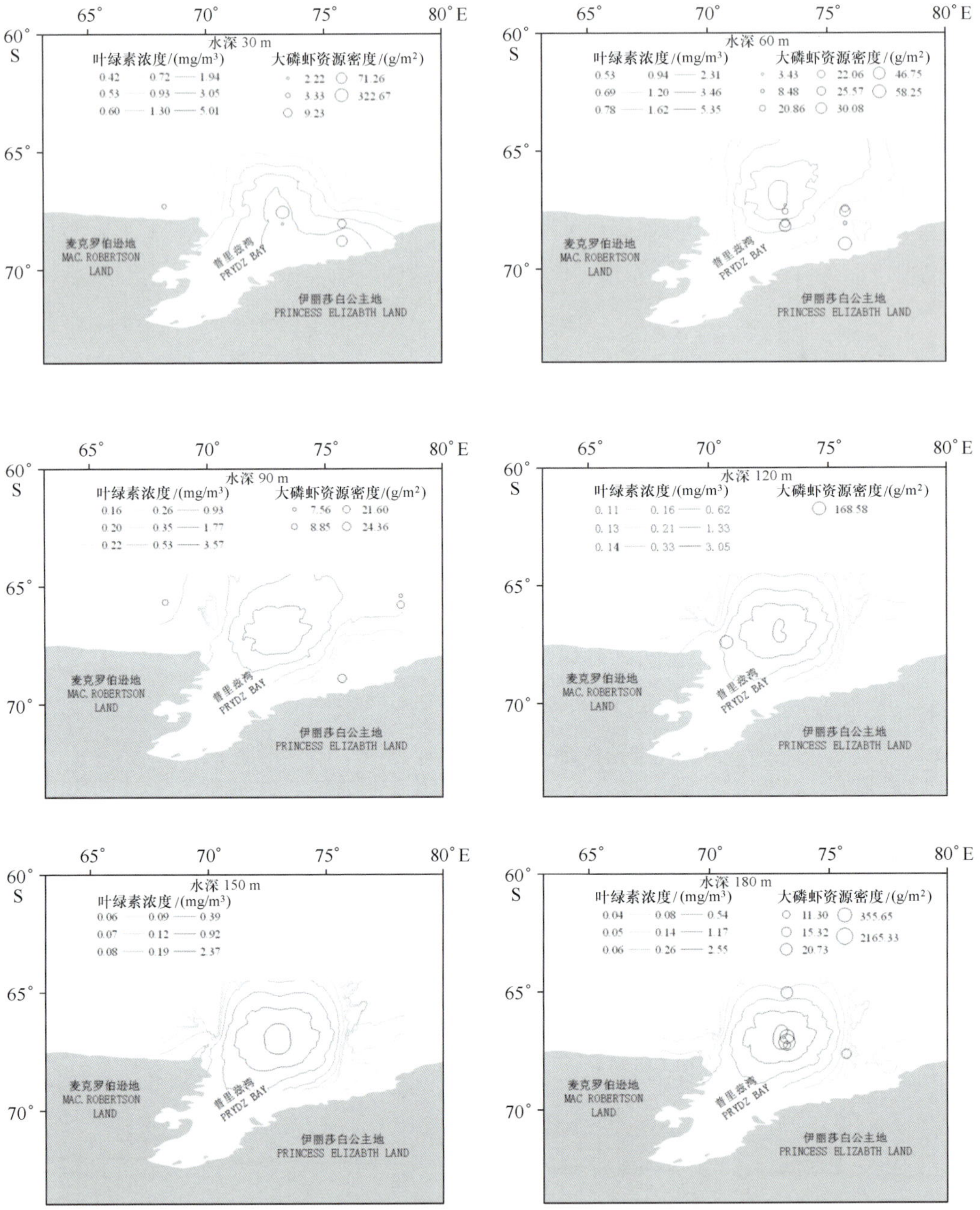

图 5－95　普里兹湾附近海域各水层叶绿素浓度等值线分布和大磷虾资源分布

近海域浮游植物的种类较多，大磷虾主要摄食种类为硅藻类，因此，叶绿素浓度与大磷虾资源密度的正相关关系的前提是水体中浮游植物的优势种应为大磷虾主要摄食的硅藻类，而历年调查表明普里兹湾附近海域主要优势种为硅藻类。

表 5－20　环境参数与大磷虾资源密度 Pearson 相关性检验结果

环境参数	相关系数	显著性检验	自由度/df
水温/℃	0.012	0.841	272
盐度	0.062	0.304	272

续表

环境参数	相关系数	显著性检验	自由度/df
深度/m	-0.077	0.206	272
叶绿素浓度/ (g/m^3)	0.193	0.001	272

虽然未发现水温和盐度与大磷虾资源密度变化的直接相关关系，但是研究表明水温较低能有效抑制大磷虾主要竞争者樽海鞘（Salpa thomsonii）的生长繁殖，陆架坡折区为季节性浮冰区，水温较低，本研究调查海域的陆坡折区各水层水温均在0℃以下（如图5-93所示）；比较30 m水层叶绿素浓度和盐度等值线图发现，叶绿素浓度较大区域盐度较低，根据各水层盐度与叶绿素浓度的相关性检验，表明呈显著负相关关系（$P<0.01$）（如表5-21所示），极有可能是由于水体中营养盐被大量消耗造成，盐度与大磷虾资源时空分布关系可能被隐藏，因此水温和盐度均是影响大磷虾资源分布的重要间接因素。另外研究认为等深线1 000 m以内的陆架坡折区大磷虾资源密度与水深成正相关关系，本研究未获得一致结论，但是监测到大磷虾映像的栅格中80%分布于500~700 m等深线的普里兹湾口区域。

表5-21 叶绿素浓度与盐度 Pearson 相关性检验结果

影响因子	相关系数	显著性检验	自由度/df
盐度	-0.23	0.000 1	272

5.3.6 南极磷虾等生物资源全程走航声学评估

5.3.6.1 NASC值分析

走航生物资源声学调查过程中，如果没有通过拖网采样等方式进行回波信号的生物种类验证，利用声学数据是无法直接估算目标生物种类的资源量，通常应用生物声学截面散射系数（NASC）来表征调查海域总生物丰度。NASC值是一个反映单位面积的积分水体内所有物体的声散射强度的物理量，NASC值越大，说明该单位面积积分水体中所有物体总的声散射强度越大。但是，由于各种物体的单体散射强度（单体目标强度，TS）不同，给NASC值的解读带来一定的困难。但可从两个方面理解NASC值：（1）积分水体内各物种的单体目标强度相近时，NASC值越大，说明该区域的生物量也越大；（2）积分水体内各物种的单体目标强度差距较大时，NASC值越大，说明该区域物种组成也越复杂，同时不排除某物种生物量较大的可能。因此，单纯凭借NASC值的大小是不能推测出某海域生物量的多少的。

虽然这部分数据没有拖网数据来验证不同类型声学信号是由哪种生物产生的，但是，仍然可大体推测出信号来源，如是否来源于鱼类，或者是否来源于浮游生物，再结合NASC值的分布，更好地理解南大洋表层生物的分布情况。特别是借鉴国外对南极磷虾集群的回波图特征，可以确定部分声学信号确实是来源于南极磷虾集群的。

以中国第29次南极科学考察走航声学调查为例，通过本次数据处理，可以大致将Sv回波图分成4个基本类型：（1）块状南极磷虾集群信号，又可分成椭圆形（如图5-96所示）和棒

表 5－22　近年来普里兹湾附近海域大磷虾资源调查

年代	调查区域	调查时间	调查面积/m^2	资源密度	总资源量	磷虾集群位置	
						纬度	经度
1990	62°S—69°S，64°—80°E	1 月 7 日—3 月 3 日	—	—	—	未发现虾群映像	未发现虾群映像
1990/91	62°—69°S，68°—108°E	1990 年 12 月 27 日—1991 年 1 月 11 日	675 053. 63	32. 5	22. 0	62°—65°S	72°—73°E
1991/92	62°—68°S，68°—103°E	1991 年 12 月 31 日—1992 年 1 月 28 日	150 533. 9	15. 6	1. 699	63°—67°S	68°E 附近海域
1993	63°—68°S，58°—83°E	1993 年 1 月 11 日—1993 年 2 月 03 日	125 740. 7	32. 15	4. 043	63°—67°S	68°E 和 73°E 附近海域
1996	62°—67°S，80°—150°E	1996 年 1 月 29 日—1996 年 3 月 21 日	872 500	5. 54	4. 83	65°—67°S	80°E 附近海域
2006	60°—70°S，30°—80°E	2006 年 1 月—3 月	1 300 000	24	28. 75	66°—68°S	70°E 和 80°E 附近海域
2013	65°—69°S，68°—78°E	2013 年 1 月 31 日—3 月 5 日	284 780	32. 8	9. 34	67°—69°S	70. 5°—75°E

形（如图5-97所示）；（2）离散单体鱼信号，如图5-98和图5-99所示；（3）连绵的云状信号，有的信号强（红色，如图5-100所示），有的信号强度较弱（红偏蓝，如图5-101所示）。第四种云状信号的生物来源可能是较大的磷虾集群，也可能是较大的鱼类集群，还有可能是两者的结合。实际回波图的信号是由这四个基本类型的一种或是几种共同构成的，如图5-102所示，该回波图是由上层的块状南极磷虾集群信号、离散单体鱼信号和较弱的云状信号组成的。

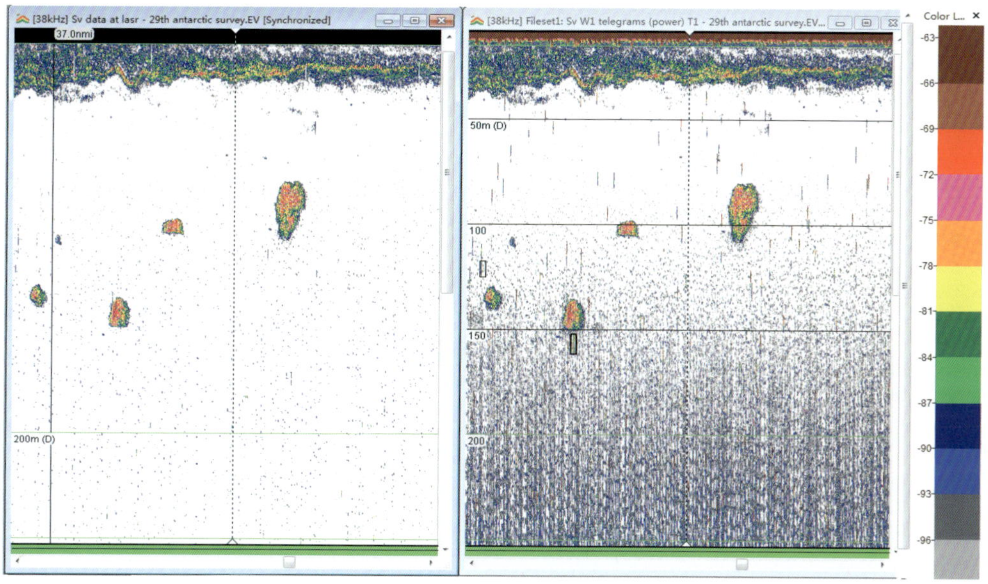

图5-96 椭圆形块状南极磷虾集群信号

右侧回波图为原始Sv回波图，左侧回波图为数据处理后的Sv积分回波图，两图使用相同的色标

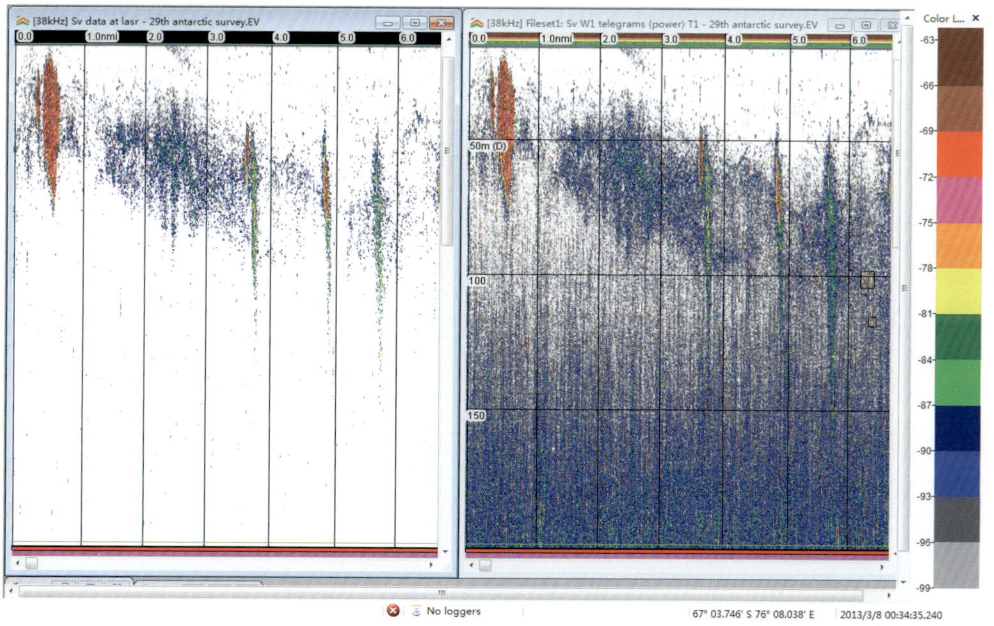

图5-97 棒形块状南极磷虾集群信号

右侧回波图为原始Sv回波图，左侧回波图为数据处理后的积分Sv回波图，两图使用相同的色标

为了通过四种基本类型的回波图结合NASC值的分布来大体了解南大洋表层生物的分布

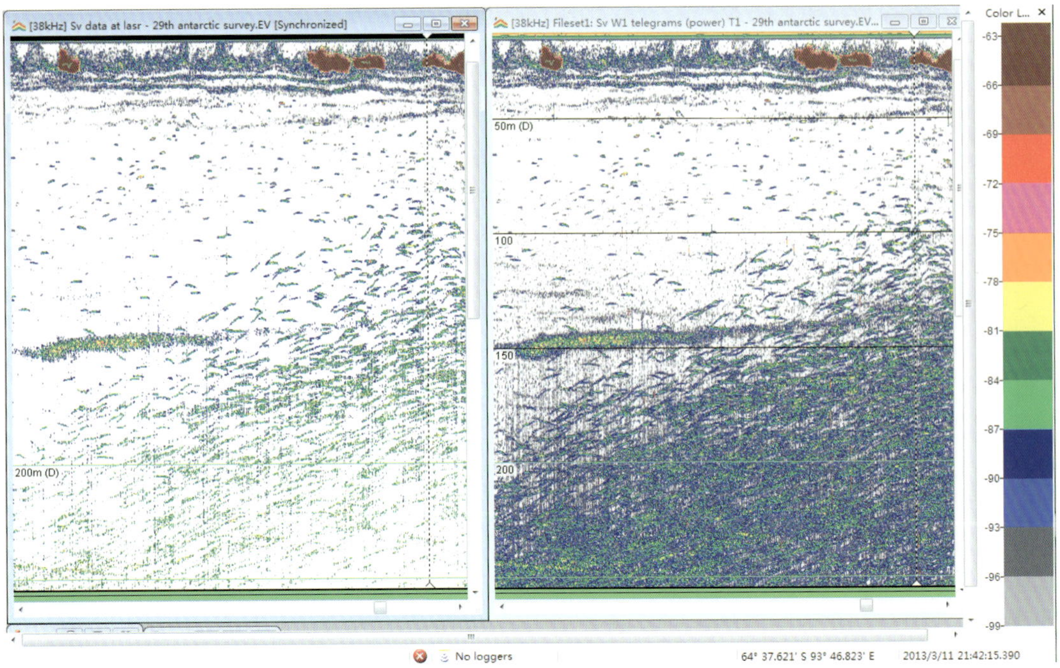

图 5－98　离散单体鱼信号

右侧回波图为原始 Sv 回波图，左侧回波图为数据处理后的积分 Sv 回波图，两图使用相同的色标

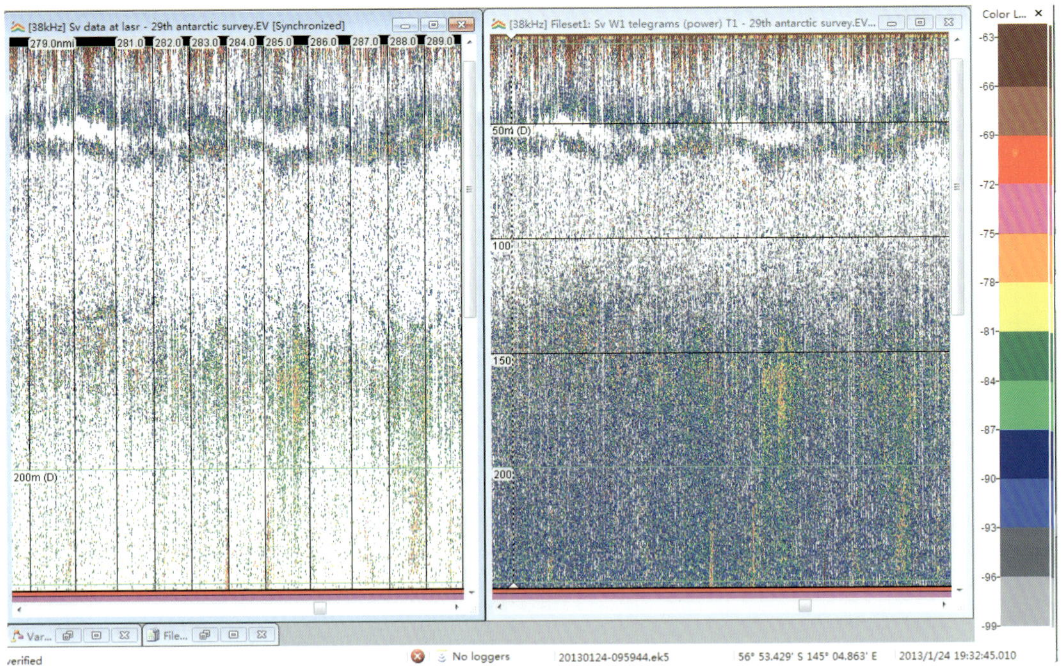

图 5－99　离散单体鱼信号，图中 100 m 水层附近的点状信号即为单体鱼信号

右侧回波图为原始 Sv 回波图，左侧回波图为数据处理后的积分 Sv 回波图，两图使用相同的色标

情况，将上述四种基本类型的信号用不同的标志放在相应的 NASC 值附近，构成四种基本类型回波图（也可以看成不同物种）的地理分布专题图，如同图 5－103 所示。由于一副回波图可能由几种不同类型的信号组成，因此，需对表示方法做出规定：（1）取优势信号类型作

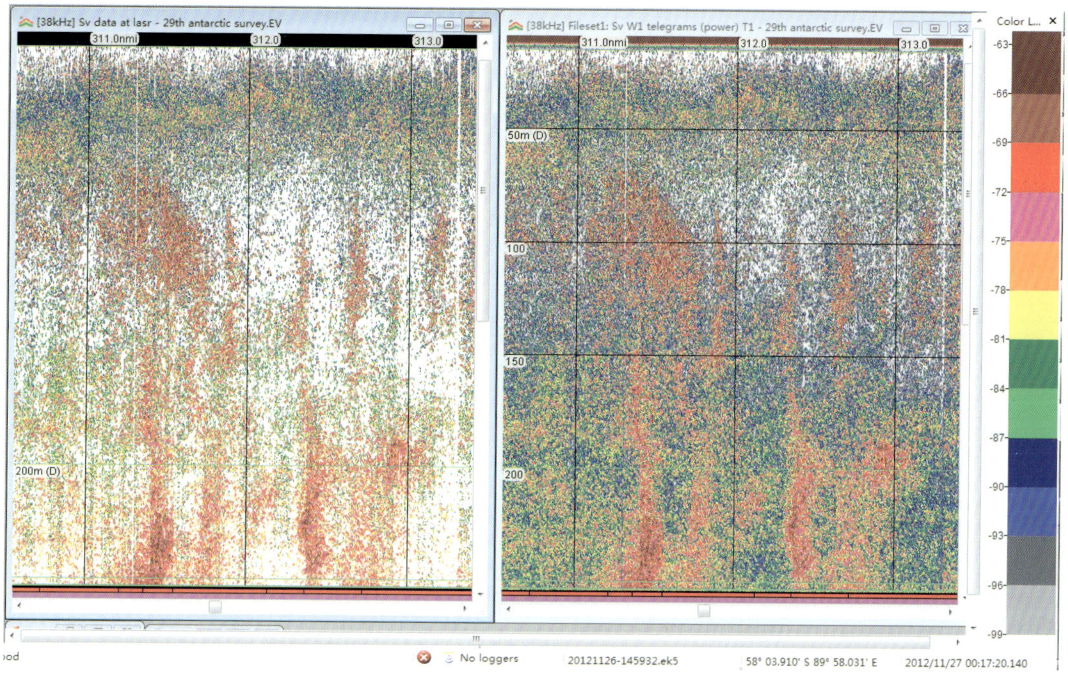

图5-100　鱼类集群信号

右侧回波图为原始Sv回波图，左侧回波图为数据处理后的积分Sv回波图，两图使用相同的色标

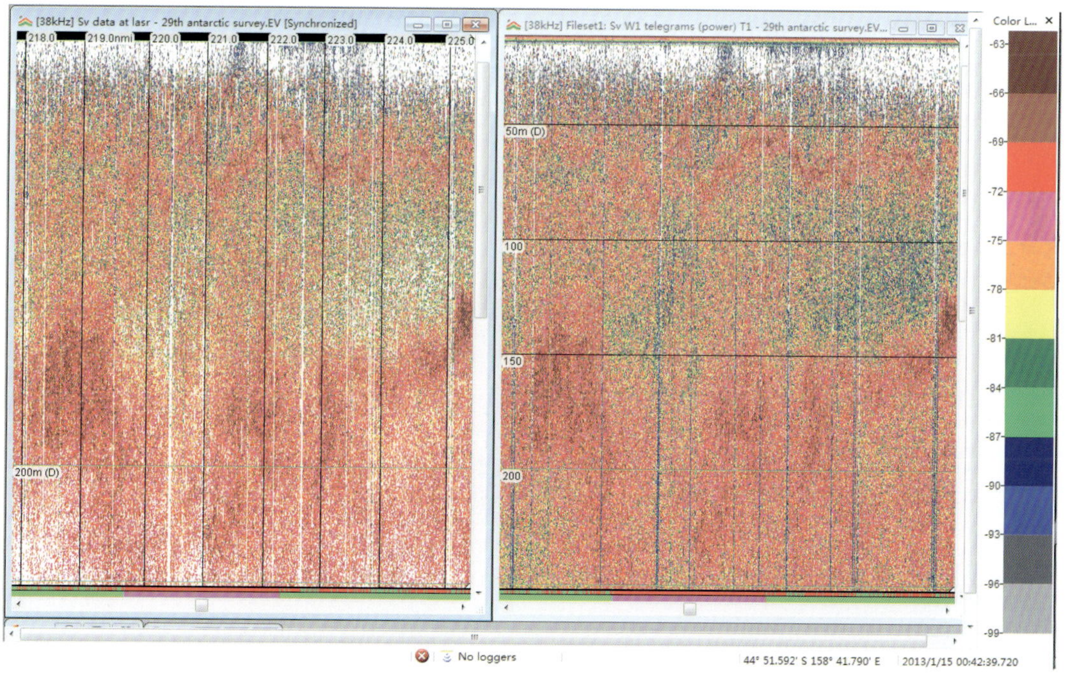

图5-101　云状信号（较强）

右侧回波图为原始Sv回波图，左侧回波图为数据处理后的积分Sv回波图，两图使用相同的色标

为该NASC值的标志；（2）当几种类型信号同样重要时，将几种类型信号的标示平行放置在该NASC值的附近；（3）考虑到图像的可读性，仅对较大等级的NASC值和关键位置的NASC值经行标示；（4）环南极洲水域的NASC值的标示参考图54中对NASC值等级的划分。

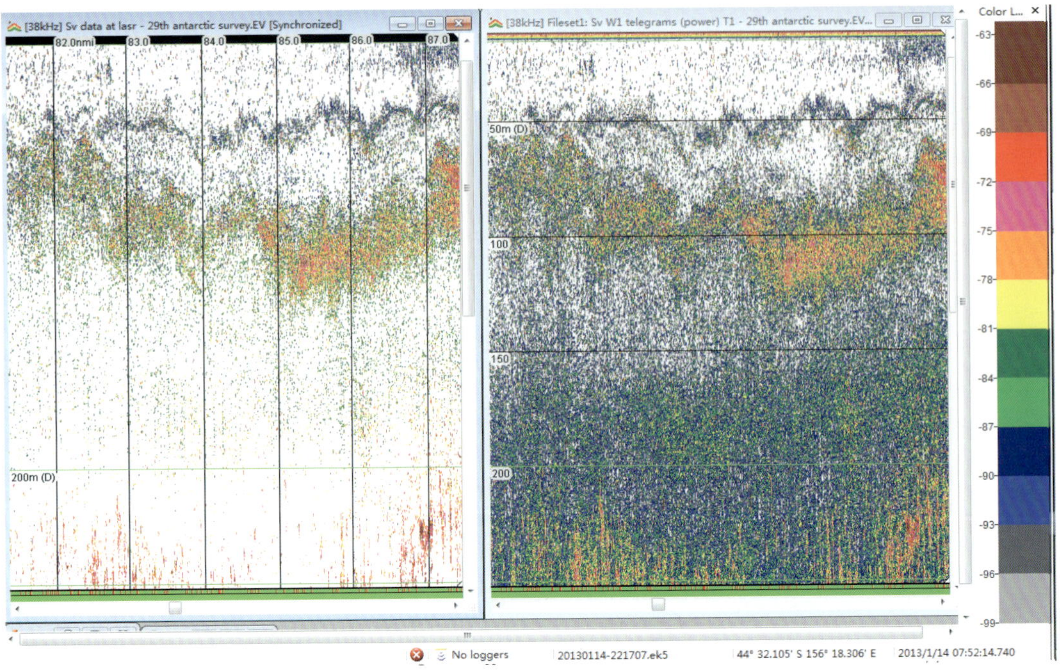

图 5－102　云状信号（较弱）

右侧回波图为原始 Sv 回波图，左侧回波图为数据处理后的积分 Sv 回波图，两图使用相同的色标

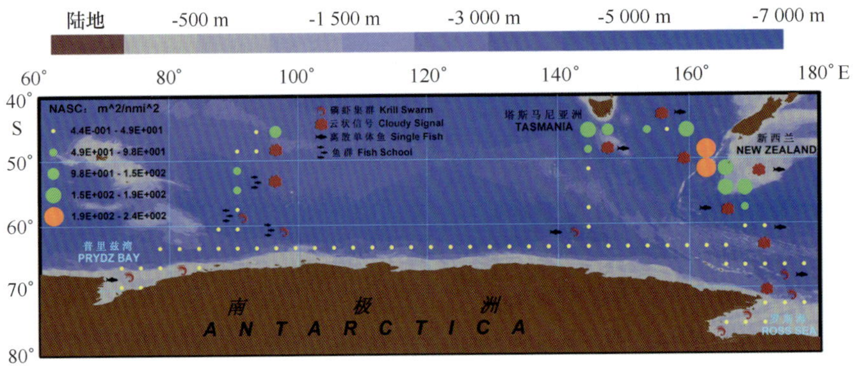

图 5－103　南大洋表层生物 4 种基本回波图与 NASC 值的地理分布图

分析可知：

（1）以 60°S 附近海域为界，以南部分表层水域中可以辨别出块状磷虾集群，以北部分没有发现块状磷虾集群信号；

（2）云状信号的分布，在西方靠近普里兹湾一侧的分支航线上，仅在低纬度水域出现，而在东方靠近罗斯海一侧的分支航线上，都出现了云状信号，直到 70°S 的非常靠近南极大陆的水域才消失，并且在分析数据时发现，该分支上的云状信号的强度随着纬度的增大而减弱；

（3）靠近普里兹湾一侧的分支航线上的鱼类多以鱼类集群形式存在，而靠近罗斯海一侧的分支航线上的鱼类多以离散单体形式存在；

（4）有最大等级的 NASC 值出现的新西兰西南海域，生物信号以云状集群加离散单体鱼信号为主；

（5）罗斯海水域的块状磷虾集群较普里兹湾水域多，而鱼类信号较普里兹湾水域少。

根据以上结果可以做出如下推论：

（1）60°S以北水域没有出现块状磷虾集群信号，不能说明这片水域没有南极磷虾出现，有可能是以声学设备无法探测到的离散状态存在，有可能是下降到200 m以下超出了数据分析的范围，也有可能是块状磷虾集群汇集成了非常大的云状信号，但是由于没有拖网数据的验证，无法知道云状信号的组成物种；

（2）“雪龙”号东西两侧航迹线上的鱼类物种差异较大，这可以从它们的集群性和回波图信号强度得出；

（3）新西兰西南部水域NASC值达到最高等级，是由于该水域中出现了大量的高强度云状信号。从云状信号边缘出现的密度很高的离散单体鱼信号可以肯定，一定部分的云状信号是由单体目标强度较大的鱼类产生的，导致了这部分水域的NASC值较大，但是由于没有拖网数据的验证，不能确定导致这片水域NASC值较高的真正原因。

5.3.6.2 南大洋表层生物的NASC值的分布

根据中国第28次南极科学考察随航声学评估数据，主要调查区域为南极半岛至普里兹湾之间的南大洋海域，根据NASC值，生物资源较为丰富的海域分别为威德尔海、普里兹湾东侧海域，如图5－104所示。

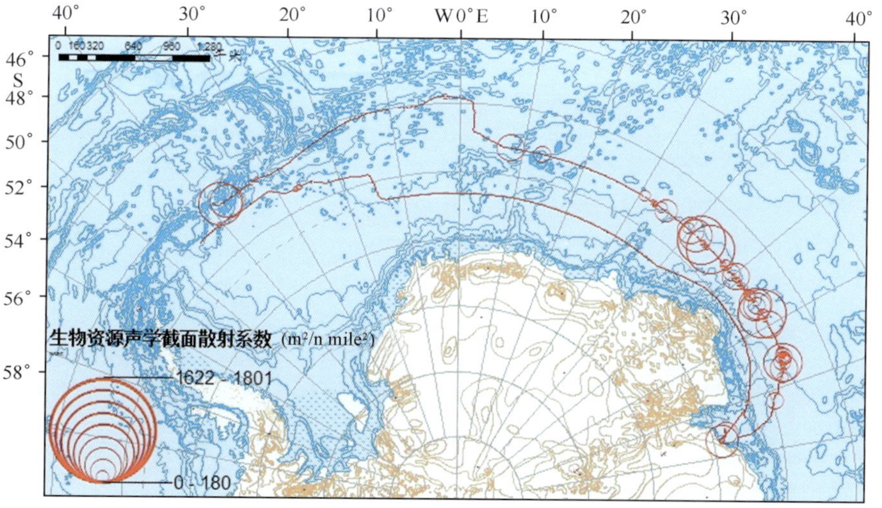

图5－104 中国第28次南极科学考察随航声学评估

根据中国第29次南极科学考察环南极随航声学评估数据，主要调查区域为普里兹湾至罗斯海之间的南大洋海域，根据NASC值，生物资源较为丰富的海域分别为罗斯海的西侧海域如图5－105所示。

基于中国第30次南极科学考察环南极随航声学评估数据，获得环南极南大洋生物资源及其分布如图5－106所示，NASC值表明生物资源较为丰富的海域分别为威德尔海、罗斯海、斯科特海山群附近海域、普里兹湾及其附近海域、迪蒙迪维尔海及其附近海域，另外阿蒙森海、莫森海也有部分海域生物资源分布略多。

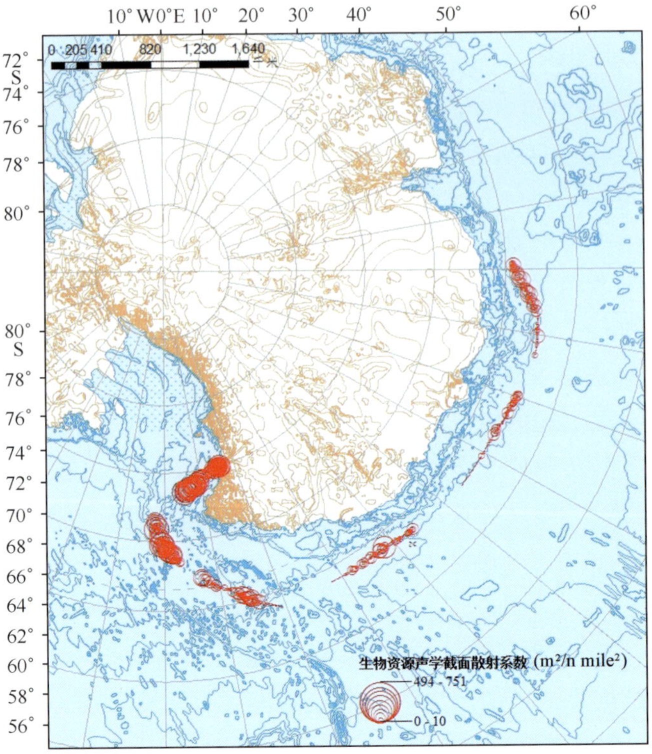

图 5－105　中国第 29 次南极科学考察随航声学评估

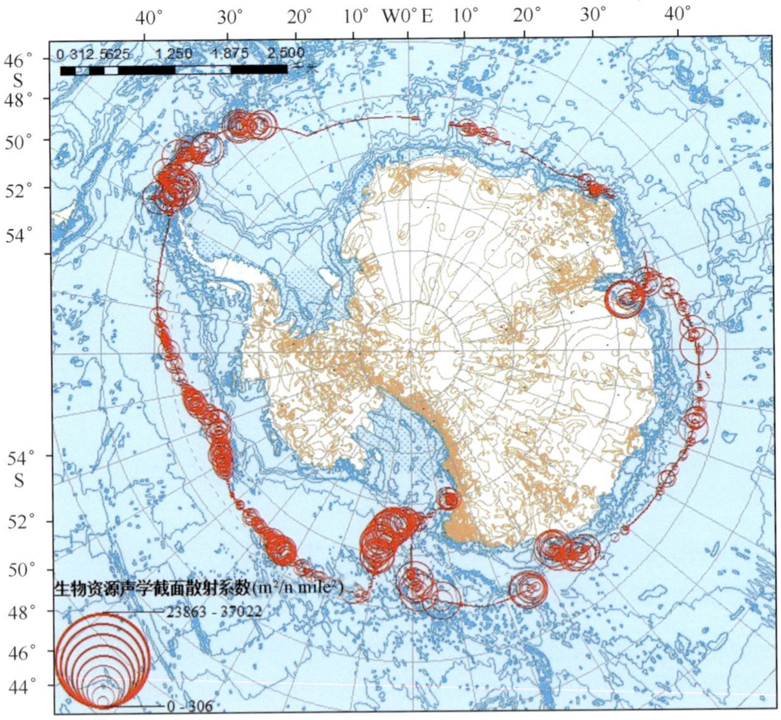

图 5－106　中国第 30 次南极科学考察随航声学评估

参考文献

李灵智，黄洪亮，屈泰春，等. 2015. 南极普里兹湾南极大磷虾资源时空分布与海洋环境要素的相关性[J]. 中国水产科学, 22（3）: 488－500.

屈泰春，陈帅，黄洪亮，等. 2014. 南极大磷虾声学调查数据噪声处理与资源密度评估［J］. 极地研究，26（4）: 451－461.

孙维萍，扈传昱，韩正兵，等. 2012. 2011 年南极夏季普里兹湾营养盐与浮游植物生物量的分布［J］. 极地研究，24（2）: 178－187.

高郭平，董兆乾，侍茂崇，等. 2013. 南极普里兹湾关键物理海洋学问题研究进展及未来趋势［J］. 上海海洋大学学报，22（2）: 313－320.

Toby J, Natalie K , Kawaguchi S, et al. 2010. Acoustic characterisation of the broad－scale distribution and abundance of Antarctic krill（*Euphausia superba*）off east Antarctica（30－80E） in January－march 2006［J］. Deep－Sea Res Ⅱ, 57: 916－933.

Kawaguchi S, Stephen N , Patti V, et al. 2010. Krill demography and large－scale distribution in the western Indian Ocean sector of the Southern Ocean（CCAMLR Division 58. 4. 2）in Austral summer of 2006［J］. Deep－Sea Res Ⅱ, 57: 934－947.

郭南麟，陈雪忠，徐震夷，等. 1993. 南极普里兹湾外海大磷虾声学映像的分布分析和生物量的初步估算［J］. 南极研究，5（4）: 90－103. 1996，8（3）: 46－52.

陈雪忠，徐震夷，陈冠镇. 1996. 南极普里兹湾外海大磷虾分布与现存量［J］. 南极研究，8（3）: 46－52.

Tim P, Stephen N, Ian H, et al. 2000. Distribution and abundance of Antarctic krill（Euphausia superba） off East Antarctica（80－150E） during the Austral summer of 1995/1996［J］. Deep－Sea Res Ⅱ, 47: 2465－2488.

Nicol S, Pauly T, Bindoff N L , et al. 2000. "BROKE" a biological/ oceanographic survey off the coast of East Antarctica（80－150E） carried out in January－March 1996［J］. Deep－Sea Res Ⅱ, 47: 2281－2298.

5.4 南极磷虾营养特性

南极磷虾蛋白质含量较高，氨基酸种类齐全，虾肉中含有非常丰富的类胡萝卜素以及其他多种矿物质，磷虾油中含有丰富的不饱和脂肪酸 ω－3。ω－3 能够促进胎儿和婴幼儿的脑部发育，对智力的形成有着极为重要的作用，此外它还能提高机体免疫力、增强骨骼韧性、降低心血管疾病的发病率。加拿大、挪威等国家已经对南极磷虾中的 ω－3 进行了提纯和试验，目前已有相关产品问世。而且磷虾油中含有丰富的 DHA 和 EPA，这两种物质能够促进大脑发育和视网膜光感细胞的成熟，对癌症以及心血管疾病糖尿病等都有较好的预防作用。世界卫生组织曾对南极磷虾、对虾、牛乳和牛肉进行了综合营养评定，研究结果显示南极磷虾蛋白质含量和组成最优，而脂肪含量不高，属于中脂类型，营养价值要高于牛乳和牛肉。虽然南极磷虾个体较小，成年南极磷虾体长一般在 4～6.5 cm，但是南极磷虾营养价值却很高。冷冻南极磷虾含粗蛋白 11.2%，粗脂肪 3.5%，灰分 2.7%，水分 80.1%，虾肉中包含 18 种氨基酸，其中人类必需的 8 种氨基酸大约占整个蛋白质含量的 50% 以上，而且这些氨基酸成分比例适中，综合营养价值很高。孙雷等（孙雷，2008）以南极磷虾为原料研究了其营养价值与刀额新对虾和中国明对虾的区别，研究结果显示南极磷虾体内的粗脂肪含量较高，但是大部分脂肪是对人体有益的不饱和脂肪酸。此外南极磷虾还富含铁、铜、锌、钛、铬、钡、维生素 A 和维生素 B 等人类必要的微量元素，而且人体必需的钙、钾、钠等含量也十分丰富，因此进一步开发利用南极磷虾将会对人类食物供应做出巨大的贡献。

根据联合国粮农组织推荐的理想蛋白质模式，认为必需氨基酸与总氨基酸的比值为 40%，必需氨基酸与非必需氨基酸的比值达到 60% 以上的蛋白质较为良好。南极磷虾恰好符合这一蛋白质模式，由此可见南极磷虾氨基酸种类齐全，比例适中，具有巨大的开发利用价值。

5.4.1 南极磷虾蛋白特性

5.4.1.1 南极磷虾的自溶

水产品的内源蛋白酶在一定的条件下相互协调的对组织细胞结构起着分解作用，导致蛋白质分解为氨基酸和多肽类物质，这就产生了自溶。影响自溶的因素包括物理、化学和生物等因素，其中温度，环境的酸碱性和盐溶液离子浓度等条件对自溶现象影响作用较大。有关研究报道指出，南极磷虾酶系统是相互制约和影响的，影响自溶的因素之间存在着促进或抑制作用，所以自溶现象可以通过对内源酶活力控制而促进或抑制，并通过运用自身自溶特点，避免外界和机体自身因素对机体造成的损害。

南极磷虾体内存在着活性很高的内源酶，尤其以头部含量最高，目前，国内外研究南极磷虾自溶主要集中在利用外源酶对南极磷虾进行水解分离和生产水解产物（氨基酸和多肽类）。Ellingsen 等研究认为，在 0℃ 条件下南极磷虾蛋白质也会产生自溶分解现象，蛋白质的自溶会释放出游离氨基酸和一些多肽类物质；Kolakowski 通过研究南极磷虾自溶条件，发现热胶凝和沉淀处理自溶物可以显著抑制内源酶的活性，从而可以实现磷虾蛋白的高效回收，回收率能够达到 80% 以上。

5.4.1.2 南极磷虾腐败变质机理

水产品腐败变质主要分自溶阶段和微生物利用阶段。第一阶段蛋白质的自溶作用分解产生氨基酸和多肽类物质，第二阶段微生物增殖生长，利用蛋白质分解产生的氨基酸和多肽，并产生氨类等有毒的代谢产物，直至不能食用。同时，有研究报道指出，南极磷虾死后会迅速自溶，这可能是由于死后机体内酶抑制系统活性减弱，造成南极磷虾自溶酶活性抑制作用减小，机体迅速自溶而变质腐败。因此，南极磷虾在捕捞 1 ~ 2 h 内必须进行处理加工或者在 -16℃ 以下的温度条件下进行贮藏。

国内外对南极磷虾腐败变质机理研究很少，但是从对南极磷虾微生物及微生物活力研究来看，微生物对死后的南极磷虾利用率很低，细菌总数、嗜冷菌数等生长都不明显 。Kelly 对南极磷虾细菌菌落及活力进行分析，结果发现南极磷虾细菌总数仍然很低，而且细菌活力不强。Kawamura 和 Ellingsen 对死后南极磷虾自溶进行研究，结果显示，南极磷虾在死后酶活力高，自溶迅速，对南极磷虾品质起重要作用。由此，可以认为酶对死后南极磷虾品质影响起主要作用。

5.4.2 南极磷虾与冰鱼的营养成分比较分析

5.4.2.1 常规营养成分分析

鱼类的营养价值主要取决于鱼肉蛋白质和脂肪的含量和组成。南极冰鱼肌肉常规营养成分见表5－23 。南极磷虾（全虾）常规营养成分与孙雷等报道的有差异（孙雷，2008）。可能是由于所选南极磷虾的捕捞海域，季节和年龄以及性成熟等因素的差异所致。由表5－23中可以看出，南极冰鱼肌肉的蛋白质含量是南极磷虾（全虾）的1.02倍，脂肪的含量是南极磷虾（全虾）的2.73倍，灰分含量是南极磷虾（全虾）的0.34倍，碳水化合物的含量是南极磷虾（全虾）的0.41倍。此外，南极冰鱼肌肉的总能量为1 881.91 kJ/100 g，南极磷虾（全虾）的总能量为1 522.17 kJ/100 g。

表5－23 南极冰鱼和南极磷虾的常规营养成分 单位：g/100 g

种类	水分	蛋白质	脂肪	灰分	碳水化合物
南极冰鱼	2.18 ±0.24	79.10 ±0.31 *	14.60 ±0.42	3.49 ±0.08 *	0.63 ±0.02
南极磷虾	5.23 ±0.16	77.53 ±0.52	5.35 ±0.34	10.35 ±0.21	1.54 ±0.02

注：＊为差异显著（$p<0.05$）。

5.4.2.2 氨基酸组成分析与评价

蛋白质是由氨基酸组成的，氨基酸的含量和组成，尤其是人体必需氨基酸的含量决定了蛋白质的营养价值。1973年，联合国粮农组织/世界卫生组织（FAO/WHO）根据“婴儿对必需氨基酸的需要量是不同年龄组人群中最高的”这一结论，提出了以婴儿需要量为最低限度的评分模式，并指出一种蛋白质中必需氨基酸（EAA）/总氨基酸（TAA）的比值在40 %左右，必需氨基酸（EAA）/非必需氨基酸（NEAA）达到60 %以上时属于优质蛋白质。由于鸡蛋蛋白质被认为是已知营养价值最为全面的蛋白质，因而通常被作为评定食品蛋白质营养价值的标准。由表29可知，南极冰鱼和南极磷虾中均含有人体必需的8种氨基酸和2种半必需氨基酸，南极冰鱼和南极磷虾中谷氨酸的含量均最高，组氨酸的含量最低。南极冰鱼中（305.26 mg/g）的必需氨基酸含量高于鸡蛋（296 mg/g），而南极磷虾中（256.48 mg/g）的必需氨基酸含量低于鸡蛋（296 mg/g），二者均高于WHO/FAO模式（219 mg/g），必需氨基酸与总氨基酸的比值分别为39.21 %和45.07 %，高于WHO/FAO模式推荐的比值（35.38%），但低于鸡蛋中所占的比例（48.08 %）。南极冰鱼肌肉中必需氨基酸和非必需氨基酸的比值为64.49 %，南极磷虾中必需氨基酸和非必需氨基酸的比值为82.04 %。支链氨基酸包括缬氨酸，亮氨酸和异亮氨酸，属于人体必需氨基酸，约占人体骨骼肌蛋白质必需氨基酸的35 %，与骨骼肌的合成有密切关系，是人体内骨骼肌供能的主要氨基酸；其氧化供能量约占氨基酸供能总量的60 %，即使在休息状态，人体骨骼肌中支链氨基酸氧化供能也要占14%。南极磷虾中支链氨基酸（缬氨酸＋亮氨酸＋异亮氨酸）总量为114.20 mg/g，芳香族氨基酸（苯丙氨酸＋酪氨酸）总量为53.30 mg/g；南极冰鱼中支链氨基酸总量为138.09 mg/g，芳香族氨基酸总量为58.38 mg/g。支链氨基酸/芳香族氨基酸的比值（BCAA/AAA）分别为2.14（南极磷虾）和2.37（南极冰鱼），接近正常人和哺乳动物的支链氨基酸/芳香族氨基酸的比值，即氨基酸比例均衡。芳香族氨基酸（苯丙氨酸+酪氨酸）是生物肾上腺素和甲状腺素的前体物质，因此，摄入南极冰鱼不仅可以弥补苯丙氨酸的不足，而且还可以维持机体的营养和代谢平衡。目前，我国大多数地区居民的膳食结构是以植物性食物为主，在食物中赖氨酸相对缺乏。南极冰鱼中赖氨酸的含量较高（75.30 mg/g），是南极磷虾中的1.27倍，这对于以谷物食品为主的膳食者来说，它可以弥补谷物食品中赖氨酸的不足。赖氨酸还是人乳中第一限制性氨基酸，赖氨酸含量高的食品也是优质的催乳食品。因此，南极冰鱼是一种较理想的赖氨酸食物来源。此外，南极冰鱼中精氨酸的含量是南极磷虾中的2.68倍，精氨酸虽然不是人体必需的氨基酸，但对于促进儿童生长发育和伤口的愈合具有良好的效果作用。

研究还发现食物的鲜味主要取决于蛋白质中呈味氨基酸（天门冬氨酸、谷氨酸、甘氨酸和丙氨酸）的组成和含量，其中天门冬氨酸和谷氨酸是鲜味的特征性氨基酸；甘氨酸和丙氨酸是甘味的特征性氨基酸，丝氨酸和脯氨酸也与甘味有关。从表5-24中还可以看出，南极冰鱼和南极磷虾中均富含天门冬氨酸和谷氨酸。南极冰鱼中鲜味氨基酸与总氨基酸的比值为35.86%，南极磷虾中鲜味氨基酸与总氨基酸的比值为40.51%。因此，南极冰鱼中的氨基酸含量丰富、种类齐全，比例均衡，必需氨基酸的模式合理。

表5-24 南极冰鱼和南极磷虾的氨基酸组成 单位：mg/g

氨基酸种类	南极冰鱼	南极磷虾
天门冬氨酸（Asp）	77.74±2.53	41.45±0.05
苏氨酸（Thr）	36.40±1.89	16.64±0.15
丝氨酸（Ser）	34.03±1.76	15.05±0.12
谷氨酸（Glu）	120.05±3.29*	108.96±1.04*
脯氨酸（Pro）	26.91±1.58	10.72±0.08
甘氨酸（Gly）	33.53±2.06	27.63±0.17
丙氨酸（Ala）	47.89±2.69	52.48±0.52
胱氨酸（Cys）	37.58±2.05	12.57±0.24
缬氨酸（Val）	38.75±2.06	31.18±0.22
蛋氨酸（Met）	20.25±1.24	23.67±0.23
异亮氨酸（Ile）	34.69±1.85	32.82±0.52
亮氨酸（Leu）	64.65±2.46	50.23±0.51
酪氨酸（Tyr）	27.63±1.38	16.21±0.24
苯丙氨酸（Phe）	30.75±2.31	37.18±0.42
赖氨酸（Lys）	75.30±2.34*	59.31±1.30*
色氨酸（Trp）	4.47±0.26	5.59±0.26
组氨酸（His）	19.17±1.59	9.49±0.39
精氨酸（Arg）	48.78±2.53	18.21±0.41
总氨基酸（TAA）	778.57±2.17	569.39±2.09

续表

氨基酸种类	南极冰鱼	南极磷虾
必需氨基酸（EAA）	305.26 ±1.76	256.62 ±1.21
（EAA/TAA）×100%	39.21 %	45.07 %

注：* 为差异显著（$p<0.05$）。

5.4.2.3 蛋白质营养价值评价

蛋白质是生命的物质基础，因此评价食物蛋白质的营养价值时，必须依据氨基酸的含量和组成，特别是人体必需氨基酸的含量和组成。根据氨基酸评分（AAS）、化学评分（CS）和必需氨基酸指数（EAAI）的公式，计算出南极冰鱼和南极磷虾的AAS和CS（表5－25）。

根据AAS和CS，南极冰鱼和南极磷虾限制性氨基酸中的第一限制性氨基酸分别为缬氨酸和苏氨酸。然而，南极磷冰鱼与南极磷虾的第二限制氨基酸有所不同。此外，南极磷虾必需氨基酸的AAS评分，除苏氨酸为0.42，其余均大于0.5；CS评分，除苏氨酸（0.36）和缬氨酸（0.48）外，其余均大于0.5，这表明南极磷虾必需氨基酸组成相对比较均衡；而南极冰鱼必需氨基酸的AAS和CS均大于0.5，这表明南极冰鱼的必需氨基酸组成与南极磷虾相近，且更优于南极磷虾。南极磷虾的必需氨基酸指数（EAAI）为34.03，而南极冰鱼则为44.24，这进一步说明南极冰鱼在营养价值方面优于南极磷虾，体现了食物链"传递"的"累积"效应。

表5－25 南极冰鱼和南极磷虾中必需氨基酸的组成及氨基酸评分 单位：mg/g

样品	异亮氨酸（Ile）	亮氨酸（Leu）	苏氨酸（Thr）	缬氨酸（Val）	蛋氨酸＋胱氨酸（Met＋Cys）	苯丙氨酸＋酪氨酸（Phe＋Tyr）	赖氨酸（Lys）
南极冰鱼	34.69 ±1.85	64.65 ±2.46	36.40 ±1.89	38.75 ±2.06	57.83 ±0.76	58.38 ±0.92	75.30 ±2.34
南极磷虾	32.82 ±0.52	50.23 ±0.51	16.64 ±0.15	31.18 ±0.22	36.24 ±0.57	53.39 ±1.02	59.31 ±1.30
AAS							
南极冰鱼	0.87ΔΔ	0.92	0.91	0.78Δ	1.64	0.96	1.38
南极磷虾	0.82	0.71	0.42Δ	0.63ΔΔ	1.03	0.88	1.09
CS							
南极冰鱼	0.66	0.76	0.78	0.59Δ	0.94	0.65ΔΔ	1.07
南极磷虾	0.62	0.59	0.36Δ	0.48ΔΔ	0.59	0.59	0.84

注：Δ为第一限制性氨基酸，ΔΔ为第二限制性氨基酸。

5.4.2.4 脂肪酸组成分析与评价

脂质是机体的主要能量贮存分子和能量来源之一，也是细胞膜结构和功能的重要物质基础，特别是多不饱和脂肪酸是生物体繁殖和生长所必需的。脂质的含量和组成是评价食品营养价值的重要指标之一；脂质也是食物加热产生香气成分不可缺少的物质，尤其是高含量的多不饱和脂肪酸能显著地增加香味。特定的脂质也被作为生物探针用做生态系统的调查工具以及用于识别食物链中的营养层级关系。通过分析和比较不同动物的多不饱和脂肪酸组成发现，陆生、鸟类、爬行类动物脂质中不饱和脂肪酸分布有一定的规律：即随着动物由低等向高等进化，脂质中饱和脂肪酸的比例增加而不饱和脂肪酸的比例降低。研究表明，鱼体内的脂肪酸组成受所摄入食物脂质的脂肪酸组成模式影响较大，其中不饱和脂肪酸受影响较大，饱和脂肪酸受影响较小（Alasalv，2002）；进一步研究发现，鱼体内的 EPA 和 DHA 主要是通过食物链的富集作用积聚在体内。

南极磷虾是地球上多细胞生物中生物量最大、繁衍最成功的单种生物之一，是整个南大洋生态系统能量和物质流动的关键环节（Roger，2000），在南大洋的食物链（网）中处于核心地位。深入研究发现，南极海域的硅藻、红藻和褐藻等浮游植物可以自身合成 EPA 与 DHA；南极磷虾在夏季主要以南极硅藻、甲藻等浮游植物为食物，冬季主要以南极冰藻、细菌或者南极雪等为食物，同时也以自身的蛋白质作为代谢能量的来源；南极冰鱼主要以南极磷虾为食物（Charles，1998）。因此，鱼体内的 EPA 和 DHA 与食物链中的 EPA 和 DHA 之间存在着特定的相关关系。关于南极磷虾中的脂质和脂肪酸组成已经进行了大量的研究（楼乔明，2011）。从表 5－26 中可以看出，南极冰鱼肌肉组织中检测出脂肪酸 22 种，其中饱和脂肪酸 6 种（33.37 %），低于南极磷虾中的 10 种（32.60 %）；单不饱和脂肪酸含量(41.22 %)是南极磷虾中单不饱和脂肪酸含量（29.75 %）的 1.39 倍；南极冰鱼中多不饱和脂肪酸与饱和脂肪酸的比为 0.76，低于南极磷虾中多不饱和脂肪酸与饱和脂肪酸的比值（1.33）。

表 5－26　南极冰鱼和南极磷虾中的脂肪酸组成　　单位：mg/g

脂肪酸	南极冰鱼	南极磷虾
C12：0（正十二碳酸）	0.12 ±0.02	0.22 ±0.03
C13：0（正十三碳酸）	—	0.05 ±0.02
C14：0（正十四碳酸）	13.04 ±0.37 *	12.25 ±0.34 *
C15：0（正十五碳酸）	0.31 ±0.02	0.30 ±0.05
C16：0（棕榈酸）	18.66 ±0.38 *	18.02 ±0.42 *
C17：0（正十七碳酸）	—	0.11 ±0.03
C18：0（硬脂酸）	1.01 ±0.24	1.04 ±0.19
C17：0（正十九碳酸）	—	0.05 ±0.01
C20：0（正二十碳酸）	—	0.11 ±0.02
C23：0（正二十三碳酸）	0.23 ±0.02	0.45 ±0.04
ΣSFA（饱和脂肪酸）	33.37 ±0.27	32.60 ±0.24
C14：1（十四碳烯酸）	0.50 ±0.12	0.11 ±0.05
C15：1（十五碳烯酸）	—	0.09 ±0.03
C16：1（十六碳烯酸）	11.37 ±0.28 *	7.40 ±0.31
C17：1（十七碳烯酸）	1.01 ±0.21	0.27 ±0.02
C18：1n9c（顺 9－十八碳烯酸）	25.86 ±1.27	10.55 ±0.42

续表

脂肪酸	南极冰鱼	南极磷虾
C18：1n7（顺7－十八碳烯酸）	—	8.90±0.23
C18：2n6c（顺9，12－十八碳二烯酸）	2.84±0.54	1.16±0.28
C18：3n3（顺9，12，15－十八碳三烯酸）	1.14±0.52	0.42±0.15
C18：3n6（γ－十八烷三烯酸）	0.25±0.07	0.39±0.05
C20：1n9（顺9－二十碳烯酸）	1.81±0.25	1.15±0.08
C20：3n3（顺9，12，15－二十碳三烯酸）	—	1.02±0.47
C20：3n6（顺8，11，14－二十碳三烯酸）	0.12±0.01	—
C20：4n3（二十碳四烯酸）	—	0.34±0.09
C20：4n6（花生四烯酸）	0.14±0.09	0.31±0.05
C20：5n3（EPA）	15.67±0.62*	20.36±0.52*
C22：1n9（顺9－二十二碳一烯酸）	0.53±0.12	0.85±0.12
C22：2（顺13，16－二十二碳二烯酸）	0.39±0.12	—
C22：5n6（DPA）	0.52±0.09	—
C22：6n3（DHA）	4.34±0.41*	19.38±0.37*
C24：1n9（顺9－二十四碳一烯酸）	0.14±0.01	0.08±0.02
ΣMUFA（单不饱和脂肪酸）	41.22±0.78	29.75±0.53
Σω3PUFA（ω3多不饱和脂肪酸）	21.25±0.14	41.52±0.19
Σω6PUFA（ω6多不饱和脂肪酸）	3.87±0.42	1.86±0.07
ω3/ω6	5.49±0.13	22.32±0.02
PUFA/SFA	0.76±0.07	1.33±0.09

注：*为差异显著（$p<0.05$）。

5.4.2.5 矿物质含量分析

矿物质是构成机体组织和维持机体正常新陈代谢所必需的各种元素（除了碳、氧、氢、氮等主要以有机物形式存在的以外）的总称，是人体必需的七大营养素之一。虽然矿物质在人体内的总量不及体重的5%，也不能提供能量，但是它们在机体内不能自身合成，必须由外源摄入，并且在机体的正常活动中发挥了重要的生理功能。南极冰鱼含有丰富的矿物质（总含量为0.19%）。由表5－27中可以看出，南极磷虾南极冰鱼和南极磷虾中Ca和Fe的含量均较高。Ca是骨骼、牙齿、软组织结构的重要成分并参与机体的能量代谢。Fe是细胞色素酶、过氧化氢酶以及肌红蛋白的组成成分，在机体的新陈代谢过程中发挥了重要的作用。Zn、Cu则参与多种酶活性中心的构成，对核酸、蛋白质的合成及免疫过程都有直接或间接的作用。总体而言，南极冰鱼肌肉中矿物质含量均低于南极磷虾中的矿物质含量。南极冰鱼和南极磷虾之间矿物质含量的差异既体现了营养素在食物链中单向传导、逐级递减的传递特点，又体现了物种之间的差异。

表 5－27　南极冰鱼与南极磷虾中的矿物质含量　　单位：mg/kg

样品	钙/Ca	铁/Fe	锌/Zn	铜/Cu	硒/Se
南极冰鱼	1670.42 ±2.18 *	17.39 ±1.07	8.70 ±0.39	0.76 ±0.13	0.81 ±0.26
南极磷虾	3024.68 ±8.62	49.28 ±1.85 *	45.83 ±2.34 *	4.76 ±0.54	3.31 ±0.18

注：* 为差异显著（$p<0.05$）。

参考文献

Alasalv ARC, Taylor KDA, Zubcove, et al. 2002. Differentiation of cul－tured and wild sea bass (*Dicentr archus labrax*), total lipids content, fatty acid and t race mineral composition [J]. Food Chemistry, 79: 145－150

Charles F Phleger, Peter D Nichols, Patti Virtue. 1998. Lipids and trophodynamics of Antarctic zooplankton [J]. Comparative Biochemistry and Physiology Part B, 120: 311－323

Roger PH, Elizabeth HLL. 2000. The fishery on Antarctic krill defining an ecosystem approach to management [J]. Reviews in Fisheries Science, 8 (3): 235－298

刘志东，陈雪忠，曲映红，等 . 2014. 南极冰鱼与南极磷虾营养成分分析及比较 [J]. 现代食品科技，30 (2):228－233.

楼乔明，王玉明，刘小芳，等 . 2011. 南极磷虾脂肪酸组成及多不饱和脂肪酸质谱特征分析 [J]. 中国水产科学，18 (4): 929－935.

孙雷，周德庆，盛晓风 . 2008. 南极磷虾营养评价与安全性研究 [J]. 海洋水产研究，29 (2): 57－64

5.5　南极磷虾开发利用基础研究

5.5.1　南极磷虾冻藏温度下品质变化及其货架期分析

南极磷虾冻藏温度下的感官评分变化。如图 5－107 所示，南极磷虾感官评分与冻藏时间和冻藏温度均有显著相关性（$r=0.982$ 和 0.981）。南极磷虾的品质初始点感官评分较高，随着时间延长品质不断下降，－8℃冻藏温度下的南极磷虾品质下降很快，15 d 感官评分在 2.7 左右，20 d 后虾肉变得松散，虾体发黑，煮熟后汤汁浑浊，品质难以接受，不适宜加工生产；－18℃冻藏温度下南极磷虾品质下降较快，60 d 时感官评分为 2.9，在 75 d 时南极磷虾组织已经开始松散，虾体出现发黑严重现象，煮熟后汤汁浑浊，此时可以认为南极磷虾品质难以接受；－28℃冻藏温度下的南极磷虾品质下降相对较慢，80 d 时感官评分为 3.2，120 d 左右感官不能接受。从实验结果可以看出，－18℃温度下仍难以保证南极磷虾的品质，－28℃温度下南极磷虾的货架期高于其他二种温度，在 120 d 左右。

南极磷虾冻藏温度下的出肉率变化。如图 5－108 所示，南极磷虾出肉率与冻藏时间有显著的相关性（$r=0.953$）。南极磷虾初始点出肉率大约为 45%，随着时间延长冻藏温度下南极磷虾出肉率呈下降趋势，－8℃温度下出肉率下降明显，25 d 后南极磷虾出肉率为 31.62%；－18℃和－28℃温度下南极磷虾在前 30 d 时出肉率大致相同，45 d 后－18℃出肉率下降变快，－28℃条件下南极磷虾出肉率变化较缓慢，75 d 时两种温度条件下出肉率分别

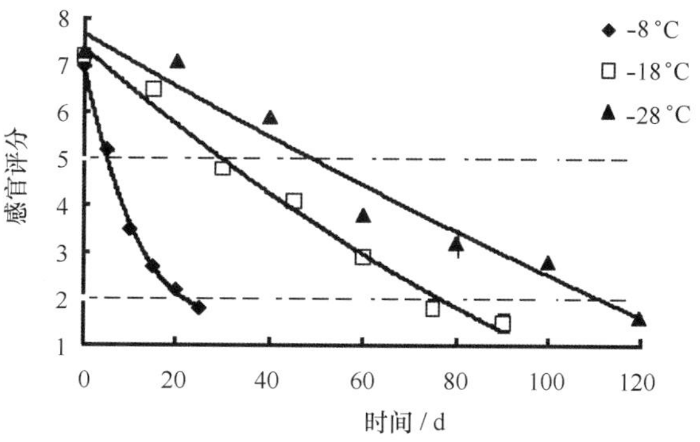

图 5－107　冻藏温度下南极磷虾感官评分

为 31.73% 和 37.21%；在货架期终点（感官不能接受）时－18℃和－28℃温度下南极磷虾出肉率分别达到 31.21% 和 34.52%。

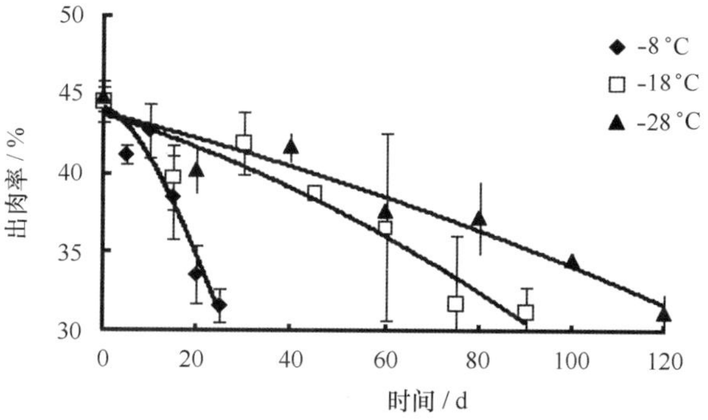

图 5－108　冻藏温度下南极磷虾的出肉率变化

测定虾肉的 pH 值可作为判定新鲜度的参考标准之一。水产动物死后体内糖原开始分解，产生乳酸，使肌肉的 pH 值下降，下降程度与肌肉中的糖原的质量分数有关。随着鲜度的变化，蛋白质开始分解，呈碱性的物质不断增加，使 pH 值上升，所以可以认为水产品的鲜度变化与 pH 值变化有一定的联系。图 5－109 是南极磷虾冻藏温度下的 pH 值变化。如图所示，pH 值变化与冻藏时间和冻藏温度相关性不明显。南极磷虾 pH 值初始点很接近，但都超过 7.60，而且三种温度条件下南极磷虾的 pH 值变化总体趋向于增长。－8 ℃温度下南极磷虾 pH 值增长很快，15 d 后 pH 值达到 7.98；－18℃和－28℃温度下南极磷虾 pH 值先是下降，而后增长，在 75 d 后 pH 值分别达到 7.76 和 7.90，三种温度下南极磷虾 pH 值在货架期终点（感官不能接受）时分别达到 7.94、7.99、7.84。

南极磷虾冻藏温度下的 TVB－N 值变化。如图 5－110 所示，南极磷虾 TVB－N 与冻藏时间有显著相关性（r＝0.944），并与－8℃温度条件下有显著相关性（r＝0.942）。南极磷虾 TVB－N 值初始点很低，这说明南极磷虾质量仍处于很高品质。随着时间的延长，三种冻藏温度下 TVB－N 值不断增加，－8℃条件下 TVB－N 值增加迅速，25 d 后 TVB－N 值达到 21.43 mg/100 g，－18℃和－28℃冻藏温度下 TVB－N 值呈增长的趋势，而后随时间延长 TVB－N增长速度开始变缓，75 d 时两种温度条件下南极磷虾 TVB－N 分别为 19.89 mg/100 g 和 18.58 mg/100 g，这说明冻藏条件下对南极磷虾 TVB－N 的增长有一定的控制作用。三种

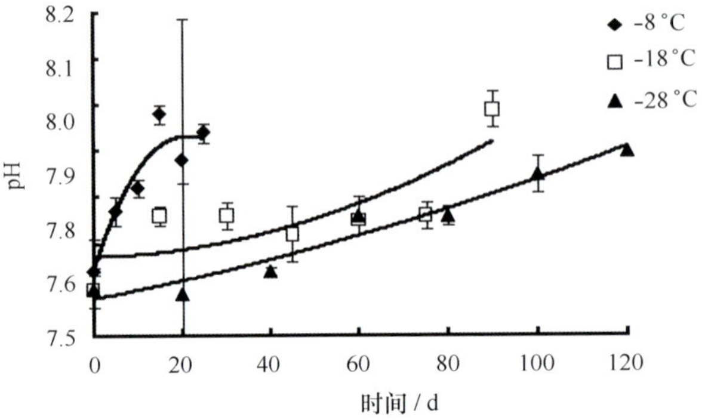

图 5 - 109　冻藏温度下南极磷虾 pH 值变化

温度下南极磷虾 TVB - N 值在货架期终点时分别达到 21.43 mg/100 g、20.49 mg/100 g、19.74 mg/100 g。

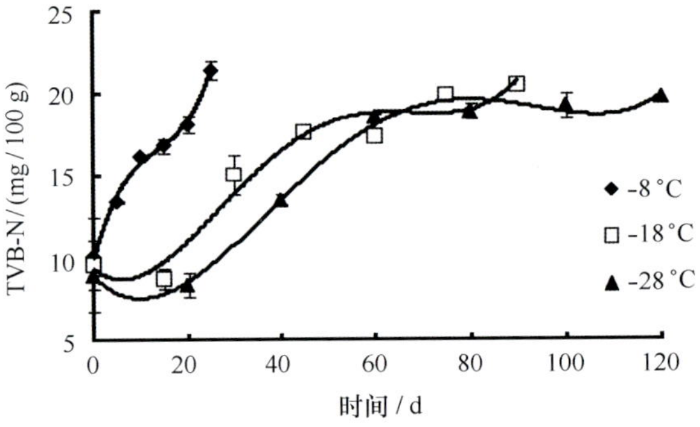

图 5 - 110　冻藏温度下南极磷虾 TVB - N 值变化

南极磷虾不饱和脂肪酸含量很高，容易发生氧化，同时冻藏使虾体自由水含量减少，使氧化速率加快。TBARS 值的变化反映了肌肉脂肪的氧化，这种变化与冻藏时间呈线性关系，因此 TBARS 值变化可以准确判断南极磷虾冻藏条件下的品质变化。图 5 - 111 是南极磷虾冻藏温度下的 TBARS 值变化。如图所示，南极磷虾 TBARS 值与冻藏时间有显著的相关性（r = 0.935），并只与 -18℃和 -28℃条件下的冻藏温度有显著的相关性。南极磷虾初始点 TBARS 值很低，约为 0.4 mg MDA/kg，-8℃冻藏温度下南极磷虾 TBARS 值随着时间延长增长迅速，25 d 后 TBARS 值到达 0.88 mg MDA/kg；-18℃和 -28℃条件下 TBARS 值增长比较平缓，75 d 时两种温度条件下南极磷虾 TBARS 值分别为 0.74 mg MDA/kg 和 0.61 mg MDA/kg；三种温度下南极磷虾 TBARS 值在货架期终点时分别达到 0.88 mg MDA/kg、0.78 mg MDA/kg、0.66 mg MDA/kg。

南极磷虾冻藏温度下 Ca^{2+} - ATPase 活性变化，Ca^{2+} - ATPase 活性源于肌动球蛋白的头部结构。在冻藏温度下肌动球蛋白的头部结构会发生变化，严重时会形成二硫键，进而导致其酶活性的下降或丧失。Ca^{2+} - ATPase 活性可以准确反应冻藏温度下蛋白质变化，从而判断其冻藏温度下的品质变化。南极磷虾藏温度下 Ca^{2+} - ATPase 活性变化如图 5 - 112 所示，Ca^{2+} - ATPase 活性与冻藏时间呈显著的相关性（r = -0.929）。Ca^{2+} - ATPase 活性随冻藏时间延长呈下降趋势。三种温度下 Ca^{2+} - ATPase 活性在前期下降明显，-8℃下第 5 d Ca^{2+} - ATPase活性下降超过 40%；后期三种温度下的 Ca^{2+} - ATPase 活性下降趋势较缓慢。

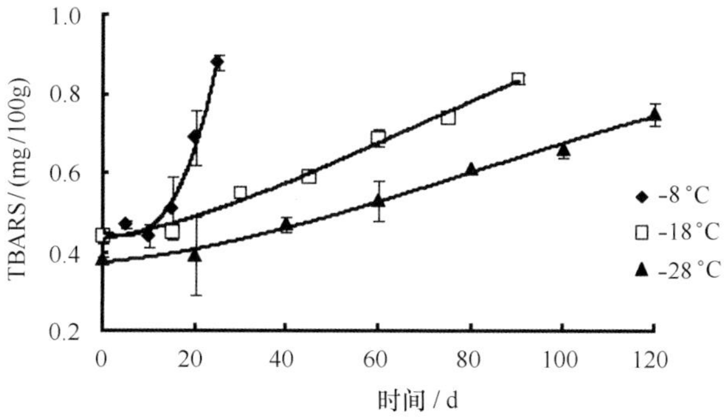

图 5-111 冻藏温度下南极磷虾 TBARS 值变化

-8℃下 Ca^{2+} - ATPase 活性下降最快，在 25 d 后活性已经很低，-28℃条件下降最慢，-18℃次之，这说明冻藏温度对南极磷虾蛋白质变性起一定的作用。

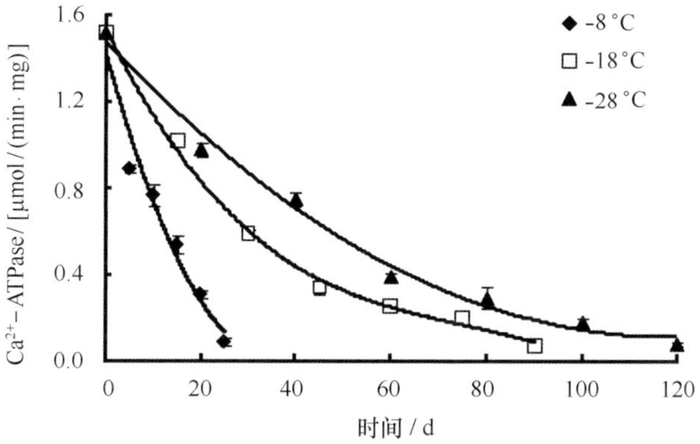

图 5-112 冻藏温度下南极磷虾 Ca^{2+} - ATPase 活性变化

冻藏水产品在生产过程中的水分含量和持水性直接影响水产品的组织状态、品质，甚至风味。由于在冻藏期间自由水冻结和蛋白质结合水脱离，从而容易造成蛋白质损失，降低水产品的出肉率，因此以出肉率为指标探讨冻藏条件下水产品品质十分必要，同时也为企业生产加工提供基础数据。南极磷虾在三种冻藏温度条件下出肉率呈下降趋势，这可能是冻藏过程中冰晶的生成对蛋白质的水化程度束缚变小，加之南极磷虾蛋白酶活力在很低的温度条件下仍很高，造成蛋白质水解，使蛋白质结合状态改变，造成出肉率下降。Nishimura 等对冻藏条件下的南极磷虾的品质变化进行分析，结果发现南极磷虾在冻藏条件下肌肉组织品质下降明显，这与本实验中南极磷虾出肉率下降有关系。

南极磷虾自身的 pH 测定研究很少，但总体上应趋于中性。本实验中南极磷虾 pH 值初始点为 7.60 左右，这可能与南极磷虾生活环境或自身的渗透压有关。南极磷虾在冻藏过程中 pH 值的变化总体上呈上升的趋势，这说明冻藏过程中虾肉蛋白质不断降解，虾体的 pH 值一直趋向碱性，虾体的品质也逐渐降低。冻藏温度对微生物的生长有抑制作用，这使蛋白质分解速度降低。但是南极磷虾 pH 值依旧升高，这说明微生物对蛋白质的利用很低，蛋白酶在冻藏温度下 pH 值的变化起主要的作用。Nishimura 等对冻藏条件下南极磷虾肌肉组织的蛋白酶进行测定，发现冻藏条件下南极磷虾酶活力依然很强，这与本实验的观点一致。

TVB - N 是指动物性食品由于酶和细菌的作用，在腐败过程中使蛋白质分解而产生的氨以及胺类等碱性含氮物质，目前已被中国和世界上大多数国家作为鉴定肉、水产品腐败程度的标准。大部分水产品中 TVB－N 水平与鲜度感官评价之间有很大的相关性。本实验中南极磷虾三种冻藏温度在感官不能接受时的 TVB－N 均未达到 GB 2733－2005 海虾中 TVB－N 为 30 mg/100 g 的规定要求，说明冻藏温度下南极磷虾品质下降主要不是微生物作用，内源蛋白酶对南极磷虾品质变化可能有一定的影响，相关报道也介绍了南极磷虾酶系与品质变化的关系，但仍需要进一步的研究。郑福麟将刚捕获的南极磷虾贮藏在－25℃条件下，三个月后总挥发性盐基氮含量仍保持在 12.03 mg/100 g，并且鲜度良好，这与本实验结果一致。

TBARS 是肉类和水产品冻藏条件下特有的腐败指标。在脂肪含量较高的水产品中，脂肪氧化分解成小分子物质（醛、酮、酸等）是引起感观质量下降的原因之一，故 TBARS 值在反映这类物质的含量的同时也对冻藏条件下水产品质量变化做出准确的评价；同时，由于 TBARS 测定的特征物质丙二醛是不饱和脂肪酸氧化后产生的一个特征致癌物质，所以 TBARS 值不但能反映水产品脂肪酸败的程度，也能反映其安全性。TBARS 值与脂肪氧化程度有很强的相关性，TBARS 值越大说明脂肪的氧化程度越高酸败就越严重。在国外，TBARS 值常用于生肉鲜度的测定，当 TBARS 值大于 0.5 时表明氧化正在进行产品会显现异味。国内对 TBARS 在食品中的限量还没有规定，国外推荐的 TBARS 阈值是 1～2 mg MDA/kg。本实验中南极磷虾 TBARS 初始值处于 0.4 mg MDA/kg 左右，随着时间的延长，TBARS 值不断增加，这说明南极磷虾脂肪含量很高，氧化速度很快，南极磷虾品质变化也很快，但从实验结果显示，三种温度条件下南极磷虾 TBARS 值未达到腐败水平阈值。同时，笔者在实验过程中发现，包装不封闭的南极磷虾在冻藏温度下 TBARS 值更高，表面的虾体腐败更明显，建议冻藏过程中将南极磷虾密封包装。

肌球蛋白和肌动蛋白是构成肌原纤维粗丝和细丝的主要成分，两者在三磷酸腺苷（ATP）存在的条件下形成肌动球蛋白，与肌肉的收缩和死后僵硬有关。肌球蛋白分子具有分解 ATP 的酶活性，当水产品蛋白质冷冻变性越严重，其 Ca^{2+}－ATPase 活性也越低。Hashimto 对磷虾肌动蛋白的 Ca^{2+}－ATPase 活性进行研究，结果显示磷虾肌动蛋白的 Ca^{2+}－ATPase 活性较其他海洋生物肌动蛋白的 Ca^{2+}－ATPase 活性不稳定，容易变性。Nishimura 等对常温条件下南极磷虾 Ca^{2+}－ATPase 活性进行研究。结果显示，25℃条件下 10 min 南极磷虾 Ca^{2+}－ATPase 活性损失达 65%。本实验中南极磷虾蛋白的 Ca^{2+}－ATPase 活性显著下降，这说明南极磷虾蛋白在冻藏过程中发生了严重的变性，影响肌肉持水力，这也可能引起南极磷虾出肉率下降，实验数据显示，Ca^{2+}－ATPase 活性与出肉率之间有显著的相关性（$P < 0.05$）。同时，Ca^{2+}－ATPase活性在－8℃的下降速率较－18℃和－28℃更快，这说明低温能延长南极磷虾蛋白的变性。Nishimura 等在南极磷虾冻藏条件下也发现 Ca^{2+}－ATPase 活性显著下降，－20℃条件下 Ca^{2+}－ATPase 活性 5 d 后损失 30%，六个月后 Ca^{2+}－ATPase 活性几乎消失，这与本实验研究结果相一致。

水产品死后发生的物理、化学和微生物反应使人类的感官不能接受被定义为水产品的腐败变质。冻藏条件下影响水产品腐败和货架期取决于很多因素，首先冰晶成长会使细胞受到机械损伤，组织质地不严密，解冻和加工时容易导致汁液流失，造成蛋白质变性；其次脂肪氧化造成酸败，产生有毒物质，影响感官指标，所以对冻藏条件下水产品品质变化和货架期的研究十分必要。实验过程中，－8℃、－18℃和－28 ℃冻藏温度条件下南极磷虾的货架期分别约为 20 d、75 d 和 120 d，加之南极磷虾已经在－20℃左右条件下贮藏 90 d，综合检测指标，结合感官评分，可以判断 -28℃冻藏温度条件下南极磷虾货架期大约为 200 d， -8℃和 -18 ℃条件下南极磷虾的货架期可能稍短。郑福麟将刚捕获的南极磷虾贮藏在 -25℃条件下，3 个月后南极磷虾品质仍保持很好，这与本实验的结果一致。Trond 将刚捕获的南极磷虾在不同的冻藏温度下进行品质变化研究，结果显示死后南极磷虾自溶依然严重，应尽量低温贮藏， -28 ℃冻藏温度下南极磷虾的货架期长达半年，这个结果与本实验结果一致。

5.5.2 冻藏温度对南极磷虾品质变化的影响

南极磷虾在不同冻藏温度下的感官评分变化如图 5 -113 所示，南极磷虾感官评分随着冻藏时间和冻藏温度的不同而变化。冻藏温度不同，感官品质变化极其显著（$P<0.01$），并且与冻藏时间存在显著的负相关关系（$|r|>0.98$）。初始点感官评分较高 9.75 ±0.05，随着时间延长品质不断下降， -20℃冻藏温度下的南极磷虾品质下降较快，160 d 时表层磷虾颜色发暗，在 180 d 时表层磷虾黑变，并在 200 d 时，有强烈的腥味和氨味，煮熟后汤汁浑浊，此时感官评分为 3. 90 ±0. 05 可认为南极磷虾品质难以接受。 -30℃冻藏条件下的样品在 200 d 时表层磷虾发暗，极少数头部发黑，冻藏结束后，其感官品质尚可接受。在 -40℃和 -50℃冻藏条件下的南极磷虾的感官品质可以得到很好的保持。南极地区每年分寒、暖两季，4 ~10 月是寒季，11 月至翌年 3 月是暖季。1 月是南极的最暖月，平均气温和海水表温与 6 月份相比都较高，南极磷虾捕捞上船 1 h 后若没及时冷冻加工颜色会发白，品质略降。迟海等研究 2010 年 1 月捕捞的南极磷虾 -18℃和 -28℃冻藏时分别在 75 d 和 120 d 时感官不能接受，与本研究 2012 年 6 月捕捞的南极磷虾冻藏结果有一定差异，这可能与南极磷虾的捕捞季节不同有关。

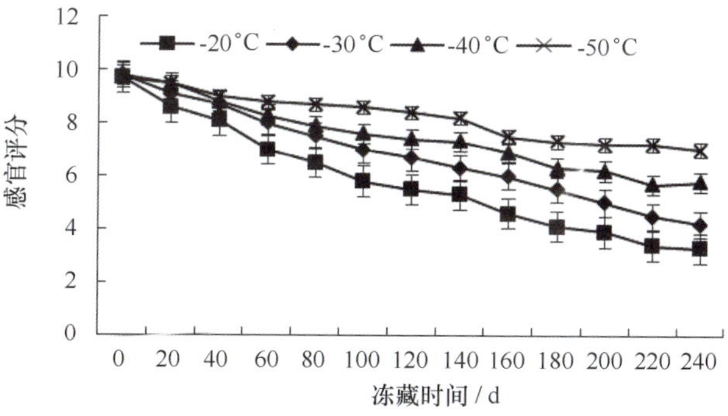

图 5 -113 不同冻藏温度下南极磷虾感官评分变化

南极磷虾中不饱和脂肪酸含量高、易氧化，TBARS 值的变化反映了肌肉脂肪的氧化程度，与冻藏时间呈线性关系，因此 TBARS 值可以作为判断南极磷虾冻藏条件下品质变化的指标。图 5 -114 是南极磷虾在不同冻藏温度下的 TBARS 值变化。如图所示，冻藏温度不同，TBARS 值差异极其显著（$P<0.01$），并且与冻藏时间存在显著的正相关关系（$r>0.95$）。由于丙二醛是脂类氧化的一些初级和次级产物再降解形成的，在冻藏开始之前，会有一些初级和次级代谢产物的积累，因此在 -20℃、 -30℃冻藏条件下的南极磷虾的 TBARS 值上升较快，而后增加减缓，随着时间的推移，增长速率再次增加。在 -40℃、 -50℃冻藏条件下，由于冻藏温度较低，对脂肪氧化起到了一定的抑制作用，样品的 TBARS 值增长相对比较平缓。李汴生等研究了不同冻藏温度下脆肉鲩鱼片 TBARS 值的变化，认为冻藏温度愈低 TBARS

值愈小，与笔者结论一致。南极磷虾 TBARS 初始值为（3.00 ± 0.30） mg MDA/kg，在 -20℃、-30℃、-40℃和-50℃下冻藏 180 d 后，TBARS 分别上升了 76.38%、78.09%、65.71%、53.55%。夏杏洲等对军曹鱼片在-18℃、-30℃冻藏 90 d 后 TBA 值分别上升了 107.15%、83.79%。Santiago 等研究得出大西洋鳕和黑线鳕在-30℃冻藏 150 d 后 TBA 值分别上升了 254.55%、73.08%。

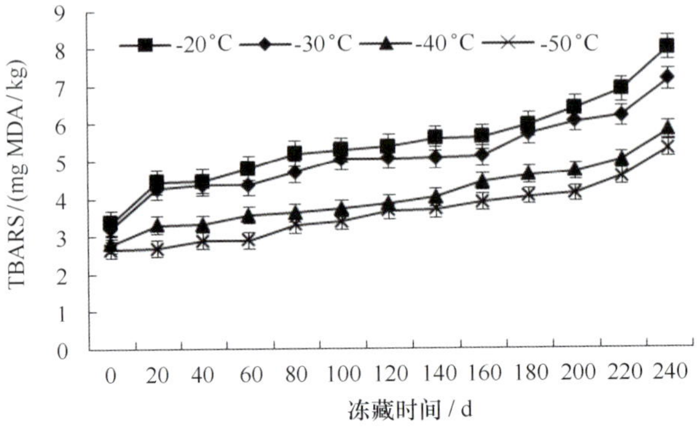

图 5-114　不同冻藏温度下南极磷虾 TBARS 的变化

不同冻藏温度条件下南极磷虾盐溶性蛋白质的含量变化如图 5-115 所示，一般认为，冻藏过程中形成的二硫键、氢键和疏水键等导致了蛋白质的盐溶性下降，且其下降程度与冻藏温度密切相关，由图可知，冻藏温度不同，SSP 变化显著（$P<0.05$），并且与冻藏时间存在显著的负相关关系（$|r|>0.99$）。随着冻藏时间的增加 SSP 的含量逐渐减少，冻藏温度越低 SSP 降低减缓，在-30℃冻藏条件下的南极磷虾的品质略好于-20℃，而在-40℃和-50℃冻藏条件下的南极磷虾 SSP 含量相对较高，降低的相对缓慢，许多研究报告也得到了类似结果。南极磷虾的 SSP 初始值在（39.09 ± 0.80） mg/g，在-20℃、-30℃、-40℃和-50℃下冻藏 180 d 后 SSP 含量分别下降了 32.66%、33.99%、24.95%、21.84%。李汴生等研究得出脆肉鲩鱼在-18℃、-30℃冻藏 70 d 后，SSP 含量分别下降了 40.22%、23.04%。夏杏洲等对军曹鱼片在-18℃、-30℃冻藏 60 d 后 SSP 含量分别降低了 51.84% 和 39.66%。

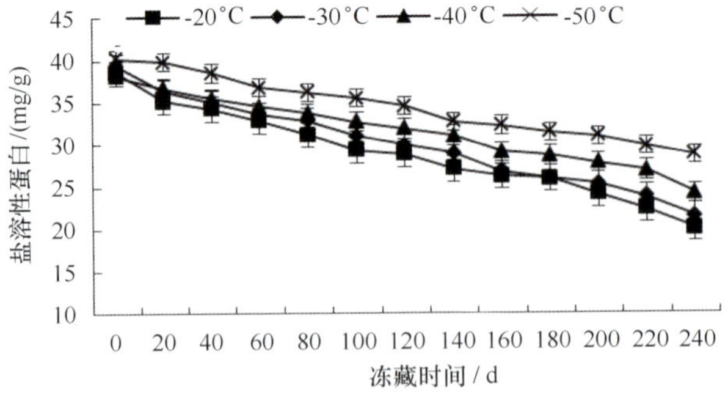

图 5-115　不同冻藏温度下南极磷虾盐溶性蛋白质的变化

持水力即指在外力作用下，样品牢固束缚住其自身的和外加的水的能力。图 5-116 是南极磷虾在不同冻藏温度条件下 WHC 的变化，冻藏温度不同，WHC 变化显著（$P<0.05$），并

且与冻藏时间存在显著的负相关关系（|r|>0.95）。冻藏时间增加WHC呈现降低的趋势，冻藏前期持水力下降较快，后期减缓。南极磷虾的WHC初始值为（69.75±0.55)%，在-20℃、-30℃、-40℃和-50℃下冻藏180 d后，WHC分别下降了18.27%、15.00%、16.04%、12.92%。较低的冻藏温度使得南极磷虾的持水能力可以得到很好的保持。冻藏期间WHC的变化可能与蛋白质的变性、脂肪氧化和肌肉组织的变化有相关性。刘会省等研究了不同冻结温度和冻结方式对南极磷虾WHC的影响，指出冻结温度越低和冻结时间越短，南极磷虾的持水力越强。杨金生研究了在冻藏期间金枪鱼肌肉的WHC变化，认为在不同冻藏温度下，金枪鱼肌肉的WHC都呈下降趋势，冻藏温度越高，下降越明显，这是由于在冻藏过程中，蛋白质周围疏水的/亲水的基团受到破坏，使蛋白质亲和的水分子转变成游离水流出，因失水使得蛋白质凝聚变性，WHC下降。

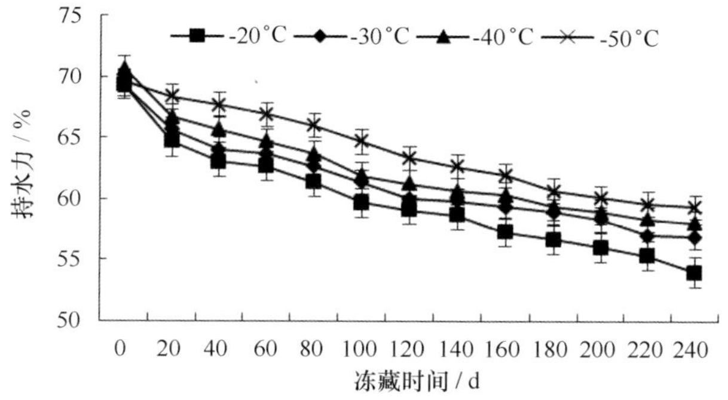

图5-116 不同冻藏温度下南极磷虾持水力的变化

不同的冻藏温度（-20℃、-30℃、-40℃、-50℃）对南极磷虾各理化指标有显著影响（$P<0.05$），且随着冻藏时间的延长，差异更明显。冻藏温度越高，时间越长，南极磷虾的感官品质和持水能力越差，蛋白变性和脂肪氧化程度越高。冻藏过程中南极磷虾品质变化趋势基本一致，随着冻藏时间的延长，南极磷虾的感官评分降低、WHC下降、SSP降低、TBARS增加。南极磷虾在-20℃、-30℃、-40℃、-50℃下冻藏180 d后，TBARS分别上升了76.38%、78.09%、65.71%、53.55%，SSP分别下降了32.66%、33.99%、24.95%、21.84%，WHC分别下降了18.27%、15.00%、16.04%、12.92%。

冻藏中除蛋白质冷冻变性，脂肪氧化外，南极磷虾体内酪氨酸酶易氧化生成黑色素，引起感官品质下降。-20℃冻藏条件下南极磷虾品质变化较快，200 d时感官品质难以接受，-30℃冻藏200 d时感官品质尚可接受，在-40℃和-50℃冻藏条件下感官品质较好。又因南极磷虾体内功能强大的酶系统，冻藏温度越低越有利于南极磷虾品质的保持。根据本研究结果并综合考虑经济节能等问题，建议采用较低的温度（-30℃及以下）冻藏可以最大限度保持南极磷虾的品质。

5.5.3 冻结温度对南极磷虾品质的影响

南极磷虾在不同冻结温度下的冻结速率见表5-28。随着冻结温度的降低，冻结速率逐渐增大。根据国际制冷协会对快速冻结的定义，南极磷虾在-40℃和-50℃的冻结为快速冻结，而在-18℃、-23℃和-28℃的冻结为慢速冻结，有研究认为快速冻结更有利于保持冻品的冻结质量。

图5－117是在不同冻结温度条件下南极磷虾中心温度的变化。如图所示，－18℃下南极磷虾冻结完成时间最长达31.8 h，随着冻结温度降低，冻结完成的时间明显缩短，通过最大冰晶生成带的时间减少，－28℃冻结条件下的冻结完成时间为18.0 h，而快速冻结条件下样品冻结结束的时间不超过6.0 h。南极磷虾通过最大冰晶生成带时，组织内部会有水分的转移，时间越长则内部水分转移越明显，使得产生的冰晶变大且分布不均匀，从而引起南极磷虾的品质变化。目前，国内外有关冻结温度对南极磷虾品质的影响研究较少，而对其他肉类的研究比较多。相关研究表明降低冻结温度或提高冻结速率可以减少对冻品品质的影响。

表5－28　不同冻结温度下的冻结速率和冻结时间

温度/℃	－18	－23	－28	－40	－50
冻结速率/（cm/h）	0.174	0.196	0.282	0.545	0.685
冻结时间/h	17.20	15.27	10.63	5.50	4.38

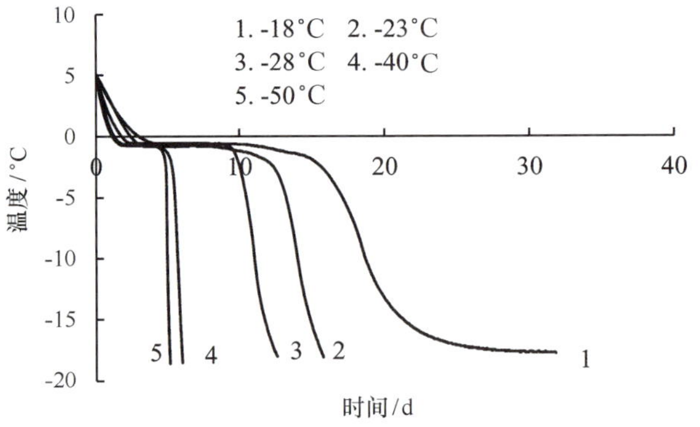

图5－117　不同冻结温度条件下的冻结曲线

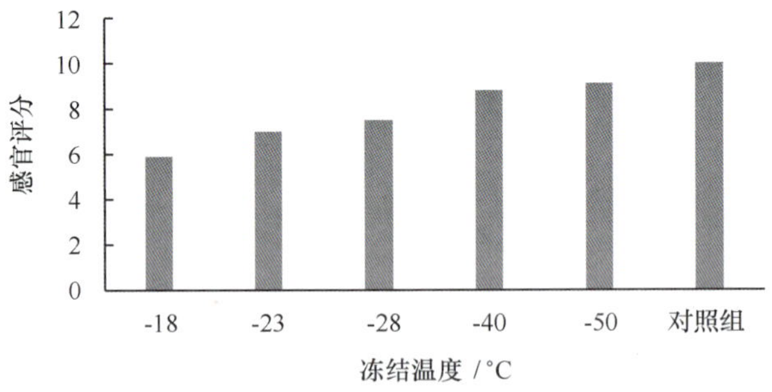

图5－118　冻结温度对南极磷虾感官评分的影响

南极磷虾在不同冻结温度下的感官评分如图5－118所示。在－18℃冻结后，南极磷虾色泽变暗，有较淡的腥味，汤汁稍混，少量样品出现黑头，感官评分6.1，随着冻结温度的降低南极磷虾的感官评分升高，在－23℃和－28℃冻结下南极磷虾的感官评分差别不明显，－40℃、－50℃冻结后的样品感官评分分别达8.8和9.1，说明快速冻结对南极磷虾的感官影响较小。这是由于在较低的冻结温度下南极磷虾体内的酶活降低，自溶和黑变减缓，同时冻结时间缩短，降低了南极磷虾自溶和黑变的时间。

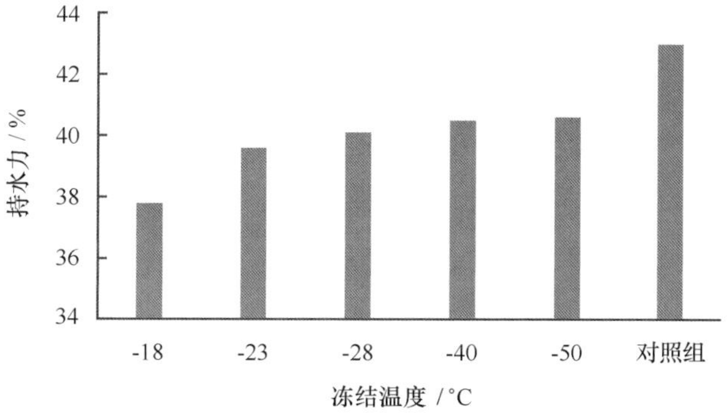

图 5－119 冻结温度对南极磷虾持水力的影响

图 5－119 是南极磷虾在不同冻结温度下的持水力变化。肌肉中的水大部分位于肌原纤维中由粗、细丝组成的三维网络里，在一定条件下这些三维网络可收缩和膨胀，被其包裹着的水也会随之增减。在－18℃下的持水力最小，随着冻结温度的降低，持水力增强，－40℃、－50℃冻结条件下的持水力较大，南极磷虾在冻结过程中产生的冰晶对肌原纤维造成机械损伤，从而使肌原纤维包裹的水分减少，持水力下降，而在快速冻结条件下，南极磷虾的肌肉牢固束缚其自身和外加水的能力可以得到保持，这与牛力等的研究结果相近。

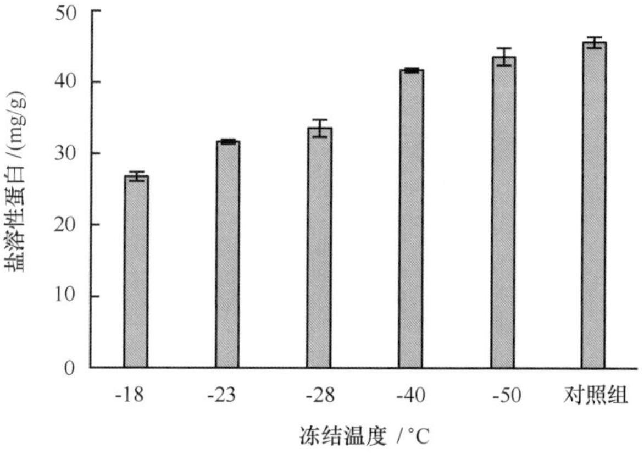

图 5－120 冻结温度对南极磷虾盐溶性蛋白质的影响

图 5－120 是南极磷虾中盐溶性蛋白质在冻结前后的含量变化，在－18℃冻结条件下盐溶性蛋白质的含量为 26.81 mg/g，与对照组 45.63 mg/g 相比下降了 41.24%，差异极显著（$P<0.01$），盐溶性蛋白质变性严重。－23℃、－28℃冻结条件下分别为 31.70 mg/g、33.59 mg/g，无明显差异（$P>0.05$），－40℃和－50℃冻结下的南极磷虾的盐溶性蛋白质含量分别为 41.70 mg/g 和 43.59 mg/g，可见快速冻结条件下的盐溶性蛋白质的含量明显高于慢速冻结，这与关志强等对文蛤蛋白质冷冻变性的研究结果一致，这可能是由于在冻结过程中肌细胞外产生冰晶，使得肌细胞内肌原纤维被挤压集结成束，同时冰晶形成时蛋白质失去结合水，导致蛋白质反应基互相结合形成各种交联而变性。

图 5－121 是不同冻结温度下南极磷虾 Ca^{2+}－ATP 酶活性的变化。经过不同温度冻结之后，南极磷虾 Ca^{2+}－ATP 酶活性有不同程度的下降。在－18℃冻结条件下的南极磷虾的 Ca^{2+}－ATP酶活性下降了 27.42%，变性程度较其他温度条件下高。而－50℃的冻结温度条件

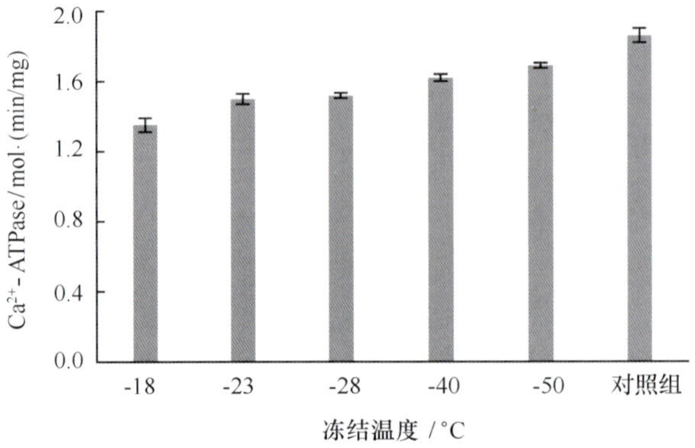

图 5－121　冻结温度对南极磷虾 Ca^{2+} －ATP 酶活性的影响

下变性最小，在－23℃和－28℃冻结条件下的 Ca^{2+} －ATP 酶活性无明显差异（$P > 0.05$），这可能是由于这二种温度之间温差较小。经过不同的温度冻结之后南极磷虾的 Ca^{2+} －ATP 酶活性下降说明南极磷虾蛋白在冻藏过程中发生了变性，而下降幅度比盐溶性蛋白下降幅度小说明肌球蛋白杆部比肌球蛋白头部更容易发生变性。

不同冻结温度下南极磷虾最大剪切力的变化如图 5－122，由于南极磷虾个体比较小，肌肉组织柔软，虾壳较薄致使其最大剪切力较小。对照组的最大剪切力为 2.69 N，该结果与杨峰等 对南极磷虾的最大剪切力的测定值相近。样品在－18℃冻结条件下，最大剪切力值最小，－23℃、－28℃冻结后的最大剪切力值为 2.09 N、2.34 N，与对照组之间均存在显著性差异，－50℃冻结条件下的最大剪切力值较大，－40℃和－50℃冻结条件下的测定值无明显差异（$P > 0.05$）。南极磷虾的最大剪切力随着冻结温度的降低而增大，这与卢燕等对其他肉类冻结品质变化的研究结果相一致，进一步证明不同冻结温度下产生的冰晶对肌肉组织的破坏程度不同，快速冻结对冻品的肌肉组织破坏程度较小。

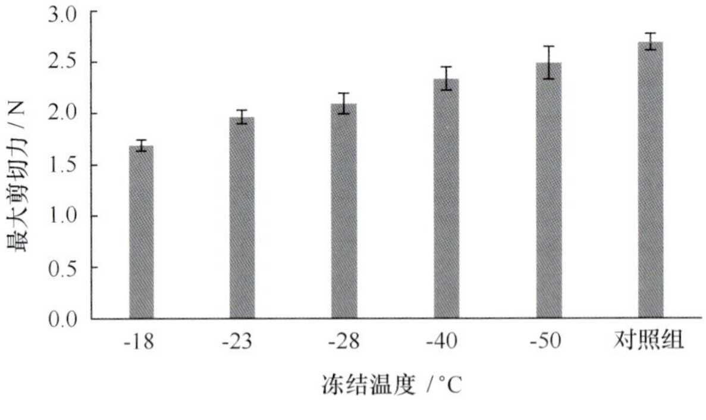

图 5－122　冻结温度对南极磷虾剪切力的影响

肌肉组织中存在着自由水和结合水，在冻结过程中，水分不断结成冰使得水分转移，由于冻结温度和冻结速率的不同，冰晶的大小和分布不同。冻结温度越低，冻结速率越大，冻结过程中产生的冰晶小且分布均匀，则对组织的损伤小。图 5－123 是南极磷虾在不同冻结温度下的组织切片，在－18℃冻结条件下，冻结速率慢，冻结时间长，产生的冰晶大且分布不均匀使得肌肉组织之间间隙较大，并且可以看到明显的断裂痕迹，肌肉组织损伤严重。在－23℃、－28℃冻结下，南极磷虾的肌肉组织与对照组相比肌肉间隙明显，纤维条纹粗大，但是彼此间的肌肉组织间隙差别不明显，这可能是由于冻结时间和通过最大冰晶生成带的时间相近，也可能是持水力差别不明显和最大剪切力差异不显著的原因。样品经过－40℃和－50℃冻结后，肌肉组织纤维条纹较细、组织间隙小，说明快速冻结比慢速冻结更有利于南极磷虾品质的保持，－40℃、－50℃冻结后肌肉组织间隙差别不大。李敏等研究了冻结方式对文蛤肌肉结构的影响后发现，在小范围内提高冷冻速度对冻品品质的改善不明显。余小领等对不同冻结速率下猪肉超微结构进行观察后认为，样品经过冻结后，肌肉组织都会受到不同程度的损伤，随着冻结温度的降低冻结产生的损伤减小；Sanz 等的研究结果显示，提高冻结速率可以有效地减少冰晶对组织结构的损伤。本文研究结果证实了上述结论。

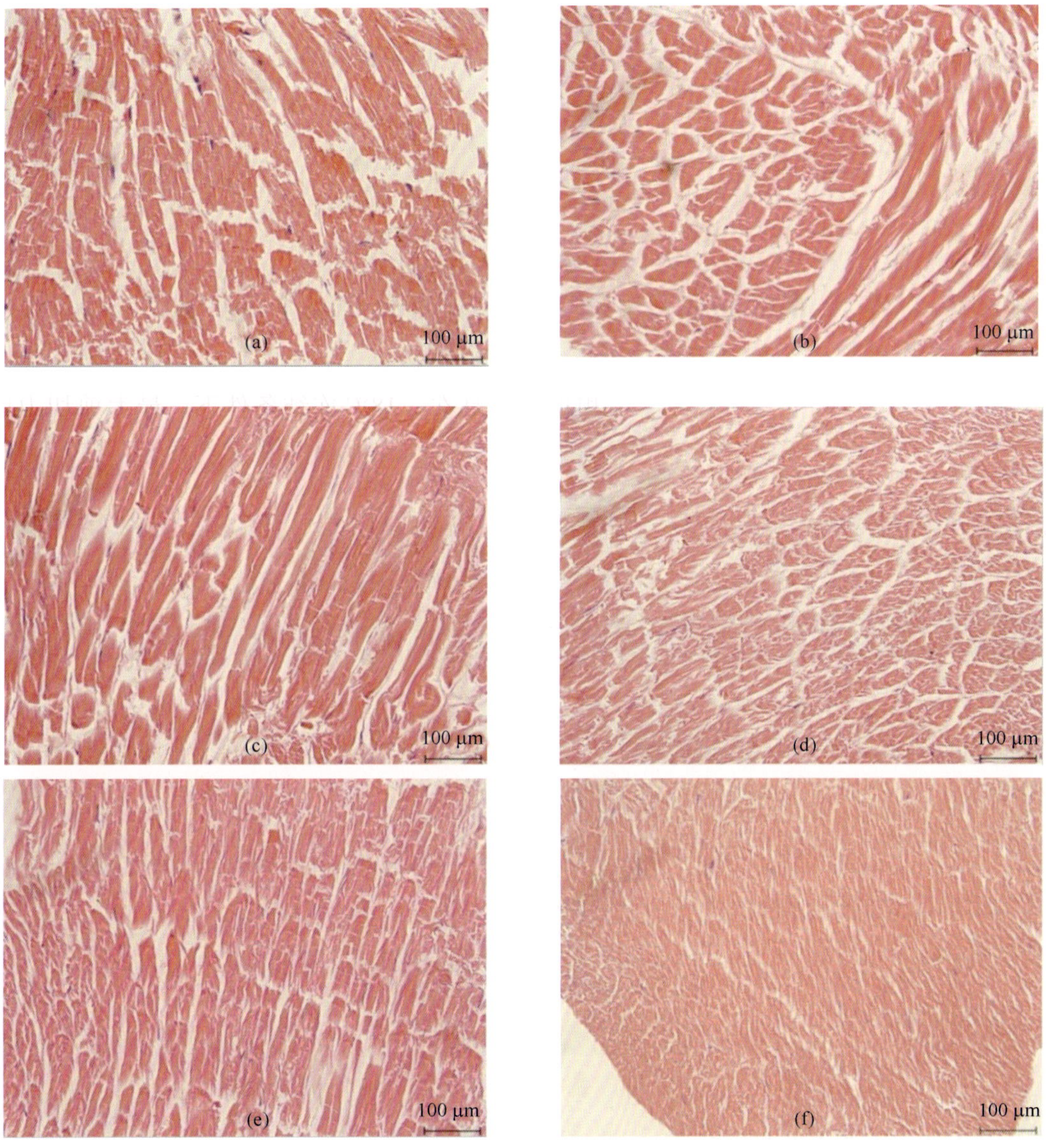

图 5－123　不同温度条件下的组织切片

图中（a）～（f）分别对应于－18℃、－23℃、－28℃、－40℃、－50℃冻结和未冻结条件下的组织切片

综上所述：（1）南极磷虾在－40℃和－50℃的冻结为快速冻结，在－18℃、－23℃和－28℃的冻结为慢速冻结。

（2）冻结导致南极磷虾的感官评分和持水力降低，冻结温度越低，感官评分和持水力越高。

（3）南极磷虾经过不同温度冻结后，盐溶性蛋白质含量具有下降，在 -18℃冻结条件下与对照组相比下降了 41.24% 且差异及显著（$P<0.01$），-50℃下盐溶性蛋白质含量与对照组无明显差异（$P>0.05$），快速冻结条件下的盐溶性蛋白质的含量明显高于慢速冻结。

（4）冻结对南极磷虾的 Ca^{2+} - ATP 酶的活性有一定的影响，冻结温度降低，则酶活升高，快速冻结对南极磷虾的 Ca^{2+} - ATP 酶的活性影响较小。

（5）与对照组相比，经过不同温度冻结后南极磷虾的最大剪切力都有所下降，但是 -50℃下与对照组差异不明显（$P<0.05$）。

（6）通过组织切片的观察，经过慢速冻结后的南极磷虾与对照组相比组织间隙明显、肌纤维粗大，尤其在 -18℃冻结条件下的肌肉组织有明显断裂的现象，而 -40℃、-50℃冻结条件下的南极磷虾的肌肉损伤较小。

本研究结果证明，快速冻结有利于南极磷虾品质的保持。由于在 -40℃和 -50℃冻结下的南极磷虾的各项质量指标差别不明显，综合考虑节能等问题，南极磷虾的最佳冻结温度确定为 -40℃。

5.5.4 复配保鲜剂对南极磷虾保鲜及品质的影响

南极磷虾复配保鲜剂正交试验设计及结果如表 5 - 29、图 5 - 30 所示。由表可知所选的 3 种添加剂对南极磷虾主次作用效果依次为：B > A > C，试验结果表明复配添加剂最优组合为 A3B1C3，即 D - 山梨糖 15 g/L，4 - HR 0.1 g/L，混合磷酸盐 7 g/L。方差分析结果显示，B 对南极磷虾的品质影响极显著，A 以及 C 影响显著性次之。

表 5 - 29　南极磷虾复配保鲜剂正交试验 L9（34）结果

试验号	A	B	C	D	综合评分
1	1	1	1	1	70.220 45
2	1	2	2	2	70.440 61
3	1	3	3	3	68.769 63
4	2	1	2	3	72.433 55
5	2	2	3	1	73.143 83
6	2	3	1	2	67.431 12
7	3	1	3	2	77.922 91
8	3	2	1	3	72.522 45
9	3	3	2	1	69.697 21
K1	69.810 232	73.525 64	70.058 004 9	71.020 5	
K2	71.002 832	72.035 63	70.857 125 5	71.931 55	
K3	73.380 858	68.632 65	73.278 792 2	71.241 88	
R	10.711 88	14.678 95	9.662 362 05	2.733 15	
最佳组合	A3	B1	C3		

表 5－30 正交试验方差分析结果

因素	偏差平方和	自由度	F 比	显著性（$P<0.05$）
A	19.83	2	14.724	*
B	37.74	2	21.582	**
C	16.88	2	12.597	*
D	1.34	2	1	

注：**表示极显著；*表示显著。

图 5－124 是复配保鲜剂对南极磷虾感官评分的影响。南极磷虾的品质随贮藏时间的延长不断下降，复配组的各项感官评分值明显高于空白组（$P<0.05$）。空白组在 20 h 附近感官评分小于 5 分，此时虾肉柔软松散，虾体变黑，煮后汤汁浑浊，品质难以接受，说明南极磷虾的品质下降速率极快。20 h 时，复配保鲜组感官评分大于 5 分，仍在可接受的感官范围内，35 h 时，经复配保鲜剂处理的南极磷虾感官达到感官拒绝点。实验证明复配添加剂能够有效延长南极磷虾的贮藏期。

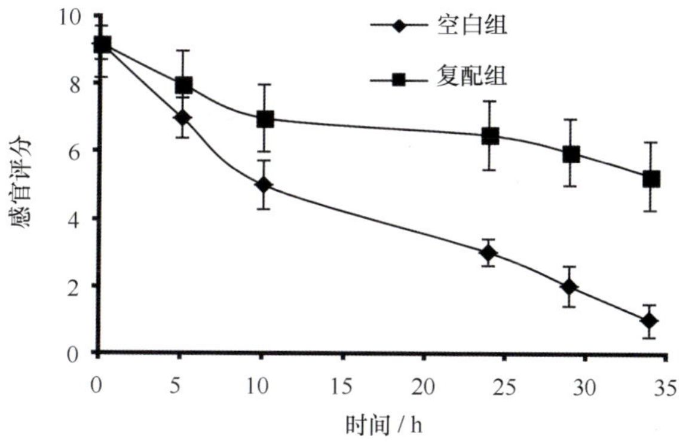

图 5－124 2℃条件下南极磷虾感官评分的变化

迟海等认为南极磷虾品质变化主要是由自身蛋白酶引起的，建议采用 TCA－N 指标的变化作为评价南极磷虾品质变化的指标。通过 TCA 沉淀蛋白质测定 TCA－N 含量变化来反映蛋白质分解变性的情况，从而判断南极磷虾蛋白酶在品质变化中的作用。

本实验中，南极磷虾经复配保鲜剂处理后在贮藏过程中 TCA－N 含量变化情况如图 5－125所示。南极磷虾 TCA－N 初始点为 3.33 mg/g，随着贮藏时间的延长，TCA－N 含量不断增加，35 h 后空白组 TCA－N 指标达到 5.53 mg/g，复配组为 4.34 mg/g，因此，复配添加剂对南极磷虾 TCA－N 含量抑制作用显著（$P<0.05$），前 10 h 时 TCA－N 最高抑制率为 16.9%。以南极磷虾总氮含量为 25.0 mg/g 的标准计算，空白组南极磷虾 TCA－N 含量最高占总氮量的 22.1%，这说明南极磷虾在贮藏期间，自身酶对蛋白质的分解作用显著，抑制 TCA－N 含量能够显著抑制蛋白酶对蛋白质的分解作用，这可能是由于 D－山梨糖醇与南极磷虾蛋白酶中金属离子的螯合作用，造成了南极磷虾酶活性的下降，蛋白质分解速率降低。

相关研究证明，混合磷酸盐作为添加剂，至少有下面 4 个方面的作用，即提高肌肉组织的离子强度、提高肌肉蛋白的凝胶作用、螯合肌肉中的金属离子、固定肌肉中的水分等。表 5－31 是南极磷虾经复配保鲜剂处理后浸出液体积及损失率的变化情况。随着贮藏时间的延

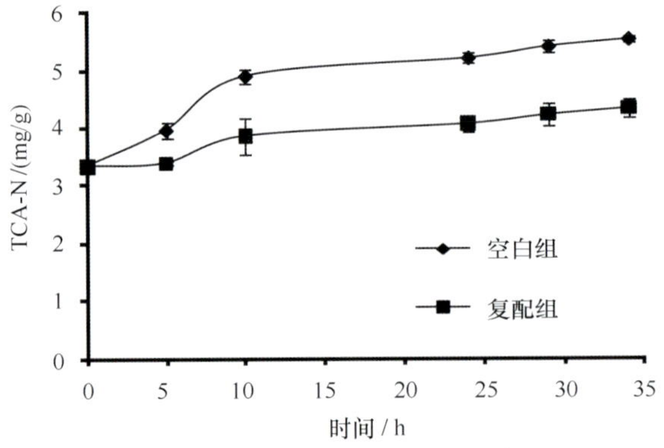

图5－125　2℃条件下南极磷虾三氯乙酸可溶性氮的变化

长，南极磷虾浸出液的体积和损失率变化呈上升趋势。南极磷虾在贮藏5 h后，空白组和复配组浸出液体积和损失率都小于初始值，这可能是由于在解冻的过程中，南极磷虾的吸水作用使得肌肉组织浸出液体积和损失率偏高，但随着贮藏时间的延长，复配保鲜剂的保水作用逐渐增强，浸出液体积为5.55 mL，损失率22.2 %，明显低于初始值7.9 mL，21.6%。这可能是由于混合磷酸盐使南极磷虾肌肉纤维发生实质性膨润，提高了虾肉吸收和固定水分的能力。10 h时，空白组浸出液体积约为7.8 mL，复配保鲜组为6.8 mL，相对应的平均损失率分别为31.1%和27.3%。实验结果证明复配保鲜剂对浸出液体积及损失率的变化有显著地抑制作用（$P<0.05$）。

表5－31　2℃条件下南极磷虾浸出液体积及损失率的变化

实验项目	时间/h					
	0	5	10	24	29	34
空白组浸出液体积 mL	7.90 ±0.28	7.60 ±0.14	7.80 ±0.42	9.50 ±0.14	9.95 ±0.21	10.65 ±0.21
复配组浸出液体积 mL	7.90 ±0.28	5.55 ±1.20	7.00 ±0.57	9.00 ±0.14	9.15 ±0.21	9.50 ±0.71
空白组损失率%	31.6 ±1.10	30.4 ±1.60	31.2 ±1.70	38.0 ±1.60	39.8 ±1.80	42.6 ±0.80
复配组损失率%	31.6 ±1.10	22.2 ±4.80	28.0 ±2.30	39.0 ±0.60	36.6 ±0.80	38.0 ±2.80

图5－126是复配保鲜剂对南极磷虾TBARS的影响。南极磷虾含有多种不饱和脂肪酸且含量很高，极易与氧气结合，产生小分子的醛、酮、酸等，引起南极磷虾品质的下降，TBARS值能准确反应这类物质的含量。在贮藏过程中，南极磷虾的TBARS值随着时间的延长而上升。TBARS的初始值为3.9 mg/kg，空白组从贮藏开始就以较快的速度增加，35 h后达到5.29 mg/kg。而空白组在整个贮藏过程中TBARS的含量始终低于初始值，这说明复配保鲜剂对南极磷虾TBARS的增加抑制作用显著（$P<0.05$）。

质构变化决定了食品品质的优劣。本研究采用TPA方法对南极磷虾肌肉组织的硬度（最大剪切应力）特性进行分析。结果如图5－127所示，随着贮藏时间的延长，南极磷虾肌肉组织的最大剪切应力呈下降趋势，复配组下降速率低于空白组，最大剪切力在前5 h下降较快，而后随着时间的延长趋于平稳。这说明南极磷虾的质构特性在贮藏初期变化显著，前5 h是保持南极磷虾质构的关键时间段。复配保鲜组对南极磷虾肌肉组织的质构变化有一定程度的

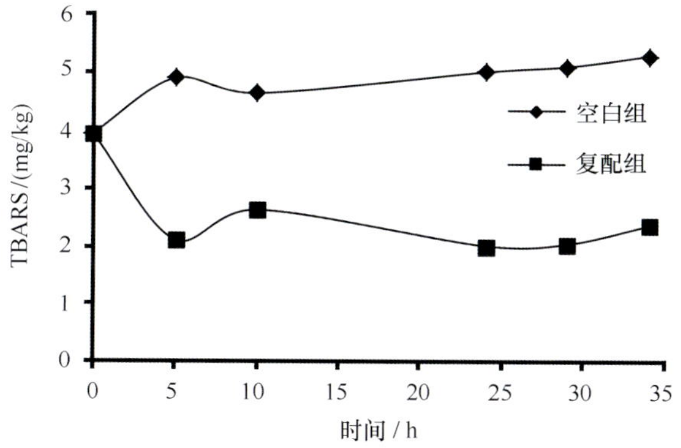

图5-126 2℃条件下南极磷虾TBARS的变化

减缓作用，但作用不显著（$P>0.05$），这可能是由南极磷虾自身的特性决定的，南极磷虾个体比较小，虾壳较薄且肌肉组织柔软多汁，缺乏韧性。

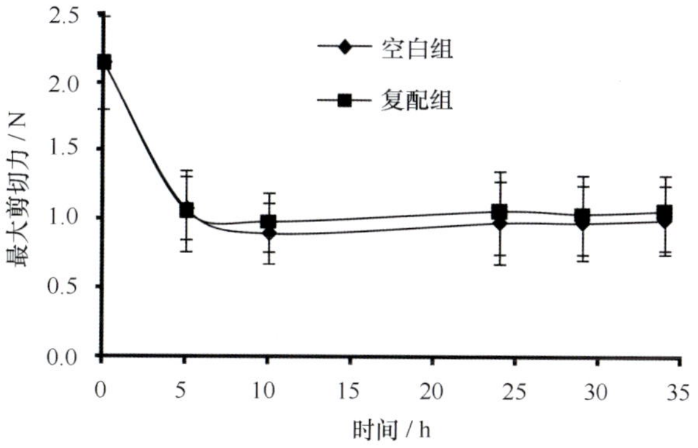

图5-127 2℃条件下南极磷虾最大剪切力的变化

表5-32 在2℃条件下南极磷虾色泽变化

项目	颜色值	时间/h					
		0	5	10	24	29	34
空白	L*	46.31	40.51	44.05	36.93	37.59	23.79
	a*	8.08	6.45	5.57	7.34	15.81	16.53
	b*	1.34	2.97	2.16	3.92	2.52	5.08
复配保鲜组	L*	46.3	38.09	36.52	41.28	32.77	29.60
	a*	8.08	5.64	5.55	5.94	6.63	8.44
	b*	1.34	4.12	3.88	1.77	4.68	7.08

本实验采用色差仪检测了空白组和复配组南极磷虾的色差值变化，结果如表5-32所示。L*值代表虾体的亮度，a*、b*值则分别作为南极磷虾虾体变红和发黄程度的指标。由表可知，L*值随着贮藏时间的延长逐渐下降，证明南极磷虾的光泽度在贮藏过程中不断下降；a*、b*值随着时间的延长呈增加趋势，说明南极磷虾肌肉组织在贮藏期间有逐渐变红和发黄的趋势。

在CIElab表色系统中，+a*表示红色，-a*表示绿色，本试验中a*均大于0。图表明，a＊随南极磷虾贮藏时间的延长呈线性上升，说明 a＊与虾的新鲜度有一定的相关性。南极磷虾随贮藏时间延长其表面色泽从透明逐渐变红至暗红，且复配组的变化速率明显小于空白组（$P<0.05$），这与感官色泽的评分结果一致。

采用正交试验，对南极磷虾新型保鲜剂进行复配研究，确定复配保鲜剂的最佳配比浓度为 D－山梨糖醇 15 g/L、混合磷酸盐 7 g/L、4－HR 0.1 g/L。通过分析感官、TCA－N、TBARS、汁液流失体积及损失率、色差和质构指标变化对贮藏在一定温度条件下南极磷虾复配保鲜剂进行验证。验证结果显示，空白组南极磷虾的贮藏期为 20 h，复配保鲜组为 35 h，这证明复配保鲜剂能够在 2℃条件下显著提高南极磷虾的贮藏期；复配保鲜剂对南极磷虾 TBARS 值增加起显著的抑制作用（$P<0.05$）；TCA－N、汁液流失体积及损失率和肌肉组织的最大剪切力为指标条件下，复配保鲜剂对 TCA－N 的抑制率在前 5 h 达到最大为 17.2%；汁液流失体积及损失率在前 5 h 最小，分别为 5.55 mL 和 22.2%；肌肉组织的最大剪切力在前 5 h 下降迅速，由初始值 2.1 N 下降到 1.1 N，下降了几乎一倍，5 h 后南极磷虾肌肉最大剪切力变化较小，这说明 2℃条件下南极磷虾加工前 5 h 是一个关键控制点；色差测试指标中，a＊值与南极磷虾色差变化有显著地相关性，随着贮藏时间的延长，a＊值也不断升高，说明南极磷虾颜色逐渐变红，直到感官终点的暗红色，这与感官评分项颜色变化项一致，笔者建议采用 a＊值变化来评价南极磷虾 2℃条件下品质变化情况。然而南极磷虾贮藏温度需要很低，本次实验对南极磷虾保鲜剂验证温度仍单一，复配保鲜剂对－18℃或更低条件下南极磷虾品质保持是否存在效果需要进一步的探讨。

5.5.5 响应面法对南极磷虾保鲜剂工艺参数的优化

根据 Box－Benhken 模型设计及原理，以保鲜剂浓度、浸泡时间及浸泡温度为因素，进行实验设计，实验设计及结果如表 5－33 所示。利用 Design Expert 8.0.6.0 对实验结果进行回归分析及方差分析，拟合得到回归方程为：综合得分 = 26.128 + 0.131 25A + 0.467 5B + 0.446 25C − 1.077 5AB − 0.795AC − 0.007 5BC − 0.9615A2 − 1.434B2 − 1.921 5C2。

表 5－33 响应面实验设计及实验结果

试验号	A	B	C	感官评分	贮藏时间	综合评分
1	-1	1	0	15.85	30.83	24.84
2	1	0	1	15.12	34.20	22.75
3	0	0	0	18.55	38.67	26.60
4	1	-1	0	16.43	37.30	24.78
5	0	0	0	17.30	37.25	25.28
6	0	-1	1	15.55	33.50	22.73
7	-1	1	1	16.25	31.33	25.30
8	0	-1	-1	16.50	32.33	23.83
9	0	1	1	16.14	33.40	23.04
10	0	-1	-1	16.15	32.00	22.49

续表

试验号	A	B	C	感官评分	贮藏时间	综合评分
11	1	0	0	15.95	36.50	24.17
12	0	0	0	17.95	38.17	26.04
13	0	0	0	17.65	38.33	25.92
14	1	-1	-1	16.85	38.50	25.51
15	-1	0	0	14.70	33.33	22.15
16	0	0	0	18.55	39.17	26.80
17	-1	-1	-1	14.35	31.33	21.14

表5-34是回归方程的方差分析结果。回归模型的相关系数为$R2=0.9130$，这说明回归方程因变量和自变量之间线性关系显著。在因素选择水平范围内，二次项$B2$和$C2$对工艺效果的影响显著，交互作用不显著。对南极磷虾复配保鲜剂工艺建立的回归模型效果显著（$P<0.05$），实验数据与模型不相符情况不显著（$P>0.05$），这表明方程对实验的拟合效果好，模型选择正确，实验方法可靠。

表5-34 回归方程的方差分析结果

参数	自由度	平方和	均方	F值	P值
模型	9	41.73	4.64	5.35	0.018 9
A	1	0.14	0.14	0.16	0.702 0
B	1	1.75	1.75	2.02	0.198 5
C	1	1.59	1.59	1.84	0.217 3
AB	1	4.64	4.64	5.36	0.053 8
AC	1	2.53×10^{-3}	2.53×10^{-3}	2.92×10^{-3}	0.131 5
BC	1	2.25	2.25	2.56	0.987 5
A2	1	3.89	3.89	4.49	0.071 8
B2	1	8.66	8.66	9.99	0.015 9
C2	1	15.55	15.55	17.93	0.003 9
残差	7	6.07	0.87		
失拟项	3	4.62	1.54	4.27	0.097 4
纯误差	4	1.44	0.36		
总和	16	47.80			
	$R2=0.913\,0$				

图5-128至图5-130是通过模型方程所做的相应面和等高线。如图所示，浸泡温度对南极磷虾复配保鲜剂工艺作用效果起显著作用，其次是浸泡时间，这与方差分析的结果一致。通过Design Expert 8.0.6分析得模型最佳工艺：$A=-0.10$，$B=0.22$，$C=0.14$，即保鲜剂浓

度为21.80 g/L，浸泡温度为6.1℃，浸泡时间6.56 min。在此条件下进行3次验证实验，综合评分平均分为26.85，这与理论值基本相符。

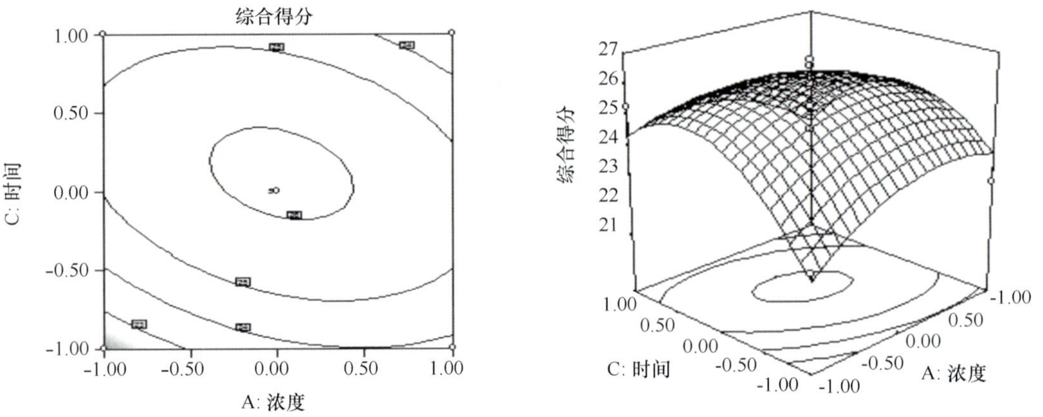

图5-128　保鲜剂浓度与浸泡时间对综合得分影响的响应面及等高线

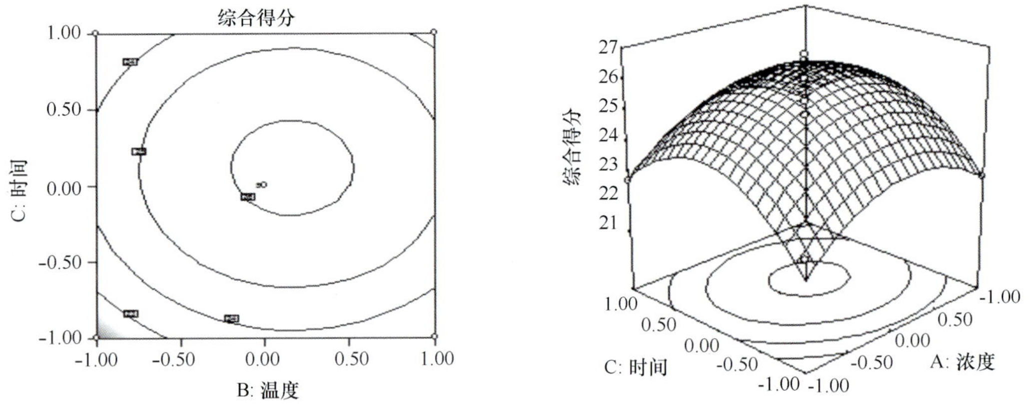

图5-129　浸泡温度与浸泡时间对综合得分影响的响应面及等高线

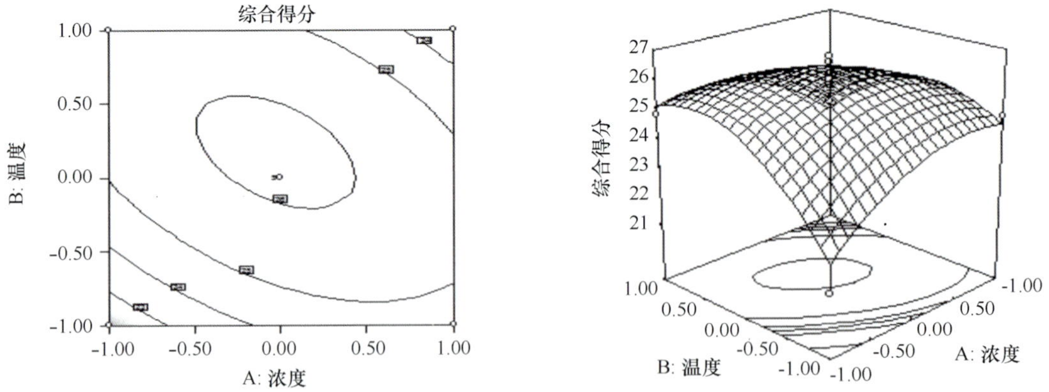

图5-130　保鲜剂浓度与浸泡温度对综合得分影响的响应面及等高线

通常情况下，保鲜剂效果被认为是与浓度呈相关性的。然而高浓度保鲜剂对感官评分产生一定影响，特别是4-HR浓度对南极磷虾的颜色和气味的影响显著。同时，南极磷虾品质变化与腐败性质较其他海捕虾有区别。因此，采用贮藏时间和感官评分作为保鲜剂效果综合评定指标是有一定的意义的。

为了进一步考察回归模型的实用性和真实性。采用实验最佳工艺条件，即将南极磷虾在浓度为21.8 g/L保鲜剂条件下，以6.1 ℃条件下浸泡6.56 min，捞出沥干，以质构、色泽及肌肉组织切片为指标，对南极磷虾复配保鲜剂工艺条件进行验证。表5-35是最佳工艺条件下南极磷虾质构结果。验证组南极磷虾的硬度、弹性和剪切力均较空白组高。由于质构指标可以正确反映出食品品质。通过对质构指标的测定，说明复配保鲜剂工艺条件对南极磷虾品质有一定的保证。

表5-35 最佳工艺条件下南极磷虾质构结果

组别	硬度/N	弹性/N	粘附性/mJ	剪切力/N
验证组	1.086	0.089	0.0738	2.2
空白组	0.906	0.087	0.0756	2.1

根据格拉斯曼定律，人的视觉对的感知主要取决于红（R）、绿（G）、蓝（B）这三种颜色，通过对颜色的认知，并加以图像化、数字化的信息表现出来，这样可以直观地分析食品的色泽和品质。表5-36是最佳工艺条件下南极磷虾的色泽结果。如表5-36所示，验证组与空白组RGB值相差不大，经计算机图像处理后发现验证组颜色较空白组鲜艳，呈粉红色，这可能与4-HR的添加有一定原因。但经感官评定小组感官评分后，验证组评分较空白组高。同时，经色差仪对南极磷虾L*、a*和b*测定发现，验证组指标均高于空白组，这说明验证组感官更容易被接受。

表5-36 最佳工艺条件下南极磷虾色泽结果

组别	L*	a*	b*	R	G	B
验证组	30.13	9.06	1.90	252	224	225
空白组	28.48	8.21	-6.52	254	241	241

图5-131是南极磷虾肌肉组织切片显微镜观察结果。其中A和a图分别为空白组和验证组的南极磷虾横切图，B、C和b、c分别代表空白组和验证组的南极磷虾纵切图。如图所示，空白组的横切图肌肉组织结构较验证组松散，肌肉纤维结构出现断裂，局部出现组织不完整情况，然而验证组南极磷虾横切图肌肉组织结构紧密，肌肉纤维清晰、紧密，结构完整；空白组纵切图肌肉组织较验证组差别不显著，但肌肉纹理仍较验证组模糊，局部组织结构不完整。这说明复配保鲜剂和工艺条件均对南极磷虾品质保持有一定作用。

采用响应面方法，模拟工厂化生产，对南极磷虾复配保鲜剂的工艺参数进行优化。通过实验优化，得出南极磷虾复配保鲜剂工艺参数条件为保鲜剂浓度：21.80 g/L，浸泡温度：6.1℃，浸泡时间：6.56 min。在此条件下，实际综合得分最高，实际测量结果与理论值接近，这说明回归模型选择正确，方法可靠。同时，通过质构、色差和组织切片对回归模型的真实性和实用性进行验证，结果显示验证组测定结果好于空白组，具有一定的研究和推广价值。

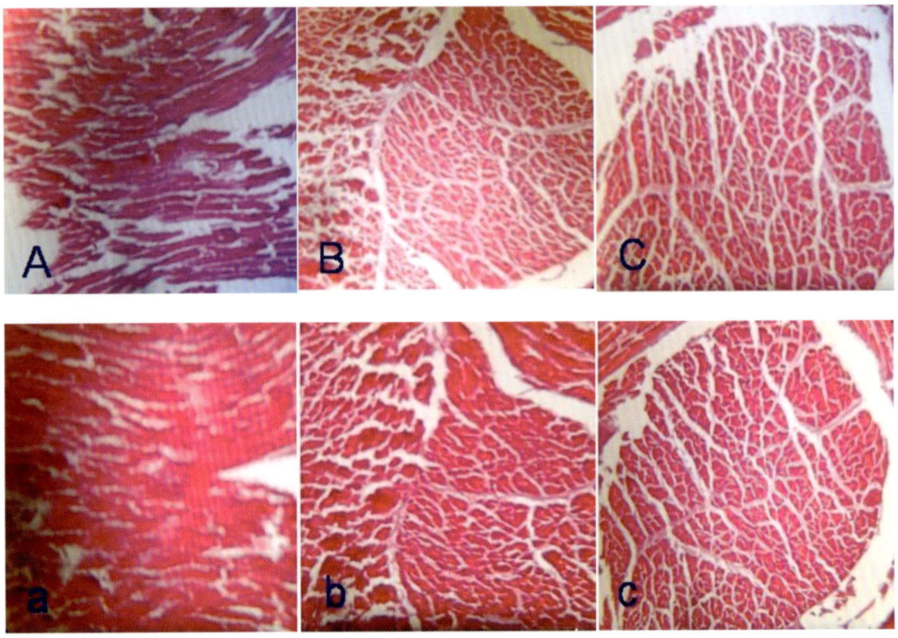

图 5－131　南极磷虾肌肉组织切片显微镜观察结果

注：A，B，C 组为空白组；a，b，c 组为验证组；A 和 a 为横切，其他为纵切

5.5.6　南极磷虾贮藏过程中抗氧化效果的影响

南极磷虾感官变化主要取决于多个方面，首先多酚氧化酶氧化造成虾体黑变，导致感官不能接受；其次虾体脂类发生氧化，使肌肉褐变，组织劣化酸败，色泽和气味影响严重；最后是蛋白质分解变性，汁液流失。图 5－132 是红酒提取物对南极磷虾感官评分的影响。如图所示，南极磷虾感官初始点评分很高，为 5.8，随着时间的延长，南极磷虾感官评分逐渐降低。2℃贮藏条件下对照组评分在 24 h 后为 1.5，达到感官拒绝点，然而试验组仍未达到感官拒绝点，0.1 g/L 浓度条件下预处理的南极磷虾感官评分较其他几个浓度高，达到 3.1。25℃贮藏条件下南极磷虾感官评分下降较快。在此条件下，不同浓度红酒提取物对南极磷虾感官评分差异性不显著（$P>0.05$）。2.0 g/L 浓度条件下预处理南极磷虾感官评分较对照组评分低，这可能是由于温度对南极磷虾品质有一定影响，同时高浓度红酒提取物对其色泽有一定的影响从而对感官造成一定影响。笔者在先前的研究发现温度对南极磷虾品质影响显著，建议低温贮藏，0℃和 20℃贮藏条件下的南极磷虾分别在 24 h 和 8 h 后感官不可接受。本研究贮藏过程中的南极磷虾通过不同浓度的红酒提取物预处理后感官品质有一定的延长，两种温度条件下感官拒绝点分别在 30 h 和 12 h，最适合的红酒提取物浓度分别在 0.1 g/L 和 0.5 g/L。

南极磷虾由于其自身多酚氧化酶作用，容易产生黑斑，加之脂肪氧化等因素影响，从而引起虾体色泽变化，因此可以利用色泽变化来评价南极磷虾氧化程度及品质变化。表 5－37 和表 5－38 是两种温度条件下红酒提取物对南极磷虾色泽的影响。如表所示，两种温度条件下红酒提取物对南极磷虾亮度（L＊）指标没有明显的差异性（$P>0.05$），在感官不可接受时，两种温度条件下南极磷虾的亮度与空白对照组变化不明显。在感官不可接受时，2℃条件

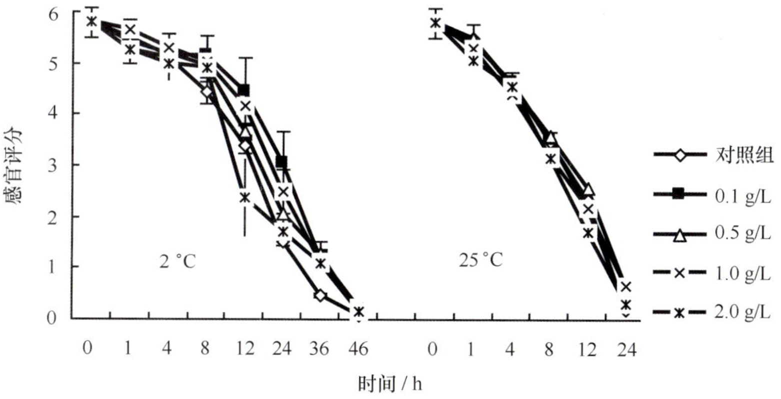

图 5－132　红酒提取物对两种贮藏温度条件下南极磷虾感官评分的影响

下红酒提取物对南极磷虾红度（a＊）指标没有明显差异性（$P>0.05$）这可能是由于高浓度红酒提取物色泽对南极磷虾有一定的影响，2℃条件下南极磷虾 a＊总体呈下降趋势；25℃条件下高浓度（>0.5 g/L）红酒提取物对南极磷虾 a＊有一定的影响，但影响不显著。两种温度条件下红酒提取物对南极磷虾黄度（b＊）指标有明显差异性（$P<0.05$），且 25℃条件下 b＊变化较 2℃条件下明显。Jimenez－Escrigd 等利用葡萄籽提取物对水产品在贮藏过程中抗氧化性质进行研究，并提出采用色泽方法评价水产品抗氧化效果。同时，建议用 a＊和 b＊变化综合考察水产品氧化效果。唐琳等采用 b＊变化对贮藏过程中脊尾白虾鲜度进行评价，结果显示 b＊与脊尾白虾鲜度具有良好的相关性。本实验中两种温度条件下南极磷虾 b＊与感官评分呈良好的相关性，这与唐琳等研究结果一致。

表 5－37　红酒提取物对 2℃贮藏条件下南极磷虾色泽的影响

浓度 /（g/L）	颜色值	时间/h							
		0	1	4	8	12	24	36	46
0	L＊	47. 09	46. 26	47. 01	47. 37	46. 85	47. 83	46. 49	36. 55
	a＊	5. 47	5. 48	2. 85	2. 61	2. 15	2. 03	0. 89	－1. 37
	b＊	8. 28	6. 33	6. 36	6. 80	7. 95	8. 51	11. 67	14. 63
0. 1	L＊	45. 23	44. 30	47. 69	48. 58	46. 49	46. 30	45. 06	30. 78
	a＊	5. 86	3. 69	3. 56	3. 02	2. 31	1. 60	1. 19	－0. 40
	b＊	7. 94	2. 47a	5. 93	5. 92	7. 03	7. 76	8. 64a	10. 66a
0. 5	L＊	44. 49	46. 70	49. 25	49. 89	47. 82	48. 11	46. 61	32. 92
	a＊	5. 52	4. 52	3. 09	2. 76	2. 37	2. 37	0. 43	－0. 12
	b＊	8. 02	3. 35a	3. 94a	5. 75	7. 67	8. 05	8. 91a	11. 66
1. 0	L＊	41. 44	50. 82a	51. 38a	47. 80	48. 02	45. 35	48. 02	39. 50
	a＊	5. 79	3. 63	2. 05	1. 89	1. 54	1. 30	0. 55	1. 19a
	b＊	4. 96a	3. 19a	4. 48	4. 04a	5. 19a	5. 48a	7. 55a	12. 45
2. 0	L＊	42. 58	49. 71a	49. 58	49. 20	46. 18	46. 01	49. 36a	43. 81
	a＊	5. 61	3. 64	2. 19	2. 51	2. 23	3. 30	1. 90a	－0. 37
	b＊	3. 36a	2. 49a	4. 28	4. 22a	4. 94a	5. 67a	9. 02	12. 22

注：同一列标注字母表示存在差异性（$P<0.05$），没有标注字母表示没有显著差异（$P>0.05$）。

表 5－38　红酒提取物对 25℃贮藏条件下南极磷虾色泽的影响

浓度 /（g/L）	颜色值	时间/h					
		0	1	4	8	12	24
0	L*	48.56	47.48	44.78	45.91	43.42	37.04
	a*	5.18	1.22	1.58	2.10	2.01	1.90
	b*	7.40	9.77	5.75	8.12	10.21	14.88
0.1	L*	46.41	46.15	40.46	45.33	46.12	49.48a
	a*	5.27	4.22a	1.77	2.53	2.74	3.33
	b*	7.26	3.62a	5.28	7.99	10.15	12.95a
0.5	L*	47.82	46.35	45.60	45.10	46.83	48.37a
	a*	5.31	2.41	3.09a	2.91	3.11a	3.67a
	b*	7.76	5.26a	5.18	6.98a	8.86a	12.47a
1.0	L*	45.06	47.32	41.52	43.15	42.09	45.92a
	a*	6.40a	3.11a	1.20	2.18	3.76a	4.49a
	b*	8.14	5.18a	5.99	9.87	9.98	14.60
2.0	L*	47.76	46.62	42.92	44.32	44.45	46.14a
	a*	5.81	2.58	2.46	3.41a	2.91	3.45a
	b*	8.03	2.51a	4.72	9.52	10.31	13.59

注：同一列标注字母表示存在差异性（$P<0.05$），没有标注字母表示没有显著差异（$P>0.05$）。

南极磷虾脂肪含量较高，这就使南极磷虾在加工和贮藏过程中容易发生氧化分解，从而引起感官及其品质下降。由于 TBARS 值与脂肪氧化程度有良好的相关性，因此 TBARS 值常被用作来评价水产品品质变化的指标。图 5－133 是红酒提取物对南极磷虾 TBARS 的影响。如图所示，两种温度条件下南极磷虾 TBARS 值呈上升趋势，2℃条件下不同浓度红酒提取物对南极磷虾 TBARS 值较空白对照组有明显的效果。在感官不可接受时，浓度为 0.1 g/L 的红酒提取物对南极磷虾 TBARS 影响效果较其他浓度红酒提取物效果好，为 0.66 mg MDA/kg。25℃条件下红酒提取物对南极磷虾 TBARS 值变化有一定影响，但作用效果不明显。感官不可接受时，浓度为 0.5 g/L 和 1.0 g/L 组效果最好，均为 0.56 mg MDA/kg。目前，我国对水产品中 TBARS 值限量标准没有明确规定，国外推荐的阈值为 1～2 mg MDA/kg，然而由于 TBARS 产生的机理还没有明确，脂肪氧化的二级产物可能对 TBARS 值产生影响，从而造成 TBARS 值上升或下降，所以有报道建议人类可食用水产品的 TBARS 最高限量为 8 mg MDA/kg。实验数据显示，红酒提取物对南极磷虾脂肪氧化有一定的抑制作用，两种温度条件下红酒提取物最适浓度分别为 0.1 g/L 和 0.5 g/L 或 1.0 g/L。

海捕虾黑变主要与其多酚氧化酶作用有关，其酶类以 O2 为氢受体催化，氧化生成可溶性的黑色素，所以了解和掌握贮藏过程中 PPO 活性变化是有效抑制虾体黑变的途径。红酒提取物主要成分为红酒多酚和白藜芦醇，这两种物质均具有抗氧化的性质，多酚类物质显著的抗氧化效果早已得到广大学者的共识，保鲜方面的应用开发与研究工作较为广泛。图 5－134 是红酒提取物对南极磷虾 PPO 活性的影响。如图所示，两种贮藏温度条件下南极磷虾 PPO 活性呈上升趋势，相同浓度条件下的红酒提取物 2℃条件下南极磷虾 PPO 活性较 25℃条件下要低，相同温度条件下浓度为 0.1 g/L 和 0.5 g/L 的红酒提取物南极磷虾 PPO 活性较其他浓度

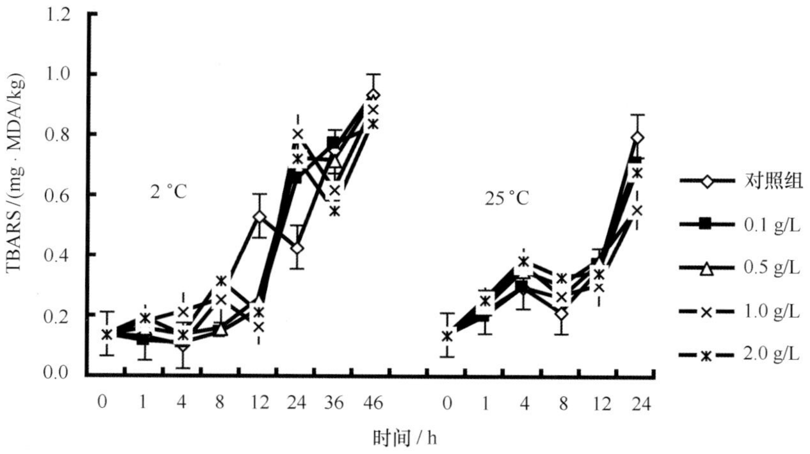

图5-133 红酒提取物对两种贮藏温度条件下南极磷虾TBARS的影响

低，但与空白对照组无明显的差异（$P>0.05$）。在感官不可接受时，2℃条件下空白对照组南极磷虾PPO活性高于其他四种浓度红酒提取物，这说明红酒提取对南极磷虾PPO活性在2℃条件下有一定的抑制作用；25℃条件下浓度为1.0 g/L和2.0 g/L的红酒提取物预处理后的南极磷虾PPO活性高于空白对照组，0.1 g/L和0.5 g/L预处理后的南极磷虾PPO活性低于空白，这说明25℃条件下低浓度红酒提取物（0.1 g/L和0.5 g/L）对南极磷虾PPO活性有一定的抑制作用。

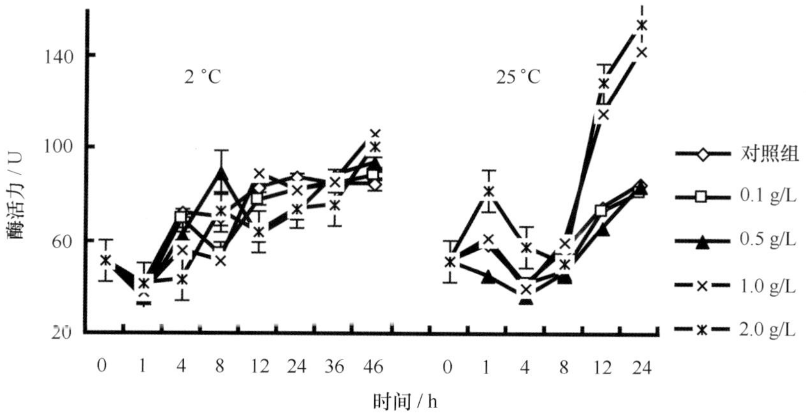

图5-134 红酒提取物对两种贮藏温度条件下南极磷虾PPO的影响

目前，抗氧化能力评价的方法研究很广泛，但是迄今为止仍没有公认的标准方法，有学者建议通过添加物的活性来判断抗氧化效果。本实验主要基于色泽变化，并采用化学方法，结合感官评分对红酒提取物预处理的南极磷虾贮藏过程中抗氧化能力进行评价分析。实验结果显示，红酒提取物对南极磷虾贮藏过程中的抗氧化有一定作用。2℃条件下作用效果较25℃条件下明显，2℃条件下浓度为0.1 g/L和25℃ 条件下浓度为0.5 g/L的红酒提取物对南极磷虾抗氧化效果明显。

甲壳类动物呼吸蛋白多属于血蓝蛋白。在一定条件下，血蓝蛋白可以表现出多酚氧化酶活性，并使酪氨酸及其衍生物通过Cu^{2+}与Cu^{+}相互转化参与氧化还原反应，经催化后生成可溶性的黑色素。根据此原理，可以通过吸光度的变化及颜色变化来判断南极磷虾黑变情况。

图 5 - 135 是经红酒提取物预处理后南极磷虾 OD_{450} 值的变化。如图所示，两种温度条件下 OD_{450} 值呈上升趋势，在感官不能接受时，经浓度为 1.0 g/L 和 2.0 g/L 红酒提取物处理后的南极磷虾 OD_{450} 值迅速上升，均高于空白对照组。有研究证实水产品在贮藏过程中血组蛋白易与空气中的氧气反应，从而造成水产品色泽的下降。Hasham 等通过对 a * 和 b * 指变化重新对水果中的黑变指标及计算方式进行定义。这本实验中 OD_{450} 值变化作为南极磷虾黑变颜色变化的作用相似，OD_{450} 值变化与南极磷虾 b * 值变化呈良好的相关性，这说明 OD_{450} 值可以反映南极磷虾色泽变化。

水产品肌肉颜色可以通过人对视觉感知特征联系起来。根据格拉斯曼定律，视觉对颜色的反应取决于红（R），绿（G），蓝（B）三种颜色。由于肉类的颜色主要是由血组蛋白产生，血组蛋白在贮藏过程中与氧气结合导致肌肉颜色发生变化，因此颜色变化也可以反映水产品品质变化。试验中，经便携式色差仪对上清液的 RGB 值进行分析，在箭头所示部分时，上清液 RGB 值分别约为 102，151 和 8，经 RGB 标准对照表显示，该数据条件下南极磷虾黑变已经严重，这与感官评分结果相一致。贾渊等运用 RGB 值作为指标，并结合计算机技术对牛肉进行分级，通过颜色鉴别肉质等级及脂肪区别。本实验中，RGB 值变化较好的说明了南极磷虾黑变颜色特征。同时，OD_{450} 值变化与 RGB 值变化和贮藏时间呈良好的正向相关性，$R2$ 分别为 0.998 2 和 0.991 6，这也使得 OD_{450} 值和 RGB 值变化可以作为南极磷虾黑变的评价指标之一。

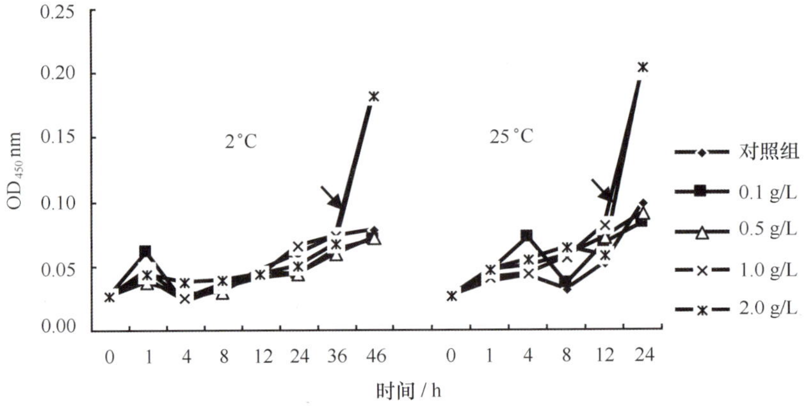

图 5 - 135　红酒提取物预处理后两种贮藏温度下南极磷虾 OD_{450} nm 的变化

经红酒提取物预处理的南极磷虾在贮藏过程中表现出良好的抗氧化性，2℃和 25℃条件下红酒提取物最适处理浓度分别为 0.1 g/L 和 0.5 g/L，在此条件下南极磷虾 PPO 活性、TBARS 值及防黑变效果优于其他浓度及空白对照组。

经测定 OD_{450} 值变化，结合 *RGB* 值变化及感官评分，确定 OD_{450} 值与 *RGB* 值及贮藏时间呈良好的相关性，可以考虑 OD_{450} 值和 *RGB* 值变化作为南极磷虾黑变程度的指标。

实验过程中，红酒提取物的浓度仍很单一，不能完全解决南极磷虾在加工过程中的问题，复合型的南极磷虾抗氧化剂的筛选及优化仍需进一步的研究。

5.5.7　部分食品添加剂对南极磷虾品质变化的影响

南极磷虾含有多种不饱和脂肪酸且含量很高，极易与氧分子反应，产物为小分子的醛、酮、酸等，引起南极磷虾品质的下降，TBARS 值能准确反应这类物质的含量。茶多酚和 4－HR在抑制虾类黑头和脂肪的氧化方面得到了广泛的应用，而且两者对抑制脂肪氧化的作用明显。图 5－136 是不同添加浓度的茶多酚和4－HR对南极磷虾 TBARS 的影响。在贮藏过程中，空白组南极磷虾 TBARS 值随着时间的延长呈上升趋势，然而添加不同浓度的茶多酚和 4－HR的南极磷虾 TBARS 值先呈下降后再上升的趋势。不同浓度的茶多酚和4－HR对南极磷虾 TBARS 有不同程度的抑制作用，添加不同浓度的茶多酚在南极磷虾贮藏初期作用效果显著，但随着时间的延长作用效果下降，在抑制脂肪氧化方面，4－HR作用优于茶多酚，且 4－HR三个不同的添加量作用效果相当，抑制作用极其显著（$P<0.01$），综合成本和南极磷虾易氧化的特点最终选择 0.2 g/L 的 4－HR 添加量。

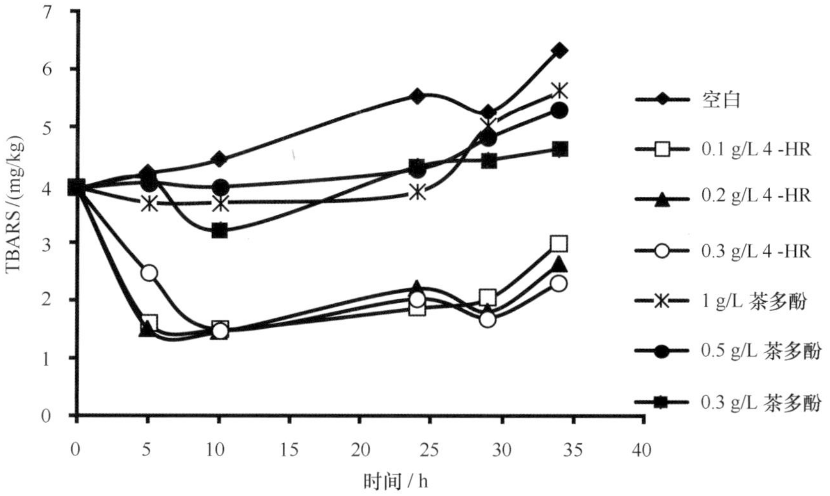

图 5－136　茶多酚和 4－HR 对南极磷虾 TBARS 的影响

保水性是肉制品的重要品质指标之一。因南极磷虾个体较小，组织柔软多汁，在贮藏过程中极易造成汁液流失，保水性就显得尤为重要。壳聚糖涂膜在虾体表面形成保护膜，能有效阻止水分的散失，混合磷酸盐是肉制品生产中使用较多的保水剂，能改变肌原纤维蛋白的热诱导凝胶流变特性，提高蛋白质保持水分和脂肪的能力，减少营养成分的损失，从而影响肉制品保水性。壳聚糖和混合磷酸盐对南极磷虾汁液浸出体积的影响如表 5－39 所示，不同浓度的混合磷酸盐对南极磷虾的汁液浸出体积有不同程度的抑制作用，相反壳聚糖涂膜却加快了南极磷虾汁液的浸出。在前 10 h，添加 6 g/L 混合磷酸盐对南极磷虾汁液浸出体积有显著地抑制作用（$P<0.05$），这可能是由于混合磷酸盐使南极磷虾肌肉纤维发生实质性膨润，提高了虾肉吸收和固定水分的能力，肌肉的持水性能直接关系到肉及肉制品的质地、风味和组织状态，持水力越大，就表明样品的品质越好。随着贮藏时间的延长，南极磷虾的汁液浸出体积增大，这可能是由于南极磷虾蛋白酶的分解作用，将蛋白质分解成水溶性的氨基酸和肽段的原因，这也从一个侧面反映出南极磷虾蛋白酶的活性很强。壳聚糖的涂膜作用没有减缓汁液浸出的体积，相反却大大增加了汁液浸出体积，由最初的 5.4 mL 下降到将近 18 mL，这与普通虾的研究报道不一致。可能是由于壳聚糖溶于醋酸后降低环境 pH，加速南极磷虾蛋白酶分解作用，使虾体变软，保水性下降，南极磷虾汁液的流失加快。虾类食物在蒸煮时产生大量的汁液，汁液中除含有氮基酸等风味物质外，还含有水溶性蛋白质、维生素等，随汤

汁流失，既损失了营养风味，又影响了制品的外观。

表5－39　混合磷酸盐和壳聚糖对南极磷虾汁液浸出体积的影响

试验组	时间/h					
	0	5	10	24	29	34
空白	5.41 ±0.83	6.62 ±0.73	7.71 ±0.83	9.82 ±0.73	9.71 ±0.92	11.02 ±1.12
2g/L 混合磷酸盐	5.41 ±0.83	5.72 ±0.83a	7.43 ±0.61	8.73 ±0.81	9.32 ±0.93	10.72 ±0.91
6g/L 混合磷酸盐	5.41 ±0.83	5.33 ±0.62a	6.93 ±0.52a	8.22 ±0.71	8.83 ±0.72	9.71 ±0.93
10g/L 混合磷酸盐	5.41 ±0.83	5.71 ±0.92a	7.33 ±0.71	8.82 ±0.63	9.32 ±0.81	10.43 ±0.81
2g/L 壳聚糖	5.41 ±0.83	8.92 ±1.03	10.73 ±0.93	12.42 ±1.12	15.83 ±1.22	18.31 ±1.22
4g/L 壳聚糖	5.41 ±0.83	8.71 ±0.93	10.12 ±0.93	11.72 ±1.21	14.52 ±1.13	17.52 ±1.31
6g/L 壳聚糖	5.41 ±0.83	8.53 ±0.81	9.73 ±0.61	11.32 ±0.93	14.62 ±1.32	17.31 ±1.13

注：同一列字母表示不同的差异性（$P<0.05$），没有标注字母表示没有显著差异（$P>0.05$）。

南极磷虾自身蛋白酶的活性很强，而蛋白酶的活性中心一般由金属离子组成，植酸和D－山梨糖醇能与Ca^{2+}、Mg^{2+}、Fe^{3+}和Zn^{2+}等离子结合形成螯合物，阻止金属离子与酶活性中心结合，从而降低蛋白酶的活性，因此选择植酸和D－山梨糖醇抑制南极磷虾蛋白酶活力对南极磷虾品质保持有一定影响。由图5－137可知不同浓度的植酸和D－山梨糖醇对南极磷虾TCA－N的有不同程度的抑制作用，且D－山梨糖醇作用优于植酸，D－山梨糖醇添加量为10 g/L时抑制作用显著（$P<0.05$）。随着时间的延长，南极磷虾TCA－N含量不断增长，空白组由最初的3.3 mg/g上升到5.7 mg/g，增加量为2.4 mg/g，而对应的10 g/LD－山梨糖醇组由3.3 mg/g上升到4.3mg/g，增加量为1 mg/g，平均抑制率为16%。这说明添加量为10 g/LD－山梨糖醇可以实现TCA－N含量的抑制作用，不同浓度的植酸对TCA－N含量也有一定程度的抑制作用，但抑制作用不显著（$P>0.05$）。以南极磷虾总氮含量为25.0 mg/g的标准计算，空白组南极磷虾TCA－N含量最高占总氮量的22.8%，对应的10 g/LD－山梨糖醇组为17.2%，这说明南极磷虾在贮藏过程中，自身酶对蛋白质的分解作用显著，抑制TCA－N含量能够显著抑制蛋白酶对蛋白质的分解作用，这可能是由于D－山梨糖醇与南极磷虾蛋白酶中金属离子的螯合作用，与酶活性中心的金属离子结合，使南极磷虾酶活性下降，蛋白质分解速率降低。

图5－138是植酸和D－山梨糖醇对南极磷虾盐溶性蛋白含量的影响。在贮藏过程中南极磷虾盐溶性蛋白含量显著下降，尤其是在前5 h，盐溶蛋白下降很快。5 h后空白组由初始点的39.6 mg/g，下降到24.6 mg/g，添加不同浓度的植酸和D－山梨糖醇下降到23 mg/g左右，下降了将近一半。5 h后盐溶蛋白含量下降缓慢，直到29 h后各组南极磷虾盐溶蛋白含量逐渐下降到0，由此可见盐溶性蛋白的下降呈现二阶段下降的规律，前段短期时间下降迅速，后期长期时间下降缓慢。这种二阶段规律与Sultanbaw和周爱梅的研究结果相一致。

蛋白质的功能特性由肌原纤维蛋白决定，蛋白质品质下降后，肌原纤维蛋白的溶解度降低，对应的盐溶性蛋白含量下降，因此，盐溶性蛋白含量的变化在一定程度上反映了蛋白质的品质变化情况。在贮藏初期蛋白质的盐溶性下降很快，说明前5 h是蛋白质品质下降的关键期。植酸和D－山梨糖醇对南极磷虾盐溶性蛋白的影响较小，这与在冻藏条件下的研究结

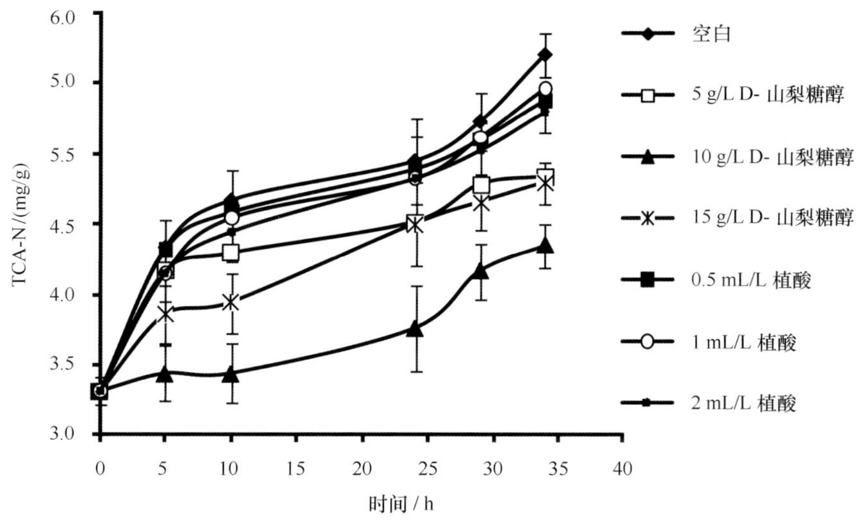

图 5 – 137　植酸和 D – 山梨糖醇对南极磷虾 TCA – N 的影响

果不相同，说明在（2 ±0. 1）℃条件下，植酸和 D – 山梨糖醇对南极磷虾蛋白质的盐溶性影响不大。

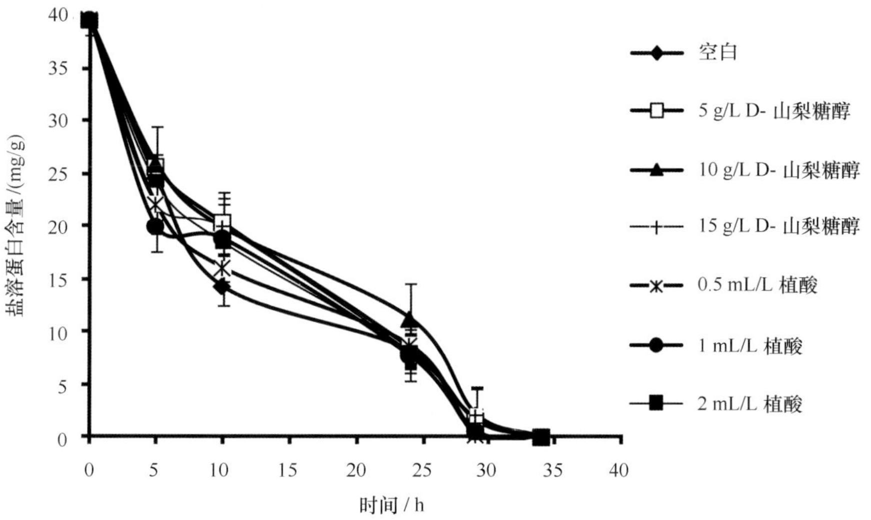

图 5 – 138　植酸和 D – 山梨糖醇对南极磷虾盐溶性蛋白的影响

根据以上实验结果，选择最佳添加量（6 g/L 混合磷酸盐、6 g/L 壳聚糖、10 g/LD – 山梨糖醇、1. 29 g/L 植酸、0. 2 g/L 4 – HR 和 1 g/L 的茶多酚）处理南极磷虾并进行感官评价。图 5 – 139 是食品添加剂对南极磷虾感官评分的影响。南极磷虾的品质初始点很高（感官评分在 9 分左右），随着时间的延长感官评分逐渐下降，其中混合磷酸盐组和 D – 山梨糖醇组感官评分明显高于空白组（$P < 0.05$），且混合磷酸盐作用效果优于 D – 山梨糖醇。在 30 h 后，混合磷酸盐组和 D – 山梨糖醇组感官评分分别为 6. 5 分和 6 分，仍在可接受范围。而空白组感官评分在 4. 3 分，感官不可接受（感官不可接受点低于 5 分），这时虾肉变得松散，虾体发黑，煮熟后汤汁浑浊，品质难以接受；而混合磷酸盐组和 D – 山梨糖醇组组南极磷虾品质感官评分下降相对较慢，35 h 后还维持在 5 分以上，仍在感官接受范围内。笔者在试验过程中

发现添加壳聚糖组的南极磷虾感官评分始终低于空白组，储藏 15 h 后感官就不可接受，主要因为虾体组织已经很松散，煮后虾组织分散，汤汁碎肉较多且浑浊。

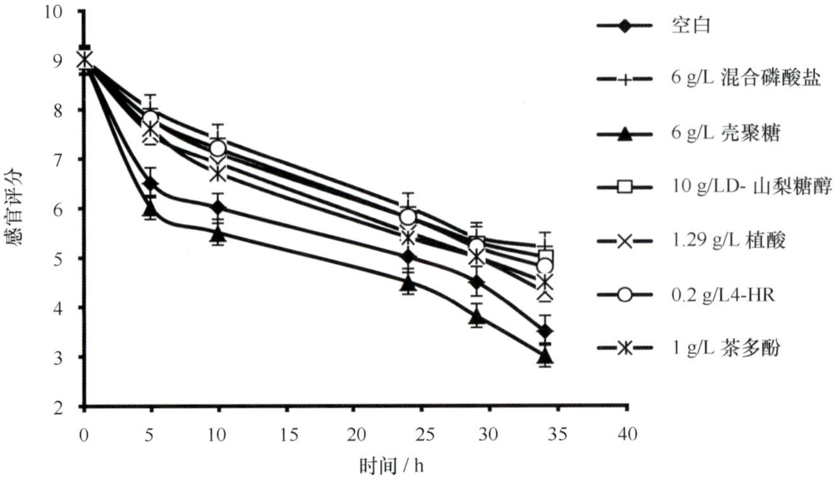

图 5 - 139　食品添加剂对南极磷虾感官评分

食品添加剂 4 - HR、混合磷酸盐和 D - 山梨糖醇，对南极磷虾品质变化影响显著，4 - HR能够有效抑制南极磷虾脂肪氧化，显著添加量为 0. 2 g/L；添加 6 g/L 的混合磷酸盐能够提高南极磷虾的保水性和感官评分；D - 山梨糖醇能够显著抑制 TCA - N 的增加，保持蛋白质的性质，显著添加量为 10 g/L。

壳聚糖涂膜作用没有达到预期的实验效果，这是由南极磷虾自身的条件决定的，南极磷虾个体较小且肌肉组织柔软多汁，虾壳也较薄，壳聚糖溶液中的醋酸极易使虾体蛋白质变性，造成组织汁液的流失，这也是造成壳聚糖组南极磷虾感官评分很低的重要原因。

在（2 ±0. 1）℃条件下，添加不同浓度的植酸和 D - 山梨糖醇对南极磷虾蛋白质的盐溶性作用不显著，Sompongse 等认为巯基发生氧化作用产生的二硫键会引起肌球蛋白重链的聚合，从而降低蛋白质的盐溶性，说明在（2 ±0. 1）℃条件下添加不同浓度的植酸和 D - 山梨糖醇不能阻碍蛋白质巯基的氧化作用，植酸和 D - 山梨糖醇在冻藏条件下的作用效果有待进一步研究。南极磷虾贮藏温度需要较低，本次实验对南极磷虾保鲜剂验证温度仍单一，且单一食品添加剂难以实现对南极磷虾品质的保持，所以食品添加剂对低温度条件下南极磷虾品质的影响以及复合保鲜剂的研制需要进一步的探讨。

参考文献

迟海，李学英，杨宪时，等 . 2012. 南极磷虾冻藏温度下的品质变化及其货架期分析［J］. 水产学报，36（1）:153 - 160.

迟海，李学英，杨宪时，等 . 2010. 南极磷虾 0、5 和 20℃贮藏中品质变化［J］. 海洋渔业，32（4）：447 - 453.

李学英，刘会省，杨宪时，等 . 2014. 冻藏温度对南极磷虾品质变化的影响［J］. 现代食品科技，30（6）：191 - 196

刘会省，迟海，杨宪时，等 . 2013. 冻结温度对南极磷虾品质的影响［J］. 食品与发酵工业，39（3）：78 - 83.

杨峰，迟海，杨宪时，等 . 2012. 复配保鲜剂对南极磷虾保鲜及品质的影响［J］. 食品与发酵工业，38（7）：190－195.

迟海，杨峰，杨宪时，等 . 2013. 南极磷虾保鲜剂工艺参数的优化［J］. 食品与发酵工业，39（2）：218－222

迟海，李学英，杨宪时，等 . 2013. 红酒提取物对南极磷虾贮藏过程中抗氧化效果的影响［J］. 农业机械学报，44（2）：154－187.

杨峰，李学英，杨宪时，等 . 2012. 常用水产保鲜剂对南极磷虾品质的影响研究［J］. 现代食品科技，28（10）:1285－1289.

5.6 南极微生物菌株资源的标准化整理与多样性分析

5.6.1 南极微生物菌株资源的整理与储备

完成563株极地微生物菌株的标准化整理和保藏，其中各类细菌400多株；放线菌100多株，真菌50多株。分离储备尚未标准化的后台菌株568株，其中真菌371株，细菌153株，放线菌45株。各协作单位具体实施如下：

5.6.1.1 中国极地研究中心开展的菌株资源整理与储备

2012年度对中国第26次南极科学考察长城站越冬后期再2个距长城站较远端的科林斯港（Collins Harbour）冰架前缘的海洋沉积物样品（表5－40）和菲尔德斯半岛西侧的地理湾海岸的砂质样品分离获得的45株沉积环境细菌开展了标准化菌株数据分析整理（表5－41）。

表5－40 南极长城站较远端海洋沉积物样品信息

样品位点	经纬度		水深/m	备注
SS6	62°13′0.96″S	059°00′35.29″W	0	地理湾海边岸砂
SS7	62°10′13.42″S	058°47′47.54″W	36	科林斯港海底沉积物

表5－41 长城站远端海洋沉积环境分离的45株细菌的标准化基础信息

序号	菌株编号	16SrDNA /bp	最接近属名	最接近模式菌株	与模式菌株相似性/%
1	Sw357－1	1 415	*Colwellia*	CN74（T）	45.21
2	Sw357－2	1 417	*Planococcus*	Orl（T）	99.37
3	Sw358	1 388	*Pseudoalteromonas*	NCIMB 2127（T）	46.83
4	Sw359	1 420	*Pseudoalteromonas*	LMEB 39（T）	45.98
5	Sw360	1 398	*Pseudoalteromonas*	LMEB 39（T）	46.12
6	Sw361	1 373	*Pseudoalteromonas*	KMM 3549（T）	45.92
7	Sw362	1 405	*Pseudoalteromonas*	KMM 3549（T）	46.74

续表

序号	菌株编号	16SrDNA /bp	最接近属名	最接近模式菌株	与模式菌株相似性/%
8	Sw363	1 377	*Pseudoalteromonas*	MB8 - 11 (T)	45. 63
9	Sw364	1 404	*Pseudoalteromonas*	LMEB 39 (T)	46. 71
10	Sw365	1 380	*Pseudoalteromonas*	k53 (T)	46. 66
11	Sw366	1 371	*Polaribacter*	a4 (T)	45. 96
12	Sw367	1 392	*Pseudoalteromonas*	NCIMB 2127 (T)	46. 43
13	Sw368	1 397	*Arthrobacter*	KV - 651 (T)	99. 22
14	Sw369	1 403	*Pseudoalteromonas*	LMEB 39 (T)	46. 15
15	Sw370	1 413	*Planococcus*	JH 1 (T)	99. 08
16	Sw371	1 383	*Arthrobacter*	KV - 651 (T)	100
17	Sw372	1 419	*Shewanella*	CN83 (T)	45. 55
18	Sw374	1 350	*Psychrobacter*	DSM 14009 (T)	100
19	Sw375	1 407	*Pseudomonas*	CL - AP6 (T)	98. 29
20	Sw376	1 409	*Psychrobacter*	DSM 12194 (T)	99. 29
21	Sw377	1 412	*Planococcus*	Or1 (T)	99. 36
22	Sw378 - 1	1 384	*Arthrobacter*	KV - 651 (T)	99. 93
23	Sw378	1 384	*Olleya*	ACAM 536 (T)	45. 69
24	Sw379	1 392	*Colwellia*	CN74 (T)	45. 94
25	Sw380	1 417	*Planococcus*	Or1 (T)	99. 37
26	Sw381	1 386	*Polaribacter*	ATCC 43844 (T)	98. 13
27	Sw382	1 458	*Colwellia*	2O1 (T)	45. 75
28	Sw387	1 396	*Colwellia*	ACAM 550 (T)	45. 34
29	Sw389	1 437	*Pseudoalteromonas*	IAM 14160 (T)	46. 78
30	Sw390 - 1	1 390	*Arthrobacter*	DSM 20167 (T)	45. 66
31	Sw390 - 2	1 362	*Polaribacter*	ATCC 43844 (T)	98. 10
32	Sw391	1 426	*Planococcus*	Or1 (T)	99. 37
33	Sw392	1 397	*Polaribacter*	ATCC 43844 (T)	99. 71
34	Sw393	1 396	*Arthrobacter*	DSM 20167 (T)	46. 13
35	Sw395	1 424	*Planococcus*	Or1 (T)	99. 30
36	Sw396	1 379	*Pseudoalteromonas*	k53 (T)	46. 52
37	Sw397	1 405	*Colwellia*	MIL - 1 (T)	45. 81
38	Sw398	1 360	*Polaribacter*	ATCC 43844 (T)	98. 25
39	Sw400	1 391	*Pseudoalteromonas*	k53 (T)	47. 25
40	Sw401	1 429	*Planococcus*	NCIMB 629 (T)	47. 21

续表

序号	菌株编号	16SrDNA /bp	最接近属名	最接近模式菌株	与模式菌株相似性/%
41	Sw402－2	1 417	*Planococcus*	Or1 (T)	99.26
42	Sw404	1 368	*Psychrobacter*	DSM 12194 (T)	99.20
43	Sw405－1	1 393	*Pseudoalteromonas*	KMM 3549 (T)	47.08
44	Sw405－2	1 391	*Polaribacter*	KMM 3938 (T)	99.21
45	Sw406	1 477	*Pseudoalteromonas*	ACAM 550 (T)	45.95

2013年度对中国南极长城站周边海域海洋沉积物样品分离的30株开展了标准化菌株数据分析整理，30株属性统计：9个属（表5－42）。

表5－42　长城站周边海域海洋沉积物样品分离的30株的标准化菌株数据分析整理

属名	数量（株）	属名	数量（株）
Colwellia（科尔韦尔氏菌）	7	*Pseudoalteromonas*（假交替单胞菌）	11
Shewanella（希瓦氏菌）	6	*Pseudorhodobacter*	1
Thalassobius	1	*Sulfitobacter*（亚硫酸盐杆菌）	1
Octadecabacter	1	*Roseovarius*	1
Pseudomonas（假单胞菌）	1		

2013年度完成北冰洋海洋沉积放线菌的标准化整理81株（表5－43）。

表5－43　北冰洋海洋沉积环境放线菌81株的整理

序号	菌株号	模式菌株及相似度/%
1	514	*Streptomyces rubiginosohelvolus* NBRC 12912 (T) AB184240 100%
2	518	*Nocardiopsis synnemataformans* IMMIB D－1215 (T) 99.4%
3	527	*Streptomyces badius* NRRL B－2567 (T)　AY999783　99.796
4	530	*Roseicitreum antarcticum* ZS2－28 (T)　FJ196006　95.221
5	575	*Streptomyces albidoflavus*　DSM 40455 (T)　Z76676　99.795
6	500	*Nocardiopsis dassonvillei* subsp. dassonvillei DSM 43111 (T) ABUI01000017 99.9%
7	502	*Nocardiopsis dassonvillei* subsp. dassonvillei DSM 43111 (T) ABUI01000017 100%
8	503	*Nocardiopsis dassonvillei* subsp. dassonvillei DSM 43111 (T) ABUI01000017 99.9%
9	516	*Mesorhizobium thiogangeticum* SJT (T) AJ864462 97.6%
10	520	*Nocardiopsis synnemataformans* IMMIB D－1215 (T) 99.7%
11	523	*Brevibacterium iodinum* NCDO 613 (T) X76567 99.4%
12	525	*Pseudonocardia oroxyli*　D10 (T)　DQ343154　99.434
13	528	*Streptomyces albidoflavus* DSM 40455 (T) Z76676 99.7%

续表

序号	菌株号	模式菌株及相似度/%
14	531	*Nocardiopsis lucentensis* DSM 44048 (T) X97888 99.1%
15	532	*Nocardiopsis synnemataformans* IMMIB D-1215 (T) 99.6%
16	535	*Nocardiopsis dassonvillei* subsp. dassonvillei DSM 43111 (T) ABUI01000017 99.866
17	594	*Streptomyces somaliensis* NBRC 12916 (T) 100%
18	595	*Streptomyces violascens* ISP 5183 (T) 99.9%
19	597	*Streptomyces somaliensis* NBRC 12916 (T) 100%
20	598	*Pseudonocardia autotrophica* IMSNU 20050 (T) AJ252824 99.932
21	599	*Streptomyces somaliensis* NBRC 12916 (T) 100%
22	600	*Streptomyces albidoflavus* DSM 40455 (T) Z76676 100%
23	606	*Streptomyces violascens* ISP 5183 (T) 99.9%
24	607	*Streptomyces violascens* ISP 5183 (T) 100%
26	608	*Streptomyces somaliensis* NBRC 12916 (T) 100%
27	609	*Streptomyces somaliensis* NBRC 12916 (T) 100%
28	610	*Streptomyces somaliensis* NBRC 12916 (T) 100%
29	611	*Streptomyces violascens* ISP 5183 (T) AY999737 99.9%
30	612	*Streptomyces violascens* ISP 5183 (T) 100%
31	613	*Streptomyces somaliensis* NBRC 12916 (T) AB184243 100.000
32	614	*Streptomyces somaliensis* NBRC 12916 (T) 100%
33	615	*Streptomyces violascens* ISP 5183 (T) AY999737 98.186
34	616	*Streptomyces somaliensis* NBRC 12916 (T) AB184243 99.863
35	537	*Streptomyces sampsonii* ATCC 25495 (T) 99.8%
36	540	*Streptomyces sampsonii* ATCC 25495 (T) 99.8%
37	541	*Streptomyces sampsonii* ATCC 25495 (T) 99.8%
38	543	*Streptomyces albidoflavus* DSM 40455 (T) Z76676 99.6%
39	544	*Streptomyces albidoflavus* DSM 40455 (T) Z76676 99.8%
40	545	*Streptomyces albidoflavus* DSM 40455 (T) Z76676 99.4%
41	546	*Streptomyces sampsonii* ATCC 25495 (T) 99.8%
42	547	*Streptomyces albidoflavus* DSM 40455 (T) Z76676 99.4%
43	548	*Streptomyces albidoflavus* DSM 40455 (T) Z76676 99.8%
44	549	*Streptomyces sampsonii* ATCC 25495 (T) 99.8%
45	550	*Streptomyces sampsonii* ATCC 25495 (T) 99.8%
46	551	*Streptomyces albidoflavus* DSM 40455 (T) Z76676 99.4%
47	552	*Streptomyces sampsonii* ATCC 25495 (T) 99.8%
48	555	*Streptomyces albidoflavus* DSM 40455 (T) Z76676 99.6%

续表

序号	菌株号	模式菌株及相似度/%
49	556	*Streptomyces albidoflavus* DSM 40455 （T） Z76676 99.8%
50	557	*Streptomyces albidoflavus* DSM 40455 （T） Z76676 99.654
51	558	*Streptomyces sampsonii* ATCC 25495 （T） D63871 99.785
52	559	*Roseicitreum antarcticum* ZS2－28 （T） FJ196006 95.292
53	560	*Streptomyces somaliensis* NBRC 12916 （T） 100%
54	561	*Streptomyces sampsonii* ATCC 25495 （T） 99.8%
55	562	*Streptomyces sampsonii* ATCC 25495 （T） 99.8%
56	563	*Streptomyces sampsonii* ATCC 25495 （T） 99.8%
57	564	*Streptomyces sampsonii* ATCC 25495 （T） 99.8%
58	565	*Acinetobacter lwoffii* DSM 2403 （T） X81665 99.452
59	567	*Streptomyces sampsonii* ATCC 25495 （T） 99.6%
60	568	*Streptomyces albidoflavus* DSM 40455 （T） Z76676 99.8%
61	570	*Streptomyces albidoflavus* DSM 40455 （T） Z76676 99.8%
62	571	*Streptomyces albidoflavus* DSM 40455 （T） Z76676 99.8%
63	579	*Streptomyces sampsonii* ATCC 25495 （T） 99.8%
64	580	*Streptomyces sampsonii* ATCC 25495 （T） 99.6%
65	584	*Streptomyces albidoflavus* DSM 40455 （T） Z76676 99.8%
66	585	*Streptomyces albidoflavus* DSM 40455 （T） Z76676 99.8%
67	586	*Streptomyces sampsonii* ATCC 25495 （T） 99.6%
68	587	*Streptomyces sampsonii* ATCC 25495 （T） 99.8%
69	588	*Streptomyces albidoflavus* DSM 40455 （T） Z76676 99.589
70	589	*Streptomyces sampsonii* ATCC 25495 （T） 99.8%
71	625	*Streptomyces somaliensis* NBRC 12916 （T） 99.8%
72	626	*Streptomyces somaliensis* NBRC 12916 （T） 100%
73	628	*Streptomyces somaliensis* NBRC 12916 （T） 100%
74	629	*Streptomyces somaliensis* NBRC 12916 （T） 100%
75	630	*Streptomyces violascens* ISP 5183 （T） AY999737 100%
76	631	*Streptomyces violascens* ISP 5183 （T） 99.9%
77	632	*Streptomyces somaliensis* NBRC 12916 （T） 100%
78	633	*Streptomyces somaliensis* NBRC 12916 （T） 100%
79	634	*Streptomyces somaliensis* NBRC 12916 （T） 100%
80	635	*Streptomyces somaliensis* NBRC 12916 （T） 100%
81	603	*Streptomyces somaliensis* NBRC 12916 （T） 100%

2013 年度分离保藏的南极海洋沉积环境分离的真菌菌株 60 株（表 5－44）。

表 5－44　南极海洋沉积环境分离的真菌菌株 60 株

菌株号	菌株号	菌株号	菌株号	菌株号
D2－3/W－1－12X	s－3－89－z	s－1－17－①	A－3－13－3	w－2－5
w－1－8	A－3－24	s－1－17－②	A－3－13－4	D5－3 w－2－6
w－1－13－2	s－3－88－F	D4－10 w－3－63	A－3－13－5	w－2－5－1
w－1－11	s－3－24	s－1－17	A－3－18－1	D1－3 w－2－10
w－1－12	s－3－76	D4－8 w－3－71	A－3－18－1	D5－5 w－2－9
w－1－8x	s－3－86	D5－3/s－1－19	A－3－18－2	w－2－4
w－1－18	s－3－85	w－3－57	D2－8/W－2－13	w－2－5－2
w－1－9	s－3－71	D2－4－1 S－1－4	D3－1/W－2－16	D5－5 w－2－8－①
s－1－9－1	s－3－74	D2－3 W－3－38	D3－1/W－2－17	D5－6 s－3－62
w－1－9－2	s－3－93	D4－11 W－3－61	D4－11 w－2－23	s－3－11 D5－5
s－1－10	w－3－66	D2－3 W－3－38	D3－5 W－2－18－②	D5－6 A－3－32
w－1－13－1	s－3－75	D4－8 W－3－71	D3－5 W－2－18－①	A－3－15

2014 年度对已有的后台储备菌株 30 株开展形态学、生理生化学和 16S rRNA 序列等分析，具体见 表 5－45。

表 5－45　南极海水和沉积物细菌标准化整理 30 株

序号	菌株编号	最相似模式菌株	种属名	相似性/%
1	R09－9	MS－3 （T）	*Pseudomonas taeanensis*	98. 269
2	R09－12	MS－3 （T）	*Pseudomonas taeanensis*	98. 325
3	K1B－3	IFO 12536 （T）	*Planomicrobium okeanokoites*	99. 25
4	ZS1－4	P7 （T）	*Subsaxibacter broadyi*	98. 097
5	NF1－11	HFD （T）	*Bizionia saleffrena*	99. 3
6	BSs20122	M7 （T）	*Shewanella vesiculosa*	99. 858
7	K4B－6	CIP 105339 （T）	*Alteromonas fuliginea*	99. 644
8	NF3－21	SD－15 （T）	*Seohaeicola saemankumensis*	95. 808
9	BSw20196	537 （T）	*Colwellia polaris*	99. 787
10	NF1－27	34H	*Colwellia psychrerythraea*	99. 86
11	BSw20187	KMM 162 （T）	*Pseudoalteromonas elyakovii*	100
12	K1B－10	KMM 3562 （T）	*Pseudoalteromonas aliena*	100
13	K4B－5	A 37－1－2 （T）	*Pseudoalteromonas arctica*	99. 858
14	K3B－5	NCIMB 8614 （T）	*Pseudoalteromonas nigrifaciens*	99. 93
15	KS5－6	MB8－11 （T）	*Pseudoalteromonas prydzensis*	98. 794

续表

序号	菌株编号	最相似模式菌株	种属名	相似性/%
16	KS5 - 1	A 37 - 1 - 2 (T)	*Pseudoalteromonas arctic*	99.929
17	KS5 - 3	KMM 3562 (T)	*Pseudoalteromonas aliena*	99.933
18	K3d - 1	KMM 162 (T)	*Pseudoalteromonas elyakovii*	99.932
19	K4d - 1	A 37 - 1 - 2 (T)	*Pseudoalteromonas arctica*	99.786
20	K1d - 2	KMM 3562 (T)	*Pseudoalteromonas aliena*	100
21	PR4 - 6	CIP 105273 (T)	*Pseudomonas mandelii*	99.532
22	PR1 - 17	CIP 105273 (T)	*Pseudomonas mandelii*	99.666
23	NF3 - 16	MS - 3 (T)	*Pseudomonas taeanensis*	98.081
24	NF1 - 29	KMM 6032 (T)	*Arenibacter echinorum*	98.323
25	BCw031	ACAM 456 (T)	*Shewanella gelidimarina*	99.27
26	BCw022	ACAM 456 (T)	*Shewanella gelidimarina*	99.402
27	KS8 - 8	ACAM 456 (T)	*Shewanella gelidimarina*	98.796
28	KS7 - 2	ACAM 456 (T)	*Shewanella gelidimarina*	98.732
29	KS9 - 10	DSW - 25 (T)	*Sulfitobacter donghicola*	98.293
30	BR097	DSM 40455 (T)	*Streptomyces albidoflavus*	99.641

5.6.1.2 国家海洋局第一海洋研究所开展的菌株资源整理与储备

2012 年度从长城站附近的阿德雷岛 6 份样品中共分离得到 168 株真菌（表 5 - 46），据菌落外部形态及孢子器、孢子梗、孢子等显微特征（图 5 - 140），结合真菌鉴定手册，初步判定其种属。标准化菌株 15 株，获得菌株 ITS 基因序列 15 条。

表 5 - 46　不同基底分离真菌数量和种类

样品名	分离真菌数（株）占总数百分比/%	分离到真菌种类
淡水湖沉积物（FS）	11/6.5%	3 个属 *Penicillium*（5 株）、*Geomyces*（4）、*Cladosporium*（2）
山顶棕土（PU）	14/8.3%	3 个属 *Penicillium*（4）、*Geomyces*（5）、*Aureobasidium*（5）
山脚土样（HS）	23/13.7%	5 个属 *Penicillium*（6）、*Pseudeurotium*（5）、*Geomyces*（7）、*Cladosporium*（2）、*Aureobasidium*（3）
雪层下腐烂物（SS）	35/20.8%	7 个属 *Pseudeurotium*（11）、*Geomyces*（6）、unclassified Onygenales（4）、*Bionectria*（3）、*Penicillium*（9）、*Cladosporium*（1）、*Aureobasidium*（1）
大型海藻腐烂物（MS）	58/34.6%	8 个属 *Pseudeurotium*（9）、*Geomyces*（7）、unclassified Onygenales（4）、*Bionectria*（6）、*Penicillium*（12）、*Aspergillus*（5）、*Cladosporium*（8）、*Aureobasidium*（7）
淡水湖水样（FW）	27/16.1%	6 个属 *Pseudeurotium*（6）、*Geomyces*（4）、*Penicillium*（5）、*Aspergillus*（3）、*Cladosporium*（3）、*Aureobasidium*（6）

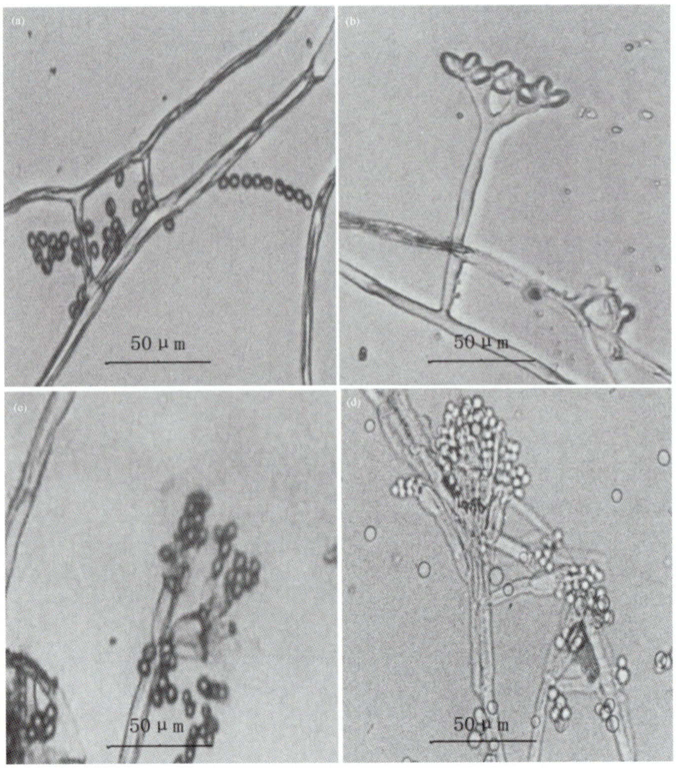

图 5 - 140　部分真菌显微镜检图（40 ×）

（a）地丝菌属；（b）假散囊菌属；（c）青霉菌属；（d）枝孢属

阿德雷岛真菌多样性研究：15 株代表性菌株在 PDA 平板上培养 1 周，然后提取基因组，扩增核糖体 rDNA 的 ITS1 - 5.8S - ITS2 序列，获得长度约为 650 bp ITS 序列，将这些序列提交 GenBank，获得注册号分别为：JX139700、JX139701、JX139702、JX139703、JX139704、JX139705、JX139706、JX139707、JX139708、JX139709、JX139710、JX675046、JX675047、JX675048、JX675049。通过系统发育分析可以将它们鉴定到属（图 5 - 141），结果显示它们分属于 4 个纲、8 个属，分别为：锤舌菌纲（Leotiomycetes）中的假散囊菌属（*Pseudeurotium*）、地丝菌属（*Geomyces*）以及 unclassified Onygenales，粪壳菌纲（Sordariomycetes）中的生赤壳属（*Bionectria*），散囊菌纲（Eurotiomycetes）中的青霉属（*Penicillium*）和曲霉属（*Aspergillus*），座囊菌纲（Dothideomycetes）中的枝孢属（*Cladosporium*）和出芽短梗霉属（*Aureobasidium*）。15 株代表菌株中，青霉属 5 株，假散囊菌属、地丝菌属和枝孢属各 2 株，生赤壳属、曲霉属、出芽短梗霉属和 unclassified Onygenales 各 1 株，该结果表明南极地区具有丰富的真菌物种多样性。

2013 年度开展了中国第 29 次南极科学考察期间在普里兹湾及邻近海域的 25 个站位的海洋沉积物表层样品中分离获得 912 株细菌和 293 株真菌，选取了形态特征差异较为明显的细菌和真菌菌株分别进行 16s rDNA 和 ITS 鉴定，共鉴定得到 12 个属的 29 株细菌和 7 个属的 10 株真菌（见表 5 - 47）。根据细菌 16srDNA 和真菌 ITS 基因序列构建菌株系统进化树见图 5 - 142。这 29 株细菌分属于革兰氏阳性菌：放线菌门（*Actinobacteria*，1 株）、厚壁菌门（*Firmicutes*，2 株）；γ - 变形菌（*γ - proteobacteria*，24 株）；α - 变形菌（*α - proteobacteria*，1 株）；拟杆菌门（Bacteroidetes，1 株）。最多的是假交替单胞菌属（*Pseudoalteromonas*），有 8

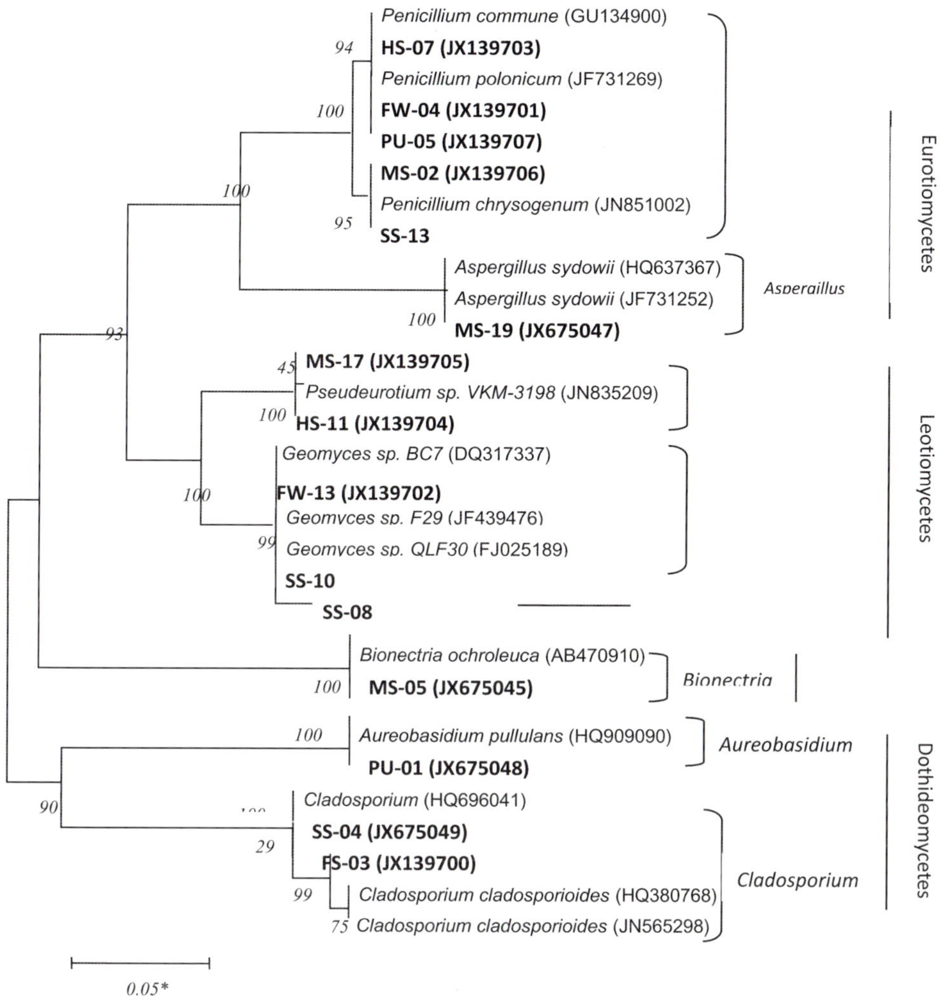

图5-141 南极真菌系统进化树

使用NJ法建树，各分支上的数值为经1000次bootstrap后的置信度值，“*”代表遗传距离，黑体为15株代表菌株，括号里面是GenBank登录号

株，菌株P7-9-1最高相似度为97%，推测有可能是一个新种。真菌鉴定结果表明它们属于4个纲7个属，分别为散囊菌纲（Eurotiomycetes）的青霉属（*Penicillium*）和曲霉属（*Aspergillus*）、座囊菌纲（Dothideomycetes）的枝孢属（*Cladosporium*）、粪壳菌纲（Sordariomycetes）的帚霉属（*Scopulariopsis*）和*Geosmithia pallida*、微球黑粉菌纲（Microbotryomycetes）的红酵母属（*Rhodotorula*）和*Glaciozyma*，其中菌株P7-16-7与*Geosmithia pallida*（HF546256）相似度最高，只有88%，因此推测其为一个新种。由此可知，南极普里兹湾及邻近海域沉积物存在丰富的细菌、真菌多样性。

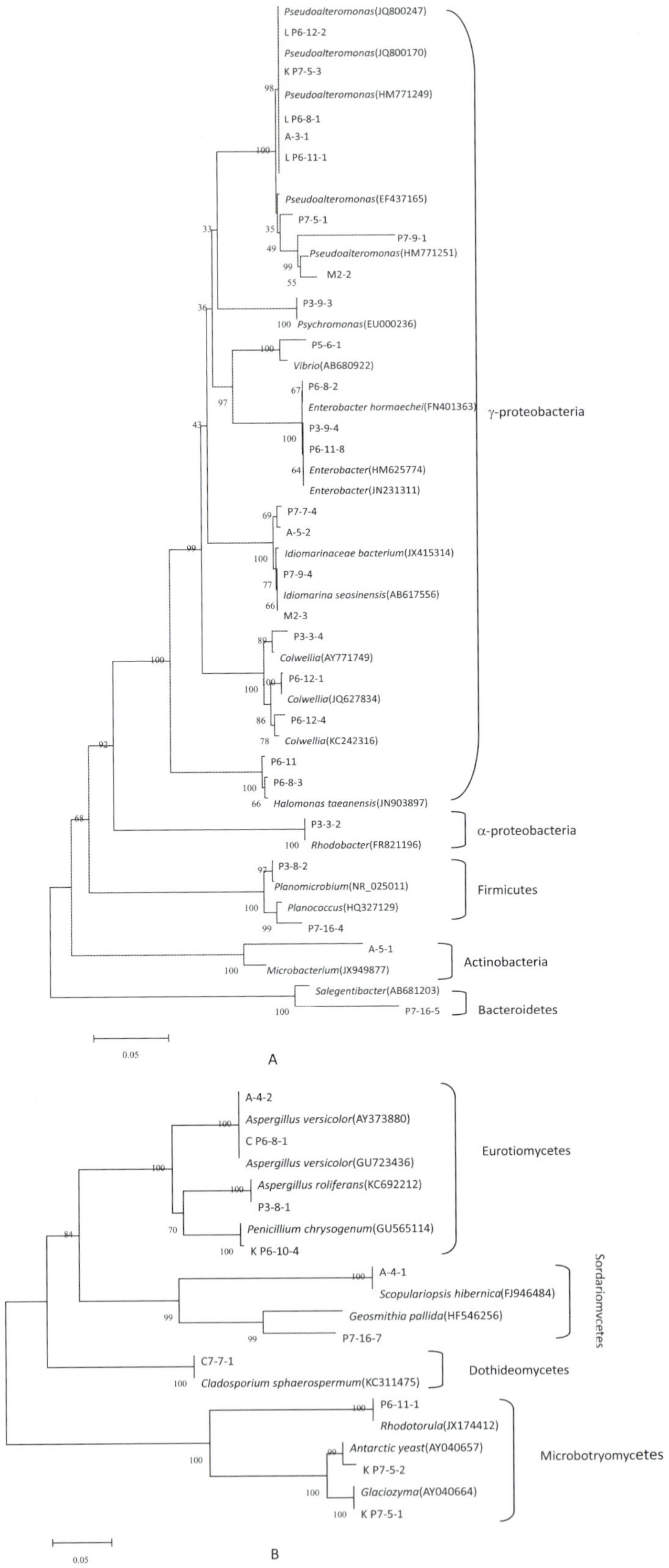

图 5－142　根据细菌 16s rDNA（A）和真菌 ITS（B）基因序列构建菌株系统进化树

表 5 – 47 29 次普里兹湾及其邻近海域分离菌株的鉴定结果

	种属	菌株编号	种属	菌株编号
细菌	*Pseudoalteromonas*（假交替单胞菌属）	A – 3 – 1，KP7 – 5 – 3，P7 – 5 – 1，P7 – 9 – 1，LP6 – 8 – 1，L P6 – 11 – 1，L P6 – 12 – 2，M2 – 2，	*Idiomarina*（海源菌属）	A – 5 – 2，M2 – 3，P7 – 5 – 3，P7 – 7 – 4，P7 – 9 – 4
	Microbacterium（微球菌属）	A – 5 – 1、	*Vibrio*（弧菌属）	P5 – 6 – 1
	Enterobacter（肠杆菌属）	P3 – 9 – 4、P6 – 11 – 8、P6 – 8 – 2	*Rhodobacter*（红杆菌属）	P3 – 3 – 2
	Planococcus（动性球菌属）	P7 – 16 – 4	*Halomonas*（盐单胞菌属）	P6 – 8 – 3，P6 – 11
	Colwellia（科尔韦尔氏菌属）	P3 – 3 – 4、P6 – 12 – 1、P6 – 12 – 4	*Psychromonas*（冷单胞菌属）	P3 – 9 – 3
	Planomicrobium（动性杆菌属）	P3 – 8 – 2	*Salegentibacter*	P7 – 16 – 5
真菌	*Cladosporium sphaerospermum*（球孢枝孢）	C7 – 7 – 1	*Penicillium chrysogenum*（产黄青霉）	KP6 – 10 – 4
	Scopulariopsis（帚霉属）	A – 4 – 1	*Aspergillus*（曲霉属）	A – 4 – 2，C P6 – 8 – 1，P3 – 8 – 1
	Glaciozyma	K P7 – 5 – 1 、K P7 – 5 – 2	*Geosmithia pallida*	P7 – 16 – 7
	Rhodotorula（红酵母属）	P6 – 11 – 1		

2014 年度从中国第 30 次南极科学考察于菲尔德斯半岛地区的土壤表层样品中分离获得 1 171株细菌和 29 株真菌，经肉眼和显微镜观察共选取了形态颜色大小等特征差异较为明显的 20 株细菌开展了标准化整理（表 5 – 48）。

表 5 – 48 分离菌株相似性比较

编号	菌株	相似性最高模式菌株	相似度/%
1	D3 – 3	*Pseudomonas mandelii* CIP 105273（T） （AF058286）	99.58
2	E1 – 1 – 6	*Flavobacterium hercynium* WB 4.2 – 33（T） （AM265623）	98.34
3	J1 – 1	*Pseudomonas frederiksbergensis* JAJ28（T） （AJ249382）	99.43
4	J5 – 1	*Pseudomonas thivervalensis* CFBP 11261（T） （AF100323 ）	99.50
5	E1 – 2/E4 – 4 – 2	*Janthinobacterium svalbardensis* JA – 1（T） （DQ355146）	99.78
6	E3 – 1	*Pseudomonas arsenicoxydans* VC – 1（T） （FN645213）	99.93
7	E3 – 2	*Pseudomonas mandelii* CIP 105273（T） （AF058286）	99.78
8	E4 – 1	*Pseudomonas arsenicoxydans* VC – 1（T） （FN645213）	99.86

续表

编号	菌株	相似性最高模式菌株	相似度/%
9	E4－3	*Pseudomonas frederiksbergensis* JAJ28（T） （AJ249382）	99.71
10	E5－2	*Pseudomonas frederiksbergensis* JAJ28（T） （AJ249383）	99.50
11	E5－3	*Pseudomonas frederiksbergensis* JAJ28（T） （AJ249384）	99.79
12	J2－1	*Pseudomonas mandelii* CIP 105273（T） （AF058286）	99.71
13	D3－2－1	*Pseudomonas avellanae* BPIC 631（T） （AKBS01001374）	99.08
14	D4－2－3	*Arthrobacter psychrochitiniphilus* GP3（T） （AJ810896）	98.76
15	E5－6－3	*Brevundimonas staleyi* FWC43（T） （AJ227798）	98.79
16	E5－11－3	*Pedobacter ginsengisoli* Gsoil 104（T） （AB245371）	97.76
17	D4－4－3	*Cryobacterium psychrotolerans* 0549（T） （DQ515963）	99.28
18	D2－1	*Pseudomonas mandelii* CIP 105273（T） （AF058286）	99.36
19	D4－2	*Arthrobacter alpinus* S6－3（T） （GQ227413）	98.12
20	J2－3	*Paracoccus marcusii* DSM 11574（T） （Y12703）	100

5.6.1.3 中国海洋大学开展的菌株资源整理与储备

2012年度完成了12株南极微生物的菌株整理（表5－49），其中两株为新种（见表5－50）。

表5－49 极地微生物菌株鉴定信息

序号	相似菌株	Genbank 序列号	相似度/%	采样站位	经纬度	水深/m
Y110	*Brachybacterium paraconglomeratum* LMG 19861（T）	AJ415377	99.232	D5－3	60°55.062S，44°42.320W	239
Y103	*Micrococcus yunnanensis* YIM 65004（T）	FJ214355	99.773	D5－5	44°40.532W 61°28.951S	371
Y95	*Micrococcus yunnanensis* YIM 65004（T）	FJ214355	99.903	D5－5	61°28.951S，44°40.532W	371
Y71	*Curtobacterium flaccumfaciens* LMG 3645（T）	AJ312209	100	D5－6	61.47S，44.40W	384
Y75	*Curtobacterium flaccumfaciens* LMG 3645（T）	AJ312209	99.909	D5－6	61.47S，44.40W	384
Y78	*Curtobacterium flaccumfaciens* LMG 3645（T）	AJ312209	99.206	D5－6	61.47S，44.40W	384
Y83	*Curtobacterium flaccumfaciens* LMG 3645（T）	AJ312209	99.532	D5－6	61.47S，44.40W	384
Y88	*Curtobacterium flaccumfaciens* LMG 3645（T）	AJ312209	99.284	D5－6	61.47S，44.40W	384

续表

序号	相似菌株	Genbank 序列号	相似度 /%	采样站位	经纬度	水深 /m
Y89	*Curtobacterium flaccumfaciens* LMG 3645 (T)	AJ312209	99.647	D5-6	61.47S, 44.40W	384
Y99	*Micrococcus yunnanensis* YIM 65004 (T)	FJ214355	99.216	D5-6	61.47S, 44.40W	384

表5-50 南极放线菌新种信息

菌株编号	种属名称	Genbank 序列号	样品采集地点	样品基质
GW25-5	*Streptomyces fildesensis* sp. nov	DQ408297	长城站	土壤样品
GW9-2	*Nocardiopsis* sp. Nov.	FJ853144	长城站	土壤样品

2个南极放线菌新种信息描述如下。

Streptomyces fildesensis sp. nov. GW25-5

菌株GW25-5分离自南极乔治王岛土壤样品，气生菌丝和机基内菌丝在实验培养基上生长旺盛，气生菌丝成熟后形成长、直或波状孢子链，在土豆培养基上产黄绿色色素，在28℃、pH 7.0和无NaCl时生长最好，温度、pH和NaCl生长范围分别是10~37℃，pH 6.0~9.0和0~3%（w/v）。可利用碳源为半乳糖、阿拉伯糖、麦芽糖、木糖、甘油、山梨糖、草酸钠和柠檬酸钠。不能利用葡萄糖、果糖、蔗糖、乳糖、甘露糖、海藻糖、核糖、纤维二塘和棉子糖。可产生黑色素，降解吐温20，40，60。淀粉水解和利用尿素实验为阴性。主要醌组分为MK-9（H_6），MK-9（H_8）and MK-9（H_4）．磷脂成分为DPG，PE，PI，PIM and PL（s）．主要脂肪酸为iso-$C_{16:0}$，anteiso-$C_{15:0}$，$C_{15:0}$，anteiso-$C_{17:0}$，anteiso-$C_{17:1}$，iso-$C_{16:1}$ and iso-$C_{14:0}$. The G+C content of the genomic DNA is 70.0 mol%.

Nocardiopsis sp. nov. GW9-2

菌株GW9-2分离自南极长城站附近土壤，气生菌丝在ISP系列培养基上为白色，基内菌丝为白色或黄白色，不产色素。营养菌丝较长，孢子为杆状，表面光滑。细胞壁含meso-二氨基庚二酸，不含特征性糖。磷脂成分为磷脂酰甘油、磷脂酰胆碱和磷脂甲基乙醇胺。主要醌组分包括MK-9（H_4）(31%)，MK-10（H_4）(14%）and MK-7（13%）．主要脂肪酸为iso-$C_{16:0}$，anteiso-$C_{17:0}$，ω9c-$C_{18:1}$，iso-$C_{15:0}$ and iso-$C_{17:0}$. 可利用碳源包括D-果糖，D-半乳糖，D-麦芽糖，D-甘露糖，L-鼠李糖，D-核糖，D-蔗糖，D-木糖，D-葡萄糖，纤维二塘，蜜二糖，棉子糖，L-阿拉伯糖，D-甘露醇，甘油，海藻糖，糊精，松三糖，不能利用乳糖．牛奶凝固、胨化，硝酸盐还原、明胶液化实验为阴性，不产H_2S，不产黑色素，可水解淀粉。最适生长温度和pH为28℃和pH 9，最适生长盐度为3%（w/v）NaCl。生长温度范围、pH and NaCl盐度范围分别是20~37℃，pH5.0~11.0 and 0~12%（w/v）。The DNA G+C content is 76.8% mol%.

2013年度于中国第28次南极考察期间使用箱式采泥器采集4个潮间带沉积物样品，分离获得11株放线菌，对其16S rDNA基因进行测序分析，将测序结果与Genbank中的已知序列进行比对，结果如表 5 – 51 所示。

表 5 – 51　放线菌序列比对结果

序号	相似菌株	Genbank 序列号	相似度/%	采样站位
y116	*Bacillus sonorensis* NRRL B – 23154 (T)	AF302118	99.4	D5 – 3
y121	*Bacillus sonorensis* NRRL B – 23154 (T)	AF302118	98.608	D5 – 3
y114	*Bacillus mojavensis* IFO 15718 (T)	AB021191	98.8	D5 – 4
y111	*Bacillus aerius* 24K (T)	AJ831843	99.575	D5 – 5
y73	*Acinetobacter johnsonii* DSM 6963 (T)	X81663	98.976	D5 – 5
y74	*Paracoccus marcusii* DSM 11574 (T)	Y12703	99.825	D5 – 5
y84	*Paracoccus marcusii* DSM 11574 (T)	Y12703	99.908	D5 – 5
y117	*Marinobacter guineae* M3B (T)	AM503093	98.102	D5 – 6
y85	*Olleya marilimosa* CAM030	EF660466	99.461	D5 – 6
y187	*Bacillus sonorensis* NRRL B – 23154 (T)	AF302118	99.445	D5 – 6
y409	*Paenibacillus residui* MC – 246 (T)	FN293173	92.679	D5 – 6

2014 年度对长城站菲尔德斯半岛地区环半岛潮间带沉积物样品中分离获得 10 株放线菌，对其 16S rDNA 基因进行测序分析，将测序结果与 Genbank 中的已知序列进行比对，结果如表 5 – 52 所示。

表 5 – 52　放线菌序列比对结果

序号	相似菌株	Genbank 序列号	相似度/%	采样站位
E226	*Phycicola gilvus* SSWW – 21 (T)	AM286414	99.14	E2
E223	*Phycicola gilvus* SSWW – 21 (T)	AM286414	99.14	E2
E0401	*Salinibacterium amurskyense* KMM 3673 (T)	AF539697	99.15	E4
E0409	*Salinibacterium amurskyense* KMM 3673 (T)	AF539697	99.15	E4
E0410	*Salinibacterium amurskyense* KMM 3673 (T)	AF539697	99.15	E4
E0413	*Salinibacterium amurskyense* KMM 3673 (T)	AF539697	99.15	E4
E2R16	*Arthrobacter oryzae* KV – 651 (T)	AB279890	100	E2
E2R03	*Arthrobacter oryzae* KV – 651 (T)	AB279890	100	E2
E2R20	*Arthrobacter oryzae* KV – 651 (T)	AB279890	100	E2
E0442	*Kocuria rosea* DSM 20447 (T)	AJ609272	99.82	E4

5.6.1.4　国家海洋局第三海洋研究所开展的菌株资源整理与储备

2012 年选取南极考察采集的沉积物样品 10 份，进行南极微生物的分离鉴定。共筛选得到 80 余株微生物，根据其表型上的差异，初步判定分离到细菌 50 株、放线菌 2 株、霉菌 20 株（其中青霉 2 株和曲霉 2 株，见表 5 – 53）。

表5-53 2012年度南极样品分离菌株统计表

菌株	同源性较高序列真菌种（序列号）	同源性/%	归属类群
XT58	*Cladosporium cladosporioides*（EF577236）	99	*Cladosporium* sp.
XT17	*Trichoderma atroviride*（HM176575）	99	*Trichoderma* sp.
XT16	*Gibberella moniliformis*（JN664959）	100	*Gibberella* sp.
XT27	*Hypocrea lixii*（GU046487）	99	*Hypocrea* sp.
XT2	*Phoma sp.*（HQ630963）	100	*Phoma* sp.
XT35	*Penicillium sp.*（JF439496）	99	*Penicillium* sp.
XT12	*Penicillium raperi*（AF033433）	99	*Penicillium* sp.
XT88	*Aspergillus niger*（AB369898）	100	*Aspergillus* sp.
XT36	*Aspergillus versicolor*（FJ878627）	99	*Aspergillus* sp.

2013年度选用YEPD、PDA、FJ、YPD、2216E、M_1等多种培养基进行筛选，共筛选得到247株微生物，根据其表型上的差异，初步判定分离到细菌153株、放线菌2株、真菌92株。对其中部分细菌和真菌进行菌种鉴定，包含有青霉属、拟青霉属、拟盘多毛孢属、隔孢伏革属、金孢霉属等真菌；枯草芽孢杆菌等细菌（表5-54）。

表5-54 2013年度南极菌株统计表

菌株	同源性较高序列菌种	同源性/%	归属类群
5303	*Penicillium* sp.	99	*Penicillium* sp.
4921	*Penicillium* sp.	100	*Penicillium* sp.
1127	*Bacillus* sp.	100	*Bacillus* sp.
30120702	*Hormodendrumcladosporioides*	100	*Hormodendrum* sp.
13272326	*Aspergillusflavus*	100	*Aspergillus* sp.
W1281	*Eutypella* sp.	100	*Eutypella* sp.
W1282	*Eutypellascoparia*	100	*Aureobacidium* sp.
W174	*Cochliobolus lunatus*	99	*Cochliobolus*sp.
PC3	*Bacillus subtilis*	99	*Bacillus* sp.
CL D5-4	*Penicilliumcitrinum*	100	*Penicillium* sp.
W161	*Pestalotiopsis* sp.	100	*Pestalotiopsis* sp.
W1296	*Basidiomycota* sp.	100	Basidiomycota *sp.*
H24	*Cochlioboluslunatus*	97	*Cochliobolus* sp.
H917	*Trichodermaatroviride*	99	*Trichoderma* sp.
H915	*Fusarium* sp.	94	*Fusarium* sp.
H918	*Fusariumequiseti*	100	*Fusarium* sp.
H8	*Hypocreajecorina*	100	*Hypocrea* sp.

续表

菌株	同源性较高序列菌种	同源性/%	归属类群
H35	*Penicillium* sp.	99	*Penicillium* sp.
H903	*Penicilliumexpansum*	99	*Penicillium* sp.
H58	*Penicilliumpulvillorum*	97	*Penicillium* sp.

2014 年度选用 YEPD、PDA、FJ、YPD、2216E、M1 等多种培养基进行筛选，共筛选得到 117 株微生物，根据其表型上的差异，初步判定分离到细菌 53 株、放线菌 2 株、真菌 62 株。对其中部分细菌和真菌进行菌种鉴定，包含有青霉属、拟青霉属、甸柄霉属、曲霉属等真菌；枯草芽孢杆菌等细菌（表 5 – 55）。

表 5 – 55　2014 年度南极菌株统计表

菌株	同源性较高序列菌种	同源性/%	归属类群
W1294	*Stemphylium* sp	99	*Stemphylium* sp.
W1295	*Penicillium citreonigrum*	100	*Penicillium* sp.
W1297	*Stemphylium* sp	99	*Stemphylium* sp.
W1298	*Penicillium citreonigrum*	100	*Penicillium* sp.
11203	*Aspergillus* sp.	99	*Aspergillus* sp.
522105	*Podoscypha petalodes*	100	*Podoscypha* sp.
11206	*Penicillium* sp.	99	*Penicillium* sp.
11207	*Penicillium griseofulvum*	99	*Penicillium* sp.
W161	*Pestalotiopsis* sp.	99	*Pestalotiopsis* sp.
W1296	*Agaricales* ps.	99	*Agaricales* sp.
N501	*Bacillus amyloliquefaciens*	99	*Bacillus* sp.
N505	*Bacillus vallismortis*	99	*Bacillus* sp.
N504	*Bacillus* sp.	99	*Bacillus* sp.

5.6.1.5　东海水产研究所开展的菌株资源整理与储备

2012 年度从中国 28 次南极科考及农业部南极磷虾探捕项目 2010 年、2011 年所采集样品（南极海洋动物如南极磷虾、鱼及水样），共分离获得微生物菌株 56 株，已标准化其中 20 株南极海洋动物共附生微生物。

2013 年度从中国第 29 次南极科考采集的海洋沉积物和底栖动植物（南极磷虾等）分离得到极地微生物菌株 346 株，完成其中 20 株磷虾共附生菌的标准化整理（表 5 – 56）。

表 5－56 2013 年度标准化整理的南极海洋共附生菌信息

菌株编号	种 属	与最近模式菌株的相似度/%
NJES－02	德沃斯氏菌	99.33，*Devosia psychrophila* Cr7－05（T）
NJES－03	食烷菌属	99.64，*Alcanivorax borkumensis* SK2（T）
NJES－07	科迪单胞菌	99.26，*Kordiimonas gwangyangensis* GW14－5（T）
NJES－08	食烷菌属	99.64，*Alcanivorax borkumensis* SK2（T）
NJES－09	科迪单胞菌	99.27，*Kordiimonas gwangyangensis* GW14－5（T）
NJES－10	食烷菌属	99.66，*Alcanivorax borkumensis* SK2（T）
NJES－11	嗜冷杆菌属	98.21，*Psychrobacter sanguinis* 13983（T）
NJES－12	食烷菌属	99.64，*Alcanivorax borkumensis* SK2（T）
NJES－15	抗锑斯科曼氏球菌	99.78，*Skermanella aerolata* 5416T－32（T）
NJES－16	嗜冷杆菌属	97.71，*Psychrobacter sanguinis* 13983（T）
NJES－17	亚硫酸盐杆菌属	99.77，*Sulfitobacter pontiacus* DSM 10014（T）
NJES－18	亚硫酸盐杆菌属	99.65，*Sulfitobacter pontiacus* DSM 10014（T）
NJES－19	嗜冷杆菌属	99.71，*Psychrobacter pulmonis* CECT 5989（T）
NJES－21	橙单胞菌属	99.95，*Aurantimonas coralicida* WP1（T）
NJES－24	嗜冷杆菌属	98.36，*Psychrobacter arenosus* R7（T）
NJES－25	气球菌属	99.93，*Aerococcus urinaeequi* IFO 12173（T）
NJES－26	节杆菌属	98.79，*Arthrobacter alpines* S6－3
NJES－27	栖地下菌属	99.35，*Subtercola frigoramans* K265（T）
NJES－28	盐地杆菌	99.06，*Salinibacterium amurskyense* KMM 3673（T）
NJES－29	盐地杆菌	98.87，*Salinibacterium amurskyense* KMM 3673（T）

2014 年度新增南极微生物菌株 121 株。完成南极磷虾共附生微生物菌株标准化整理 10 株，菌株信息见表 5－57。

表 5－57 2014 年度标准化整理的南极海洋共附生菌信息

菌株编号	种 属	与最近模式菌株的相似度/%
NJES－13	*Mobilicoccus*	*Mobilicoccus pelagius* NBRC 104925（T）95.72
NJES－27	栖地下菌	*Subtercola frigoramans* K265（T）99.35
NJES－29	盐地杆菌	*Salinibacterium amurskyense* KMM 3673（T）99.06
NJES－52	盐单胞菌	*Halomonas alkaliphila* 18bAG（T）99.86
NJES－54	海环站菌	*Mesonia algae* KMM 3909（T）99.93
NJES－60	假红杆菌	*Pseudorhodobacter antarcticus* ZS3－33（T）98.9
NJES－78	节杆菌	*Arthrobacter psychrochitiniphilus* GP3（T）99.2

续表

菌株编号	种 属	与最近模式菌株的相似度/%
NJES-79	卟啉杆菌	*Porphyrobacter sanguineus* IAM 12620 (T) 99.78
NJES-88	交替单胞菌	*Pseudoalteromonas marina* Mano4 (T) 99.70
NJES-104	不滑动菌	*Nonlabens dokdonensis* DSW-6 (T) 99.56

5.6.2 南极微生物主要种属的区域分布

课题组从菲尔德斯半岛、普里兹湾及周边区域共标准化鉴定纯培养菌株 382 株，分属于 40 余个种属。细菌为变形菌门、放线菌门、拟杆菌门和厚壁菌门 4 大类群，其中主要为假单胞菌属，其次是节杆菌属。真菌归属于子囊菌门、担子菌门和真菌门。优势菌种为假单胞菌属。南极地区不仅是微生物新种的资源库，还可能是筛选产生新型生物活性物质和酶、抗生素等菌株的潜在种源地，这些可培养菌株的鉴定和保存为南极微生物资源的开发和利用奠定了基础。图 5-143 和图 5-144 展示了这些主要微生物种属在菲尔德斯半岛地区普里兹湾海域的主要分布。

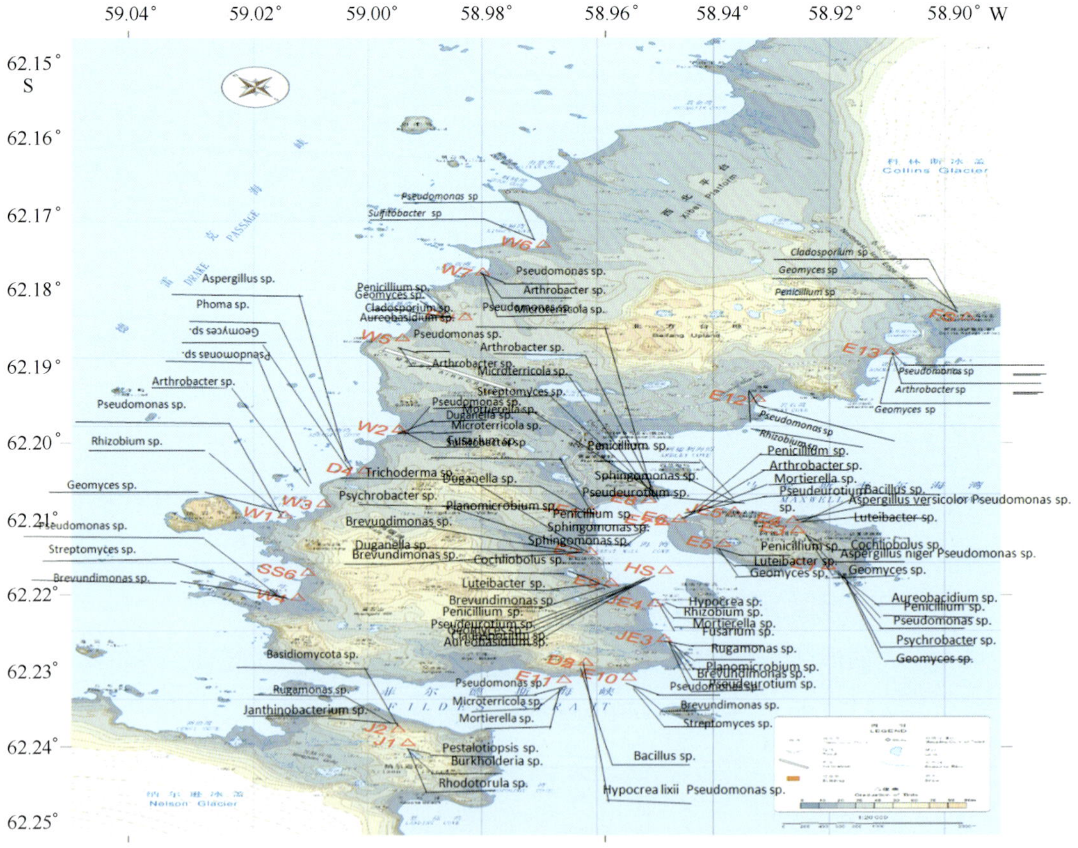

图 5-143 菲尔德斯半岛及周边区域微生物种属分布

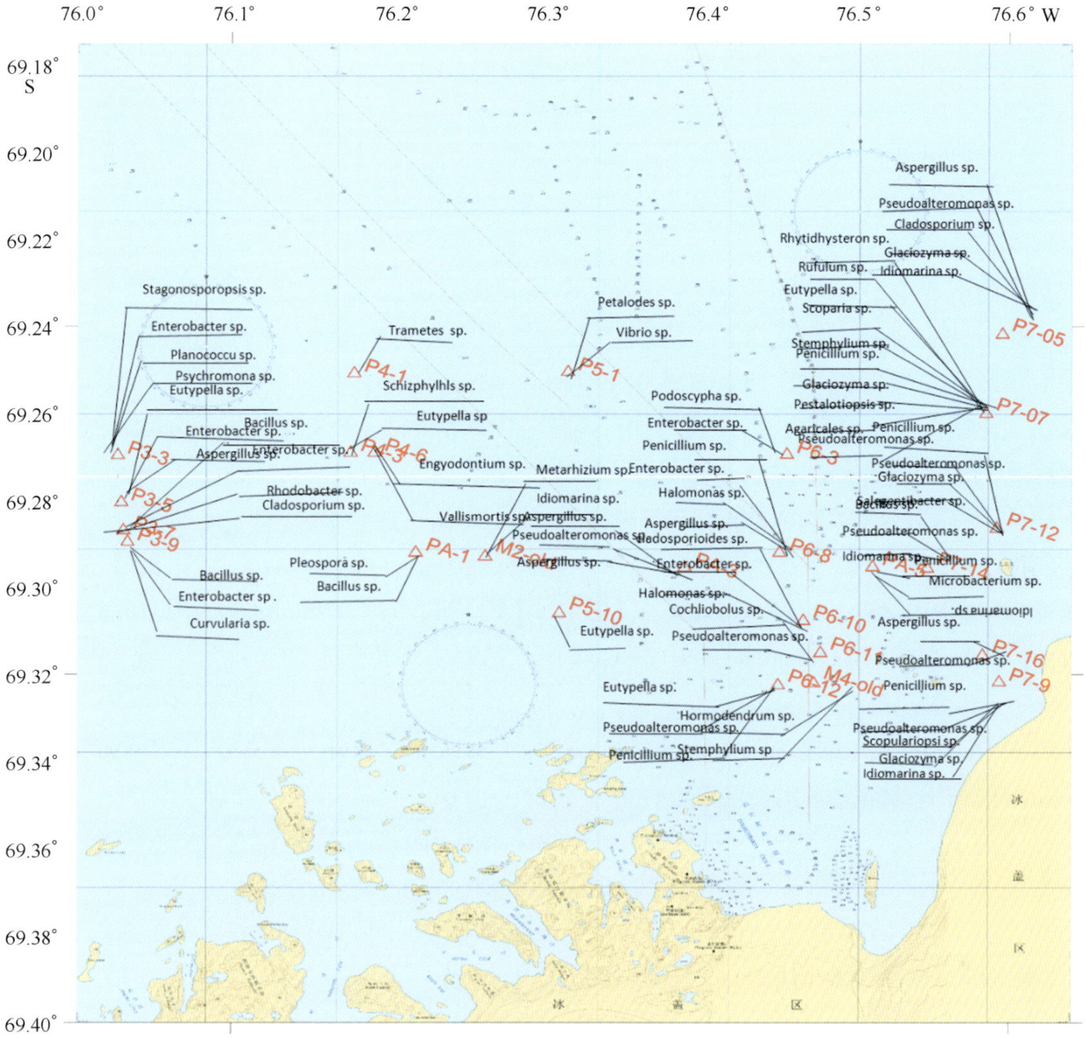

图 5－144 普里兹湾及周边区域微生物种属分布

5.7 我国发现并发表的南极微生物新种属

2008—2014 年，我国从南极长城站所在的乔治王岛地区的土壤、海洋沉积物和中山站所在拉斯曼丘陵地区的沿岸潮间带沙质沉积、浅海沉积物、固定冰和表层海水等环境中发现并发表了 5 个新属、11 个新种微生物，对南极特殊环境微生物资源开展了深入的分类学研究，从而加深了对南极各类生境微生物物种资源的认识。

5.7.1 我国发现并发表的南极微生物新属

5.7.1.1 放线菌 微杆菌科（Microbacteriaceae）新属：*Marisediminicola* gen. nov.，该属新种：*Marisediminicola antarctica* sp. nov.

从中国南极中山站近岸潮间带砂质沉积物分离的细菌新菌株 ZS314^{T}和纳拉湾海洋沉积分

离的细菌新菌株 S3－22T开展系统分类学研究。从表型特征、基因型特征及系统发育特征等方面与已知细菌种进行比较表明，ZS314T为放线菌门（*Actinobacteria*）微杆菌科（*Microbacteriaceae*）的一个新属 *Marisediminicola antarctica* gen. nov.，sp. nov.，为我国首个获得国际承认的新属。（*International Journal of Systematic and Evolutionary Microbiology*，2010，60，2535－2539）

5.7.1.2 玫瑰柠檬杆菌新属 *Roseicitreum* gen. nov.，该属新种：*Roseicitreum antarcticum* gen. nov. sp nov.

从中国南极中山站所在的拉斯曼丘陵沿岸潮间带沙质沉积物样品中分离的一种新型革兰阴性、非运动的细菌，菌株 ZS2－28T 为专性异养、严格需氧的耐冷菌（生长温度 0～33℃）和中度嗜盐（最适生长 7%～8% NaCl）。872～874 nm 红外吸收光谱的单一主峰表明了细菌叶绿素 a 的存在，并积累聚 β－羟基丁酸。基因组 DNA 的 G＋C 含量为 63.3mol%。16S rRNA 基因序列的系统发育分析表明菌株 ZS2－28T 与 *Roseibaca*、*Roseinatronobacter* 和 *Rhodobaca* 属的细菌聚为一枝。综合表型特征、系统发育分析和 DNA－DNA 杂交数据，表明 ZS2－28T 为 α 变形细菌门的一个新属一个新种，命名为南极柠檬杆菌 *Roseicitreum antarcticum* gen. nov.，sp. nov. 模式株为 ZS2－28T（CGMCC 1.8894T＝LMG 24863T）（International Journal of Systematic and Evolutionary Microbiology，2011，61（9），2173－2179）。

5.7.1.3 以我国南极中山站站名命名的 Zhongshania 新属：*Zhongshania* gen. nov.，该属 2 个新种：*Zhongshania antarctica* gen. nov. sp nov. 和 *Zhongshania guokunii* sp. nov.

从中山站沿岸固定冰和表层海水样品中分离的两株革兰氏阴性、能动、好氧，过氧化氢酶和氧化酶阳性的杆状菌株，ZS5－23T 和 ZS6－22T。两株菌株能在 4～35℃（最适 30℃）和没有氯化钠的环境中生长。16S rRNA 基因序列分析表明，菌株 ZS5－23T 和 ZS6－22T 有密切的相互关系（99.0% 序列相似性），属于类 γ－变形菌，最近的种为 *Spongiibacter* 和 *Melitea*（93.1%～94.3% 的序列相似性）。菌株 ZS5－23T 和 ZS6－22T 的基因组 DNA G＋C 含量分别为 51.5 mol% 和 51.8 mol%，分别为。菌株 ZS5－23（T）和 ZS6－22（T）之间的 DNA－DNA 关联为 50.9%。菌株 ZS5－23T 和 ZS6－22T 可以从彼此和从 *Spongiibacter* 和 *Melitea* 种通过多个表型特性的差异来区分。基于提供的数据，菌株 ZS5－23T 和 ZS6－22T 代表 γ－变形菌纲的 1 个新属的 2 个新种，命名为两个新的物种的量，名称为 *Zhongshania antarctica* gen. nov. sp. nov.（模式种）和 *Zhongshania guokunii* sp. nov.。*Zhongshania antarctica* 的模式菌株是 ZS5－23T（＝KACC14066T＝CCTCC AB209246T），*Zhongshania guokunii* 的模式菌株是 ZS6－22T（＝KACC14532T＝CCTCC AB 209247T）（International Journal of Systematic and Evolutionary Microbiology，2011，61，2052－2057）。

5.7.1.4 以中国极地研究中心名字命名的黄杆菌科（Flavobacteriaceae）*Pricia* 新属：*Pricia* gen. nov.，该属新种：*Pricia antarctica* gen. nov. sp nov.

一株从南极海岸潮间带砂质样品中分离的黄色、杆状、革兰氏阴性、非运动和好氧性细菌菌株 ZS1－8T，其 16S rRNA 基因序列与最近的已鉴定模式种比对相似性水平均为 93.3%，在黄杆菌科（Flavobacteriaceae）中形成了一个独特的分支。该菌株的生长需要 Ca^{2+} 和 K^{+} 离子以及氯化钠，最适生长条件为 pH 7.5～8.0、17～19℃ 和 2%～3% NaCl。基于系统发育、表型特征和化学分类数据，菌株 ZS1－8 T 代表了黄杆菌科一个新属中的一个新种，命名为 *Pricia antarctica* gen. nov. sp. nov.。其模式菌株为 ZS1－8T（＝JCM 17291 T＝DSM 23421 T）。（International Journal of Systematic and Evolutionary Microbiology，2012，62，2218－2223）。

5.7.1.5 红细菌科（Rhodobacteraceae）新属：*Puniceibacterium* gen. nov.

该属新种：*Puniceibacterium antarcticum* gen. nov. sp nov.

菌株SM1211T，分离自南极海水中，好氧、无鞭毛、杆形、革兰氏阴性。菌株的生长温度为4～35℃，NaCl耐受范围为0～10%。菌株可以产生细菌叶绿素a，但是不能降解硝酸盐为亚硝酸盐，不能水解DNA。通过对16S rRNA基因序列的系统分析表明菌株SM1211T属于Rhodobacteraceae科的一支靠近*Litorimicrobium*属、*Leisingera*属、*Seohaeicola*属和*Phaeobacter*属的一个系统分支，与这些属内种的16S rRNA基因序列相似度在95.1%～96.0%之间。脂肪酸的主要成分为C18:1ω7c。极性磷脂的主要成分为磷脂酰乙醇胺、磷脂酰甘油、卵磷脂、一个未确定的含氨基磷脂和两种未确定的磷脂。菌株SM1211T的基因组DNA G+C含量为60.7 mol%。根据系统发生分析、化学分类分析和表型分析结果表明，菌株SM1211T应为属于红细菌科（Rhodobacteraceae）的一个新属，命名为*Puniceibacterium antarcticum* gen. nov. sp. nov.。模式菌株为SM1211T（=CCTCC AB 2013147T=KACC 16875T）。（International Journal of Systematic and Evolutionary Microbiology，2014，64：1566－1572）

5.7.2 我国发现并发表的南极微生物新种

（1）*Sporosarcina antarctica* sp. nov.，菌株strain N－05^T，分离自南极乔治王岛的土壤样品，革兰氏阴性嗜冷杆菌，该菌株生长的温度范围为0～23℃，最适生长温度17～18℃。（*International Journal of Systematic and Evolutionary Microbiology*，2008，58：2114－2117）。

（2）*Neptunomonas antarctica* sp. nov.，菌株S3－22^T，分离自中山站邻近的Nella峡湾的海洋沉积物，革兰氏阴性，运动型，氧化酶和过氧化氢酶阳性的兼性好氧菌，为γ－变形菌纲（γ－Proteobacteria）海神单胞菌属（*Neptunomonas*）新种。（*International Journal of Systematic and Evolutionary Microbiology*，2010，60：2958－2961）。

（3）*Marinobacter antarcticus* sp. nov.，菌株ZS2－30^T，分离自南极潮间带砂质沉积物，好氧、有运动性、可以产氧化酶和过氧化氢酶、杆状、革兰氏阴性菌。[*International Journal of Systematic and Evolutionary Microbiology*，2012，62（8）：1838－1844.]

（4）*Pseudorhodobacter antarcticus* sp. nov.，菌株ZS2－33^T，分离自南极潮间带沙质沉积物，革兰氏阴性、需氧、不运动、产粉色色素、杆状。[*International Journal of Systematic and Evolutionary Microbiology*，2013，63（3）：849－854]

（5）*Deinococcus antarcticus* sp. nov. 南极奇异球菌，从东南极格罗夫山土壤样品中分离到一株不运动的粉红色球菌菌株G3－6－20T。该菌株能耐受810 J m－2的紫外线辐射，对干燥的敏感性比耐辐射奇异球菌稍强。菌株G3－6－20T（=DSM27864T=CCTCC AB 2013263T）是该新种的模式株。（*Journal of Systematic and Evolutionary Microbiology*，2015）

5.8 南极微生物的功能基因分析

5.8.1 β－半乳糖苷酶基因分析

5.8.1.1 海单胞菌 *Marinomonas* sp. BSi20414 的 β－半乳糖苷酶基因分析

应用染色体步移扩增技术从海单胞菌 *Marinomonas sp.* BSi20414 中克隆了 1 个 β－半乳糖苷酶基因，获得 β－半乳糖苷酶序列的全长 1971 bp，命名为 galm 基因，其序列如下：

ATGAAGTTAGGTGTATGTTACTACCCAGAACATTGGCCAAAAAGTCGTTGGGTTGAAGACGCTAA
ACACATGCAACGTATCGGTATTGAATACGTGCGTATTGGTGAGTTCAGCTGGAGCACAATCGAAC
CAACTCCCGGTGAACTGCATTGGGAGTGGTTGGATGAATCCTTGGATATTTTGCATGCTCATGGGT
TGAAAGTCATTTTAGGCACGCCTACCGCGACACCACCAAAGTGGTTGGTTGATCGTCATCCGTCGA
TGTTGGCGAAAGACGAGCAGGGCCGAGTACGTCACTTTGGTTCGCGTCGCCATTATACCTTTGCCA
GCCTTGAGTACCGTGAAGAATGTCGTCGTATCGTCACTTTGATGGCGGAACGTTTCGGTCAGCATC
CGGCGGTAGCGTCTTGGCAAACCGATAACGAGTATGGCTGCCATAACACCATACTAAGCTATGCCG
ACGCCGATCTTGCTGCGTTTCGTCTTTGGTTGGCAGAGAAATACGGAACAGTTGCCGCCTTGAATA
AAGCCTGGGGCAATGTGTTTTGGAGCATGGATTATCGGTCTTTTGATGAAATTGAATTGCCAAACT
TAACCGTGACCGAAGCCAATCCATCCCATCGTTTGGACTTTCAGCGTTGCTGCTCAGATCAAGTGG
TGGCTTTCAACAAGCTGCAAGTGGACATTTTGCGTGCGCATTCTGCAGGCCGTGATTTAGTACATA
ACTACATGGGATTCTTTACGGCGTTTGATCATCACAAAGTGGGTCAAGATCTGGATGTGGCTAGTT
GGGACACTTATCCGCTGGGTTTTTGGATCAAGAAGCGATTTATACCGCAGAAGAGAAACACGATT
ACATGCGCGTTGGGCATCCCGATTTTGGTGCTTTTCATCATGATTTGTATCGAGGCTGTGGTAAAG
GCCGCTTATGGATAATGGAGCAGCAGCCAGGTCCCGTGAACTGGGCGCCACATAATCCTACTCCTG
CCAATGGTGCTGTACGCTTGTGGACATGGGAAGCGTTTTCCCATGGCGCAGAGTTAGTGTCTTATT
TTCGCTGGCGTCAGGCGCCATTTGGTCAAGAGCAAATGCACGCAGGTTTGCTGCGCCCTGATGCA
CAAGAGGCCGAAGCCGCAAAAGAAGCGACTTTGGTTGCGAGTGAAGTGAAAAAATTAGCTCAATC
GCTTGGATTGGATGCAGAAGAATTGATGTCTTTGCCGAGCGCTGGAAAAGTGGCCTTGATGTTTG
ATTATGACGCTTGCTGGTCATTAGACATTCAACCGCAATCGCGTGCTTATCGATATTTATTCTGGT
GTTATCGCGTGTATGAAGCCATGCGTGAGCTTGGTCTATCAGTGGATATTATTCCAAGCGATGGA
TCTTTGGATATGTATGAGCTACTGGTACTTCCAGCACAGGCGCATATTACACCGCAACTGCAAGA
AAGACTGAATGCTTACAAAGGTGTGTTGCTGGCTGGGCCGAGAACCGGCAGCAAAACAGAAACT
TACCAAATTCCAGAAAATCTTGCGCCGGGTCCATTAGCTAGTCTTTTGCCTCTGACGGTTGAGCG
GGTTGATGCGCTGCCTGAGCATACTCAGCCAGCAGTTTCTGGTCGTTGGGGGGCAGGGAAGTTG
AAGCATTGGCACGAACAAATACACACGCAACTGCCCTGTTTGTTAAAAGATGACGGCGGTAATCC
CGTATTAATGGGAGAAGGCCGTCATTATTACCTTGGGTCTTGTGTTGACAATAATGTGTTAAAAGC
CAGTTTGGCTAGATTGGCAGAAATGGCCGGTTTAGCAACGGATTATTTACCCAAAGGCGTACGAG

TCCGAGAGCGTGGTAATGTGGTATTTGTCTTTAACTATGGCGCCAGTTCTGTGTTTTATGCGCCTG
AAAATGCGCAGTTAGTGGTTGGTCATAAGACAATAGACGCCGCTGGTATTGCCATTTGGCAAGAA
ATCTAA

该基因编码 656 个氨基酸，按序列计算分子量为 76 KDa. 基因结构分析表明该酶基因为转糖基第 42 家族的酶基因，其结构示意图如下（图 5－145）。

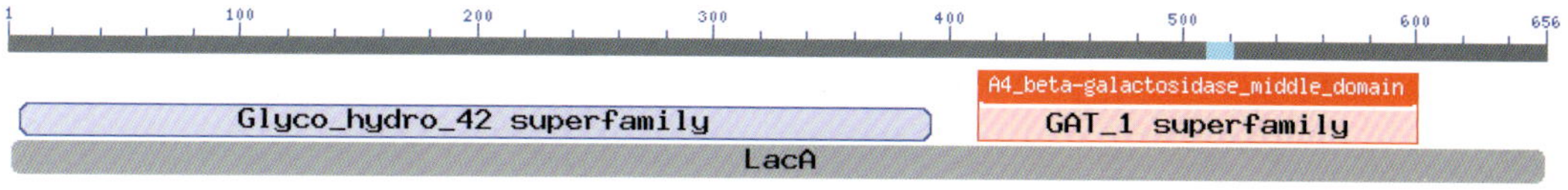

图 5－145　β－半乳糖苷酶基因结构

NCBI 数据库中酶基因序列比对表明，其与菌株 *Marinomonas* sp. MWYL1 基因组中存在的 β－半乳糖苷酶氨基酸序列具有 90% 的同源性，除此之外相似性最高的是 *Marinomonas* sp. MED121 的 β－半乳糖苷酶氨基酸序列，同源性为 74%。与已经报道过的 β－半乳糖苷酶氨基酸序列比较，与之相似性最高的是菌株 *Thermus* sp. A4 所产的 β－半乳糖苷酶，只有 55% 的相似性。

5. 8. 1. 2　海单胞菌 *Marinomonas* sp. BSi20584 的 β－半乳糖苷酶基因分析

从 *Marinomonas* sp. BSi20584 中克隆了 1 个 β－半乳糖苷酶基因（命名为：galt 基因），BSi20584 乳糖酶基因序列为 1971bp，其 DNA 序列如下：

ATGAARTTAGGTGTSTGTTATTACCCAGAACATTGGCCAAAAAGTCGTTGGGTTGAAGATGCTCAA
CATATGCGACGCATTGGTATTCAGTATGTTCGAGTTGGCGAGTTTAGCTGGAGTACGATTGAGCCA
ACTCCGGGTGAACTGCATTGGGAGTGGCTGGATGAGTCGCTAGATATTTTGCATTCTGAGGGTTTA
AAAGTCATTTTAGGTACGCCAACCGCGACACCACCAAAATGGTTGGTTGATCGTCATCCGTCTATG
TTGGCAAAAGATGAAGCGGGGCGAGTACGAGGTTTTGGTTCTCGTCGTCATTATACTTTTGCGAGT
TTGGAATATAGAGAAGAATGTCGTCGCACGGTGACCATGATGGCTGAACGCTATGGTCACCATCCA
GCGGTGGCTTCCTGGCAGACAGACAATGAATATGGTTGTCATGATACGGTGTTAAGTTATGCCGAA
GCTGATCTTGCTGCGTTTCGTCTTTGGTTGGCAGAAAAATACGGCACGGTAGAAGCGTTAAATAAA
GCHTGGGGCAATGTTTTCTGGAGTATGGATTATCGCTCTTTCGAAGAAATCGAATTGCCGAATTTA
ACGGTTACCGAAGCCAATCCTTCTCACCGTTTGGACTTTCAGCGTTGCTGTTCAGATCAGGTGGTT
GCTTTCAACAAACTACAAGTGGACATTTTGCGTGAGCATTCTGCTGGCCGTGATTTAGTGCATAAC
TATATGGGGTTCTTTACGGCATTTGATCACCACAAAGTCGGTCAAGATCTTGATGTGGCGAGCTGG
GACAGTTATCCATTGGGGTCTTTAGACAAAGAGCCTCTTTATACTGAAGATGAAAAACATACTTAT
TTGCGAGTCGGTCATCCGGATGCAGGCGCATTTCATCATGATTTGTATCGCGGCTGCGGTAATGGT
CGTTTATGGATTATGGAGCAGCAACCAGGACCTGTGAATTGGGCGCCACACAATCCAACGCCTGC
CGATGGTGCGGTACGTTTATGGACGTGGGAAGCHTTTTCCCATGGCGCTGAATTGGTGTCGTATT
TCCGCTGGCGTCAGGCGCCATTTGGTCAAGAGCAAATGCATGCTGGCTTGTTACGTCCTGATGCG
CAAGAAGCTGAAGCGGCAAAAGAAGCGACCTTGGTGGCGCAAGAAGTGAAAGTCTTGGCTGAAT
CAATTGGCCTTGATGCAGATGAGTTAATGTCCCTGCCAAGTGCTGGAAAAGTAGCATTGATGTTT

GATTATGACGCTTGTTGGTCTTTAGATATTCAGCCTCAGTCGCGTGCTTATCGTTACTTTTTCTGGT
GTTACCGCATGTATGAAGCCATGCGCGAACTTGGCTTATCTGTGGACATTGTTCCAAGTAATGCGC
CATTAGATATGTATGAATTATTGGTTTTACCTGCTCAAGCGCATATTACCCCTGAGCTGCAGAATCG
ATTGAATTCCTACCAAGGTGTTTTGCTCGCAGGGCCAAGAACAGGTAGTAAAACAGAAACCTACCA
AATACCTGAGAACCTCGCTCCGGGTCCGTTGGCTAGCTTATTACCATTAACAGTAGAGCGTGTAGA
TGCGTTGCCTGAGCATACTCAGCCAGCTGTTTCTGGCCGTTGGGGCGCAGGTAAATTAAAGCATT
GGCATGAACAAATTAAGACGGAATTATCTTGTTTGTTAAAAGATGATGGTGGTAATCCAGTGTTAA
TGGGAGAAGGCCGTCACTATTATCTTGGCTCTTGTATTGATAATACTCTGTTAAAAGCTAGCTTAG
CTAAGTTGTCTGAAGTGGCGGGATTATCGACTTACTATTTGCCAAAAGGCGTTCGAGTGAGAGAA
CGAGGCAATGTGATTTTTGCATTTAATTACAGCTCAAATACGGTTGTTTTTGAGCCTCAGAATGCA
GAACTTGTCATTGGTTCTAAGTGTTTAGGTGCAGCTGATGTTGCCATTTGGAAAAAACAATAA

将 BSi20584 乳糖酶基因序列在 NCBI 上比对，其与 *Marinomonas* sp. MWYL1，complete genome中 Beta－galactosidase 的 β－半乳糖酶基因序列同源性最高，其同源性为 93%，其次是 *Marinomonas posidonica* IVIA－Po－181，complete genome 中的 β－半乳糖酶同源性为 74%。其氨基酸序列比对 blastx 发现 584 氨基酸序列与 *Marinomonas* sp. MWYL1 菌株的 β－半乳糖酶氨基酸序列相似度最高，为 95%，此外与 *Marinomonas posidonica* IVIA－Po－181 菌株的 β－半乳糖酶相似度为 82%。在已报道的乳糖酶氨基酸序列中，与 *Thermus* sp. T2 乳糖酶的同源性最高，为 73%。

酶学性质酶和基因结构的差异比较。

这两来源于同一海单胞菌属的酶具有相同的底物特异性和水解作用的键型特异性即均表现对 β－1－3－糖苷键的高水解活性，但却在最适作用温度上表现较大的差异，前者最适作用温度为 60℃，而后者则为 37℃（图 5－146、图 5－147）。

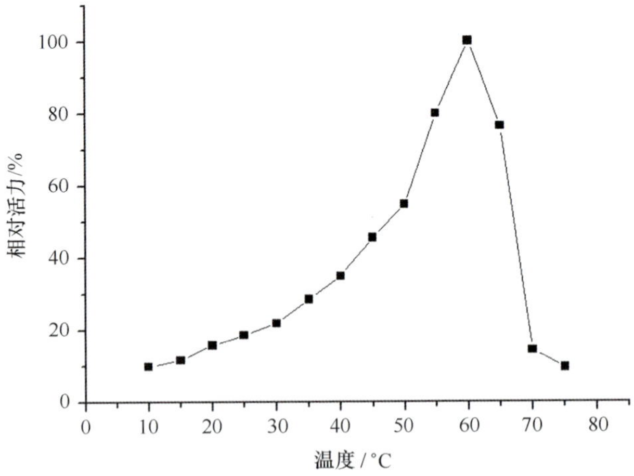

图 5－146　温度对 *Marinomonas sp.* BSi20414β－半乳糖苷酶的影响

通过对两株菌的 β－半乳糖苷酶翻译氨基酸序列进行比对（图 5－148）发现两者不同贯穿整个氨基酸序列中，而 C 端的差异相对较多。通过氨基酸序列的对比，可以通过后续的实验来确定影响两株菌温度差异的氨基酸位点，为两株菌的工业应用做铺垫。

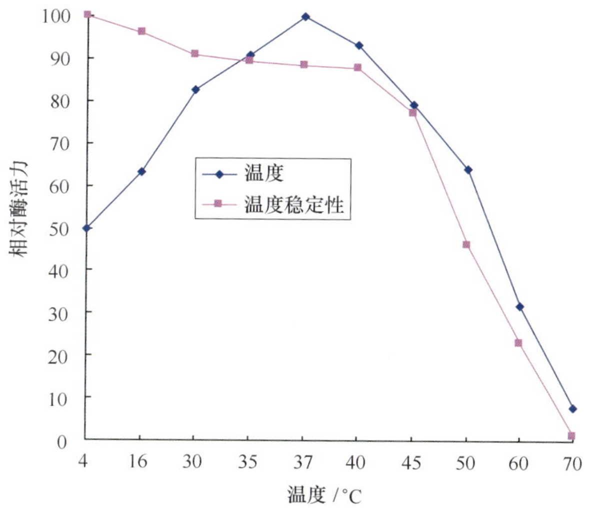

图5－147 *Marinomonas* sp. BSi20584 β－半乳糖苷酶最适温度及对温度的耐受

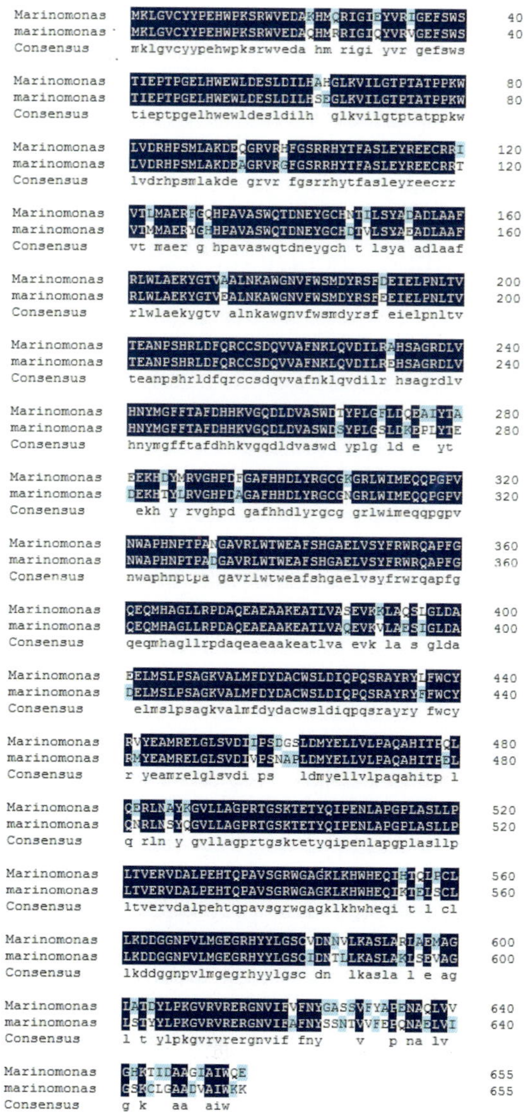

图5－148 galm和galt氨基酸序列比对

5.8.1.3 节杆菌 *Arthrobacter* sp.的 β－半乳糖苷酶基因分析

提取节杆菌 *Arthrobacter* sp. 的总 DNA，以 pSP73 为载体构建基因组文库，通过蓝白筛选获得 4 个阳性克隆，对其中 1 个克隆子测序分析，获得一个大约 3 000 bp 的 β－galactosidase 基因序列如下，将此序列翻译为氨基酸序列后，在 blast 上进行对比，与 NCBI 数据库中 HM178943 的序列同源性较高。

1 GTGACCCCCG CAGACGTTTC GTACATCACC GACCAGGGCC CCGGCTCCGG CCTGCGTGTG

61 CCGGCCCGTT CCTGGCTGAA TTCCGACGCC CCCTCGCTCT CACTGAACGG GGACTGGCGC

121 TTTCGGCGCC TTCCGGCCGC CCCCGGAACC CCGGGCGCCG GATCCGTGCT GCCCGACGGG

181 GAATCCGTGG AAGGTGTGGC TGCCGAATCC TTCGACGACT CCGCCTGGGA CACCCTGCCC

241 GTCCCGTCCC ACTGGGTGCT ACATGGAGAG GGCAAATATG GCCGCCCGAT CTACACCAAC

301 GTGCAATACC CCTTCCCCGT CGATCCGCCC TTCGTCCCCG ACGCCAACCC CACAGGAGAC

361 TACCGCCGCA GCTTTGACGT CCCCGCCGCC TGGTTTGAAA GTACGACGGC GGCACTCACC

421 CTGCGCTTTG ACGGCGTCGA ATCGCGCTAC AAGGTTTGGG TGAACGGGCA GGAAATCGGG

481 GTGGNCTCGG GCAGCCGACT CGCCCAGGAG TTCGATGTCA CCGCGGCGCT GCGCCCCGGC

541 TCCAACCTTC TTGTGGTGCG CGTCCACCAA TGGTCGGCCG CCAGCTACCT GGAAGACCAG

601 GTCCAGTGGT GGCTGCCGGG CATCTTCCGC GACGTCACAC TGGCGGCCCG CCCCGCCGGC

661 GGCATCACCG ACGTCTGGCT GCGCACCGGA TGGATGGCTG ACACCGGCGC GGGCGCGGGG

721 CAGGGAGCCG GCACCGGCAC CCTCGATCCG GAAATCATTG CGGAGGCGGA CGCCTACCCG

781 GTGACCCTCA CGGTGCCCGC GCTGGGAGTT GCGGTACGCT GGGACTCGCC GGCCGACGTC

841 GTCCCCTTCA CAGTGGACAA CGTGGAGCCC TGGTCCGCCG AACTCCCCCG GCTCTACGAG

901 GCCACGGTGT CCAGCGCGGC GGAGAGCATC ACGCTCCGCC TGGGTTTCCG CACCGTGGAG

961 ATCGTGGGTG ACCGGTTCCT GGTCAACGGC CGCCGCGTCG TGTTCCACGG CGTCAACCGG

1021 CATGAGACCA ACCCGGACCG CGGACGCGTC TTTGATGAAG CCGACGCCCG CGAGGACCTG

1081 GCGCTCATGA AGCGTTTCAA CGTCAACGCC ATCCGGACCA GCCACTACCC GCCGCACCCG

1141 CGCCTGCTGG ACCTGGCCGA CGAGATGGGC TTCTGGGTCA TTTTGGAATC CGACCTGGAA

1201 ACCCACGGCT TCCACCGGCA GGGCTGGGTG GATAACCCCA GCGACGTCCC CGCGTGGCGC

1261 GATGCCTTCG TTGACCGGAT GGAACGCACC GTGGAGCGGG ACAAGAACCA TGCCTCCATC

1321 GTCATGTGGT CCCTGGGCAA TGAATCCGGC ACGGGCGCAA ACCTGGCAGC TATGGCAGCC

1381 TGGACCCACG CCCGTGACGC CTCCCGTCCC GTCCACTATG AGGGCGACTA CACGGGAGCC

1441 TATACGGATG TGTACTCCCG CATGTACTCC TCCATCCCGG AGACCGATTC CATTGGCCGC

1501 AACGACTCTC ATGCGCTGCT CCTTGGCTGC GACGCGGCCG AATCGGCCCG GCAGCGCACC

1561 CGGCCGTTCA TCCTGTGCGA GTACGTGCAC GCCATGGGCA ACGGCCCCGG CGCCATGGAC

1621 CTGTACGAGG AACTTGTGGA CAAATACCCG CGCCTGCACG GCGGTTTTGT GTGGGAGTGG

1681 CGCGATCACG GCATCCGCGC CAATACCGCC GACGGCACGG AATTCTTTGC CTACGGCGGC

1741 GACTTTGGCG AGGTGATCCA CGATTCCAAC TTCGTCATGG ACGGCATGGT CCTCTCCGAT

1801 TCCACGCCCA CCCCCGGCTT GCATGAGTAC AAGCAGATCG TCTCCCCCAT CCGCCTGTCG

1861 CTGGCCCTGG ACGACGGCGG TGCGCCGCGG CTCACTGTCG CGAACCTGCG GCACACGGCT

1921 GACGAGTCCG ACGTCGTGCT TCGCTGGCGG GTGGAGCACA ACGGCGCCGT CGCCGCCTCA

1981 GGGGAGCTGG CTGCCGACAG CGCAGACGGT CCGCTGCGGG CTGGCGAATC CGTCACGCTC

2041 ACACTGCCGC CCGTCGCTGC CGCGCCGGAA GGCGAAACCT GGTTGACGAT GGAGGTCGTA

2101 CTGCGCGACG CCACGGAGTG GGCCCCGGCC GGGCATCCGC TGGCCGCAAC CCAGCTGGAC

2161 CTCTCGGCGC CGCAATCCGC ACCGCGCGCG CCCCGTCCGG CCGCGCCCGT CAGCGGCGCG

2221 GCTCCCGTTG AGCTGGGCCA TGCCATGTTC GACGCAGGAG CGCTCGTTGC GCTGGCAGGC

2281 CTGCCGGTGT CCGGTCCCCG GCTTGAGCTG TGGCGGGCAC CGACCGACAA TGACAGGGGC

2341 AAGGGATTTG GCGCCTATGG CCCGGAAGAT CCTTGGCTCA ACAACGGGAA AGGTGTTCCG

2401 GCACCGTCGT CGGAGGCCGT GTGGAAGCAG GCCGGACTTG ACCGGCTGAC GCGCCGCGTC

2461 GAGGACGTTG CCGCGCTGCC GGACGGACTG CGGGTCCGGA CCCGCTACGC TGCCGCGAAC

2521 AGTGCCGCCA GCGTAGCGGT AGAGGGGAAC TGGCAGCTGG CGGGCGAGGA ACTGTGGCTG

2581 CGCCTGGACA TCATGCCCAG CGCGGGCTGG GACCTGGTGT TCCCCCGGAT CGGCGTGCGG

2641 CTGGACTTGC CCACGGACAT TGACGGTGCC TCATGGTTCG GCGCCGGCCC ACGGGAATCC

2701 TACGCGGACA GCATGCATGC AACAGTTGTG GGACGGCACA GCGGCTCCAT TGATGAGCTG

2761 AATGTCCCCT ACGCCCGGCC GCAGGAAACC GGGCACCGCA GCGATGTGCG CTCACTGGAG

2821 CTCTCCCGCA ACGGGGCTCC GTGGCTTCGC ATTGAGGCCG ATCCGGATGC ACTGGCGCGC

2881 CGTCCCGGGT TCTCGCTGGC CCGGCACACG GCACAGCAGG TCACCGCGGC CGGGCACCCG

2941 CACGAGCTTC CGGCGTCAAG CCACAGCTAC CTGTATCTTG ATGCGGCGCA GCACGGCCTG

3001 GGCTCGCGCG CCTGCGGACC GGATGTGTGG CCCGACTTTG CCCTGCGCCC AGAGGCAAGG

3061 ACGCTGGTAC TGCGCTTCTC CGCACTGTAA

5.8.2 低温脂肪酶基因克隆分析

Bacillus pumilus 的脂肪酶基因分析

以该菌总 DNA 为模板，运用设计的引物进行扩增，得到扩增产物，大约 600 bp 的脂肪酶基因序列如下，将此序列翻译为氨基酸序列后，在 blast 上进行对比，没有完全匹配的序列。此序列与 NCBI 数据库中 ABO32303 的序列同源性较高，其中只有一个碱基发生改变第 117 位的苯丙氨酸变为亮氨酸，该酶最适作用温度 40℃（图 5 - 149），最适 pH 为 6（图 5 - 150），对盐度有较高的耐受性（图 5 - 151）。

5’ - CCGCCATTCAATCCTTCTTTCACATAGCCTTTGACTTGGCTTGAGGTTAATAGACCGATATG

TCCAACGCCGTGGATGAGGACGTTTCTCGCGCCAATTAAACGTGAGAGGCTGTTGACGACAATG

AGATCGGCTGAACTATAGACAGATGTGTAAAGAATTTTTTGATTTGGATCGGTGCCTGGGAATG

CTCTGAGTGATACGAGTCCATTCGCTCCACCAAGTGTGACGACGTTTTCAATTTTATCTCCGCC
GTCTAGGTTTTTAATATAGTATAACGTGTTCGCACCACCCATACTATGAGCCACAATATCTACTTT
TTTGGCGCCCGTTTTGGCTAGTACATCTTTCACGAATCTAGAGAGCCTCGGGCCATTGTTCAGGT
TATTGCCTGTTTTGTCTATGAAATCGATTGCAAAAAGTTGGTTTTGATCCCAGCCCTGTGATACTA
AGTATCGTTTGATCGAAGCAAAGTTATAAGACGCACCGCCCATACCATGCACCATCACAACCGGA
TTATGCTCAGCGAATTCAGA－3'

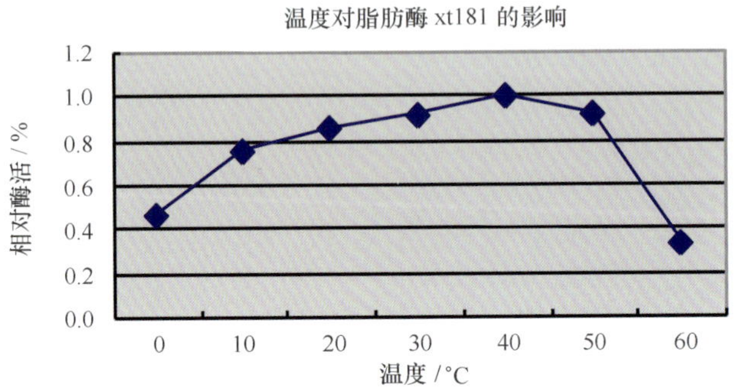

图 5－149　*Bacillus pumilus* 脂肪酶最适作用温度

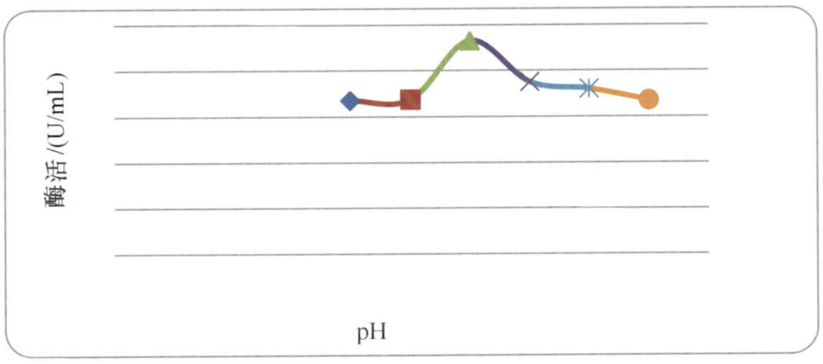

图 5－150　pH 对产脂肪酶菌 Xt181 脂肪酶酶活的影响

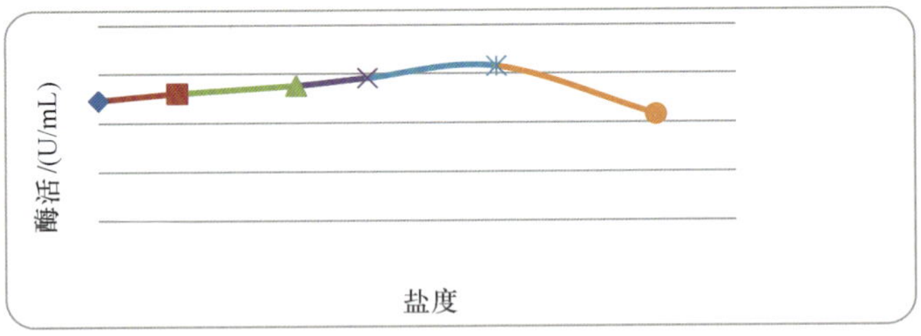

图 5－151　盐度对产脂肪酶菌 Xt181 脂肪酶酶活的影响

5.8.3　聚酮合成酶 I(PKS I) 和非核糖体肽合成酶(NRPS) 基因分析

对链霉菌（*Streptomyces* sp. GW31－48、*Streptomyces* sp. ZS22－3N）和真菌（*Tritirachium* sp. HDN13－339、*Eurotium* sp. HDN13－338、*Aspergillus* sp. HDN13－331 等）进行了次级代谢产物功能基因的分析，通过设计相关生物合成基因的引物，采用 PCR 方法，筛选获得了 7 个聚酮合成

酶I（PKSI）基因，2 个非核糖体肽合成酶（NRPS）基因（表 5 – 58）。

表 5 – 58　菌株基因筛选结果

菌株编号	种属信息	PKS – I	PKS – I 登录号	NRPS	NRPS 登录号
GW31 – 48	*Streptomyces* sp.	–		+	JF514149
ZS22 – 3N	*Streptomyces* sp.	+	JF514154	+	JF514150
HDN13 – 339	*Tritirachium* sp.		KF880425		
HDN13 – 338	*Eurotium* sp.		KF880426		
HDN13 – 331	*Aspergillus* sp.		KF880427		
HDN13 – 356	*Aspergillus* sp.		KJ531415		
HDN13 – 389	*Cladosporium* sp.		KF986474		
HDN13 – 417	*Ascochyta* sp.		KF986472		

5.8.4　链霉菌 *Streptomyces* sp. 604F 卤化酶基因及其侧翼基因分析

应用 hiTAIL – PCR 扩增并克隆链霉菌 *Streptomyces* sp. 604F 卤化酶基因（简称“*fdh*604”）全长为 1 443 bp（GenBank 登录号为 KF597548）。对该酶基因两翼序列分析表明，*fdh*604 的上游是一段 568 bp 非编码序列，该非编码序列的上游有一段未测序的片段，在该片段的上游为编码半胱氨酸合酶的 816 bp 部分序列；*fdh*604 的下游有一段编码保守假定蛋白的 845 bp 序列（图 5 – 152），这 4 段已知序列可能属于某个活性卤化物生物合成基因簇，为推测 FDH604 的作用底物提供了一定的判断依据。

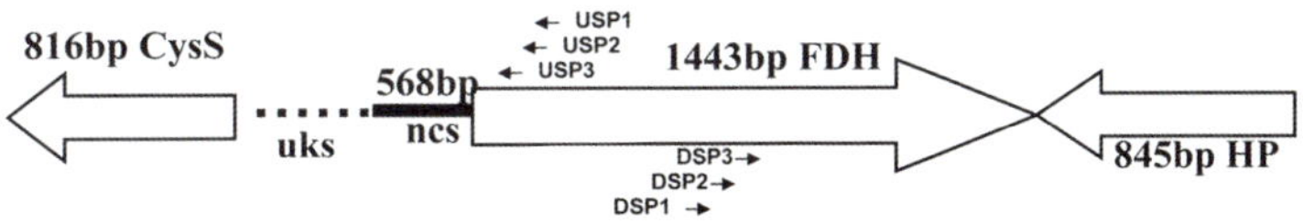

图 5 – 152　hiTAIL – PCR 扩增 fdh604 及侧翼部分基因序列示意图

5.8.5　曲霉菌 *Aspergillus sydowii* MS – 19 木质素降解相关功能基因

采用 HiSeq 2000 高通量测序技术对曲霉菌 *Aspergillus sydowii* MS – 19 的转录组进行测序，采用分析软件 Velvet/Oases 聚类拼接，通过与蛋白质直系同源簇（KOGs）数据库比对，共注释了参与碳水化合物代谢和转运的有 1 394 条，其中参与转录和翻译后修饰蛋白折叠的分别占到 6.37% 和 6.09%，注释了 282 个 CAZyme 蛋白。通过 dbCAN 分析将 CAZyme 中与木质纤维素降解有关的酶列于表 5 – 59 中，曲霉菌 *Aspergillus sydowii* MS – 19 的转录组中含有 5 个纤维素酶编码基因（1 个纤维二糖水解酶和 4 个内切 – β – 1，4 – 葡聚糖酶），4 个阿魏酸酯酶和 2 个果胶酯酶。

表 5 – 59　曲霉菌 *Aspergillus sydowii* MS – 19 的 CAZyme 中与木质纤维素降解有关的酶

降解酵种类	数目	序列信息
纤维二糖水解酶 cellobiohydrolase	1	Locus_ 6027
内切 – β – 1，4 – 葡聚糖酶 endo – 1，4 – beta – glucanase	4	Locus_ 11132，Locus_ 1390，Locus_ 17868，Locus_ 18412
β – 葡萄糖苷酶 β – glucosidase	8	Locus_ 10259，Locus_ 17789，Locus_ 17844，Locus_ 19999，Locus_ 20606，Locus_ 2085，Locus_ 3913，Locus_ 5135
葡萄糖苷酶 α – glucosidase	4	Locus_ 11276，Locus_ 13641，Locus_ 16700，Locus_ 5600
内切 – β – 1，4 – 木聚糖酶 endo – 1，4 – beta – xylanase	4	Locus_ 11622，Locus_ 131，Locus_ 14631，Locus_ 9815
β – 木糖苷酶 beta – xylosidase	5	Locus_ 16267，Locus_ 18132，Locus_ 19019，Locus_ 6125，Locus_ 9756
β – 甘露糖苷酶 beta – mannosidase	2	Locus_ 1319，Locus_ 14823
α – 半乳糖苷酶 galactosidase	2	Locus_ 11372，Locus_ 18352
阿魏酸酯酶 feruloyl esterase	4	Locus_ 18500，Locus_ 4357，Locus_ 5886，Locus_ 25427
果胶酸裂解酶 pectate lyase	2	Locus_ 13318，Locus_ 17762
果胶甲酯酶 pectinesterase	2	Locus_ 21899，Locus_ 25588，
乙酰酯酶 acetylesterase	1	Locus_ 26565
几丁质酶 chitinase	6	Locus_ 1056，Locus_ 12831，Locus_ 1429，Locus_ 16340，Locus_ 18421，Locus_ 2206

曲霉菌 *Aspergillus sydowii* MS – 19 木质素降解相关功能基因序列如下。

5.8.5.1　乙酰辅酶 A 合成酶基因：ACSS，编码蛋白：acetyl – CoA synthetase

基因序列：Locus_ 2_ Transcript_ 4109/37498_ Confidence_ 0.000_ Length_ 1011

TCCTCCTTTCCGACTTTCTCGAAGTACCACTTCCAGACCTCGGCAGCAATCGGCTCACCGACGGA
TCCCAAAATACGCAAGTGTTCCATCTTGTGGTGAATGTGCTCGTCCCCAGCCCTCTTCAACAAAC
GCAAGGCCGTGGGGGCGACGTAGAATTGGGTGACCTTGTGCTTCTCGATCACGTCCCAGTAGCG
CGAGAAGTTGGGGTAGGCCGGGGTACTCTCAAAGACGACTGTCGCGACACCCAGCAGTAGGGGT
GCGTATACCACGTAGGTGTGACCAGTAATCCGCCCACCCAGCACCAGAATATCCCACTGTCGGAT
TCCAACTCGCTCCCCGTCTTCTTCGAAATAAAACATAGATGCTTCGCTCCATCTCCGTTCCCCGTG
GCCTGGTCTTCCCCCGCCGCTTGCTGTCAACCACAGTCCCCAGAATGGCCTCCGCATCAGGCACA
CCCATGGAAGATCTCATGAGGGAGAAGATAAACACCGCATTCAACCCGTCCACGCTGATAATACG
CAACGACTCGCATTTGCATGCACACCATGCTCCAATGCAAGGATCGACGTCGAAGGAGACACATT
TCCATGTGACGATTACTTCGCCGTCGTTCCAATCTAAGCCGCAACCTGCAAGACATCGGATGGTG
TACGGCTTGTTGAAAGACGAGATGAACCAAGAGGGTGGGATCCATGCGCTGCAGTTGAGGACGA
AGACACCGGAGGAGGAGCAGAAAGAGAAGGAGAGACGGGCGCAGGCGTGAGCTGCGTCTGTAC
TGTGCACAATGGGTGAGCTTGAAGATGACGGCGCGATAAATGAACCTTTACACGCGGATATACC
CGACAAACAAAGAAGTATTAAATTTATTAGAGGGATTGATTATTAAATGGATTCTAGTGCCGAAG

GAGACGGCCAAAAAAGTCTAATATATACACACAGCGACATCATGCGCATCCTCACCAAACAAGCA
GCGACGGGGACCATCCAGCCGCGTCCAATCAAAGATGCAGC

5.8.5.2 乙醇脱氢酶基因：adhP，编码蛋白：alcohol dehydrogenase，propanol – preferring

基因序列：Locus_ 2402_ Transcript_ 2/6_ Confidence_ 0.714_ Length_ 1406
CTGAATATCAAGTCCAGTGGATATTCGTATACTATGGAAATCCCAGAACAGCAATGGCACAGGT
TATTGAGGCTCCACGTAGTGGAGTCGTCTACAAGCAAATTCCTGTCCAACAGCCCGGTCCTGAAG
ACGTGTTGGTGAATATAAGATACTCTGGTGTCTGCCATACGGATCTTCACGCTTTAAAGGGGGAC
TGGCCGCTGGAAGAGAAATCACCTCTTGTAGGCGGCCACGAAGGGTCCGGCATTGTTGTAGCAA
AGGGCCGTCAAGTCACTAAAATCAAAATTGGCGACCATGTGGGTGTTAAGTGGATCAACGGATCA
TGTCTTACTTGTGAATTCTGCTGCCAGTCAGATGAACCACTTTGTTCCGAGGCCTTGCTCTCTGG
ATACACAGTTGATGGCACCTTCCAGCAGTACTGTGTGGTGAAAGCCACGCATGTGTCCCTCATCC
CGAAGGAAGTGCCTCTTGATGCGATTGCCCCCATTTTATGTGCCGGCATCACCGTTTACAAGGGA
CTTAAGGAGTCAGGAGCACGGGCGGGACAGATAGTTGCCATAGTTGGGGCTGGAGGTGGGCTTG
GCTCTCTTGCACAGCAGTATGCAAAGGCCATGGGCCTAAGAATTATCGCCATTGATGGCGGTGA
GAAGAAGGCAATGTGTCTGAAGCTAGGGGCCGAAACATACATCGACTTTTTAGGAAATGAGGAC
CTCGTCCGCGGCATCAAAGGCGCCACTGATGATGGCCTTGGACCACATGCTGTGCTTTTAATTGC
GGCATCTGAGACTCCCTTCCAGCAGGCTGCGAGCTATGTGAGACCCCGCGGTTCTATTGTCATGC
TTGGCATGCCTGCCCACGCATATGTCAAGGCTTCTGTCTTTGATACTGTTGTGCGAATGATCAAT
ATTAAGGGAAGTTACGTCGGTAACAGGAAGGATGCGAATGAGGCAATTGACTTCTTCACACGGG
GTCTGATTCAGGCGCCTTTCAAGACTGTTCCGCTGTCTGATCTGGGAAAGGTGTATGAGCTAATG
GAACAGGAGAAAATAGTTGGCCGCTATGTCGTTAAAATTCCGGACTGAACCAGTCTTCATGATAC
GGTCGACTGGTAGATTAGCTGACGAGCTTTTATCATACAAAAATGTATGATGCGGTGCACTTGAG
GTTGGTTGGATAAGTACGAAATGGCGTATCGTTGAACGAACTGAGATCTATACTAGTGGCGTTAG
TATGTTTACCCTTAAGATAGTGGAGAGCAATAAAGGATACTGCAAGCTTTGTTTTAAATCACCCTT
GATAACTAAAAAACAAGAGAAGTCAAAGGTTGCACTGGATGTATCTTAACATGCAATATTAGCAA
GCTTATGCTTGACCAGCTCATTTTCTGGTACGGTGCTCAAAAAAA

5.8.5.3 果糖二磷酸醛缩酶基因：ALDO，编码蛋白：fructose – bisphosphate aldolase

基因序列：Locus_ 2_ Transcript_ 24128/37498_ Confidence_ 0.000_ Length_ 524
ACAATGCCAACGTGGCGGTCGACAGTAGATATCCGCTTATTCGCCCCAGGCTTTAGAAGTTTGCT
AGTGATGGTTTTCTCAACAGCTAGAACGACACCATCCTTACACCGGATACCGACCGCGGTGCCGC
CGTTCTCAACAGCTTTAACAGCATACTCTACCTGAAAATTCCGACCATCCGGAGAGAACACTGAA
TTGGAAAGATCGTAGCCTGTGCCGATGGATGTCATGGCGGAGGATTGGGTCTATCACAGAAGGG
AAGGTGGAAATACAGATTAAACCACAGTGAATGAAAAGATGCGAAACCCAAGGATAATGTTTTTA
AAGAAAGCCAGAAGAGGTTTGAGAAGCTCCAAGATACCCGGGAGATTGGGAGGTTGAGAGGGA
GGGGGGCCATGTGCATGATGAACGGGGGTGGGTGGGGAGTTCGCAGGTTTTGGGAGGACGGAG
TACTGGTAGTACCGCTGGATCTGGAGGAATGAGGGAGGCTATGGCGAGAGCGGCGGAGGAGAG

GGCTAGGAAAG

5.8.5.4 烯醇酶基因：ENO，编码蛋白：enolase

基因序列：Locus_ 2_ Transcript_ 4315/37498_ Confidence_ 0.000_ Length_ 643
GAGCAAGGCCTTGGGCACGAAATGCATCAGAAGGGAGGACCGCGAAGTAACGTCAGAGCTCTTT
ACATTCAGCATTGGCTCTAGACTCGGGTATGGACAAGTGCACAGAATGCTCCTGAGTCAATTGCG
TCACGAAGAATTAACTACGCTCTTATGGTGCTTCCAGAGAGTTCACGATAGATGAAGTATAGAAT
AAGCCACGATGATAAACCCCCATTACAGATGGTTCGAATTGATTCTCGCAGGGCCTCCTGCCACC
CGCCTTACCCCGAGGGAGTACGGAGATCTCGCTGTCGAGCGTAATGAAACCTCCTGAGCCAAC
AAACAGGCAATTGCTGCCCCACCATCACCTTGGAAAGACCCGGAGGAACTGGCCGTGAGCTTTC
CCGTGCGTAGAATACAAGAACCAGCTGTTTCCATTCCAATTGTCATCTCTCAGTAGCTCCGTTCG
CTGTTGTTGTTTTACTCTTTTTGCCGCCCCAAAGGTCTATTCATCAAAATGCCCATCTCCAAGATC
CACGCCCGCTCTGTCTACGACTCCCGTGGTAACCCCACCGTCGAGGTGGACGTTGTCACTGAGA
CTGGTCTTCACCGCGCCATTGTTCCTTCTGGAGCTTCTACCGGTCAGCACGAGGCTCACGA

5.8.5.5 果糖二磷酸醛缩酶基因：FBA，编码蛋白：fructose - bisphosphate aldolase

基因序列：locus_ 2_ Transcript_ 30191/37498_ Confidence_ 0.000_ Length_ 1068
TGCCAGTCGACCCCAGCATATCCATGCACCGCTCGACAGCCTTCTGCATCTCATCCGTCGCTTCC
TCCAATAGCGCCGTCAACGGAATTCGCCCAGCCTTCTCCCTCTGCACTTTGATATACTCATTGTTC
AACACCTTGTTAATGTTCACCTTCGACACTCCACAGTCAATGCACTTCTGGAAAATCTCCTTCGTA
AACGGATCCGCCCCATGCAGCACAAGCTTCACCCGATCCCCAACCTTATCCTGAATGGTCTGCAA
TCGGTCATACTCCAACTGGATCCCCCGGGGCCCATACTCCCCATGCACATTCCCAAAAGCGGGCG
CAAGCCAATCAATCCCCGTGGCAACAAACTCCTCACTCTCTTCCGGCGTCGTCAACAGGCCCTCC
AAATCAGCCGTATCTCCGACTCCATCTTCCCCACCCTCAATACGCCCGGGCTCAGCCTCCGTCGC
GATCCCGCGCTCATTGCAATAAGACACCAATTCCTGCGTTAGCCGCAGATTCTCCTCCTTCTCGT
AATGCGACATGTCAACCATGATACTGTCGAACCCGCCCAGGTCTGCCGCGCGGCGGATGATCTC
GGGTGTTTGCGCGTGGTCCATGTGTACGGTGACCGGGACGGAGGCGTTGCGCGCGGCTTCGGC
GGCGGCGTGAACGAGGATCCCATCGGCGTAGTGCACGGCCCAGGGGAAGAGGAGGATCATGGC
CGGTGAGCGCTTCTTGTCTGCGGCGCGCGCGGTGGCTAGGATGCCTTCGAGGTTGTAGCAGCAC
ATTGCGGGGACCCCGTAGTGGTTTGTGGCGGCATGGTTGAGAATGGAGAGGGCGCGAAACATTC
AAAAGTGGTACCGGGAGGCAACAGTTTTCTCAGATTGGCACTTTGTTTTCTTCAAGGCACTTACG
ACCATTGCCTTTTTTCGGTTCACGCATGCTCTTTTTCCAATACGGTTTCAACATCACGGGCTGGC
GACGACTCGAGACGGGCTGACGGCGGAGCCGTTCTCTCATCTCAACATAAAGAAAGAAAGAAAA
GCTACGGGAAAAACCATGTTATTGATTCTACCCA

5.8.5.6 甲醇氧化酶 alcohol oxidase 基因

基因序列长 3 845 bp，其中 CDS 长 1 721 bp，编码 571 个氨基酸。基因功能预测：一些 H_2O_2 生成酶、纤维二糖苯醌氧化还原酶、过氧化物酶等酶系都被证实参与木质素的降解过程。

甲醇氧化酶基因 CDS 序列：

ATGAAGGCCGTCTGGACCGCTGCTGCTGCTCTGCTGCTCGCTGGCTCAGCCTCTGCGGCTA
GCGACTGCCACTGCCTGCCGGGCGACGACTGCTGGCCCGCCGCCAGTCAATGGGACGCGCTCAA
CAGCACCGTCGGTGGGCGTCTGATTGCGACAGTGCCCGTGGGATCCCCGTGCCATGAGCCGACC
TACGATGCGACCGCCTGCGCACAGCTGAAGGAGGACTGGAATCTCCCGCAGACCCACTATGTCT
CCTCTTCGTCGGTCATGCAGCAATTCTTTGCGAACCGGAGCTGCGACCCTTTCACTGACAAGTCG
ACCCCGTGTGAGCTTGGAAACTACGTGAGCTATGCGGTTGATGTTGCCTCGAGCGACGACGTCG
TTGCGGCGATCAGGTTTGCGCAGGACAACAATGTCCGCTTCGTCATCAAGAACACCGGTCATGAC
TACCTAGGTCGTTCTACCGGTGCCGGCGCGCTCTCCGTCTGGACGCATAACCTCAAGGATATCGA
ATACGTCGACTGGGCCGAGGACTCTTATACCGGCCCCGCATACAAGCTGGGCAGTGGCGTGCAG
GGATTTGACGTTTTGGAGACCACCCACGCCAAGGGCCATGTTGTTGTCGGCGGCGAGTGCCCAA
CTGTTGGCCTGGCTGGAGGATACCTGCAGGGCGGAGGACACTCGGCGCTGAGCACCAGCTTTGG
TCTCGGTGCCGACCAGGCTCTGGCCTTTGAGGTTGTCACCGCTTCTGGAGAGGTTATCACGGCCT
CGCGAACGGAGAACACCGACCTCTACTGGGCTCTCAGTGGTGGCGGTGCCGGCAACTGGGCCGT
CGTGCTGTCTGTCACTGTGAAGGCGTACCAGAACGAGATCGTCTCCGGGGCGACTGTTACATTTA
AAACTTCGGATCTGTCCAAGGAGATCTTCACCGACGCCGTGGATCACTTCCACCGTCTCCTCCCT
GACATGATTGACGCTGGTACTACGGTCATCTACCAGATGCTCCCTGGCTATTTCCTCATCAAGCC
CCTGACTGCGTTCAACATGACCAGCTCGCAGGTTAAGGACGTCCTTGCCCCTTTCCTCTCCGAAC
TCGACGGCCTCAGTATCAAGTACCAGGCCAACTACACCCAGTACGACTCCTACTACGACCACTAC
CAGAAATACATGGGACCCCTGCCCAACGGCAACCTTGGAGTCGGCGAATTCACCTACGGCGGCC
GCCTCCTCCCACGGTCGGTACTGCAGTCGAACCCGACTGATTTGGCTACTGCATTGTACGACATC
ACCTCGCAGGGCATTGTTGCCGTTGGCGTCGGCCTGGACGTGTCCAAGACCAACGACGTCGACA
ATGCCATCTTCACACACTGGCGAGAGGCCGCTGTTACGATGCAGATCGGTATCAGCTACAACGAC
ACTGCCTCTTGGTCCCAGCTCCTCGCTGAGCAGCAGAAGATGACCGAGGAGATCAACCCGCTGC
TGGAAGCCGTGACGCCTGGCGGTGGGACGTACGAGAACGAGTCCAACTTCCTGCAGCCGAACTG
GAAGGAAGTCTTCTTTGGCGATAACTACTCCAAGCTCGAGCAGATCAAGAGCAAGTGGGATCCG
GACCACTTCTTCTACGTGCTCAAGGGGGTGGGAAGCGATTACTGGAGTGTTGCTGAGGATGGGC
GCATGTGTAGAGCCCAGAAGAGGTCTCTCCCTCCTGCGTGCAAGGCT

5.8.5.7 阿魏酸酯酶 Feruloyl esterase 基因

基因长度 2 707 bp，其中 CDS 长 1 584 bp，编码 538 个氨基酸。基因功能预测：在完全降解半纤维素材料的酶系中，阿魏酸酯酶起着重要的作用。它通过打断阿魏酸侧链来增加酶和底物的接近性。在降解木质纤维素过程中，阿魏酸醋酶是作为其中一个酶系，与其他降解纤维素酶系及木聚糖降解酶系协同作用来增加糖的得率。阿魏酸酯酶可以打断木质纤维素材料中紧密的网，从而加强了生物质的降解。其打开碳水化合物高聚物的交联可以增加酶与纤维素和半纤维素之间的接合度，从而增加了已糖和戊糖的量，供给酵母发酵产乙醇。在造纸过程中，阿魏酸醋酶也可以增加木质素多聚糖复合物的溶解度。阿魏酸酯酶连同糖苷酶、氧化酶在生产面包及谷物的过程中也有着广泛地应用。

阿魏酸酯酶基因 CDS 序列：

ATGGGCCCCAGCCGCCTTCTGCTGCCCATATTGACCCTGGGCTCTACGGTCCTCGCACAGGACCA
ATTCCGATCCCGGTGCGAGAGCTTCGCAGCCAAGGTTGACATTCCAAACGTCAAGGTGAACCTAG
CCAACTATGTCGCCGGGGGCACTAATGTGTCGTTGGCGGACAATGTCAAATCCTGCGACCAAAAA
TCACAACCAGTCTCGGCCGACATGTGTCGGGTTGCAATGGCCGTTGCGACATCCAATGCAAGCGA
AATCACGCTCGAGGCGTGGCTCCCCAGAGACTATACTGGTCGCTTCCTGAGTACTGGGAATGGA
GGACTTGGTGGCTGCATCCAGTACGATGATCTTGCGTATACTACGGGCCTGGGATTTGCAACCGT
CGGGGCGAATAACGGCCACAATGGAACCTCTGGAGAGCCATTCTACAAGGCACCTGAAGTGTTG
GAGGACTTTGTATACCGCTCGGTCCACACCGGGATCGTTGTTGGAAAACAGGTCACAAAGCTCTT
CTATGATGAAGGGTTCGACAAATCATACTACTTGGGCTGCTCGACGGGAGGACGACAGGGTATG
AAGCTTGCACAGGATTTCCCAGATGAGCTAGATGGCATTGTTGCGGGTGCACCTGCGTTCAACTG
GAACGGCCTGCTGTCCTTTAGTGGGAATATCTATCCGATTACGGGCCCCGAAGGATCAGCCACCT
TTCTGTCAGTTGATAAGTGGAGTTTAGTGCACGACGAAATCATACGCCAGTGTGATGGTCTAGAC
GGAGCGAAGGACGGTATCATTGAGGATACCGATCTCTGCCATCCAAACGTTACCACAATTCTCTG
CAAGTCTGGATCAGCCTCAGACAAGTGCCTTACTGCTGCCCAAGTCAACACAGTGCACCAGATTT
TGTCTCCACTGTTGAGCTCGAATGGATCGCTTATTTACCCGCGGATGCAACCGGGTTCTGAAGTT
TTTGCTGCACCCGCTGTGTACACTGGCGAGCCATTCAAATACAGCAGTGATTGGTGGAAATATGT
GGTCTACAGTGACCCTAACTGGGACCCAACAACGTGGAACGTCAAGGACGCCGAGGCAGCCATA
AAGCAGAACCCATACAACATTGCCACATGGAACGCAGATCTGTCTGCTCTCCGCGACGCGGGCA
CCAAGCTTCTCACCTACCATGGACTCCAGGACCAGTTGATCAGCTCAGATAACTCCAAGTTTTAC
TACGACCGTCTTCAGAAGACCATGGGGCTGAAGCCGAACCAGCTGGATGAGTTCTATCGGTTCTT
CCAGATCAGTGGGATGGCCATTGCTCTGATGGTGATGGTGCGTATGGCATTGGGAACCTGGCT
GATGGATATTCAGGTAGCACTGAACCTGAGGACAATGTGCTCATGGCGATGGTGCAATGGGTTG
AAGAGGGTATCCCTCCAGAAACGGTCCGAGGAGCCAGTTTTACCGATGGGGCTGGGTCTTCTGT
GAAATATCACCGCAAGCACTGCCGATTCCCTCACAGGAATGTGTTCAAGGGACCCGGTAATTACA
CTGATGAGAATGCATGGGAGTGCATTTTACCC

5.8.5.8 醛脱氢酶 aldehyde dehydrogenase（NAD+）基因

基因长度 8 645 bp，其中 CDS 长 1 800 bp，编码 600 个氨基酸。基因功能预测：醛脱氢酶能以不同碳链长度的脂肪醇和芳香醛为底物降解木质素。

醛脱氢酶 CDS 序列：

ATGTCCAATCTATTTAGTTTCAAGCCGCCGGCCTCGTCGGGAGCTCCAAGTGGTGGTATGTTTGG
GTCTGCTGGTGCCACGTCGAACACTGGATCTAGCGGCGGCGGTCTCTTTGGAAATGTAGGAGCA
AGCGGCACTTCTTCGCCGTCCTTTGGGGCTACCTCCGGGCCTGGCCAAAGTTCTTCTCTATTTGG
TGCTGGCTCCGGCAGCGGCAGTGGTGCTCCCACATTTAGCTTTGGAAATTCGGCGGCCGGTGCG
ACTTCCGGTACACAATCGCCGTCTCTGTTTGGTACTGGATCACAAACACCTAACAAACCGACGGA
GACGCCCGCATCAGGCTCAACCGCTTCCGGCGGATTATTTGGCGGAGCTAGCAAGCCTGCTGGA
AGTGGTCTTTTTGGAGCCGCTGCGGCAACTCCTGCGTCGTCTGGCACAGGCTCACTCTTCGGCGC
CCAACCCTCAACTACCCCTGCCGGACCTCCGCCACAAGGAACACTCCAGCCCAGGGGCAATCTC
TTTTCGGGCAGCAGAAACCTGGAGGTCTTTTCGGAACAGCCACAACTTCATCGGGATCCCAGCCT

TCTTCTACGGCTCCCTCTACGTCAACCCCGCCACTCTTTGGAGGAGCTGGGCAGTCTACTGGGAA
CAGCCTTCTTAAACCATCTACACAACAAACGCCCGTGAGTGCACCGTCTTCCACTGCTACTGGTG
GCGGATTATTTGGGAATATGAGTGCAAGCAAGCCAGCCGAGTCAACGGCGACAACGACAAGTGC
AGACAGTACCGCGAAGCCACTCTTTGGAACCGCACCTGCCTCCGGAACACAAACGTCCACGCTTT
TCGCGCCAGCGTCATCTGGTCCGGATTCTGCGCCGAAGCCCGCTTTCCCTTCTATCAACAATCCA
TCAAATACTCAGACAGCCGCATCTACCGCTACTCCACAAAAGCCTCTTTTCTCCCTTGGTGGCC
TGCATCGTCCGCCACCCCTTCATCGACCCCAGCTGCCGCTCCCTCTGGTGGCTTATTTGGCGGTC
TTGGTGCTTCGAAGCCTGCGGAGACTTCAACCACACAGCCTGCAGCCTCTACAGGGGGGTTGTTT
AACAAGCCGGCCGAGACTACGACCAGCCAACCTCCAAGCACATCTGCAACCACAACCACAACCG
GTACCGACACCAAGCCATCGCTGACTGCGACGTCCGGAGCTACCACGACATCTACCACCACCGCA
AATACTGGCTTGGGCAGCACCACAGCAACTGGAGCTCCCACTCTCGGCGCGTCGACTGCTGGTC
CGGTTCCTCCAGCTCAATCGCGCCTGAAGAATAAGACGATGGATGAAATTATCACTCGATGGGCG
ACTGACCTGACTAAGTACCAGAAGGATTTCCGGGAACAGGCTGAGAAGGTTGCCGAATGGGATA
GGATGCTTGTCGAAAATGGTACCAAGGTGCAGAAACTGTACGGCAGTACTGTGGATGCCGAGCG
TGCCACGCAGGAAGTCGAACGCCAGCTTGCATCTGTTGAGGGACAGCAAGACGAGTTGGCCTCG
TGGCTCGATCGCTACGAGCGCGAAGTCGATGAAATGATGTCCAAGCAAGTGGGCCCTGGCGAGG
CTCTTCAAGGTCCTGATCAGGAACGTGAGCGAACTTACAAACTTGCCGAAAAACTTTCCGAACGT
CTCGACGACATGGGCAAAGACCTCACCAGTATGATCGAAGAAGTTAACAGTGCCTCGTCTACGCT
GAGCAAAACAAACAAGGCCGACGAACCGATCTCTCAAATCGTTCGCATTCTCAACTCGCATCTTT
CTCAATTGCAGACCATCGACGTGGGTACCACCGAACTTCAGGAGAAGGTTGCTGCCGCGCAGAA
AGCTGGGCAATCGATGTCCGCACGCTTCGGACACGGGTACAGCATGTCAGGCACTGGGAATGGA
AGTGCTGCGGATGACTTTTACCGCTCTTACATGGACGTCGG

5.8.5.9 过氧化物酶 peroxidase 基因

序列长度 2 922 bp，其中 CDS 长 1 182 bp，编码 374 个氨基酸。基因功能预测：能够降解苯环结构，木质素本身就是由苯基丙烷为结构单元聚合成的多聚物，因而在木质素降解过程中起着重要作用。

过氧化物酶基因 CDS 序列：

ATGGGGCTTCTGTTGAGTATTCTGTGTTTGTGCAGCTCATATTGGCAGTGTTCCATCAAACAACC
TCACAACATGGGCGAATGTCCTGTCCACAACAGCCAGCGTGCCAACACCGGCGGCGGCGGCACA
AGAAACAGAGACTGGTGGCCCAACGACCTGAAGCTGAACATCCTGCGCCAGCACACTCAAGTAA
CAAACCCATATGACAAGGACTTTGACTATGCTGCGGCCTTTAACAGTCTAGACTACTTCGCCCTG
AAGAAGGATCTGGAGAAGGTCATGACCGACTCCCAGGACTGGTGGCCCGCCGACTTTGGTCACT
ACGGCGGTCTCTTCATCCGTATGGCCTGGCACAGCGCTGGTACGTATCGTGTCTTTGATGGTCGT
GGCGGTGGCGGCCAGGGACAGCAGCGTTTTGCTCCCCTGAACAGCTGGCCGGATAATACCAGCT
TGGACAAGGCTCGCCGTCTGCTGTGGCCTATTAAGCAAAAGTACGGCAGCAAGATCTCTTGGGC
CGACCTGCTGATCCTGACCGGTAATGTGGCGCTCGAGTCGATGGGCTTCAAGACTTTCGGCTTCA
CTGGCGGCCGCAGTGACACCTGGGAGGCGGACGAGTCGGTCTTCTGGGGTGCCGAGAAGGAGT
GGTTTCCCCGAGGCAATGATGTTCGCTATGAGAGTGGCGAGCTGGATGATCCTCTTGCTGCTGCG

CACATGGGTCTGATTTATGTCAATCCTGAGGGTCCCAATGGATATCCCGACCCTGTTGCCGCGGC
GAAGGATATCAAGACTACCTTTGGTCGTATGGCCATGACGAACGAGGAAACAGTTGCCTTGATTG
CCGGTGGACACACCTTCGGTAAGACGCACGGTGCTGGCCCAGGTAGTCATCTTGGCCAGGAGCC
TCACGCGGCTGGACTCGAGAACCAGGGTCTGGGCTGGAAGAACAGCTTCGAAACTGGTGTCGGC
CGTCATGCAACCACCAGTGGAATCGAAGTCATCTGGACCAAGACCCCAACCAAGTGGAGTAATCA
GTTCCTCGAGTACCTCTTCAAGTACGACTGGAACTTACCAAGAGTCCTGCCGGTGCGAACCAGT
GGACAGCCAAGGGCGTTGAGCCTTTCGTCCCGGATGCCTTTGACCCCAACATCAAGCACCCGCC
GCGCATGCTCACAACCGATCTT

5.8.5.10 热激蛋白 HSP 基因

基因长 1 394 bp，其中 CDS 长 888 bp，编码 296 个氨基酸。基因功能预测：在木质素降解过程中与其他酶产生协同作用，帮助其他酶正确折叠，产生木质素降解活性。

热激蛋白基因 CDS 序列：

ATGCTCAGGAAGTCCAAGATTATAACCTATAACGGGTTGCTGCAGCTAGGCCAGTCCTATCCAGC
CCCGCCGCCGCAGTCTTATGCGCACCACACCCAGCGGCTCTATGCCACAGCCCATGGCGACTTCT
CAGTAAGGGACCTCCCGTGGCCGTCGACACCCACATTTACTCCATACGATATATTCGGCATATCG
CGGGGCGCACCGTACTCGAAACATCGTTTCTACGAACTAGTCAAGGTCTACCACCCTGATCGCCC
CTGCAACGGCCACCCATTATGCAAGGACATCTCTCCCGAAGTGAGACTCCAACGGTACCGCATCG
TCGTTACGGCCCATGAAATCCTCTCAGACCCGAATAGACGCGCAGCGTATGATCGGACGGGGAT
GGGCTGGAAATTCAACCCTGTAGCCACTCACCGGCGCAGCCCGACTGGGTCCGCCGACGTCGAC
CCAATCTTCTCCAACGCAACCTGGGAGGACTGGGAGCGGTGGTATAACCGAAACGGACAGAAGC
AGGAGACCATCGTCGACCATTCGACGTTCGTTACGTTCGTGGTGCTTCTCTTCTTCATGGGTGCT
GCCGTGCGGGCGTCGTGGTTCACGCAGGTCAGCACCGGGTATGAGGATCGACTTAAGGATCTCA
ACGCACAGTCGACGCGGTTCTTGAACGAGCGCCGCAACAACACGGTTAATCAGATGGCAGGCTC
GGATGCGAAAGTGCAACATTTCCTGATTCGGAGGGATCCGTCGGGGTATGGGTTGAAGGAGGAA
GAGCAAACGGTCTATCATAACGTGCTTAAGCAGCGGAATGGGTCTTCGTCTGAAGAGTCTAGCGC
TGAAATGGGCGACCAACCAAAGGGGGGTGAAGCTGACCAGGCTCGTTGA

5.8.5.11 同型半胱氨酸甲基转移酶 5 – methyltetrahydropteroyltriglutamate – homocy – steinemethyltransferase 基因

基因 CDS 长度为 2 902 bp，编码 774 个 氨基酸。基因功能预测：该酶属于转移酶家庭，特别是转移那些含一碳基团的甲基，参与甘氨酸，丝氨酸，苏氨酸和蛋氨酸的代谢。

同型半胱氨酸甲基转移酶基因 CDS 序列：

ATGGTTCAATCCTCCGTCTTGGGTTTCCCTCGTATGGAAAGCTTCGTGACCTGAAGAAGGCCAC
TGAGGCGTACTGGGGTGAGAAGATCTCTCGGGATGATCTCTTGGCTGAGGGAAAGAGACTCCGT
CTGGAGCACTGGAAGATCCAGAAGAATGCTGGTGTCGACATCATTCCCAGCAATGACTTTGCTTT
CTACGACCAGGTCCTCGACCACATTCAGATGTTCGGTGTTATCCCCGAGAGATACAGCAAGTACA
ACCTCCACCCTGTTGACGAGTACTTCGCCATGGGTCGTGGTCTCCAGAAGCCTGCCAAGGATGG
CCAGGCCGCCATTGATGTTCCTAGCTTGGAAATGGTTAAGTGGTTTGACTCCAACTACCACTACG

TCAAGCCCACTCTTCAGGACAACCAGACTTTCAAGCTCGCCGAGCAGCCCAAGCCTGTTGTTCAG
TTCCTTGAGGCCAAGGAGGCTGGCATCGTCACTCGTCCCGTCATCCTGGGACCTGTCTCGTTCCT
GACTCTTGCCAAGGCTGACCGTGGTCAGACCGTTGACCCCATCACCAAGATCAATGACCTCCTCC
CTGTCTACGTCGAGCTCCTCCAGAAGCTGAAGGAGGCTGGTGCTGAGGACGTTCAGATTGATGA
GCCTGTCCTCGTCTTTGACCTTCCCGCCAAGTCCAAGGATGCCTTCAAGCCTGCCTACGAGAAGC
TCGGCGCTCTCGGTGACAAGGCTCCTCGCATCGTTCTCGCCACCTACTTCGGTGACATCGTTCAC
AACATTGATGTCCTTCCTGCTCTTCACAACCTCTACGGTATCCACATTGACCTTGTCCGTAACCCT
GAGCAGCTTGACACCGTCGTTGGCGCTCTTGGCCCCAACCAGGTCCTTTCTGCTGGTGTTGTCGA
CGGCCGTAACATCTGGAAGACCAACTTCAAGGCTGCTATTGAGAAGGTTGAGCTGGCTATTCAGA
AGCTTGGCAAGGACCGTGTGATCGTCGCCACTTCCAGCTCCCTCCTCCACGTCCCCCACACCCTT
GCAAGCGAGAAGAACCTCGACGCCGAGGTGCGTGACTGGTTTAGCTTCGCTGTCGAGAAGACTG
CCGAAGTCGTTGTGATCGCCAAGGCCGTCACTGAGGGCCCCGCTGCCGTCCGTGAGCAGCTCGA
GGCCAACGCCAAGTCTGTTCAGAGCCGTGCCTCGTCCAGCCGCACCAACGACCCCAAGGTCAAG
GAGCGCCAGGCTGCCGTCACCGAGGAGATGCACAACCGCAAGTCTGCATTCCCCGTCCGTCTTG
CCGAGCAGGGCAAGTCTATCAACCTTCCTCTCTTCCCCACCACCACCATCGGATCTTTCCCTCAG
ACCAAGGAGATCCGTATCCAGCGTAACAAGTTCACCAAGGGTGAAATCACCCCTGAGCAGTACG
AGAAGTTCATCGAGAAGGAGATCGAGGATGTTGTCAAGATCCAGGAAGAGCTCGACCTGGATGT
CTTCGTCCACGGTGAGCCTGAGCGTAACGACATGGTCCAGTACTTCGGTGAGCGTCTCACCGGTT
ACGTTTTCACTACCCACGCCTGGGTCCAGAGTTACGGATCCCGTTGCGTGCGTCCTCCCATCGTT
GTCGGTGACATCTCTCGTCCTGCCCCCATGACCGTCAAGGAGTCCAAGTACGCTGTCTCCATCTC
CAAGAAGCCCATGAAGGGTATGCTCACTGGTCCCATCACCTGTCTCCGGTGGTCTTTCCCTCGTG
ACGATGTCCACCAGTCCGTCCAGGCTCAACAGCTGGCTCTTGCCCTCCGTGACGAAGTCATCGAC
CTTGAGGCTGCTGGTATCAAGGTCATCCAGGTCGATGAGCCTGCCCTCCGTGAGGGTCTCCCTCT
CCGTTCCGGCAAGGAGCGTGAGGACTACCTCAAGTGGGCTGTCCGCTCCTTCCGCTTGGCCACC
ACCGGTGTTTCCGATGGCACTCAGATTCACTCTCACTTCTGCTACTCTGAGTTCCAGGACTTCTTC
CACGCTATTGCCGCTCTGGATGCCGATGTTCTGAGCATTGAGAACAGCAAGTCCGATGCCAAGCT
GCTCAAGGTCTTCATTGACGAGGCCTACCCCCGTCACATTGGACCCGGTGTCTACGACATCCACT
CTCCTCGTGTCCCCAGCGAGCAGGAGATCAAGGACCGCGTCGAGGAGATGCTCCAGTACCTCCG
TCCTGAACAGCTCTGGATCAACCCTGACTGCGGTCTCAAGACCCGTCAGTGGCCCGAGACCAAG
GCTGCTTTGACCAACATGGTCAATGCGGCCAAGTACTTCCGCCAGAAGCACACCAAATAA

5.8.5.12 腺嘌呤磷酸核糖转移酶 adenine phosphoribosyltransferase 基因

基因 CDS 长度为 1 195 bp，编码 215 个氨基酸。基因功能预测：APRT（腺嘌呤磷酸核糖转移酶）是嘌呤核苷酸补救合成的一种重要酶。作为 NAD 生物合成限速酶。

腺嘌呤磷酸核糖转移酶 CDS 序列：

ATGTCCCAACCAACTCCTAACTCTCACCAACAGCCTGATGCCGCCGCCGCCCAAGTCGCCGGACA
GTCCCCCTCCTCTTCCACCCCCACCGCCGAACTCGCCAGTCTTAAAATAAGCCTGCGCGCCGCTC
TCCGCCAGTTCCCCGACTTCCCGTCCCCTGGAATCTTGTTCGAAGACATTCTACCTATCTTTGCCA
ATCCTACCTTGCATGAAGCCCTTCTTCGCAGCCTAGAGTTGCACATCCTTCAGAACCACGGCGAC

CAGAAGCCTGATGTTATTGTTGGTCTCGAGGCCCGCGGCTTCCTTATCGGCCCCAGCCTCGCTTT
GAGACTTGGCGCGAGCTTTGTCCCTGTGCGCAAGCAGGGTAAACTGCCCGGACCATGTGCAACC
CAGGCCTACGAGAAGGAATACGGCCAGGACTTCTTCCAGATGCAGGCTGATTCGATTAAGCCTG
GCCAGAAGGTGATTGTGGTGGACGATATTATTGCAACTGGCGGTTCGGCCTGGGCGGCGGGTGA
ACTTATCAAGAAGATGGGTGGCGAGCTCATGAGCTTCCTTTTTATTCTCGAACTTGAGTTTCTTA
AGGGACGGGAAAAGCTTCCTGCTCCGGTTTATACTCTCCTCTCCGGCCAGGAAGAAAAGCATTAA

5.8.5.13 α-1，2-甘露糖转移酶 alpha-1，2-mannosyltransferase 基因

基因 CDS 长度 1 829 bp，编码 598 个氨基酸。基因功能预测：能够催化除氢以外的各种化学功能团（官能团）从一种底物转移到另一种底物的酶类。

α-1，2-甘露糖转移酶基因 CDS 序列：

ATGGCATCTGCCAGGAAAACAATTGAGGTTTCCTCAATGCCAACGGGGCAGGCACCGCGGTCCA
AGAAACGACCCCCGCCACCGCCCTATTACATTCCATTGAATATAACGCTCTATGTGTTCCTCATCT
CCAACGCAATTGCTGCTTTCCTTGCACCCGTTCAGGACTGTGACGAAGTCTTCAACTTTTGGGAA
CCTACACATTACCTTGATCATGGATACGGACTTCAGACGTGGGAGTACTCGCCGGTGTATTCAAT
CCGGAGCTGGCTCTATGTTACCATTCATGCCATTGTCGGGAAAGTGGCCTCCCTTGCTCTAGTTA
CGAAAAGCTCTCAATTCTATGCGATCCGCTTTTTTCTTGCCCTCGTTTGCGCCGCCTGTCAGACC
CGACTCTATGCGGCAATCTGTCGAACACTAAGCCCCAAGATTGGCCTGTTCTTTCTTATGATCGT
TGCGTTCAGCCCGGGCATGTTTCACGCTTCCACAGCATTCCTTCCCTCCAGCTTTACTATGTACAT
GTCCATGCTCGGTCTCACAGCCTTCTTGGATTGGCGACGTCAGAAGATTGCGCAAGGAATTATGT
GGTTTGGCCTCGGTGCGATTGTCGGCTGGCCTTTTGCCGGTGCATTGATCGTTCCACTTCTGCTC
GCCGAGCTTCTTGTCGGCGTTATTTCGGGATCCCTAGGAACAGTTGTCTCTGGTATCTTTAACGG
GTCCATCAGATGTCTGGCAATCCTGGCTGCGGAAATTGCTGTTGACTATGCTTTCCTCCGTAAGT
TCGCTGTTGTACCTTGGAATATTGTCGCCTACAACATCTTTGGAGGCGAGGGTAAGGGTCCAGAC
ATCTTCGGTACAGAGCCTTGGACATTCTACATAAGGAATCTACTACTGAATTTCAATATCTGGTTC
ATATTTGCGATGTCTGCGGCACCTTTACTACTTCTGCAGGCCATATTCCGACCCCAAGCGACCAA
GAAGGAGATTCCGCTACGAACCTTAGCTGTGATTGCGCCATTTTATATGTGGTTTGCGATCTTTA
CCGCTCAGCCTCACAAGGAAGAAAGGTTTATGTATCCGGCGTACCCTTTTCTTGCTCTCAATGCG
GCGATCGCAATCCACATAATCCTCACCTACGTTGGGTCTAAGGACTCTAAAGGGTCCAAGGGAAC
CTTGTTAGCCCAAGCCAAGCTTACCATCGTAACGGCTGTTGTTCTGGCTGCTATCAATGCTGGCT
TGCTGCGGACTGTCGGTATGATCACCGCCTACAACGCCCCTCTCAAGGTATTCGAACCGCTGGA
GCGGCTGGACATTCCCCAAGCGGGCGACTCGGTATGCTTCGGTAAAGAGTGGTACCGATTCCCAT
CTTCGTTCTTCCTCCCTGATGGCATGCGGGCCAAGTTTATTCGCAGCGAATTCCGGGGGTTGCTC
CCTGGCCAATTCCCCGATGCCACGGATTATCCTGCTCTTTTCGACGGTACATCTCAGATCCCCGA
AGGCATGAACGACTTGAACCAGGAGGACCCAGGAAAATACGTTGACATCTCCCAATGCTCATTCC
TTGTCGACTCATACTTCCCAAGTCGCGATGCAACCGAGCTGGAACCCGATTATATCCACGACGAG
TCACAGTGGGAGGTGATGTCGTGCAAGCCCTTCCTCGATGCTTCACAAACGGGTCTTATAGGCCG
ACTGATCTGGGTTCCTGATCTGCCGGGGCTCCCGGATCAACTCCAGCGTAAATGGGGGCAATATT
GCCTCCTACGGCGACGTGATGTCAGCGCCGAGACGGATTAA

5.8.5.14 α－葡糖苷酶 alpha－glucosidase AgdA 基因

基因 CDS 长度为 2 958 bp，编码 985 个氨基酸。基因功能预测：α－葡糖苷酶上具有与寡糖及双糖相结合的位点，使之降解。

α－葡糖苷酶 CDS 序列：

ATGGCCGGTCTAAAAAGCTTCCTTGCCAGTTCTTGGCTGCTACCAGTGGCTTACGGGGCGAGTCA
ATCTATCGTTCCTAGCACTTCGGCAACAGCGGCATACTCGCAGTTCACCATTCCGGCCTCTGCCG
ATGTGGGCGCGAATTTGATCGCCAACATTGATGACCCCCAAGCGGTCAACGCGCAATCTGTCTGT
CCGGGCTACAAGGCCTCCGATGTGAAACATTCCTCCCAGGGTTTCACTGCTAGCCTGGAGTTGGC
TGGAGACCCTTGTAATGTTTACGGAACGGACGTCGATTCGTTGACCCTGACCGTGGAATACCAGG
CAAAGGATCGCTTGAACATCCAGATTGTTCCGACGTATTTTGACGCCTCCAATGCATCTTGGTAC
ATTCTTTCGGAAGAGCTAGTGCCCAGACCAAAGGCTTCCCAAAATGCATCGGTTCCTCAGAGTGA
TTTTGTTGTCTCTTGGTCCAACGAACCTTCTTTCAACTTTAAGGTGATCCGAAAAGCTACTGGTGA
CGTGCTATTCAACACAAAGGGCTCTACCTTAGTCTACGAGAATCAGTTCATAGAATTTGTCACGT
TGTTGCCTGAAGAATATAACCTATATGGCTTGGGAGAGCGGATGAACCAGCTGCGGCTACTGGA
GAACGCTAATTTGACGCTATATGCCGCAGATATCGCAGATCCCATTGACGATAACATCTATGGAC
ATCATGCATTTTACTTGGATACAAGGTACTACAAGGTGGGTGGTCAGAATAAGAGCCATACTATA
GTCAAGAGCAGCGAAGCGGAACCATCTCAAGAATACGTCTCATATTCTCACGGAGTGTTCCTCAG
AAATGCCCATGGACAGGAGATCCTCCTGCGGGATCAAAAGTTGATCTGGCGCACTCTGGGAGGA
AGCGTTGATCTGACATTCTACTCTGGCCCAACGCAAGCCGAGGTCACCAAGCAATATCAGCTCAG
CACCGTGGGACTGCCTGCCATGCAGCAATATAACACGCTCGGATTTCACCAGTGCCGCTGGGGCT
ATAACAACTGGTCCGAATTTGAAGACGTACTTGCCAATTTCGAGAGATTCGAGATTCCTTTGGAG
TACCTCTGGGCCGATATCGATTACATGCATGGATATCGCAATTTTGACAATGACCAACATCGCTT
TTCGTATGAAGAAGGTGAAAAGTTCCTCAACAAGCTTCACGCCGGTGGACGTCGCTGGGTCCCAA
TCGTTGACGGAGCTCTTTATATTCCCAATCCGGAGAACGCTTCTGATGCTTACGAAACTTATGAC
AGAGGCGCCAAGGACGATGTTTTCATCAAGAATCCCGACGGCAGTCTATACATTGGCGCTGTCTG
GCCTGGCTATACTGTCTACCCCGACTGGCATCATCCTAAGGCCTCCGATTTCTGGGCTAATGAGC
TGGTCACCTGGTGGAACAAGCTGCATTATGATGGGGTCTGGTACGACATGGCTGAAGTTTCTTCC
TTCTGCGTAGGGAGCTGCGGAACTGGCAATCTGTCAATGAACCCGGCTCATCCACCGTTCGCTCT
CCCGGCGAACCAGGGAACGTCGTCTATGATTACCCAGAGGGCTTTAACATCACCAATGCTACGG
AAGCAGCCTCAGCATCCGCTGGGGCGGCAAGCCAATCCGCAGCGGCATCATCCACAACTACATC
AGCCCCCTACCTGCGTACAACACCTACCCCCGGAGTTCGTAATGTTGACCACCCTCCTTATGTTA
TCAACCATGTCCAACCTGGCCACGACCTGAGCGTTCACGCCATCTCACCAAATTCAACTCACTCG
GATGGGGTCCAGGAGTATGATGTACACAGTCTTTACGGCCACCAAGGCATAAATGCAACCTATCA
CGGATTGCTCAAGGTGTGGGAGAACAAACGCCCCTTTATCATCGCACGCTCTACATTTTCCGGCT
CTGGGAAATGGGCCGGCCACTGGGGTGGTGATAACTTCTCCAAATGGGGATCGATGTTCTTTTCG
ATCTCGCAGGCCCTCCAGTTCTCGCTCTTTGGCATCCCTATGTTTGGTGTTGACACCTGTGGTTTC
AATGGAAACACGGATGAGGAGCTATGCAACCGATGGATGCAGCTCTCGGCCTTTTTCCCTTTCTA
CCGCAACCATAATGTTCTCTCTGCAATCCCACAAGAGCCCTATCGGTGGGCGTCCGTGATCGATG

CCACGAAGGCGGCAATGAACATTCGATACGCTATTTTGCCGTACTTTTACACCCTGTTCCATTTG
GCCCACACCACTGGATCTACGGTCATGCGCGCACTTGCGTGGGAGTTCCCGAATGACCCCTCCCT
AGCTGCTGTCGGCACCCAATTTCTTGTCGGTCCCTCGGTCATGGTGATTCCTGTTCTTGAGCCAC
AGGTAGATACTGTCCAGGGTGTCTTCCCAGGTGTTGGACATGGGGAAGTCTGGTACGACTGGTAC
TCTCAAACAGCTGTTGATGCAAAGCCCGGTGTCAACACAACAATCTCAGCGCCACTGGCCACAT
TCCGGTTTTCGTTCGTGGTGGTAGCATTCTGCCCATGCAGGAGGTTGCGCTGACCACTCGCGACG
CTCGCAAGACCCCCTGGTCTTTGCTCGCGTCGCTGAGCAGTAATGGAACTGCCTCTGGCCAGCTC
TACCTCGATGATGGAGAAAGTGTCTACCCCGAGGATACGCTTTCTGTGGACTTCCTGGCGTCTCG
CTCCACTCTCCGAGCCTCTGCGCGGGGTACTTGGAAGGAGGCGAATCCACTAGCGAATGTGTCG
GTACTTGGTGTGACTGAGAAGCCATCCTCAGTGACACTCAATGGCGAGACGCTCTCCTCCGACTC
TGTGAAGTATAACGCCACCTCACACGTTCTCCACGTTGGTGGCTTGCAGAAGCACACAGCGGAT
GGAGCATGGGCGAAGGACTGGGTACTGAAATGGTGA

5.8.5.15 葡萄糖磷酸变位酶 phosphoglucomutase 基因

基因 CDS 长度 1 887 bp，编码 555 个氨基酸。基因功能预测：可以催化葡萄糖 -1 - 磷酸盐和葡萄糖 -6 - 磷酸盐相互转化。

葡萄糖磷酸变位酶 CDS 序列：

ATGTCCGTCCAGACCGTCTCCATTACTCCCTTCACCGACCAGAAGCCGGGAACCTCCGGTCTTCG
TAAGAAGGTCAAGGTCTTCCAGCAGGCCAACTACTCCGAATCCTTCGTTACTAGCATCATCCTCT
CCATCCCCGAGGGCGCTGAGGGCGCTTTCCTCGTCATCGGTGGCGATGGCCGCTACTACAACAC
CGAGGTCATCCAGAAGATTGCCAAAATCGGTGCCGCTTATGGTGTCAAGAAGCTGCTGGTCGGC
CAGAATGGCATCCTCTCCACCCCCGCTGCCAGCAACCTCATCCGCAAGCGCAAGGCCACCGGTG
GTATCCTCCTGACGGCCAGTCACAACCCTGGTGGCCCTGAGAACGACTTCGGTATCAAGTACAAC
CTTGCCAATGGCGCTCCTGCCCCCGAATCCGTCACCAACAAGATCTTCGAAACCTCCAAGTCCCT
CACCTCCTACAAGTACATTGACATCCCCGATGTTGACACCACCACCATCGGCTCCAAGACCTACG
GCCCCATCGAGGTTGAGGTCGTCCACTCCACCACCGACTACGTCACCATGATGAAGGAGATCTTC
GACTTCGACCTCATCCGCGACTTCCTCAAGACTCACAAGGACTTCAAGGTGCTGTTCGATGGTAT
GCACGGTGTTACTGGCCCCTACGGTGTTGACATCTTCGTCAACGAGCTGGGTCTGCCCGCTAGCA
GCACCATGAACTGCGAGCCCAAGCCCGACTTCGGCGGTGGCCACCCCGACCCCAACCTGGTTTA
CGCCCACGAGCTCGTTGAGAGCGTTGACAAGAATGGCATCCACTTCGGTGCTGCCAGTGATGGT
GACGGTGACCGTAACATGATCTACGGCGCCAACACCTTCGTCTCCCCCGGTGACAGTCTGGCTAT
CATTGCCCACCACGCCAAGCTCATCCCCTACTTCCAGAAGCAGGGCGTCTACGGCCTGGCGCGCT
CCATGCCCACCTCCGGTGCTGTCGACCGCGTGGCCAAGGCCCAGGGCCTGCAGAGCTACGAGGT
CCCCACGGGCTGGAAGTTCTTCTGCAACTTGTTCGACAACCAGAAGATCTCCATCTGTGGTGAGG
AGAGTTTCGGTACTGGCAGCAACCACATCCGTGAGAAGGACGGCCTGTGGGCCATTGTGGCCTG
GCTGAACGTCATCGCTGGCGTTGCCAAGCAGAAGCCCAGCGAGACCCCCAGCATCGCTTCCATC
CAGAACGAGTTCTGGCAGACCTACGGCCGTACCTTCTTCACCCGGTACGACTACGAGAACGTCG
ACAGCGACGGCGCCAACAAGGTGATCGCCACGCTGTCGGAGAAGGTCGACAACAAGGACACCTT
CGTTGGCTCGACCGTGTCCGGCCGCAAGGTCGTCGACGTCGGCAACTTCGCCTACACCGACCTG

GACGGCAGCGTGACCAAGAACCAGGGTCTGTACGTCAAGTTCGATGACGGCAGCCGCATCGTCG
TCCGTCTGTCTGGCACTGGCAGCAGCGGCGCCACGATCCGTCTGTACATCGAGAAGTACGAGAA
CGACGCCAGCAAGCTCGGTCTCGCCACGGATGAGTACCTGAAGGACAACGTGGCTCTGGCTCTG
GAGCTGCTCAAGTTCAAGGAGTACATTGGCCGTGAGGAGCCTGATGTCCGCACCTAA

5.8.6 海藻糖合成酶（trehalose synthase）基因分析

海藻糖合成酶 Tres 可催化麦芽糖生成海藻糖。海藻糖除了可以作为蛋白质药物、酶、疫苗和其他生物制品的优良活性保护剂外，还在保湿类化妆品、食品保鲜剂等研发方面具有应用价值。

我们从南极分离的微生物中克隆了海藻糖合成酶基因，其序列如下：

GGGTCACCGACACGAGCGATCTGTGGTGGAAGTCCGCCGTCATCTACTGCCTCGACGTGAAGAA
GTTCCTCGACTCCGACGGCGACGGGGTGGGCGATCTGCAGGGCCTGGCCACGCGCATCGACTAC
CTCGCGCAGATCGGGGTGACGTGCCTGTGGCTGATGCCGTTCTACCCCTCGCCGGGCAAGGACG
ACGGGTACGACGTCACCGACTTCTACGGCGTCGATCCCCGGCTCGGCACCCACGGCGACTTCGT
CGAGGTGGTCCGCACGGCGAAGGATCGCGGCATGCGGGTGATCGTCGACCTCGTGATCAACCAC
ACCTCCGACCGCCACCCGTGGTTCGTCGAGGCGAAGCGGAGCGTGGACTCGCCCTACCGCGACT
TCTACGTGTGGCGCGACGATCCGCCGCCGAAGAACCAGCAGAACACCGTGTTCCCGGGCGAGGC
CGACGGGGTGTGGACGAAGGACGAGAAGTCCGGCCAGTGGTACCTGCACAGCTTCTACGAGCAC
CAGCCCGATCTGAACGTCGCCAACCCTCGG

推断的蛋白序列如下：

GSPTRAICGGSPPSSTAST. RSSSTPTATGWAICRAWPRASTTSRRSG. RACG. CRSTPRRARTTG
TTSPTSTASIPGSAPTATSSRWSARRRIAACG. SSTS. STTPPTATRGSSRRSGAWTRPTATSTCGA
TIRRRRTSRTPCSRARPTGCGRRTRSPASGTCTASTSTSPI. TSPTL

5.8.7 卤酸脱卤酶（haloaciddehalogenase）基因分析

脱卤酶是催化 a－卤酸转化为 a－羧基酸的酶。该酶能催化卤族离子从卤代有机化合物上释放出来。并通过对邻位卤代醇的催化作用，使邻位卤代醇脱去卤族离子，形成相应的环氧化合物。具有单一光学构象的环氧化合物在药物合成中有很重要的作用，卤代醇被认为是合成环氧化合物的重要中间体。

我们从南极微生物中克隆得到了一个卤酸脱卤酶基因，其序列为：

CGACGGGATGCGATCGAGTGCTGGCTCACCGATATGGACGGCGTGCTCGTCCATGAGGACCAGC
CGATCTCCGGGGCACGAGAGCTGCTGACGCAGTGGCGCGAGACGGGCACGCCCTTCCTCGTGCT
CACGAACAACTCGATCTTCACCCCGCGCGACCTCTCCGCCCGGCTGCGCAACTCGGGCATCGAG
GTGCCGGAGGAGAACATCTGGACGAGCGCGCTGGCCACCGCCGCGTTCCTGCAGCAGC

推断的氨基酸序列如下：

RRDAIECWLTDMDGVLVHEDQPISGARELLTQWRETGTPFLVLTNNSIFTPRDLSARLRNSGIEVPEE
NIWTSALATAAFLQQ

利用 NCBI 数据库比对蛋白序列，如表 5－60 所示：

表 5－60 卤酸脱卤酶蛋白 BLAST 结果

%－Ident	%－Simil	相似菌株
74%	87%	*Renibacterium salmoninarum* ATCC 33209

5.9 南极微生物的酶学活性筛选与分析

5.9.1 产木质素降解酶菌株的筛选

2013 年产木质素降解酶菌株初筛结果见表 5－61，PDA－苯胺蓝脱色情况见图 5－153。

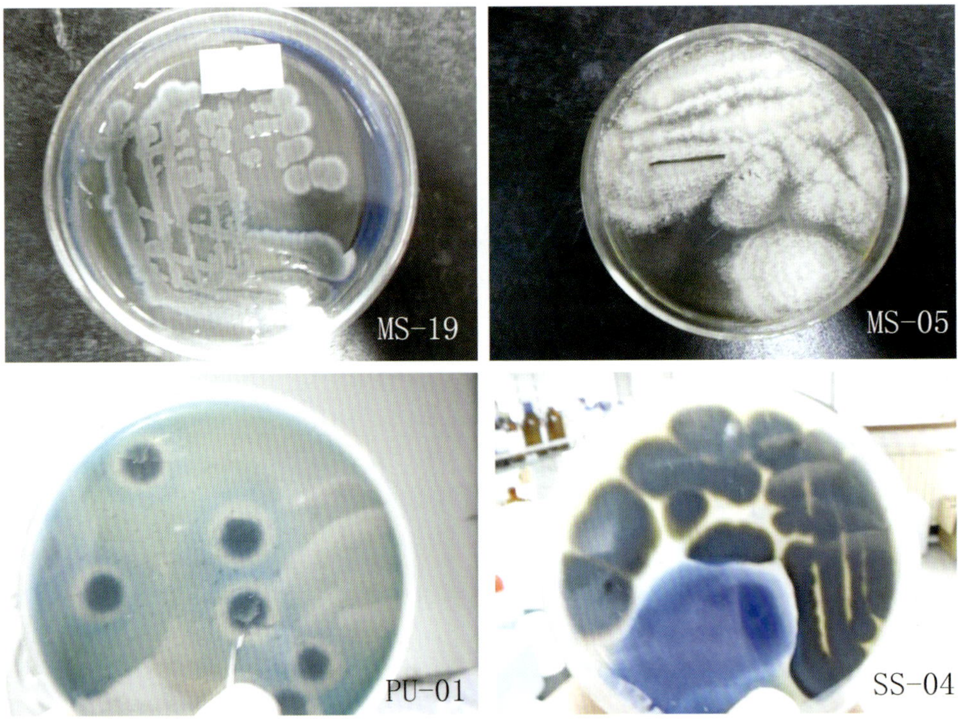

图 5－153 四株菌 PDA－苯胺蓝脱色情况

表 5－61 产木质素降解酶菌株初筛结果

过氧化物酶检测结果					漆酶检测结果
菌株编号	褪色圈半径 cm			脱色程度	
	8d	10d	12d		
PU－01	0.7	1.1	1.2	+	无
SS－04	1.2	1.5	1.5	＋＋	无
MS－05	1.5	2.2	全平板脱色	＋＋＋＋	无
MS－19	1.3	1.7	1.8	＋＋＋	无

注：＋、＋＋、＋＋＋、＋＋＋＋表示变色/褪色能力逐渐增强。

共筛选到4株有明显脱色圈的菌株，但都没检测到漆酶的产生。菌株MS－05苯胺蓝脱色显著，培养8天后平板全部脱色，虽然菌株MS－19平板脱色没有MS－05明显，但是Lip和Mnp酶活测定值都是最高（表5－62）。出现脱色明显但酶活不高的原因可能是菌株MS－05生长更为迅速，菌丝发达可以更快的覆盖整个平板。对四株菌ITS1－5.8S－ITS2扩增，得到550 bp左右序列，提交GenBank注册，获得登录号为分别为JX675045，JX675047，JX675048，JX675049。根据Genbank blast比对结果，MS－05与生赤壳属 *Bionectria ochroleuca* 相似性最高，PU－01与出芽短梗霉 *Aureobasidium pullulans* 相似性最高，SS－04与枝孢霉 *Cladosporium* 相似性最高，MS－19与聚多曲霉 *Aspergillus sydowii* 相似性最高。

表5－62　各菌在12天培养过程中产2种酶活的各自的最高值

酶种类	菌种编号			
	PU－01	SS－04	MS－05	MS－19
Lip（U/L）	126.5	136.8	154.2	182.6
Mnp（U/L）	113.8	126.4	132.6	159.7

2014年通过苯胺蓝法筛选得到4株产木质素酶细菌，分别是E4－1，D4－2，D2－1，E1－1－6（图5－154）。

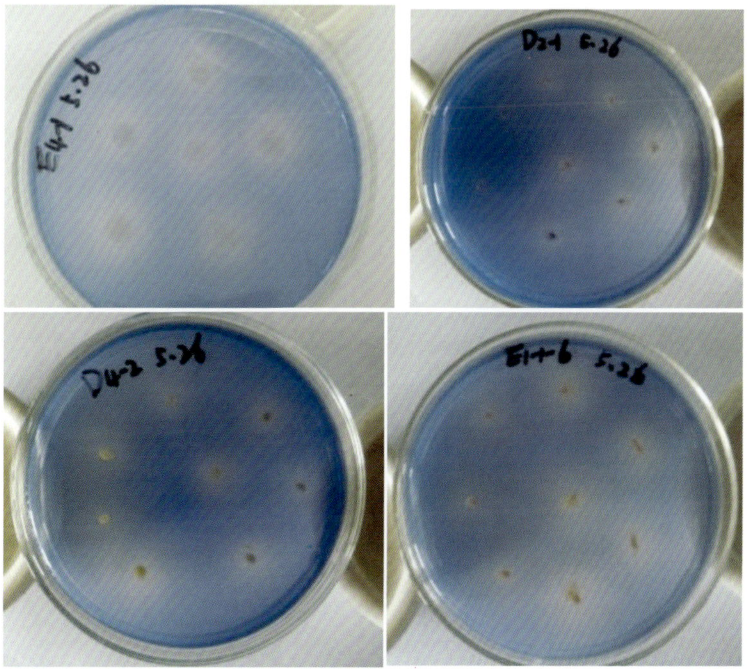

图5－154　木质素酶活性菌株筛选

木质素过氧化物酶活性。

通过在310 nm波长下监测黎芦醇被氧化成藜芦醛，3 mL的测量体系中含有2 830 mL的醋酸钠缓冲液，50 μL 1 mol/L的黎芦醇和100 μL粗酶液，反应在加入20 μL 1 mmol/LH_2O_2后开始启动，测定一分钟内体系吸光度的增加值。将每分钟使1 μmol底物转化为产物所需的酶量定义为一个国际制酶活单位（U）。结果如表5－63所示。

表 5－63　木质素过氧化物酶活性的光谱学筛选

	OD	U
E4－1	0.002	12.9
D4－2	0.004	25.8
D2－1	0.003	19.35
E1－1－6	0.002	12.9

锰过氧化物酶。

MnP 的活性通过紫外分光光度计在 470 nm 处监测 2，6－二甲氧基苯酚（2，6－DMP）的氧化进行测定。结果如表 5－64 所示。

表 5－64　锰过氧化物酶的光谱学筛选

	OD	U
E4－1	0.002	2.422
D4－2	0.001	1.211
D2－1	0.000	0
E1－1－6	0.001	1.211

漆酶活性。

由该酶氧化 ABTS 的速度决定。在 25℃，总反应体系为 3 mL 中，2 mL 0.5 mmoL/L ABTS（溶于 0.1 mmoL / L pH＝5.0 HAc－NaAc 缓冲溶液中），添加 1 mL 酶液启动反应，在 420 nm 下测定吸光值变化。酶活定义为每分钟氧化 1 μmoL 的 ABTS 为一个酶活单位，消光系数 $\varepsilon = 3.6 \times 10^4$ [（mol/L）$^{-1}$cm^{-1}]。结果如表 5－65 所示。

表 5－65　漆酶活性的光谱学筛选

	OD	U
E4－1	0.013	21.67
D4－2	0.009	15.00
D2－1	0.007	11.67
E1－1－6	0.008	13.33

5.9.2　淀粉酶、蛋白酶、纤维素酶等胞外酶活性菌株筛选

5.9.2.1　2012 年度

国家海洋局第一海洋研究所对 82 株纯培养的菌株做胞外酶活性筛选，结果表明：在纯培养的 82 株真菌中，有 53 株产生淀粉酶，37 株产生蛋白酶，有 12 株产生纤维素酶；3 株菌同时产 3 种酶。

中国极地研究中心采用七叶苷元与Fe3+显色法在65株北极真菌中筛选β-葡萄糖苷酶活性真菌28株（表5-66）。

表5-66 筛选获得28株β-葡萄糖苷酶活性真菌（中国极地研究中心，2012）

菌株	A-2	A-6	B-3	B-4	B-6	B-12	B-13	C-3	C-5	C-7
表观活性	+	+++	+	+	+	+	+	+	+++	+
菌株	D-4	D-5	D-6	D-7	D-10	D-11	E-1	E-5	R11-2	S10-2
表观活性	+	++	+	+	+	++	++	+	+++	+++
菌株	S10-3	Z1-1	Z1-7	Z1-9	Z2-2	Z5-2	Z5-3	Z11-4		
表观活性	+	+	+	+	++	++	+	+		

注：+为浅绿色，++为绿色，+++为深绿色。

国家海洋局第三海洋研究所南极微生物产酶活性菌株的筛选，对50株南极细菌进行了产低温酶菌种的筛选，结果共筛选到产蛋白酶低温菌株4株（图5-155），其中三株最适温度在30℃，一株最适温度在40℃（图5-156、表5-67）。筛选到低温脂肪酶四株，最适温度较广，30℃到50℃酶活较恒定（图5-157、图5-158，表5-68）。通过同源引物扩增获得一株产低温脂肪酶菌株 *Bacillus pumilus* 的脂肪酶基因，通过构建小片段基因组文库及测序分析，获得一株产低温β-D-半乳糖苷酶菌株 *Arthrobacter* sp. 的β-D-galactosidase 基因。

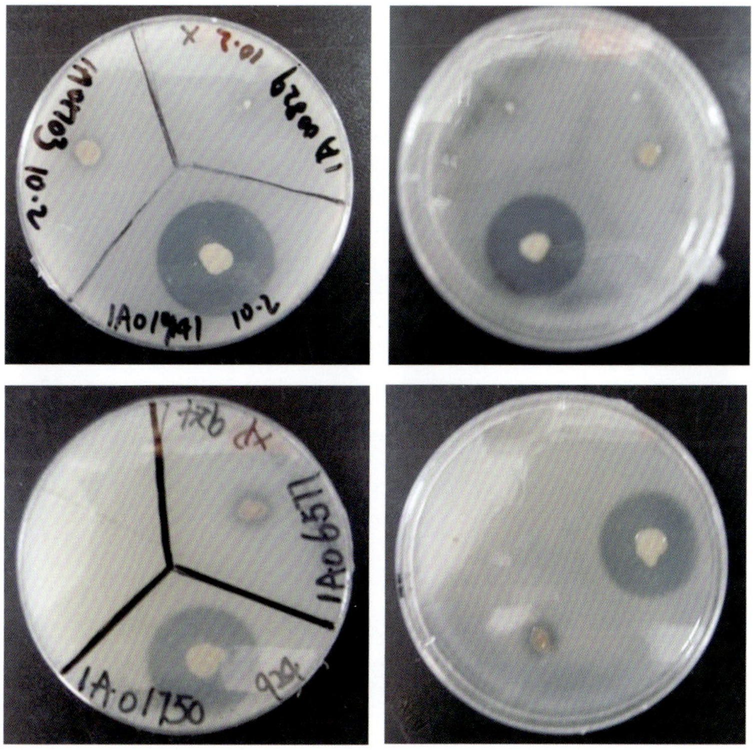

图5-155 南极菌株蛋白酶活性筛选结果

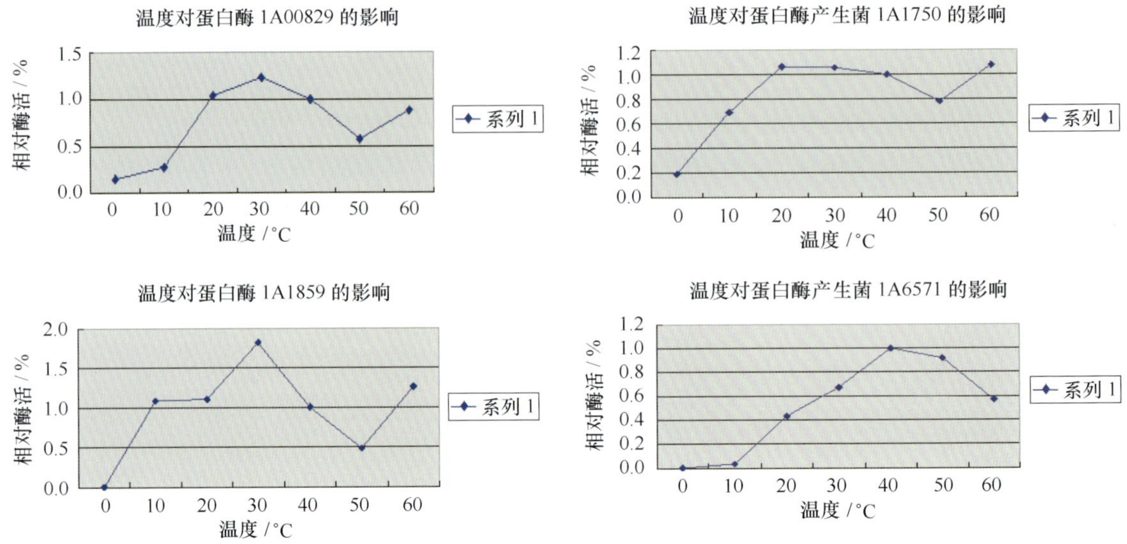

图 5－156　低温蛋白酶菌株的温度测定

图 5－157　南极菌株脂肪酶筛选平板

表 5－67　蛋白酶最适温度测试结果

蛋白酶菌株	种属分类	最适温度℃
Xt829	*Paracoccus marcusii*	30
Xt750	*Pseudoalteromonas byunsanensis*	20－30
Xt859	*Planococcus* sp.	30
Xt571	*Halomonas* sp.	40

表 5－68　脂肪酶最适温度测试结果

脂肪酶菌株	种属分类	最适温度℃
Xt879	*Planomicrobium okeanokoites*	30～50
Xt891	*Dietzia maris*	30～50
Xt181	*Bacillus pumilus*	40

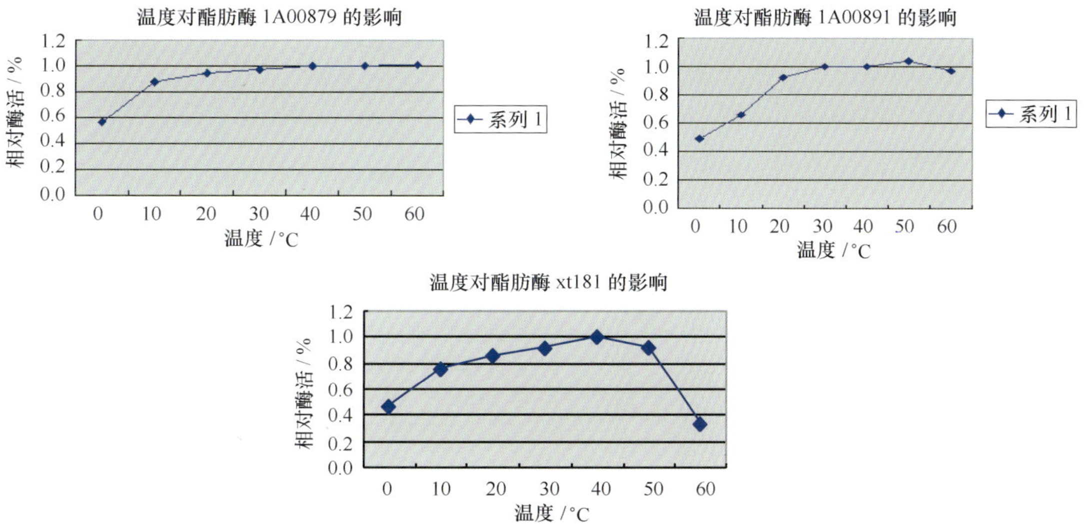

图 5 – 158　低温脂肪酶菌株的温度测定结果

东海水产研究所对南极磷虾共附生菌 *Salegentibacter* sp. NJC – 06 进行了摇瓶发酵、代谢产物提取及对一氧化氮（NO）抑制活性靶向筛选。发酵代谢主要活性成分为富含双键的萜类物质，具有较强 NO 抑制活性（图 5 – 159、图 5 – 160）。

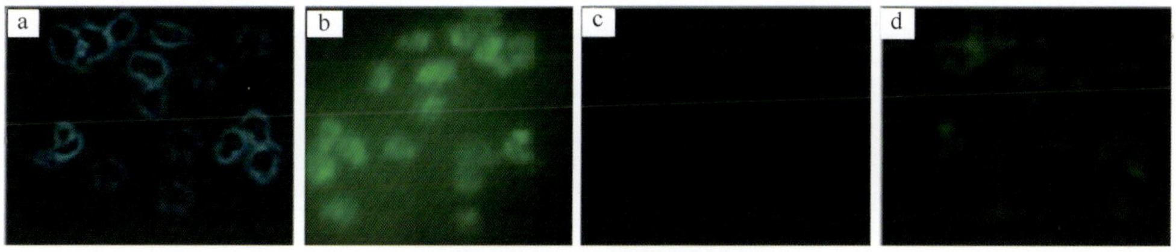

(A)

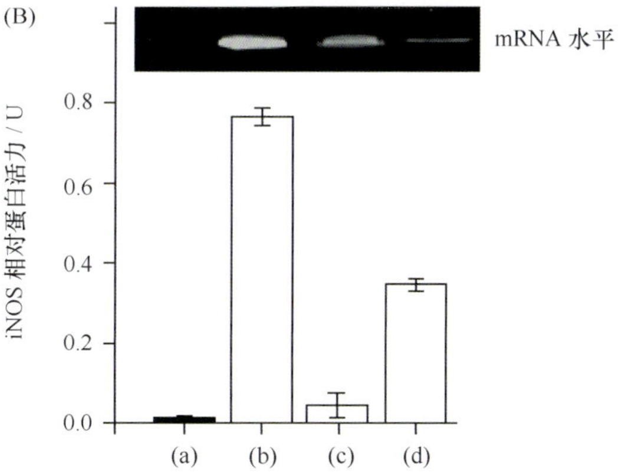

图 5 – 159　发酵粗提物对 ECV – 304 细胞释放 NO 的细胞造影观察（A）及 iNOS 基因及蛋白表达（B）的影响

（a）ECV – 304 细胞；（b）细胞 + LPS（5 mg/mL）；（c）细胞 + LPS（5 mg/mL）+ iNOS 抑制剂 L – NNA（5 mM）；（d）细胞 + LPS（5 mg/mL）+ 发酵粗提物（20 μg/mL）

研究还发现南极磷虾共附生菌 *Salegentibacter* sp. NJC – 06 菌株具有从事二萜类物质的八氢番茄红素合成酶（*crt* B）及脱氢酶（*crt* I）基因。

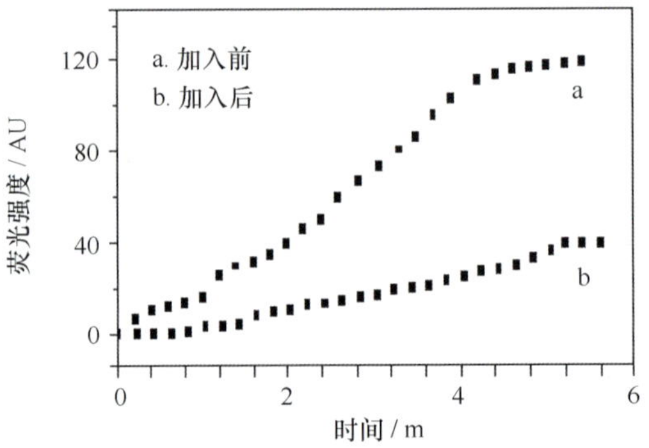

图 5－160　ECV－304 细胞加入发酵粗提物（20 μg/mL）前后释放 NO 的荧光强度变化

5.9.2.2　2013/2014 年度

国家海洋局第一海洋研究所筛选获得 5 株细菌可以产生 β－葡萄糖苷酶，β－葡萄糖苷酶为纤维素酶的一个重要组成部分，对其进一步的酶学研究将有重要意义。真菌产胞外酶实验显示杂色曲霉 *Aspergillus versicolor* C P6－8－1、球孢枝孢菌 *Cladosporium sphaerospermum* C7－7－1可产纤维素酶，纤维素酶是一个酶系，纤维素的降解是多种酶共同作用的结果，发现多株与纤维素降解相关的菌株，这些酶具有低温催化能力强的特点，在工业发酵中可能有广阔的应用前景。其他部分菌株还可以产生淀粉酶、蛋白酶、卡拉胶酶，还需对其酶学特性、降解机制和条件优化进行进一步研究（表 5－69、表 5－70）。

表 5－69　产酶活性菌株（国家海洋局第一海洋研究所，2012）

		β－葡萄糖苷酶	蛋白酶	β－半乳糖苷酶	纤维素酶	淀粉酶	卡拉胶酶
细菌	A－5－1	√	√	√			
	A－5－2		√				
	K P7－5－3		√				
	L P6－8－1		√				
	L P6－11－1		√				
	L P6－12－2		√				
	P7－5－1		√				
	P7－9－1		√				
	A－3－1		√				
	M2－2		√				
	M2－3		√				
	P7－5－3		√				
	P7－7－4		√				
	P7－9－4		√				
	P3－3－2		√				
	P3－3－4	√	√				
	P6－12－1	√	√				
	P6－12－4	√	√				
	P7－16－5	√	√	√			

续表

		β－葡萄糖苷酶	蛋白酶	β－半乳糖苷酶	纤维素酶	淀粉酶	卡拉胶酶
真菌	C P6－8－1		√		√		
	C7－7－1				√		
	A－4－2		√				
	P3－8－1		√			√	
	K P7－5－1		√				√
	K P7－5－2		√				√
	P6－11－1		√				
	P7－16－7		√				
	A－4－1					√	
	K P6－10－4						√

表5－70 产酶活性菌株（国家海洋局第一海洋研究所，2014）

		β－葡萄糖苷酶	蛋白酶	β－半乳糖苷酶	纤维素酶	淀粉酶	卡拉胶酶
细菌	E5－11－3	√		√	√		
	D2－1		√		√	√	√
	J2－3	√	√	√		√	√
	E5－6－3	√					
	E1－1－6				√		
	E4－1	√	√	√	√		
	D3－2－1	√	√		√		
	D4－2－3			√	√		√
	E5－3－3	√		√		√	√
	E4－4－2	√					
	D4－4－3	√		√		√	√
	D4－2			√	√		√
真菌	J2－2－2		√		√		
	J2－4				√		√
	J1－4		√		√	√	√
	J5－3		√				√
	J5－1		√		√	√	√
	J5－4		√		√		

5.9.3 放线菌卤化酶活性筛选

5.9.3.1 卤化酶活性筛选

利用针对 $FADH_2$ 依赖型卤化酶的保守区的简并引物对 Halo - B4 - FW / Halo - B7 - RV、sz002/sz003/sz005 以及 Trp - FW/Trp - RV 进行 PCR 筛选，从 31 株放线菌中得到 6 株含 $FADH_2$ 依赖型卤化酶基因的菌株，其中有 5 株为链霉菌（包括 551F、514F、604F、623F 及 620F），1 株为诺卡氏菌（531F）。

将测序的卤化酶基因转换成氨基酸序列，与已报道的卤化酶氨基酸序列比对后构建系统发育树（图 5 - 161）。其中 4 个卤化酶序列（分别来自菌株 551F、514F、623F 及 531F）与以色氨酸为底物的卤化酶（简称色氨酸卤化酶）序列聚集在进化树的一个分支，菌株 551F 的卤化酶与色氨酸 - 6 - 卤化酶（Thal）最相似（相似性达 82%），而菌株 623F、531F 及 514F 之间的卤化酶序列相似性达 98%，聚类形成一个独立的分支，与已报道的卤化酶相似性较低，为 64%，可能代表了一类新的色氨酸卤化酶。菌株 604F 与 620F 的卤化酶彼此高度相似，但与色氨酸卤化酶序列有显著差异，而与以非色氨酸为底物的卤化酶在同一个分支，跟参与合成氯霉素的卤化酶 CmlS 最接近，相似性为 30%。因此，推测菌株 604F 与 620F 的卤化酶可能催化非色氨酸底物的卤化，并不同于已知的 $FADH_2$ 依赖型卤化酶。

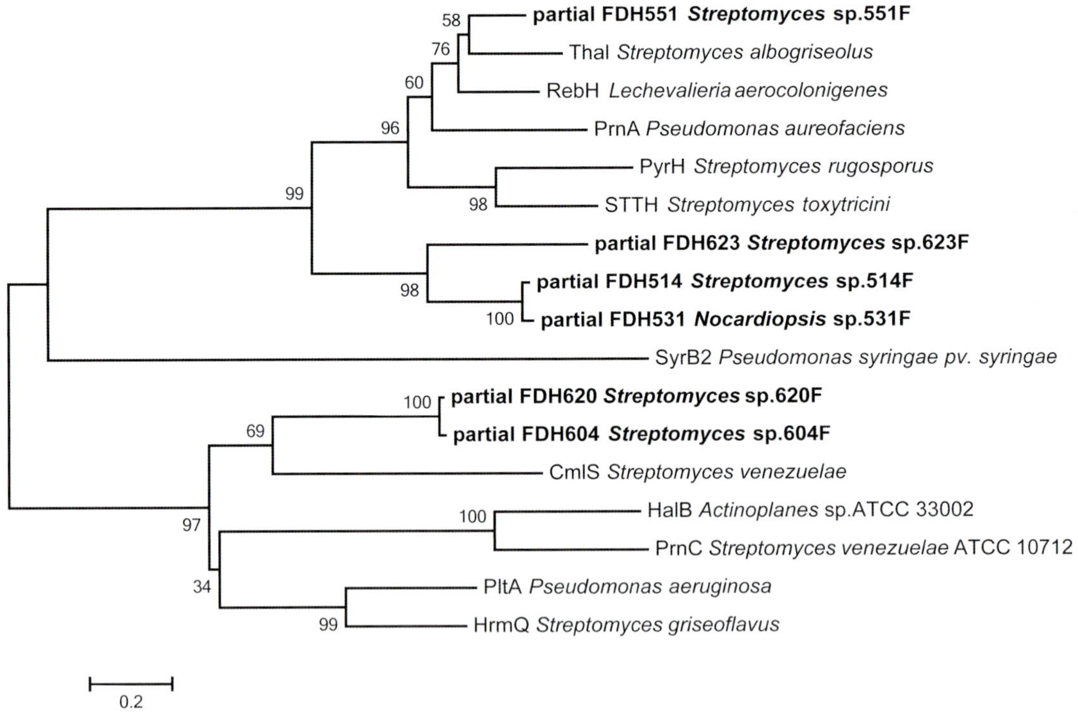

图 5 - 161　筛选得到的 6 个卤化酶与已知典型卤化酶的氨基酸序列构建的邻接树

系统发育分析显示这 6 株北极放线菌的卤化酶可被分为两组：（1）色氨酸卤化酶，包括其中 3 株链霉菌（551F、514F 及 623F）与 1 株诺卡氏菌（531F）的卤化酶；（2）非色氨酸底物的 $FADH_2$ 依赖型卤化酶（分别产自 604F 和 620F），其作用底物可能含有脂肪基或吡咯环结构。

5.9.3.2 卤化酶阳性菌株的PKS与NRPS基因检测分析

为确定后续深入研究含卤化酶的目标菌株，对已获得的6株卤化酶阳性菌分别进行了PKSⅠ、PKSⅡ及NRPS基因的检测。结果见表5－71，这6株卤化酶阳性菌株均具有NRPS基因，且除了551F不含PKSⅡ基因、531F不含PKSⅠ基因外，其余4株菌均含有PKSⅠ与PKSⅡ基因，并结合31株北极放线菌针对5种指示菌的抑制活性的检测结果，发现这6株卤化酶阳性菌株中只有551F没有抗菌活性，进一步预示着这些卤化酶阳性菌株具有产生次级代谢活性产物的潜力。

表5－71 卤化酶阳性菌株信息

菌株	种属名称	GenBank 序列号	卤化酶 Blaxtx 结果（相似度/阳性）	PKSI 基因	PKSII 基因	基因	抗菌活性
620F	*Streptomyces albidoflavus*	KF597545	*Streptomyces* sp. L131（99%/98%）	+	+	+	+
514F	*Streptomyces pluricolorescens*	KF597546	*Asticcacaulis biprosthecium*（64%/72%）	+	+	+	+
551F	*Streptomyces sampsonii*	KF597549	*Streptomyces turgidiscabies*（82%/89%）	+	－	+	－
604F	*Streptomyces sampsonii*	KF597548	*Streptomyces* sp. L131（99%/99%）	+	+	+	+
623F	*Streptomyces variabilis*	KF597547	*Brevundimonas* sp. BAL3（87%/93%）	+	+	+	+
531F	*Nocardiopsis lucentensis*	KF597550	*Asticcacaulis biprosthecium*（66%/74%）	－	+	+	+

注：（+）有抗菌活性；（－）无抗菌活性。

5.10 南极微生物的农用活性筛选、分析与应用潜力评估

化学防治是有害生物防治中最常用的方法，在IPM理论和实践中占有重要地位，化学农药对防治植物病、虫害发挥着重要作用，其使用量一直逐步增加。然而，随着化学农药使用时间的推移，其产生的不良影响已越来越突（罗万春，2002）。频繁大量使用化学农药不仅会造成水体、土壤、大气的严重污染，破坏生态环境，而且药物残留严重影响了农产品的质量安全，给人类健康带来危害。同时也会导致病原菌耐药性增强，令防治效果减弱或难度加大（马晓梅，2006）。采用生物防治方法替代化学农药防治，减少药物残留和环境污染已成为目前国内外的广泛共识，也是我国绿色农业可持续发展的关键所在。《国家中长期科学与技术发展规划纲要（2006—2020）》和《国家“十二五”科学和技术发展规划》均将生物产业作为新兴产业的一部分，把农业生物药物与生态农业作为优先发展主题，有害生物控制作

为需求导向的重大科学问题研究领域和方向之一。

据统计，目前从陆地微生物筛选到的活性物质中，有90%都是已知的，这给新型活性物质的筛选工作造成较大困难。南极独特的地理、气候及环境特点使其成为一个潜在的、重要的微生物资源宝库，是新型生物活性物质和先导化合物菌株的潜在来源地。有关极地微生物的资源勘探与代谢活性产物研究，已成为国际微生物学研究的热点之一。南极来源的微生物在生物农药方面具有很大的应用潜力，目前国外获得的抑菌活性微生物包括 *Janibacter thuringensis*、*Rhodococcus fascians*、*Arthrobacter* sp.、*Brevibacterium casei*、*Micromonospora marin* 等放线菌中，*Pseudoalteromonas elyakovii*、*Enterococcus faecium*、*Burkholderia cepacia*、*Nocardioides* sp.、*Janthinobacterium* sp.、*Gillisia* sp. 等细菌，*Geomyces pannorum*、*Penicillium polonicum*、Penicillium commune、Aspergillus versicolor、*Aureobasidium pullulan* 等真菌（Lo Giudice，2007；Shekh，2011；Nedialkova，2005；Tomova，2015；Maida，2014，2015；Gesheva，2012；Romoli，2014；Henríquez，2014；Huang，2012；Lee；2012；Asencio；2014）。这些微生物的抑菌谱相当广泛，主要包括 *Escherichia coli*、*Proteus mirabilis*、*Micrococcus luteus*、*Bacillus subtilis*、*Candida albicans*、*Cystic Fibrosis*、*Staphylococcus aureus*、*Xanthomonas oryzae*、*Pseudomonas aeruginosa*、*Burkholderia cepacia* 等。另外，某些活性微生物如 *Geomyces* 能够同时抑制多种病原微生物（Henríquez，2014）；而某些微生物不但抑菌谱广，而且抑制活性非常强，如 *Janthinobacterium* sp. 对 *Staphylococcus aureus* 等病原菌的 MIC90 达到了 1.57 μg/mL ~ 3.13 μg/mL（Huang，2012；Asencio，2014），因此具有很大的应用潜力。同时，在南极微生物筛选过程中发现了一些新种或者疑似新种具有很强的抑菌活性，如 *Pseudeurotium*、*Nesterenkonia*、*Pseudomonas*、*Pseudoalteromonas*（Lo Giudice，2007；Henríquez，2014）。

在我国南极科学考察过程中，我国科技工作者也从南极来源的样品中筛选获得了很多具有农用活性的微生物，主要包括嗜冷杆菌属（*Psychrobacter*）、假单胞菌属（*Pseudomonas*）、假交替单胞菌（*Pseudoalteromonas*）、伦黑墨氏菌（*Rheinheimera*）、芽孢杆菌（*Bacillus*）、黑墨氏菌属（Rheinheimera）等。方海霞等（2002）和王红梅（2012）等南极科考样品库中筛选到32株活性菌株，其中3株属于 *Pseudomonas*，5株属于 *Psychrobacter*，23株属于 *Pseudoalteromonas*，1株属于伦黑墨氏菌（*Rheinheimera*）。其中两株 *Pseudomonas tolaasii* 和一株 *Pseudoalteromonas elyakovii* 具有广泛的抑菌谱，对尖刀镰孢菌、辣椒疫霉、大丽轮枝菌、番茄早疫病菌、瓜亡革菌、水稻纹枯病菌、芦笋茎枯病菌均具有明显的抑菌效果，具有很强的应用潜力。而何培青等（2011）从南极海泥中筛选获得对植物病原真菌有抑制作用的一株芽孢杆菌 *Bacillus* sp. 107，其对尖孢镰刀菌、茄交链孢菌、立枯丝核菌、大丽轮枝菌和辣椒疫霉菌均有抑制作用。该菌株发酵液的5倍稀释液对黄瓜白粉病的防效达62.05%，表明该菌株在植物病害的生物防治中具有潜在的应用价值。而南极来源的 *Rheinheimera*、*Psychrobacter*、*Pseudomonas* 和 *Psychrobacter* 同样对细菌病原菌大肠杆菌、枯草芽孢杆菌、金黄色葡萄球菌、青枯假单胞菌、绿脓假单胞菌和苏云金芽孢杆菌等具有显著的抑制活性（李贺，2011）。

昆虫病原真菌分离菌在低温生存，理想的温度小于或等于10℃，在此温度下才能很好地应用于商业。一些害虫，如葡萄黑象甲（Otiorhynchus sulcatus）在晚冬和早春对园艺作物会造成严重的危害。其他害虫成功越冬对随后的作物带来威胁。而真菌，即使是一个作用慢的真菌如果有3~4个月的时间来侵染害虫也能有效地防治。因此，英国南极调查局和国际应用生物科学中心调查了南极真菌作为生物控制剂的潜力。以前认为南极没有条件使真菌发展为昆虫病原菌，然而最近英国南极调查局从 Signy 岛和 Rothera Point（Adelaide 岛）分离获得5株真菌，其酶的特性表明这些真菌具有被开发为低温微生物杀虫剂的潜力（叶萱，2015）。我国科技工作者对具有杀虫活性的南极来源的微生物也进行了筛选，并获得了一些具有显著杀小菜蛾、蚜虫、菜青虫、棉铃虫等活性的菌株。如牛德庆等（2007）分离获得了一株 *Gliocladium catenulatum* T31，发酵液杀虫活性最高为60.42%，盆栽试验证明该菌株发酵液对小菜蛾第7 d的虫口减退率为54.2%。

上述结果表明，国外对南极微生物抑菌活性微生物筛选主要集中在细菌等病原菌上，而国内除了针对细菌病原菌外，还对具有抑制尖刀镰孢菌、辣椒疫霉、水稻纹枯病菌、芦笋茎枯病菌等植物病真菌的南极微生物进行了筛选，具有一定特色。由于人类对微生物认识还存在局限，目前只有不到1%的微生物获得了纯培养，对微生物资源调查需要不断进行，因此，本项目基于此，以宛氏拟青霉（*Paecilomyces variotii*）、香蕉炭疽菌（*Colletotrichum gloeosporioides*）、棉花枯萎病菌（*Fusarium oxysporum*）、绿色木霉（*Trichoderma viride*）、立枯丝核菌（*Rhizoctonia solani Kühn*）、长柄链格孢（*Alternaria longipes*）、核盘菌（*Sclerotinia sclerrotiorum*）7种真菌和副溶血弧菌（*Vibrio parahaemolyticus*）、溶藻弧菌（*Vibrio alginolyticus*）、嗜水气假单胞菌（*Aeromonas nigdrophila*）、哈维氏弧菌（*Vibrio harveyi*）、坎贝尔弧菌（*Vibrio campbellii*）4种细菌作为指示菌，对南极科考获得样品进行了比较系统、全面的农用活性微生物的筛选、分析和评估，部分菌落形态如图5－162和图5－163所示。

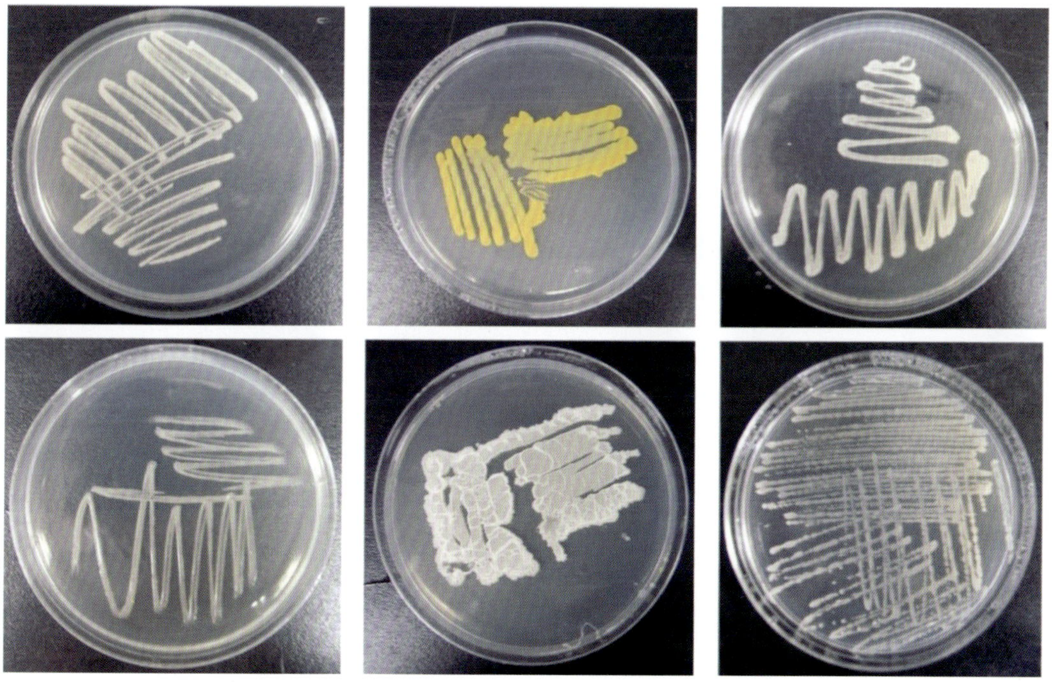

图5－162　部分南极来源细菌平板形态

如表5－71所示，从南极第27次科考样品中分离筛选到6株真菌，其中 *Rhytidhysteron rufulum*、*Eutypella scoparia* 和 *Stemphylium* sp. 具有较广泛的抑菌谱。从南极第28次科考样品中分离筛选到11株真菌和1株细菌，其中 *Aspergillus* sp.、*Penicillium* sp.、*Penicillium griseofulvum*、*Podoscypha petalodes* 和 *Eutypella* sp. 具有较广泛的抑菌谱。从南极第29次科考样品中

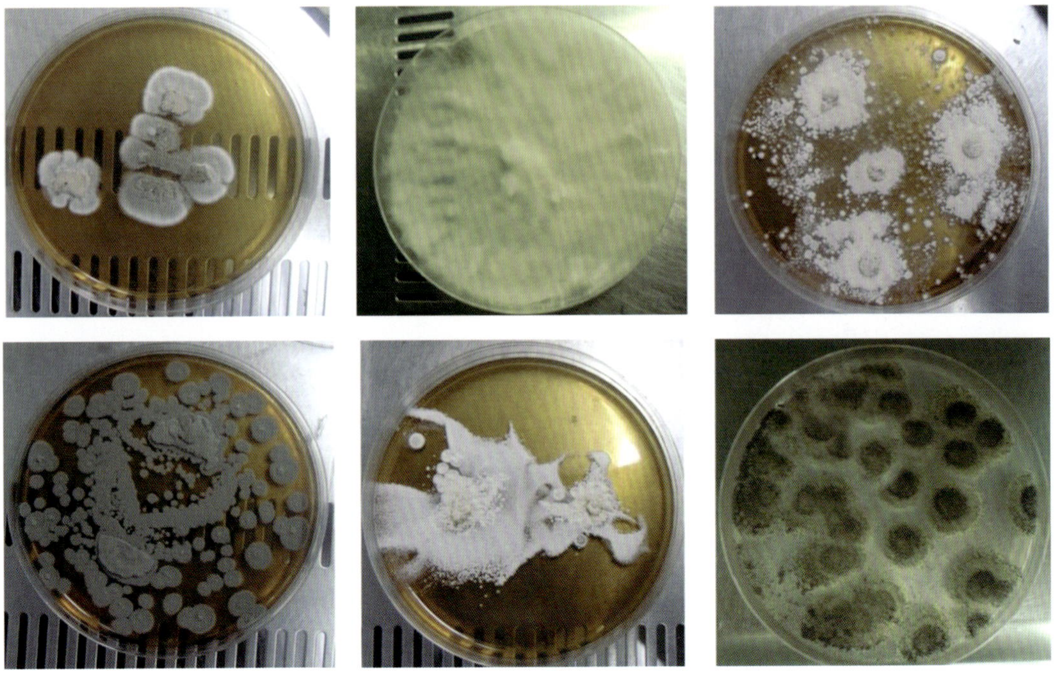

图 5－163　部分南极来源真菌平板形态

分离筛选到 8 株真菌，其中 *Pleospora* sp.、*Trametes trogii Berkeley*、*Stagonosporopsis cucurbitacearum* 和 *Eutypella* sp. 具有较广泛的抑菌谱。从南极第 31 次科考样品中分离筛选到 7 株细菌，其中 *Bacillus vallismortis*、*Bacillus* sp. 和 *Bacillus vallismortis* 具有较广泛的抑菌谱。另外从其他站位分别筛选获得了 1 株细菌（*Bacillus subtilis*）和 1 株真菌（*Penicillium citrinum*）也具有较广的抑菌谱，如表 5－72 所示。

在上述基础上，进一步对分离获得农用活性微生物进行了抑菌活性检测，如图 5－164 至图 5－171 所示。现代药理学研究表明很多海洋微生物及其次生代谢产物具有较好的植物病虫害防治效果，随着人们对极地微生物研究的不断深入，越来越多的新型海洋微生物及其代谢产物被应用于抗菌、杀虫、除草等植物保护领域，显现出巨大的生防潜力。然而，目前大部分抑菌活性海洋微生物分离自近海、浅海及海岸带，关于从深海尤其是极地分离获得抑菌活性微生物报道很少。本课题研究结果表明，南极环境蕴藏着丰富的抗真菌活性物质产生菌，是开发抗真菌药物的潜在资源。

另外，针对茶叶病原真菌 *Pestalotiopsis theae* LH13、*Colletotrichum gloeosporioides* LH30 和 *Neofusicoccum* sp. LH107，从南极科考样品中筛选抗茶叶病害活性的真菌。共分离得到 30 株可培养真菌，部分菌落形态如下图 5－172 所示。通过对分离纯化得到的 30 株丝状真菌提取 DNA，扩增所有这些真菌的 ITS 序列，并将测序后的序列与 Genbank 中的序列进行比对，通过相近序列的所属类群从而鉴定它们。当以相互之间同源性 98% 为界将这些序列归类后，这 35 株真菌归为 10 个种系型。从 10 个类群中各抽出一个代表菌株，各自的真菌归属和序列号、ITS 同源性最近真菌的信息（归类和序列号）、两者 ITS 序列同源性如表 5－73 所示。这 30 株真菌包括了弯孢霉属 2 株，木霉属 3 株，镰刀属 4 株，肉座菌属 3 株，青霉属 12 株，曲霉属 6 株。

表 5－72 南极来源的抑菌活性微生物

活性菌株编号	菌株来源站位信息				分离养培养基	菌株鉴定	种属名称	抑菌谱
	站位编号	纬度	经度	最大水深/m				
W1294	第 27 次南极泥样	61.79°S	47.19°W	－1 519	PDA	ITS	*Rhytidhysteron rufulum*	核盘菌，绿色木霉，立枯丝核菌，宛氏拟青霉，香蕉炭疽菌，长柄链格孢，棉花枯萎病菌，枯草芽孢杆菌，溶壁微球菌，嗜水气假单胞菌，金黄色葡萄球菌，黄单胞菌
W1295	第 27 次南极泥样	60.09°S	55.37°W	－3 460	PDA	ITS	*Eutypella scoparia*	核盘菌，绿色木霉，立枯丝核菌，宛氏拟青霉，香蕉炭疽菌，长柄链格孢，枯草芽孢杆菌，黄单胞菌
W1297	第 27 次南极泥样	61.16°S	54.3°W	－1 078	PDA	ITS	*Stemphylium* sp	核盘菌，绿色木霉，立枯丝核菌，香蕉炭疽菌，长柄链格孢，棉花枯萎病菌
W1298	第 27 次南极泥样	61.2°S	47.19°W	－1 748	PDA	ITS	*Penicillium citreonigrum*	绿色木霉，棉花枯萎病菌
W161	第 27 次南极泥样	61.2°S	47.19°W	－1 748	PDA	ITS	*Pestalotiopsis* sp.	立枯丝核菌
W1296	第 27 次南极泥样	62.48°S	56.27°W	－353	PDA	ITS	*Agaricales* sp.	核盘菌，绿色木霉，宛氏拟青霉
11203	第 28 次南极 D1－1	60.41°S	59.61°W	－4 260	PDA	ITS	*Aspergillus* sp.	绿色木霉，核盘菌，嗜水气单胞菌，枯草芽孢杆菌，溶壁微球菌，金黄色葡萄球菌
11206	第 28 次南极 D1－1	60.41°S	59.61°W	－4 260	PDA	ITS	*Penicillium* sp.	绿色木霉，核盘菌，嗜水气单胞菌，枯草芽孢杆菌，溶壁微球菌，金黄色葡萄球菌
11207	第 28 次南极 D1－1	60.41°S	59.61°W	－4 260	PDA	ITS	*Penicillium griseofulvum*	绿色木霉，核盘菌，嗜水气单胞菌，枯草芽孢杆菌，溶壁微球菌，金黄色葡萄球菌
1127	第 28 次南极 D1－1	60.41°S	59.61°W	－4 260	PDA	16S	*Bacillus* sp.	核盘菌
13272326	第 28 次队 D1－3	61.24°S	58.19°W	－2 962	PDA	ITS	*Aspergillusflavus*	立枯丝核菌
W1282	第 28 次队 D1－5	61.8°S	57.22°W	－299	PDA	ITS	*Eutypellascoparia*	核盘菌、绿色木霉、香蕉炭疽菌、长柄链格孢
W174	第 28 次队 D1－8	62.48°S	56.27°W	－353	PDA	ITS	*Cochliobolus lunatus*	绿色木霉、宛氏拟青霉、长柄链格孢

续表

活性菌株编号	菌株来源站位信息				分离养培养基	菌株鉴定	种属名称	抑菌谱
	站位编号	纬度	经度	最大水深/m				
30120702	第28次队 D3-1	60°S	51.14°W	-3 511	PDA	ITS	*Hormodendrum cladosporioides*	核盘菌、立枯丝核菌、绿色木霉、金黄色葡萄球菌
4921	第28次队 D4-9	62.39°S	47.19°W	-3 382	PDA	ITS	*Penicillium* sp.	核盘菌
522105	第28次队 D5-2	60.59°S	44.69°W	-134	PDA	ITS	*Podoscypha petalodes*	绿色木霉,核盘菌,嗜水气单胞菌,枯草芽孢杆菌,溶壁微球菌,金黄色葡萄球菌
*W*1281				-134	PDA	ITS	*Eutypella* sp.	绿色木霉、立枯丝核菌、宛氏拟青霉、香蕉炭疽菌、长柄链格孢、棉花枯萎病菌
5303	第28次队 D5-3	60.89°S	44.69°W	-224	PDA	ITS	*Penicillium sp.*	枯草芽孢杆菌、溶壁微球菌、黄单胞菌
607	第29次 P6-07	67°N	75.5°E	367	PDA	ITS	*Aspergillus* sp.	立枯丝核菌
701	第29次 P7-01	63°N	78°E	3 803	PDA	ITS	*Metarhizium Sorokin*	立枯丝核菌
1316	第29次 P9-07	65.5°N	83°E	2 794	PDA	ITS	*Pleospora* sp.	核盘菌、绿色木霉、立枯丝核菌、宛氏拟青霉、香蕉炭疽菌、长柄链格孢、棉花枯萎病菌、溶壁微球菌、黄单胞菌
1303				2 794	PDA	ITS	*Engyodontium album*	溶壁微球菌
1304				2 794	PDA	ITS	*Schizphylhls commne*	核盘菌、绿色木霉、立枯丝核菌、宛氏拟青霉、香蕉炭疽菌、长柄链格孢、棉花枯萎病菌、溶壁微球菌、黄单胞菌
1324	第29次 P8-19	67.5°N	80.5°E	304	PDA	ITS	*Trametes trogii Berkeley*	核盘菌、绿色木霉、立枯丝核菌、宛氏拟青霉、香蕉炭疽菌、长柄链格孢、棉花枯萎病菌、溶壁微球菌、黄单胞菌

续表

活性菌株编号	菌株来源站位信息				分离养培养基	菌株鉴定	种属名称	抑菌谱
	站位编号	纬度	经度	最大水深/m				
1335	第29次P8-17	67°N	80.5°E	289	PDA	ITS	*Stagonosporopsis cucurbitacearum*	核盘菌、绿色木霉、立枯丝核菌、宛氏拟青霉、香蕉炭疽菌、长柄链格孢、棉花枯萎病菌
1339				289	PDA	ITS	*Eutypella* sp.	核盘菌、绿色木霉、立枯丝核菌、宛氏拟青霉、香蕉炭疽菌、长柄链格孢、棉花枯萎病菌、溶壁微球菌
N501	第31次南极水样（地理湾）	62°09′47.30″N	58°58′35.49″E	—	M1	16S	*Bacillus amyloliquefaciens*	绿色木霉,宛氏拟青霉,香蕉炭疽菌,立枯丝核菌
N505				—	2216	16S	*Bacillus vallismortis*	绿色木霉,长柄链格孢,核盘菌,棉花枯萎病菌,宛氏拟青霉,香蕉炭疽菌,立枯丝核菌
N504				—	2216	16S	*Bacillus* sp.	绿色木霉,长柄链格孢,核盘菌,棉花枯萎病菌,宛氏拟青霉,香蕉炭疽菌,立枯丝核菌
N302				—	M1	16S	*Bacillus amyloliquefaciens*	绿色木霉、长柄链格孢、核盘菌、棉花枯萎病菌、宛氏拟青霉、香蕉炭疽菌、立枯丝核菌
N306					M1	16S	*Bacillus vallismortis*	绿色木霉、长柄链格孢、核盘菌、棉花枯萎病菌、宛氏拟青霉、香蕉炭疽菌、立枯丝核菌
N307					M1	16S	*Bacillus subtilis*	绿色木霉、宛氏拟青霉、香蕉炭疽菌、立枯丝核菌
N311					2216	16S	*Bacillus amyloliquefaciens*	绿色木霉、长柄链格孢、核盘菌、棉花枯萎病菌、宛氏拟青霉、香蕉炭疽菌、立枯丝核菌
PC3	C03	69°01.806′N	166°29.193′W	26.2	LB	16S	*Bacillus subtilis*	炭疽菌,宛氏拟青霉,核盘菌,长柄链格孢,绿色木霉,立枯丝核菌,棉花枯萎病菌
CL D5-4					PDA	ITS	*Penicilliumcitrinum*	溶壁微球菌,金黄色葡萄球菌,副溶血弧菌,黄单胞菌,枯草芽孢杆菌
Z6	PA-05	67.25°N	76.33°E	315	PDA	ITS	*Curvularia lunata*	宛氏拟青霉、长柄链格孢菌、棉花枯萎病菌
Z8	M2-old	67.2°N	73.2°E	700	PDA	ITS	*Cladosporium cladosporioides*	溶壁微球菌、黄单胞菌

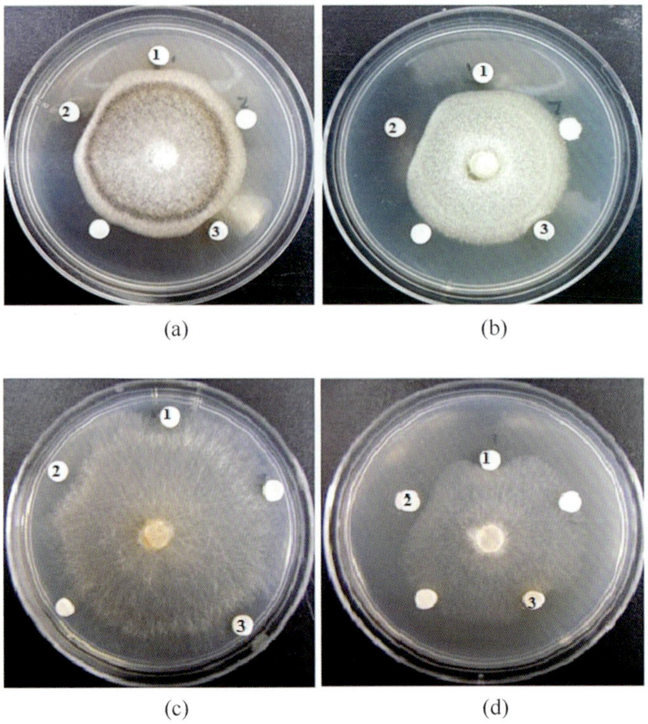

(a) (b) (c) (d)

图 5－164　真菌 W1295，真菌 W1294，真菌 W1297 发酵上清的抑菌活性

1. 真菌 W1295 发酵液无菌上清；2. 真菌 W1294 发酵液无菌上清；3. 真菌 W1297 发酵液无菌上清，（a）（b）（c）（d）依次为长柄链格孢，棉花枯萎病菌，立枯丝核菌，核盘菌

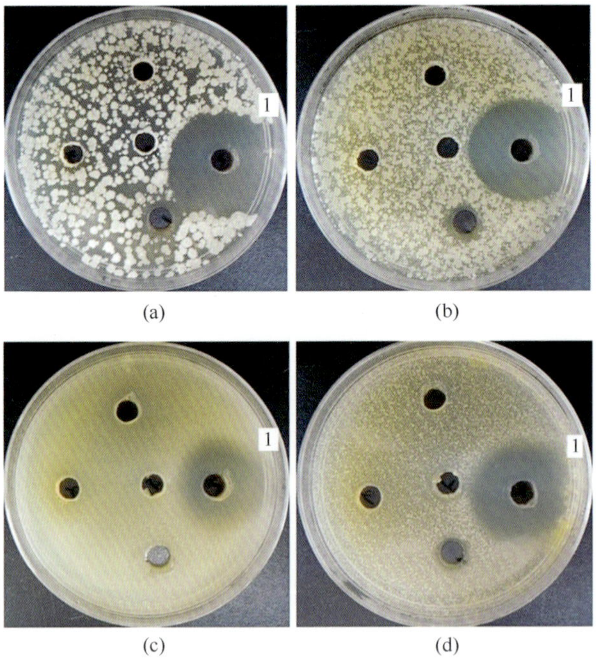

(a) (b) (c) (d)

图 5－165　真菌 W1294 发酵上清的抑菌活性

1. 真菌 W1294 发酵液无菌上清，a. 金黄色葡萄球菌，b. 溶壁微球菌，c. 枯草芽孢杆菌，d. 黄单胞菌

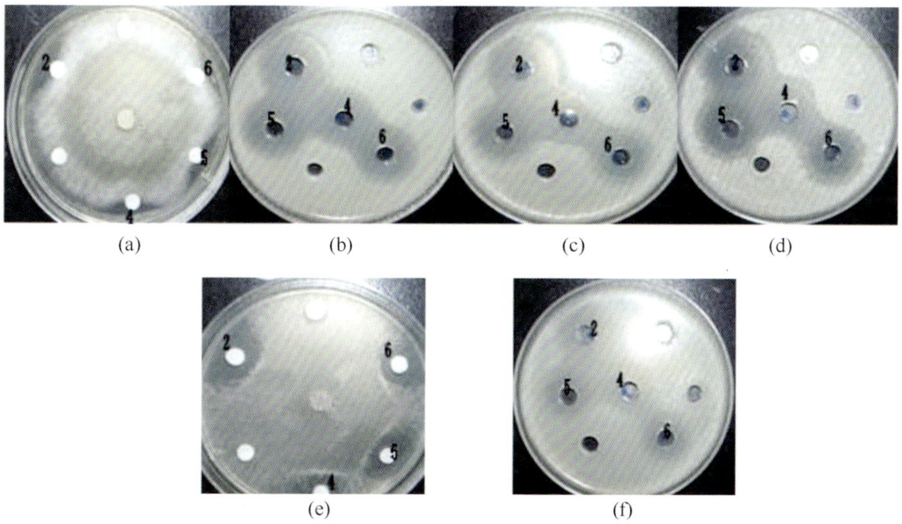

图 5－166　活性菌株发酵液的抑菌作用

2. 11203，4. 52105，5. 11206，6. 11207，（a）棉花枯萎病菌，（b）嗜水气单胞菌，（c）枯草芽孢杆菌，（d）溶壁微球菌，（e）立枯丝核菌，（f）金黄色葡萄球菌

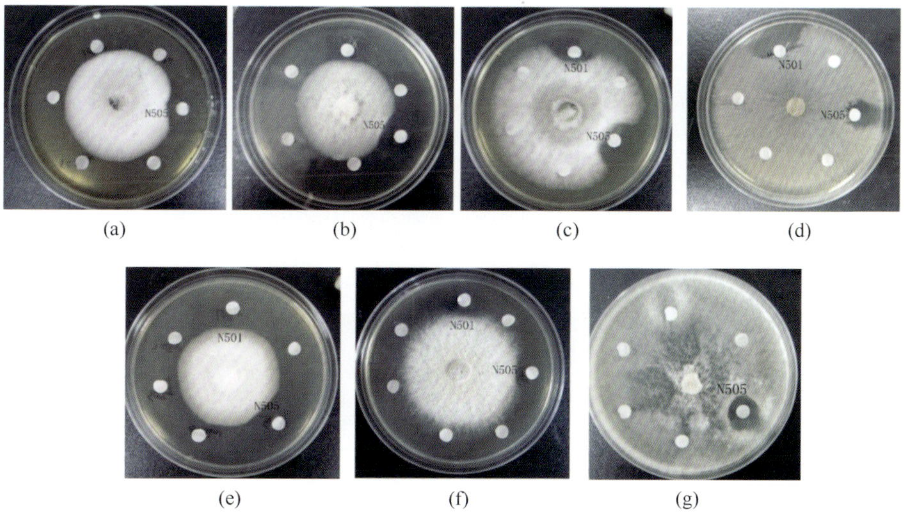

图 5－167　活性细菌 N501、N505 发酵液的抑菌作用

（a）长柄链格孢，（b）棉花枯萎病菌，（c）绿色木霉，（d）立枯丝核菌，（e）香蕉炭疽菌，（f）宛氏拟青霉，（g）核盘菌

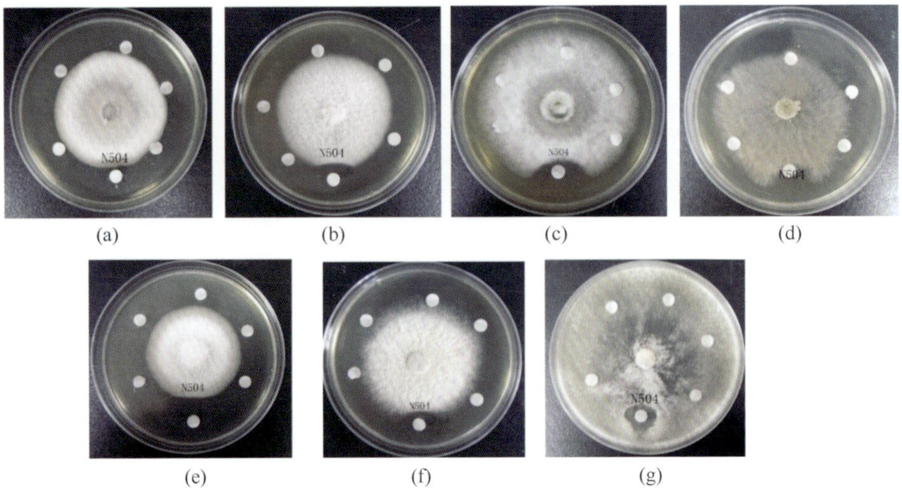

图 5－168　活性细菌 N504 发酵液的抑菌作用

（a）长柄链格孢，（b）棉花枯萎病菌，（c）绿色木霉，（d）立枯丝核菌，（e）香蕉炭疽菌，（f）宛氏拟青霉，（g）核盘菌

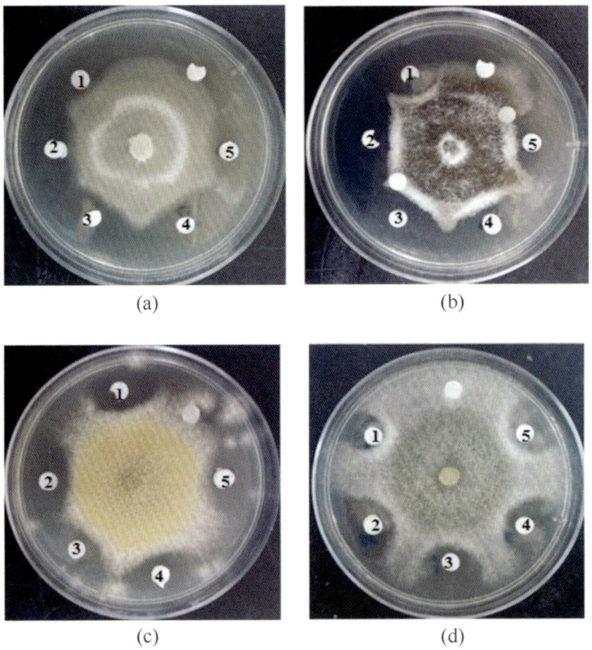

图 5－169　菌株 1335，菌株 1304，菌株 1316，菌株 1324 和菌株 1339 发酵上清的抑菌活性

1. 1335 菌株发酵液无菌上清；2. 1304 菌株发酵液无菌上清；3. 1316 菌株发酵液无菌上清；4. 1324 菌株发酵液无菌上清；5. 1336 菌株发酵液无菌上清，（a）（b）（c）（d）依次为香蕉炭疽菌，长柄链格孢，宛氏拟青霉，绿色木霉

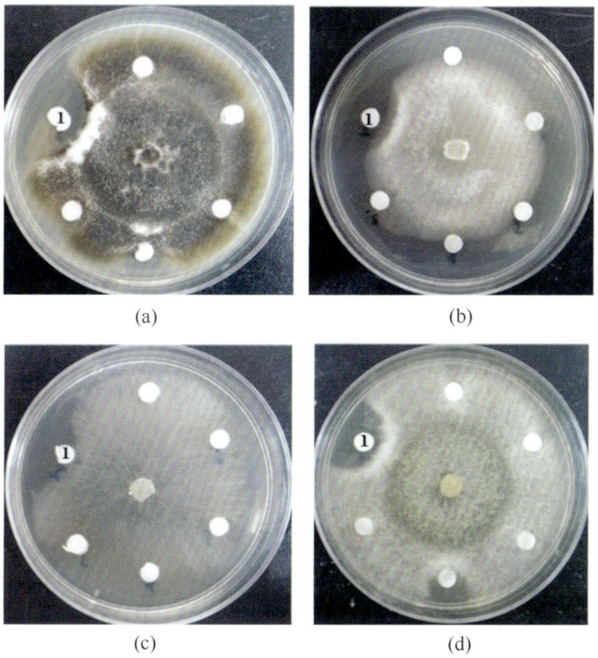

图5-170 真菌N311发酵上清的抑菌活性

1. N311菌株发酵液无菌上清，(a)(b)(c)依次为长柄链格孢，香蕉炭疽菌，立枯丝核菌，绿色木霉

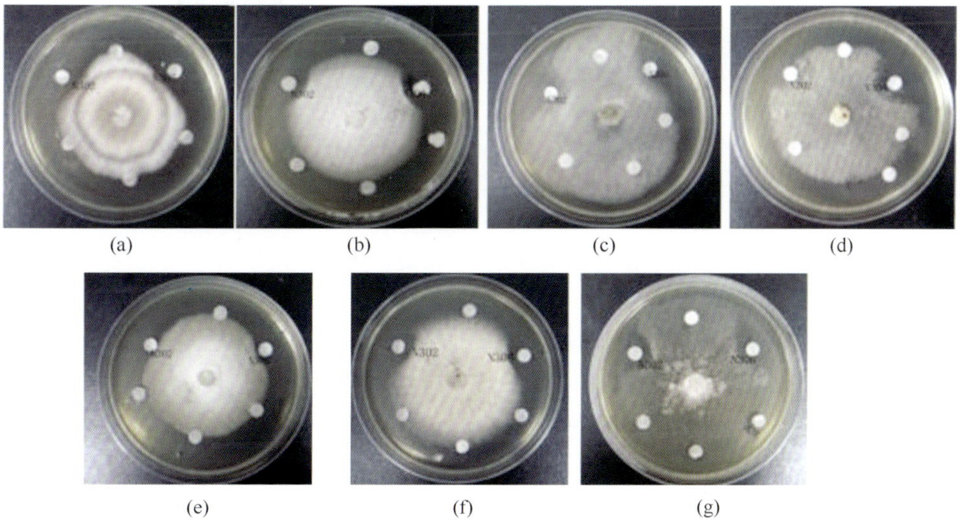

图5-171 活性细菌N302和N306发酵液的抑菌作用

(a) 长柄链格孢，(b) 棉花枯萎病菌，(c) 绿色木霉，(d) 立枯丝核菌，(e) 香蕉炭疽菌，(f) 宛氏拟青霉，(g) 核盘菌

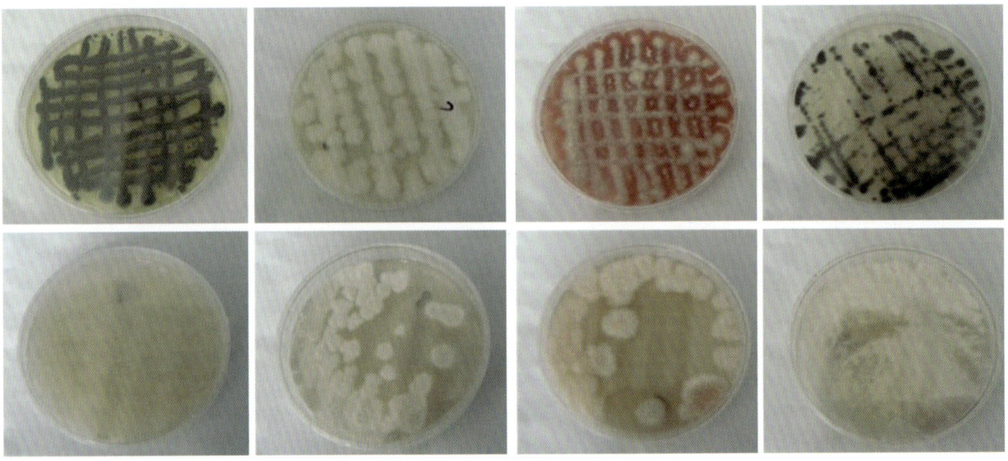

图 5－172　南极土壤分离丝状真菌平板形态

表 5－73　分离的真菌类群、ITS 序列与其同源性较高的真菌菌株及两者同源性

菌株	同源性较高序列真菌种（序列号）	同源性/%	归属类群
H24	*Cochliobolus lunatus*（DQ836800）	97	*Cochliobolus* sp.
H917	*Trichoderma atroviride*（HM176575）	99	*Trichoderma* sp.
H915	*Fusarium* sp.（JN207334 ）	94	*Fusarium* sp.
H918	*Fusarium equiseti*（HQ332532）	100	*Fusarium* sp.
H8	*Hypocrea jecorina*（EU280094）	100	*Hypocrea* sp.
H35	*Penicillium* sp.（JF439496）	99	*Penicillium* sp.
H903	*Penicillium expansum*（DQ339562）	99	*Penicillium* sp.
H58	*Penicillium pulvillorum*（AF178527）	97	*Penicillium* sp.
H908	*Penicillium griseofulvum*（EU497954）	98	*Penicillium* sp.
H1083	*Aspergillus penicillioides*（GU017496）	97	*Aspergillus* sp.

将 30 株南极丝状真菌发酵后获得乙酸乙酯的粗提物，用平板共滞法共筛选出抗茶叶致病真菌的活性菌株（表 5－74 和图 5－173），结果表明 6 株南极真菌的次生代谢产物粗提取物具有茶叶致病抗真菌活性。其中 H40、H915 和 H918 对 3 种茶叶致病菌均有较强活性，实验结果表明，南极环境蕴藏着丰富的抗真菌活性物质产生菌，是开发抗真菌药物的潜在资源。

表 5 – 74　南极丝状真菌抗茶叶致病真菌活性筛选结果

致病真菌	菌株名	抑制活性强弱[a]
Pestalotiopsis theae LH13	H915	+ + +
Pestalotiopsis theae LH13	H918	+ + +
Pestalotiopsis theae LH13	H35	+ + +
Pestalotiopsis theae LH13	H917	+ +
Pestalotiopsis theae LH13	H8	+ + +
Pestalotiopsis theae LH13	H908	+ + +
Colletotrichum gloeosporioides LH30	H918	+ + +
Colletotrichum gloeosporioides LH30	H917	+ +
Colletotrichum gloeosporioides LH30	H35	+
Colletotrichum gloeosporioides LH30	H908	+
Colletotrichum gloeosporioides LH30	H8	+ +
Neofusicoccum sp. LH107	H915	+ +
Neofusicoccum sp. LH107	H918	+ +
Neofusicoccum sp. LH107	H35	+

注：+为5 mm≤抑菌圈直径<10 mm；++为10 mm≤抑菌圈直径<15 mm；+++为抑菌圈直径≥15 mm。

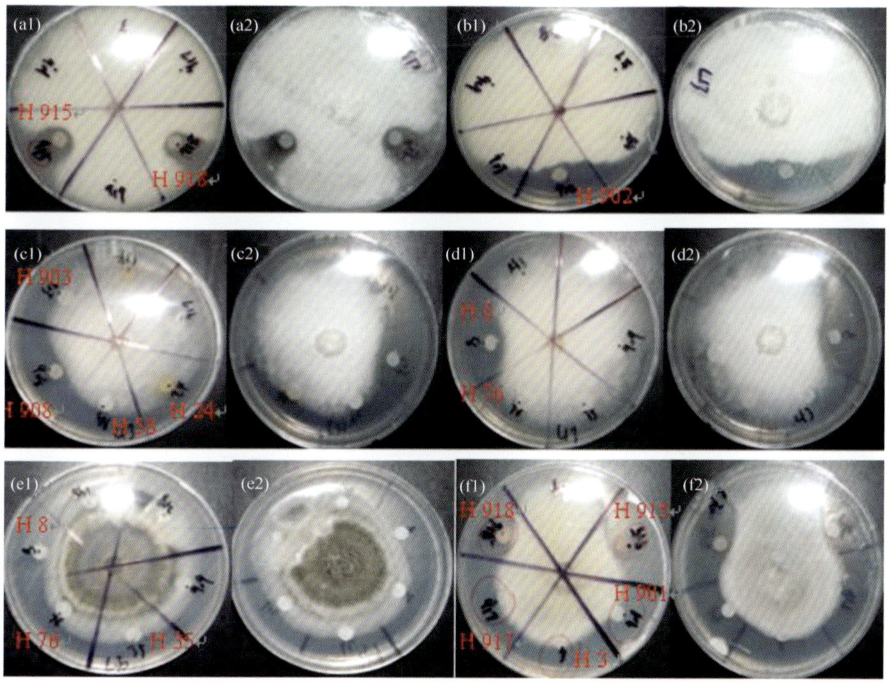

图 5 – 173　南极丝状真菌发酵粗提物抑制茶叶致病菌的活性筛选

(a) ~ (d) 表示 H915、H918、H902、H903、H908、H58、H24、H8、H76 粗提物对 *Pestalotiopsis theae* LH13 的抑制；(e) ~ (g) 表示 H8、H76、H35、H915、H918、H917、H3、H901、H903、H908、H174、H24 粗提物对 *Colletotrichum gloeosporioides* LH30 的抑制；h 表示 H915、H918、H175、H3 粗提物对 *Neofusicoccum* sp. LH107 的抑制。1. 平板背面，2. 正面

本课题对南极科考获得样品进行了比较系统、全面的农用活性微生物的筛选，获得了多株具有显著抑制农作物和茶叶病原菌的微生物菌株。同时综合文献报道，分析评估了南极微生物在生物农药方面的应用潜力，南极环境蕴藏着丰富的抗真菌活性物质产生菌，是开发抗真菌药物的潜在资源。然而关于南极杀虫活性微生物的报道还很少，而且关于能够用作除草剂的微生物还未见有报道，以今后应该更加关注于从极地微生物中筛选有效的生物降解菌并将其应用于生物农药中。

5.11 南极微生物的药源活性分析与潜力评估

南极微生物代谢产物组分与药源活性评价

1）放线菌 *Streptomyces* sp. R－527F 产物组分与药源活性评价

（1）产物组分的分离。

菌株 R－527F 是海洋沉积物样品分离的一株链霉菌属放线菌，根据其形态和 16S rRNA 分析初步鉴定该菌株为链霉菌属球孢类群（*Streptomyces* sp. R－527F）。该菌株具有较强的抑制 *S. aureus*（白色念珠菌）和 *B. subtilis*（枯草芽孢杆菌）活性。

通过有机溶剂萃取、硅胶柱层析，Sephadex LH－20 柱层析和制备型 HPLC 等分离技术，对菌株 R－527F 抗菌活性物质进行分离纯化，获得 3 个纯化产物组分 P1－P3。

（2）产物组分的药敏实验结果（表 5－75）。

表 5－75 纯化产物 P1－P3 的药敏实验结果 单位：μg/mL

测试菌 \ 化合物/药物	两性霉素 B	氟康唑	庆大霉素	氯霉素	P1	P2	P3
真菌							
Candiaalbicans（ATCC2443）	0.781	1.562	—	—	> 100	6.25	> 100
Sauuharomyces sake（清酒酵母菌）	0.195	0.390	—	—	100	25	6.25
Candida glabrata（ATCC90030）	0.781	50	—	—	100	> 100	> 100
Candida krusei（ATCC6258）	3.125	50	—	—	100	6.25	6.25
Candida parapsilosis（ATCC22019）	0.781	3.125	—	—	25	3.125	3.125
光滑球拟酵母（*Torula*. sp）	0.781	6.26	—	—	100	6.25	6.25
Cry. neoformans（新生隐球菌）	0.781	6.25	—	—	100	> 100	> 100
细菌							
绿脓杆菌（上海华山医院）	—	—	0.097	1.562	100	6.25	0.781
短小芽孢杆菌（上海华山医院）	—	—	0.097	3.125	> 100	3.125	0.781
肺炎克雷伯菌（上海华山医院）	—	—	0.391	6.25	> 100	> 100	> 100
Escherichia coli（ATCC25922）	—	—	0.097	0.781	> 100	> 100	> 100

续表

测试菌 \ 化合物/药物	两性霉素B	氟康唑	庆大霉素	氯霉素	P1	P2	P3
Stap. aureus (ATCC13311)	—	—	0.097	1.562	100	25	12.5
P. multocide (ATCC700804)	—	—	0.195	0.781	> 100	6.25	3.125
B. cereus (蜡样杆菌)	—	—	0.781	3.125	100	6.25	3.125
Bacillus. subtilis (ATCC)	—	—	0.195	0.781	100	6.25	3.125

注：抑菌评判标准：对真菌：MIC > 200 μg/mL（无效），100 μg/mL < MIC < 200 μg/mL（弱效），25 μg/mL < MIC < 50 μg/mL（显效），MIC < 25 μg/mL（强效）；对细菌：MIC ≥100 μg/mL（无效），25 μg/mL < MIC < 200 μg/mL（弱效），MIC ≤ 25 μg/mL。

（3）产物组分的细胞毒性评价。

产物组分P1－P3对慢性骨髓性白血病K562表现出不同程度的活性，其中P2对其的MIC值为2.441 ± 0.947 μg/mL（表5－76）。

表5－76 产物P1－P3的细胞毒性实验结果

样品名称	浓度	类型	单位	结果	误差
阿霉素		IC_{50}	μmol/L	0.172	0.021
P1	20 μg/mL	%活力	比例	74.496	3.059
P2	20 μg/mL	IC_{50}	μg/mL	2.441	0.947
P3	20 μg/mL	IC_{50}	μg/mL	11.066	1.885

（4）免疫活性评价。

实验结果表明P1－P3在所测试的浓度范围内（100～0.024 μmol/L）均对T细胞增殖表现出不同程度的抑制作用，同时也表现出一定的细胞毒性（表5－77、表5－78）。

表5－77 P1－P3在不同浓度下对T淋巴细胞的抑制效果

样品名	测定浓度/(μmol/L)	OD平均值	SD	细胞存活率		T淋巴细胞ConA刺激CPM平均值	SD	T细胞增殖综合活性评定（增强/抑制百分比）
					细胞对照	222	2	
对照		0.624	0.007		刺激对照	53 761	1 650	
P1	100	－0.021	0.013	－3%				
	25	－0.016	0.008	－3%		42 437	7 689	－23%
	6.25	0.024	0.004	4%		37 326	550	－31%
	1.562 5	0.016	0.013	2%		36 242	1 550	－33%
	0.390 6	0.627	0.037	98%		39 960	1 941	－26%
	0.097 7					44 526	2 402	－17%
	0.024 4					46 517	3 794	－13%

续表

样品名	测定浓度/(μmol/L)	OD 平均值	SD	细胞存活率		T 淋巴细胞 ConA 刺激 CPM 平均值	SD	T 细胞增殖综合活性评定（增强/抑制百分比）
P2	100	-0.002	0.003	0%				
	25	0.622	0.005	97%		39	22	-100%
	6.25	0.714	0.014	111%		758	691	-99%
	1.562 5	0.612	0.071	95%		20 070	3 952	-63%
	0.390 6	0.703	0.039	110%		27 467	2 982	-49%
	0.097 7					49 897	3 196	-7%
	0.024 4					48 100	6 104	-11%
P3	100	0.403	0.024	63%				
	25	0.476	0.020	74%		87	47	-100%
	6.25	0.677	0.079	106%		27	18	-100%
	1.562 5	0.697	0.069	109%		49	1	-100%
	0.390 6	0.611	0.069	95%		9 083	2 110	-83%
	0.097 7					52 289	2 550	-3%
	0.024 4					48 100	6 104	-11%

表 5-78　P1-P3 的免疫抑制实验结果

样品名	CC_{50}/（μmol/L）	T 细胞 IC_{50}/（μmol/L）	SI（刺激指数）
P1	NA	>25	
P2	72.08	1.76	40.95
P3	>100	0.81	

2）青霉菌 *Penicillium* sp. C-5 的天然产物分离与抗真菌活性潜力

菌株 C-5 是一株具有糖苷类药物——龙胆苦苷转化活性的一株真菌，分离自高纬北极 Ny-Ålesund 地区径流沉积物中；初步鉴定为青霉菌属菌株，（*Penicillium* sp. C-5），具有较高的 β-葡糖糖苷酶活性，同时发现菌株 C-5 也具有较强的抗真菌活性。

通过有机溶剂萃取，Sephadex LH-20 柱层析，ODS 层析柱和半制备型 HPLC 等分离技术，对菌株 C-5 的天然产物进行分离纯化，获得 5 个化合物，推断其分子量如下：

（1）化合物 A-2-1：ESI-MS 给出 m/z：570.54（正离子模式［M+H］$^+$），568.43（负离子模式，［M-H］$^-$），推测其相对分子质量为 569；

（2）化合物 B-2-1：ESI-MS 给出 m/z：554.8（正离子模式，［M+Na］$^+$）和 530.8（负离子模式，［M-H］$^-$）推测其相对分质量为 532；

（3）化合物 B-2-2：ESI-MS 给出 m/z：977.69（正离子模式［M+H］$^+$），975.53（负离子模式，［M-H］$^-$），推测其相对分子质量为 976；

（4）化合物 B-2-3：ESI-MS 给出 m/z：333.31（正离子模式［M+H］$^+$），356.31

（正离子模式，［M + Na］$^+$），331.22（负离子模式，［M - H］$^-$），663.45（负离子模式，［2M - H］$^-$），推测相其对分子质量为 332；

（5）化合物 B - 2 - 4：ESI - MS 给出 *m/z*：507.31（负离子模式，［M - H］$^-$），1 015.42（负离子模式，［2M - H］$^-$）推测其相对分子质量为 508。

利用^{1}H - NMR、^{13}C - NMR、2D - NMR 和 LC - MS 等波普学技术，分析鉴定了 2 个二萜类化合物的结构（B - 2 - 1 和 B - 2 - 3）（图 5 - 174）。

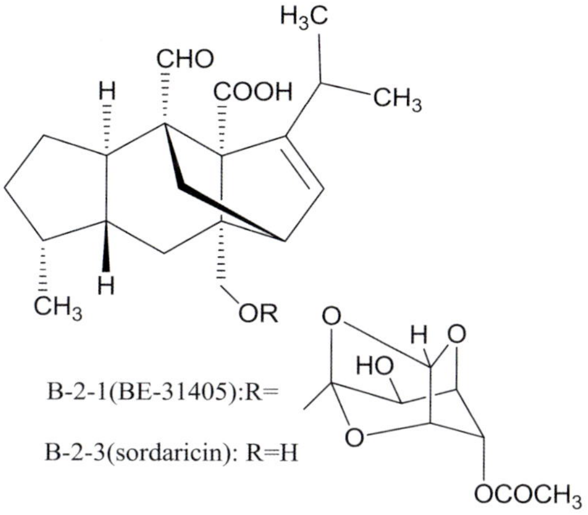

图 5 - 174　真菌（*Penicillium* sp. C - 5）分离得到的化合物（B - 2 - 1 和 B - 2 - 3）

已有报道这类物质对 *Candida albicans*，*C. tropicalis*，*C. kefyr* 和 *Cryptococcus neoformans* 等多种致病性真菌有不同强度的抗性。多个跨国制药公司（GSK，Merck 和 Banyu 等）为这类物质申请了多项专利，表明这类化合物的抗真菌活性引起了制药企业的关注。

3）树粉孢菌 *Oidiodendron truncatum* 的代谢产物及其抗肿瘤活性评价

菌株 GW3 - 13 经鉴定为树粉孢菌 *Oidiodendron truncatum*（图 5 - 175），GenBank 登录号为 HM565134.1。该菌的发酵浸膏对 P388 细胞有明显的细胞毒活性。TCL 和 HPLC 分析表明该菌代谢产物丰富（图 5 - 176），并有系列紫外吸收相似的化合物。代谢产物分离得到 32 个化合物，其中 9 个为新化合物，1 个新天然产物。经抗肿瘤活性评价，9 个化合物显示出强的

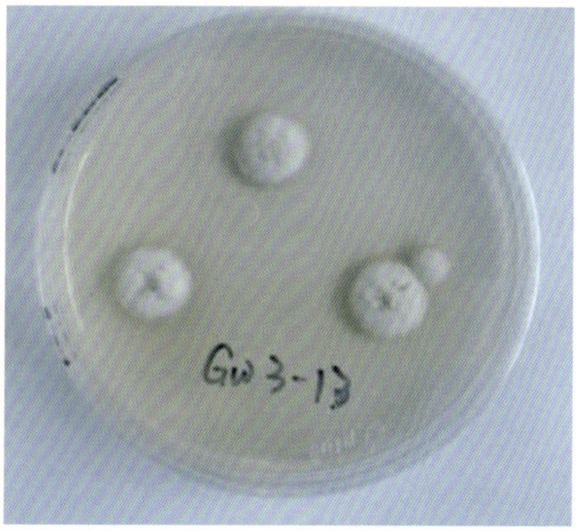

图 5 - 175　树粉孢菌 *Oidiodendron truncatum* GW3 - 13 形态照片

细胞毒活性（Li Liyuan，2012；柏帅，2014）。

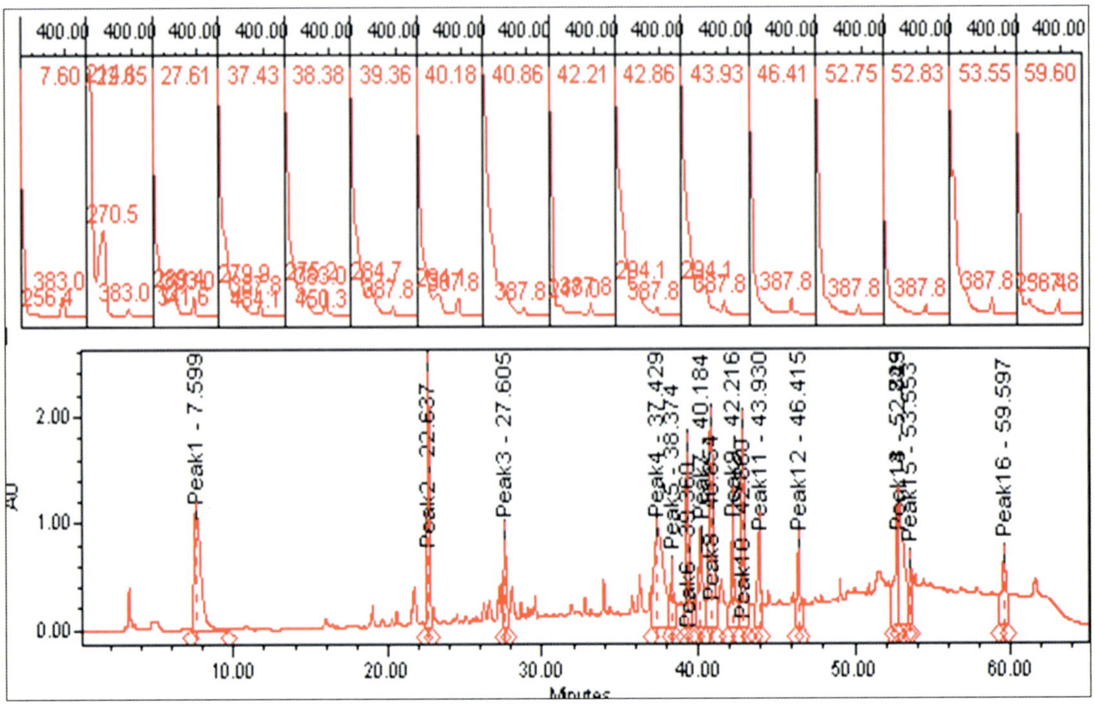

图 5-176　树粉孢菌 *Oidiodendron truncatum* GW3-13 代谢产物 HPLC 指纹图谱

菌株经大量发酵，乙酸乙酯萃取，获得浸膏，利用薄层色谱、硅胶柱色谱、凝胶柱色谱以及高效液相色谱等分离纯化手段共分离得到了 ETP 类化合物及其生合成相关的二酮哌嗪类化合物 17 个（1-17），其他类化合物 15 个（18-32）。ETP 类化合物及其生合成相关的二酮哌嗪类化合物 17 个（1-17），其他类化合物 15 个（18-32）（图 5-177）。

对化合物 1-17 采用 5 种不同细胞株进行了细胞毒活性测试，结果表明化合物 1-4，9-11 对 5 种细胞均有较强的细胞毒活性，化合物 5 对 Bel-7402 具有活性，化合物 6 对 A2780 显示出活性。结果见表 5-79。

4）菌株 *Simplicillium lamellicola* HDN13-430 的次级代谢产物及其抗真菌活性

菌株 *Simplicillium lamellicola* HDN13-430（图 5-178），分离自南极普里兹湾威德尔海域泥样，菌株经 ITS 序列鉴定为 *Simplicillium lamellicola*（GenBank 登录号为 KF986425）。该菌株初筛发酵浸膏对 *Candida albicans* 具有抑制活性。TCL 和 HPLC 分析表明该菌代谢产物丰富。

菌株经大量发酵，乙酸乙酯萃取，获得浸膏，利用薄层色谱、硅胶柱色谱、凝胶柱色谱以及高效液相色谱等分离纯化手段共分离得到了 6 个（33~38）化合物其中 36~38 为新化合物（图 5-179），化合物的活性尚在评价中。

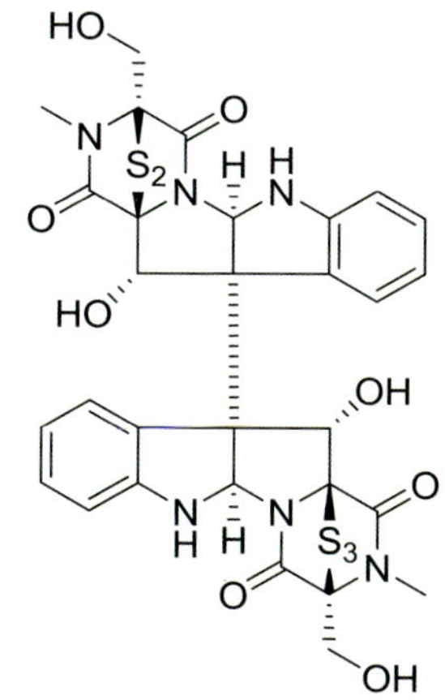
1*

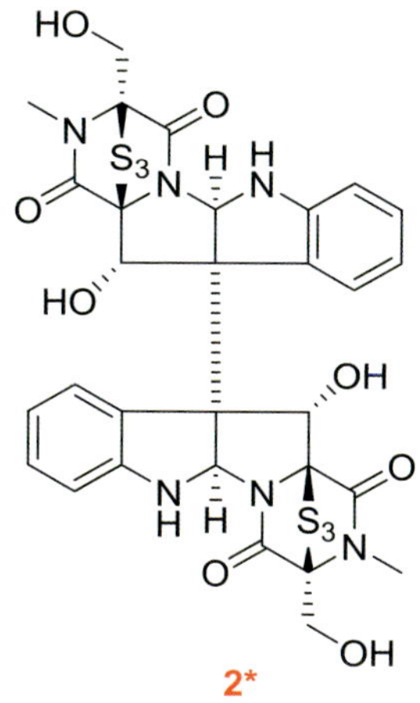
2*

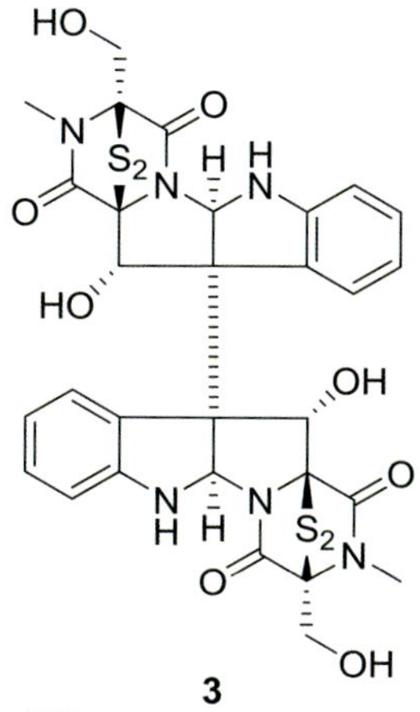
3

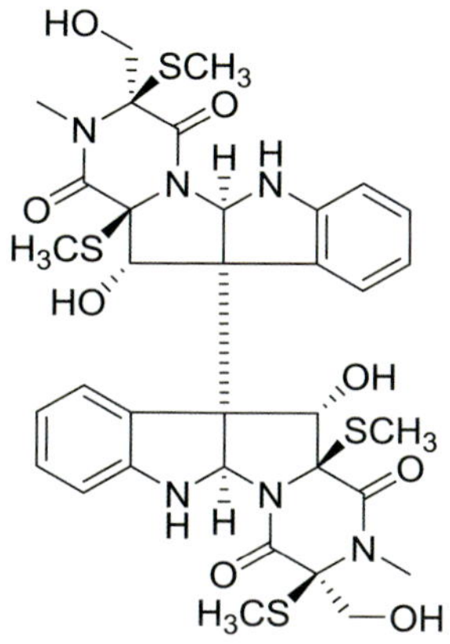
4*

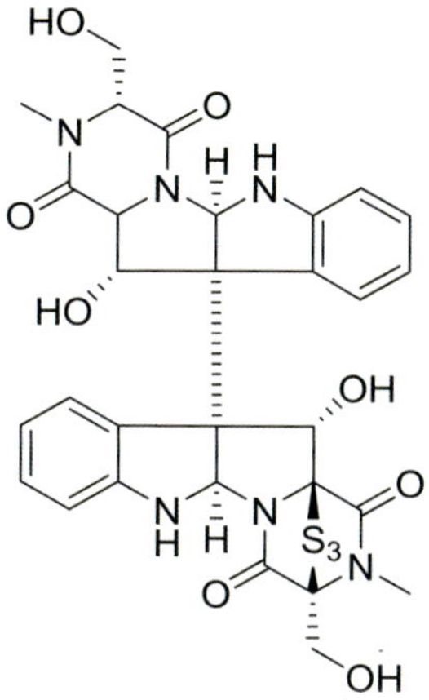
5*

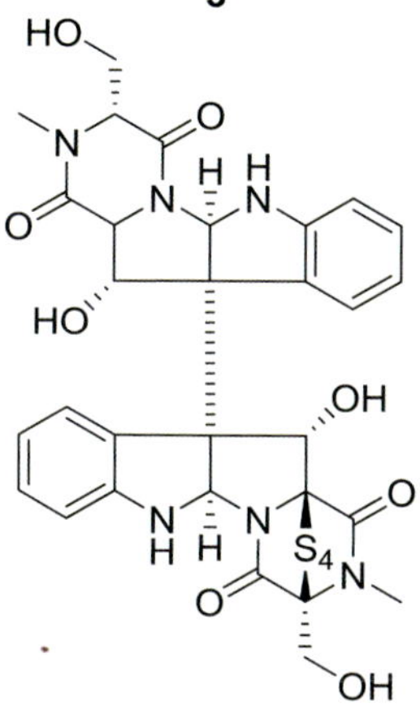
6*

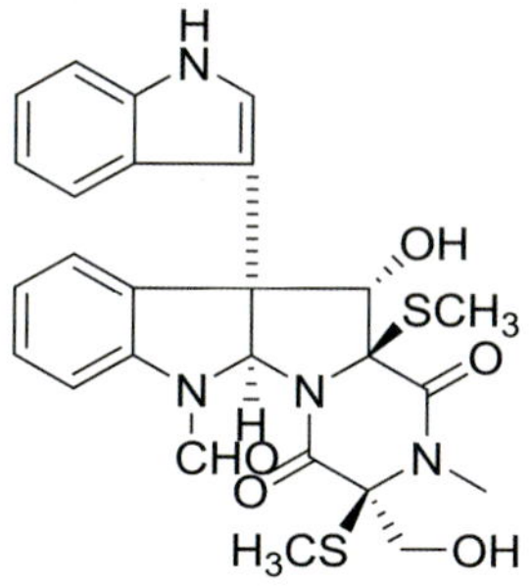
7*

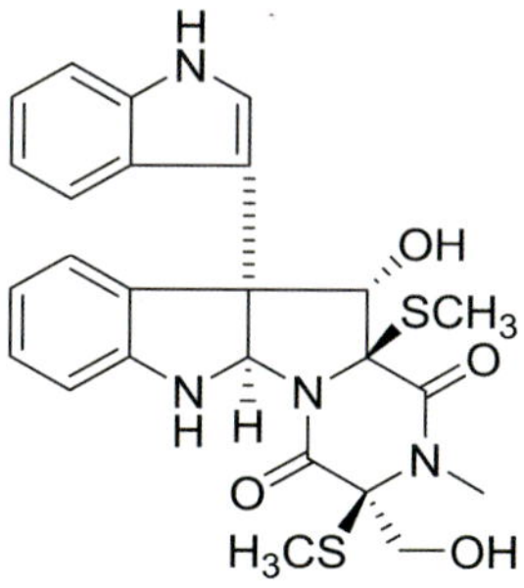
8

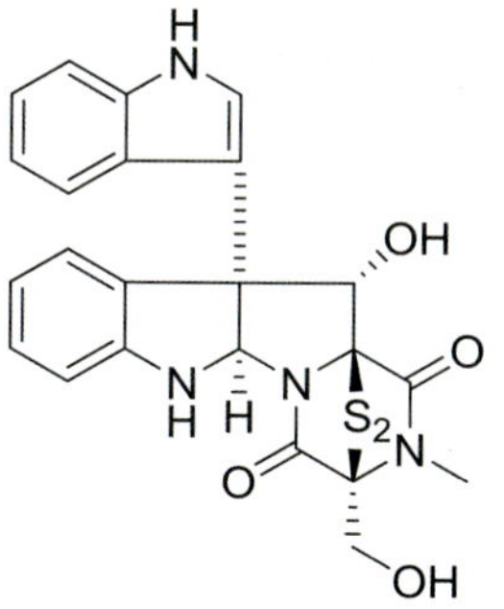
9

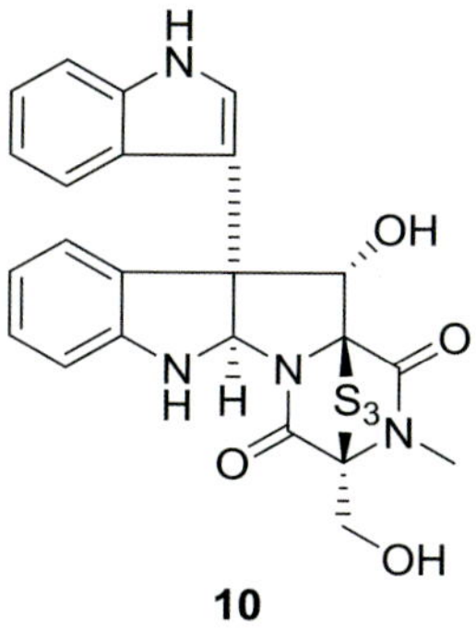
10

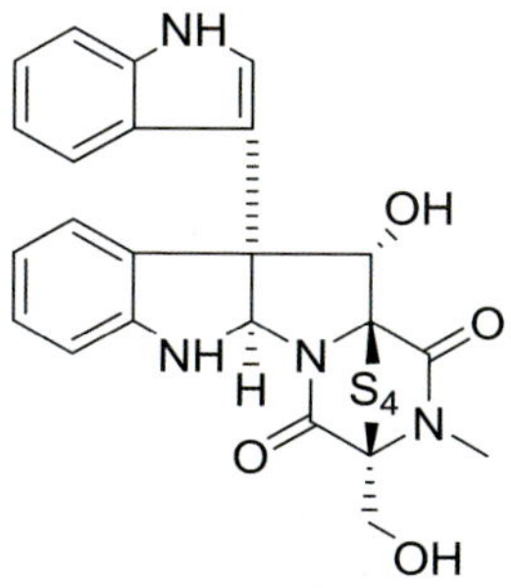
11*

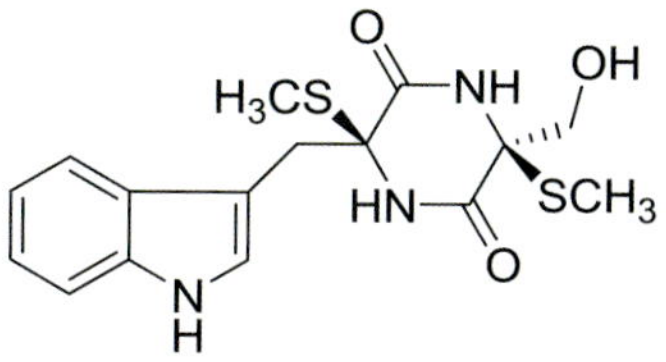
12

图 5－177 树粉孢菌 *Oidiodendron truncatum* GW3－13 代谢产物（一）

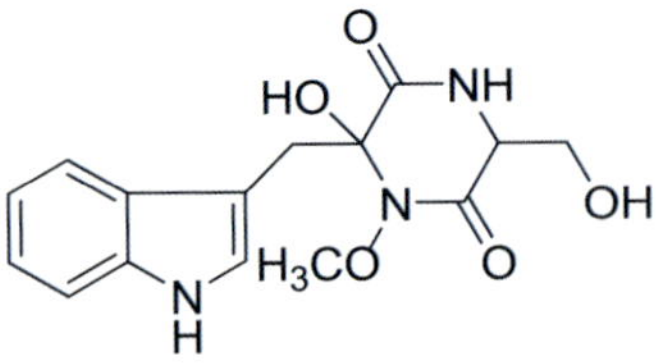
13*

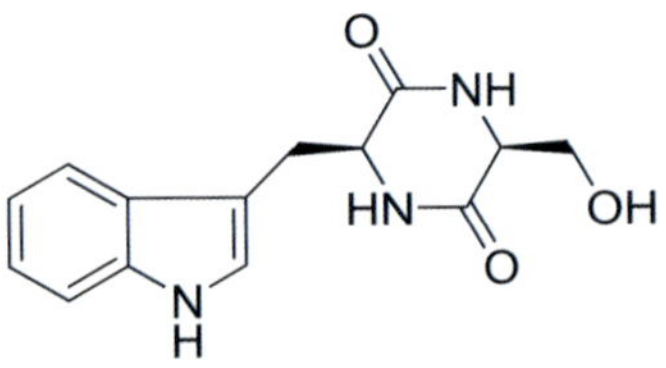
14

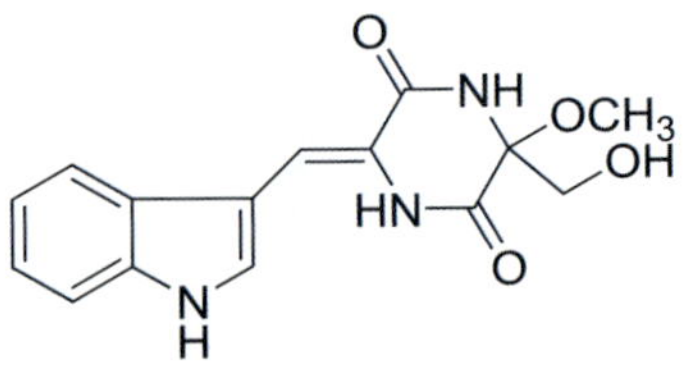
15*

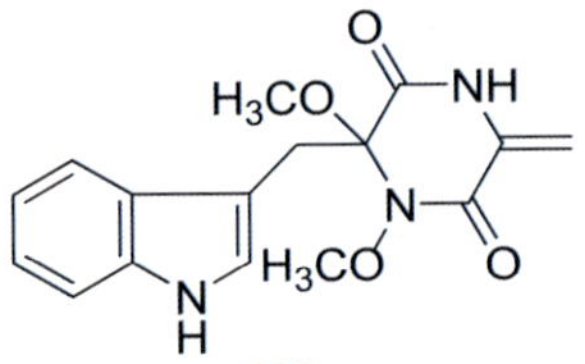
16*

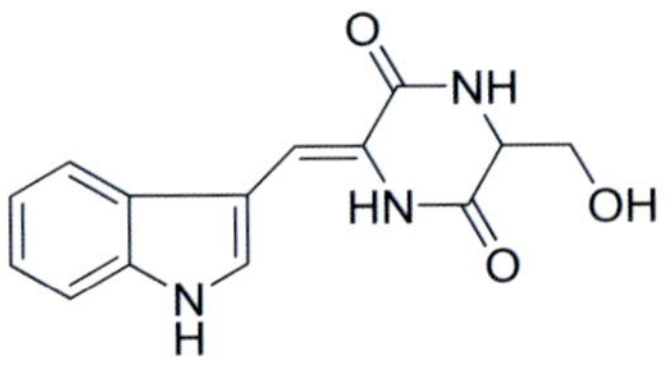
17

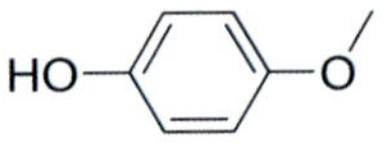
18

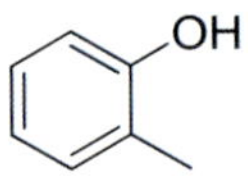
19

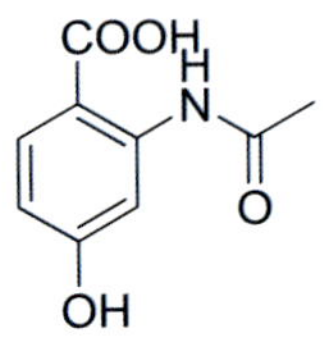
20

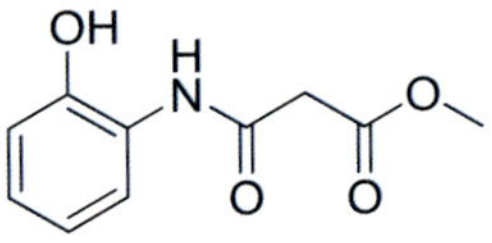
21

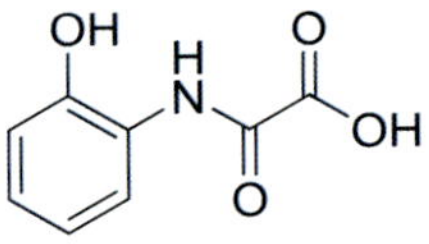
22

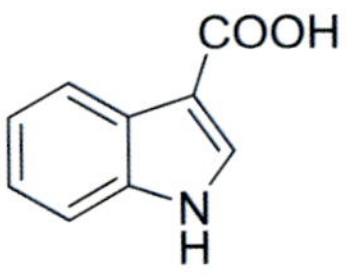
23

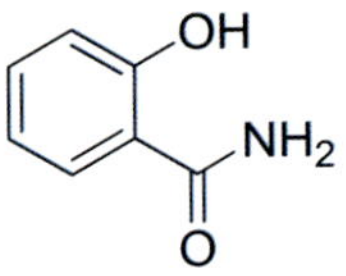
24

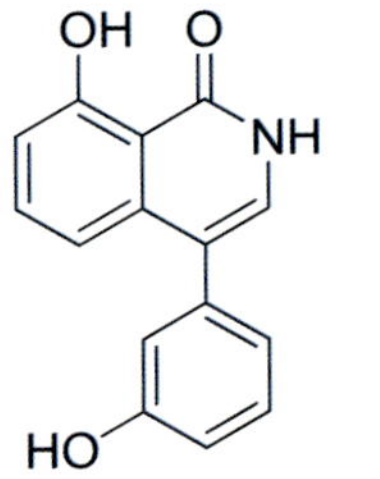
25

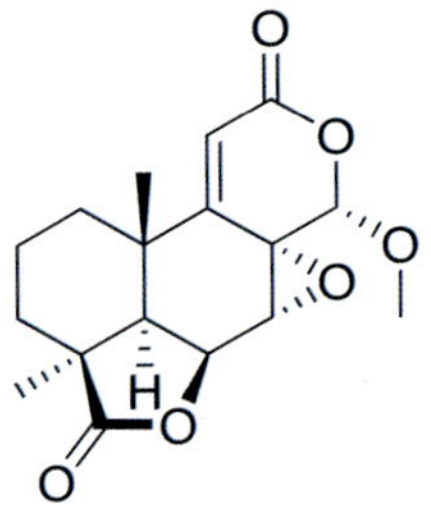
26

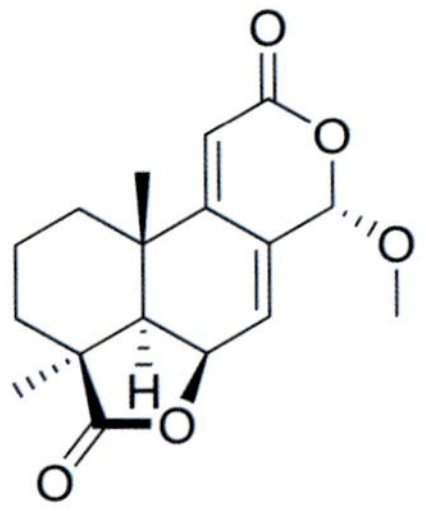
27

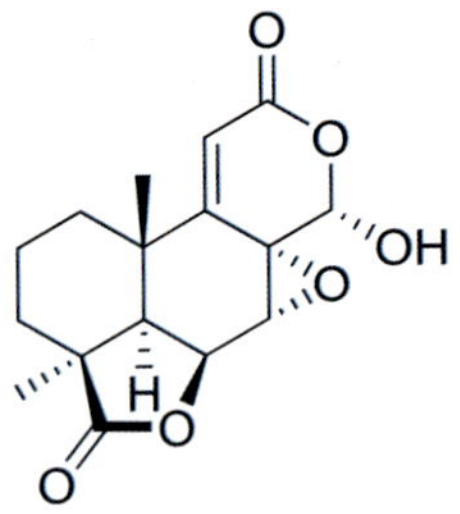
28

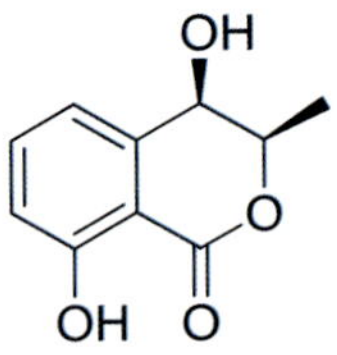
29

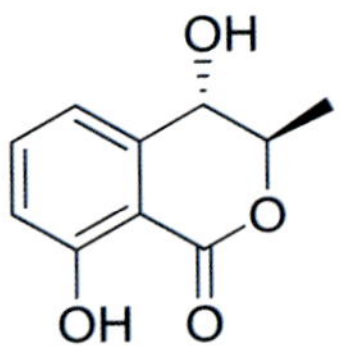
30

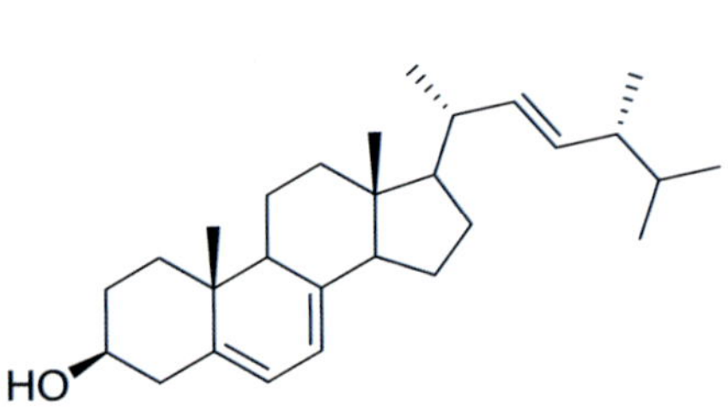
31

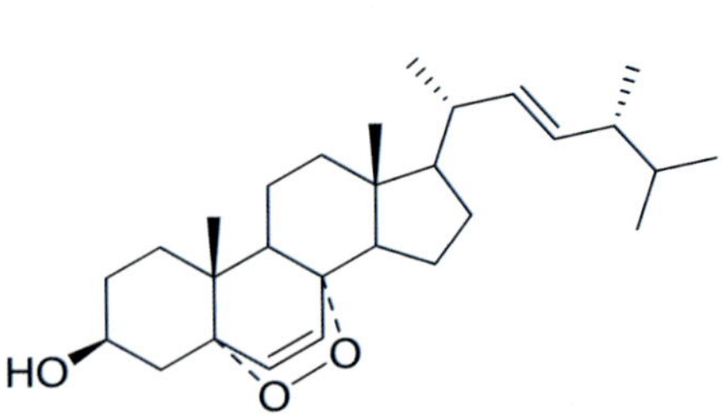
32

图 5－177　树粉孢菌 *Oidiodendron truncatum* GW3－13 代谢产物（二）

表 5－79 化合物 1－17 的细胞毒活性测试结果

化合物编号	IC_{50}/（μmol/L）				
	HCT－8	Bel－7402	BGC－823	A549	A2780
1	1.3×10^{-2}	0.3×10^{-2}	1.1×10^{-2}	2.2×10^{-2}	2.8×10^{-2}
2	0.49	0.38	0.70	0.72	0.58
3	5.2×10^{-2}	0.5×10^{-2}	4.7×10^{-2}	2.2×10^{-2}	5.4×10^{-2}
4	1.06	0.81	1.83	0.14	1.65
5	>10	9.17	>10	>10	>10
6	>10	>10	>10	>10	8.92
7	>10	>10	>10	>10	>10
8	>10	>10	>10	>10	>10
9	0.70	0.55	0.67	1.24	0.48
10	1.18	0.75	1.46	1.53	0.42
11		0.61		2.94	
12	>10	>10	>10	>10	>10
13	>10	>10	>10	>10	>10
14	>10	>10	>10	>10	>10
15	>10	>10	>10	>10	>10
16	>10	>10	>10	>10	>10
17	>10	>10	>10	>10	>10

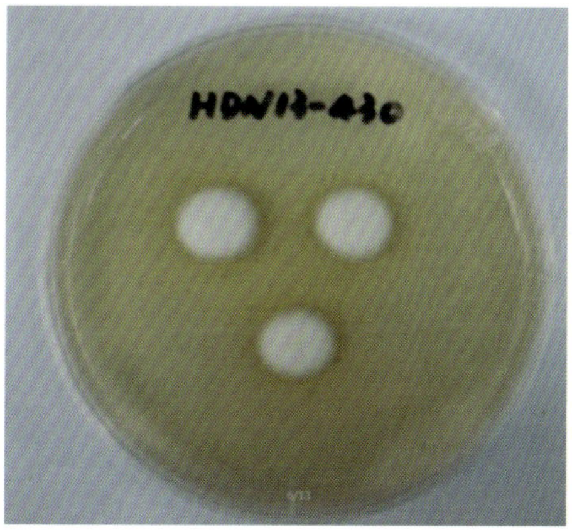

图 5－178 菌株 *Simplicillium lamellicola* HDN13－430 形态照片

5）菌株 *Penicillium* sp. PR19N－1 的抗肿瘤活性成分

菌株 *Penicillium* sp. PR19N－1（图 5－180），分离自南极普里兹湾海域泥样，GenBank 登录号为 KC756948。该菌的发酵浸膏对 P388 细胞有明显的细胞毒活性。TCL 和 HPLC 分析表明该菌代谢产物丰富，并有系列紫外吸收相似的化合物。

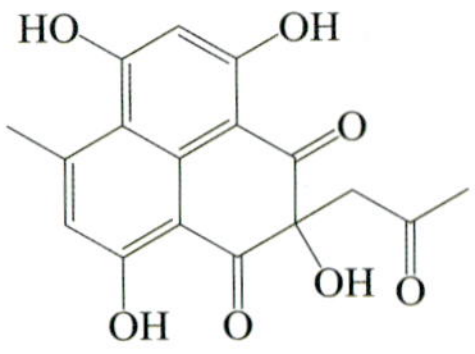
33

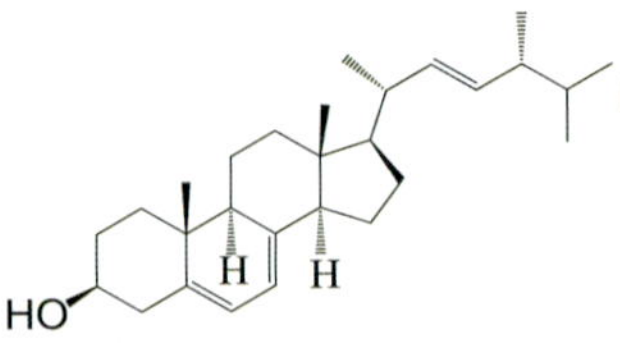
34

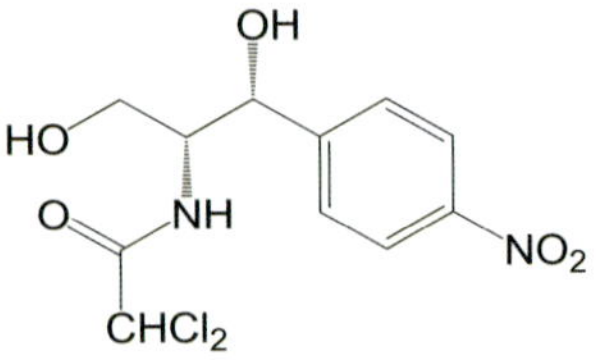
35

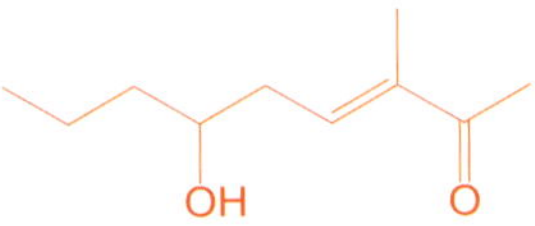
36

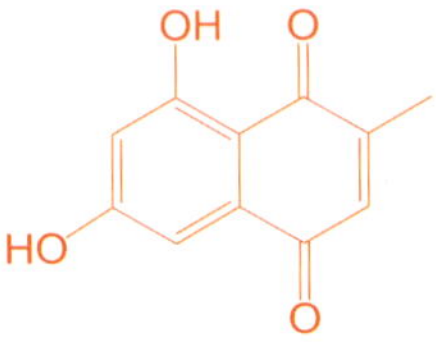
37

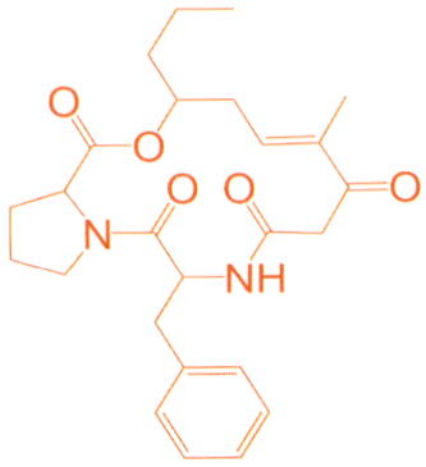
38

图 5－179　菌株 *Simplicillium lamellicola* HDN13－430 获得化合物结构

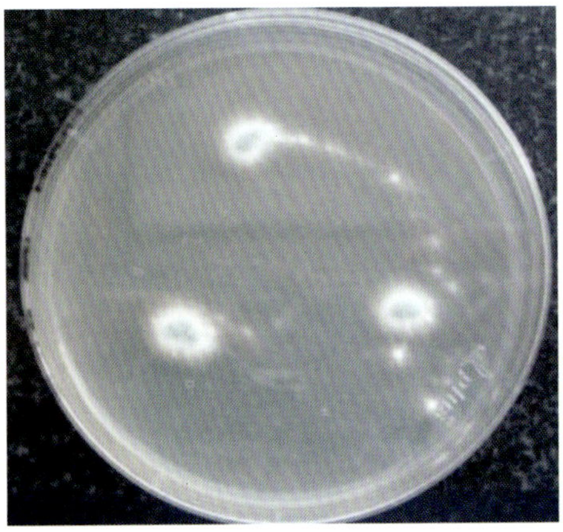

图 5－180　菌株 *Penicillium* sp. PR19N－1 形态照片

菌株经大量发酵，乙酸乙酯萃取，获得浸膏，利用薄层色谱、硅胶柱色谱、凝胶柱色谱以及高效液相色谱等分离纯化手段共分离得到了艾里莫芬烷型倍半萜类化合物 16 个（39～55），苯的衍生物 3 个（56～58），二酮哌嗪类化合物 1 个（59）。其中艾里莫芬烷型倍半萜类化合物 38～44，46～50 为新化合物，化合物 51 为新的天然产物（图 5－181）。

以 A549 肿瘤细胞株为模型，用 SRB 法对化合物 39～43、46～52 的抗癌活性进行了初步测定，结果显示新化合物 38 和 46 对 A549 细胞显示较强的细胞毒活性（IC_{50} 分别为 12.2 μmol/L 和 5.2 μmol/L）；新化合物 37、48 显示出弱的细胞毒活性（IC_{50} 分别为 59.7 μmol/L 和 82.8 μmol/L）；其余化合物均未表现出细胞毒活性（IC_{50} > 100 μmol/L）（Wu Guangwei 2013，Lin Aiqun 2014）。

6）菌株 *Penicillium* sp. PRB－2 的活性成分

菌株 *Penicillium* sp. PRB－2（图 5－182），分离自南极普里兹湾海域泥样，GenBank 登录号为 KF924395。该菌的发酵浸膏对 K562 细胞有明显的细胞毒活性。并且高效液相指纹图谱

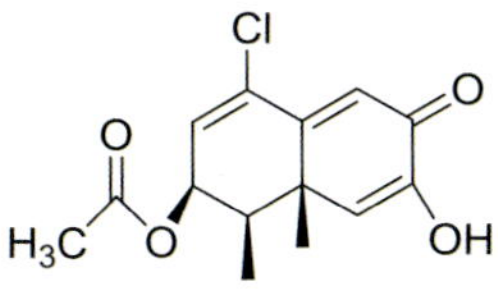
39
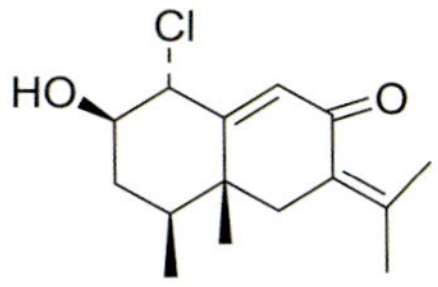
40
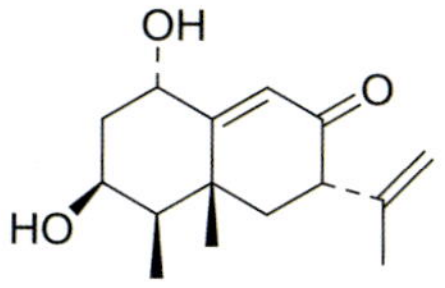
41
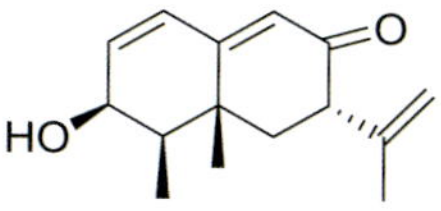
42
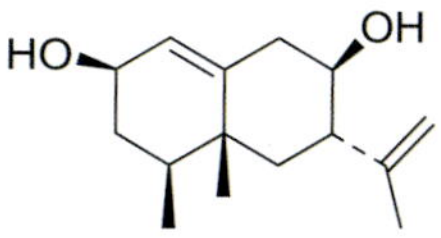
43
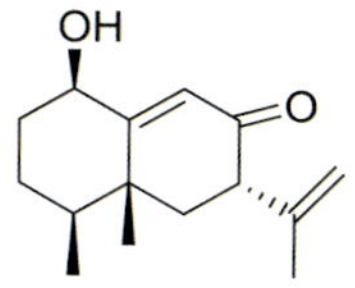
44
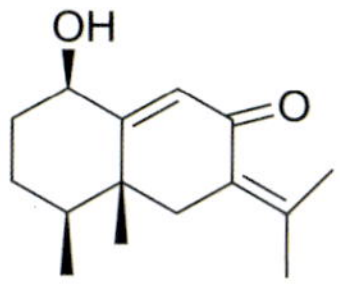
45
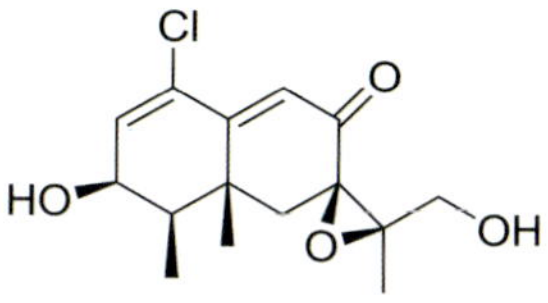
46
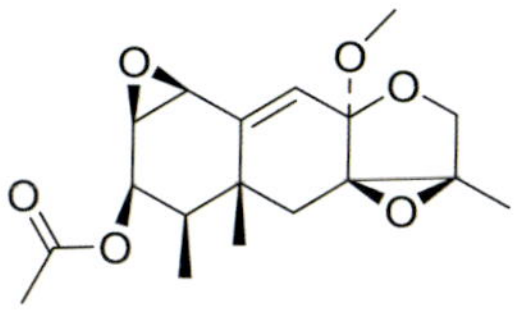
47
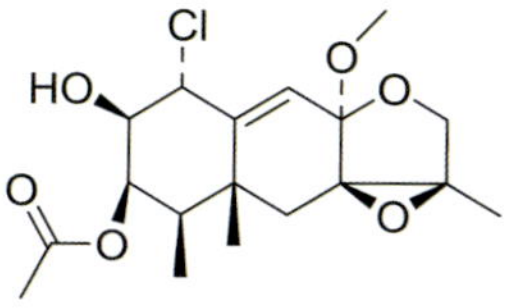
48
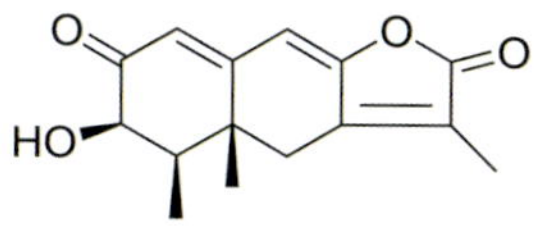
49
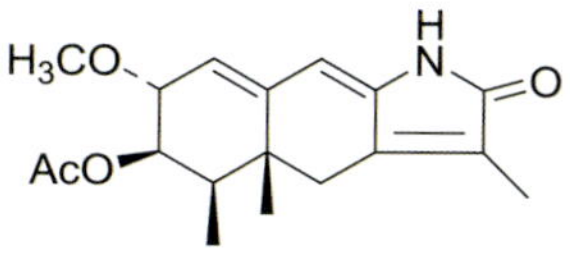
50
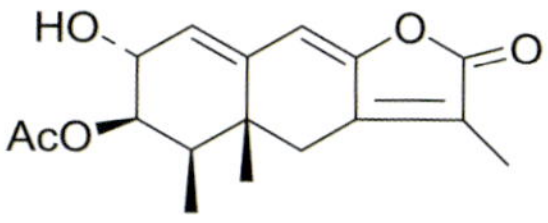
51
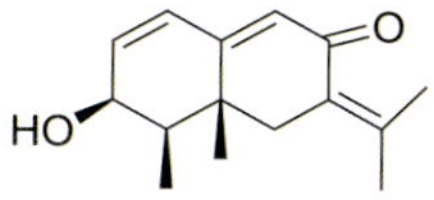
52
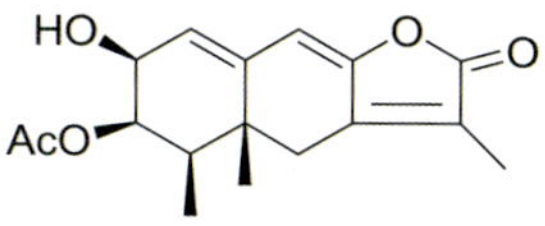
53
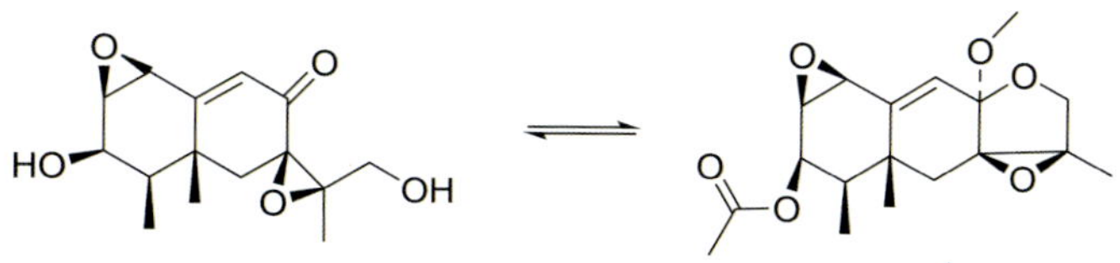
54 55
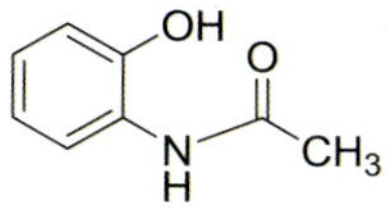
56
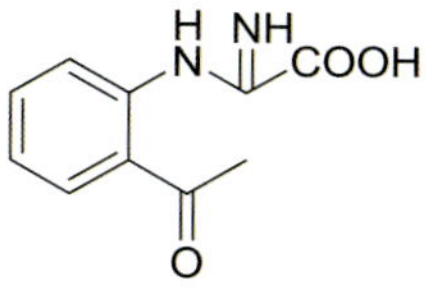
57
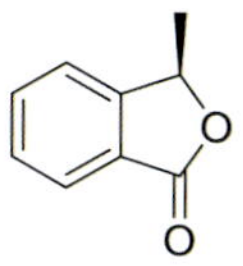
58
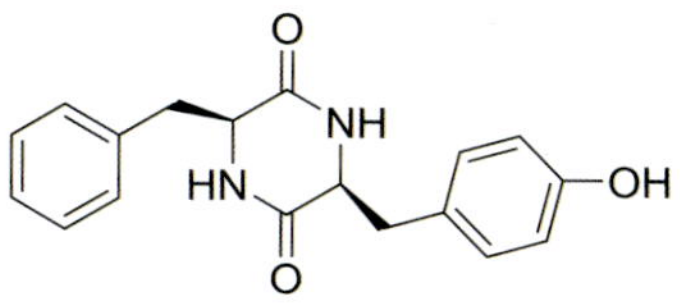
59

图 5－181　菌株 *Penicillium* sp. PR19N－1 的化合物结构

中次级代谢产物丰富，紫外吸收呈系列吸收峰。菌株 *Penicillium crustosum* PRB－2 发酵产物的乙酸乙酯萃取物中分离纯化得到 25 个代谢产物化合物 60～84（图 5－183），NF－κB 抑制活性测试表明，新结构化合物 1 显示出了弱的活性，抑制率为 40%（Wu Guangwei，2012）。

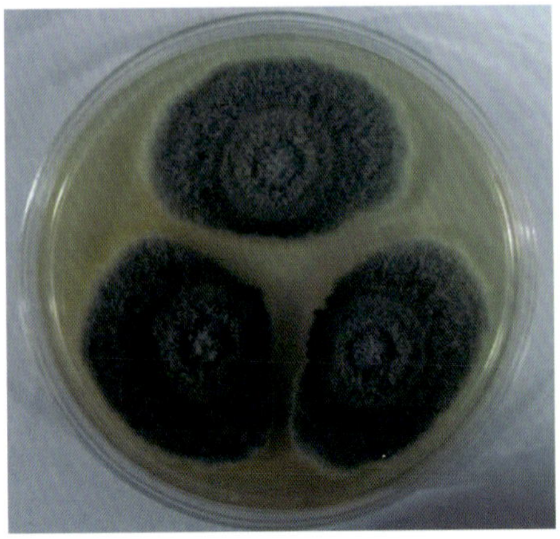

图 5 - 182　菌株 *Penicillium* sp. PRB - 2 形态照片

7）南极副球菌 *Paracoccus* sp. PQ - 08 中化合物吡咯喹啉醌活性评价

南极副球菌 *Paracoccus* sp. PQ - 08 株活性化合物产吡咯喹啉醌（PQQ），对其进行了摇瓶发酵、产物提取及定量分析，对其进行了一氧化氮抑制活性及羟自由基（. OH）清除抗氧化活性评价（图 5 - 184）。结果表明：PQQ 显著抑制人脐静脉内皮（ECV - 304）细胞内 iNOS 表达，明显降低 NO 释放。PQQ 具有明显清除 . OH 抗氧化活性（图 5 - 185）。

8）菌株 *Aspergillus ruber* HDN14 - 385 代谢产物的抗肿瘤及抗氧化活性评估

菌株 *Aspergillus ruber* HDN14 - 385（图 5 - 186），分离自南极长城站潮间带，菌株经 ITS 序列鉴定为 *Simplicillium lamellicola*。该菌株初筛发酵浸膏对 P388 细胞抑制率为 67.78%。

对该菌株大量发酵，乙酸乙酯萃取，获得浸膏，利用薄层色谱、硅胶柱色谱、凝胶柱色谱以及高效液相色谱等分离纯化手段共分离得到了 11 个化合物（化合物 85 ~ 95），见图 5 - 187。活性研究显示，化合物 85，87 ~ 90 具有 DPPH 自由基清除活性，IC_{50}分别为 91，79，99，28，11.5 μmol/L。化合物 90 对肿瘤细胞 A549 显示出抑制活性，IC_{50}为 3 μmol/L。

9）菌株 *Pencillium* sp. HDN14 - 431 代谢产物的抗肿瘤和抗菌活性评价

菌株 *Pencillium* sp. HDN14 - 431（图 5 - 188），分离自南极长城站潮间带，菌株经 ITS 序列鉴定为 *Pencillium* sp.。对该菌株大量发酵，乙酸乙酯萃取，获得浸膏，利用薄层色谱、硅胶柱色谱、凝胶柱色谱以及高效液相色谱等分离纯化手段共分离得到了 11 个化合物，其中新化合物 2 个，见图 5 - 189。活性筛选显示，新化合物 97 具有抑制变形杆菌的活性，其 MIC 为 12.5 - 25 μmol/L，化合物 100 具有较强的抗肿瘤活性，其对 A549，Colo205，MDA - MB - 435 细胞的 IC_{50}分别为 0.97，0.89，1.30 μmol/L（马红艳 2011）。

10）南极磷虾共附生菌 *Streptomyces* sp. NJ94 天然产物与药用潜力评估

从南极菌株 *Streptomyces* sp. NJ94 的发酵代谢产物分离、鉴定出抗生素类物质 gephyromycin（1）及其类似物（2）等 7 个化合物（图 5 - 190）。其中，化合物 113 为新结构化合物。

Gephyromycin（107）属于 angucyclinone 类抗生素，文献报道能使神经细胞中 Ca^{2+}浓度迅

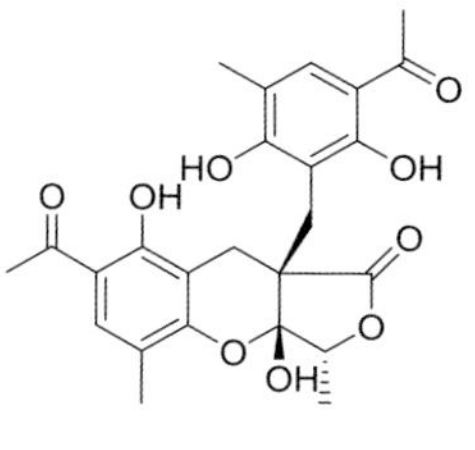

60

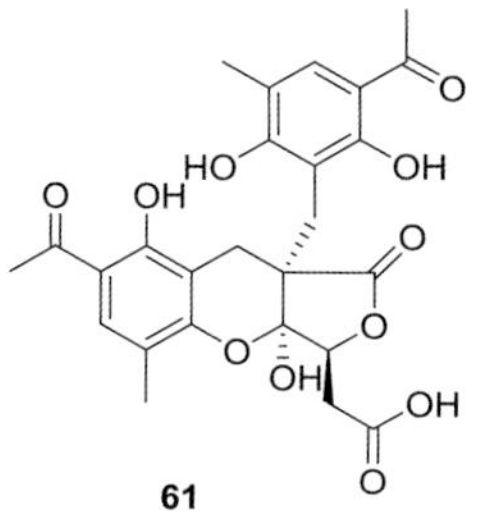

61

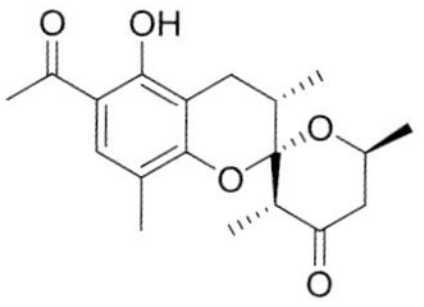

62

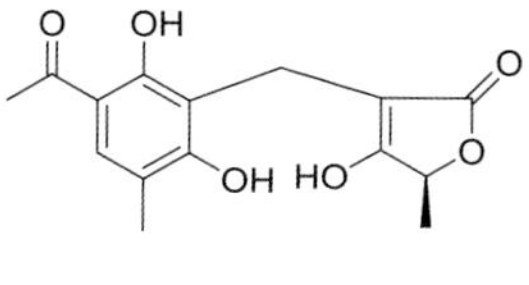

63

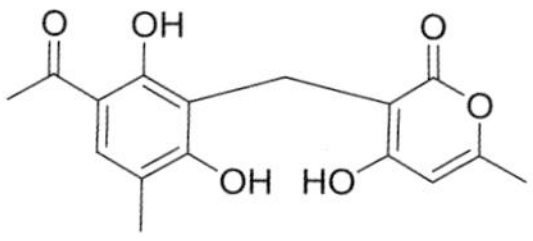

64

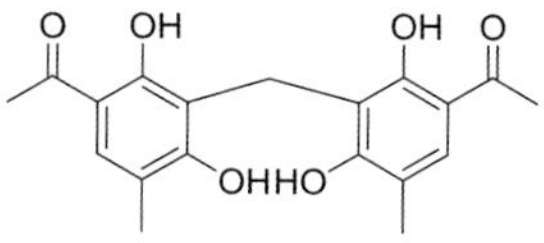

65

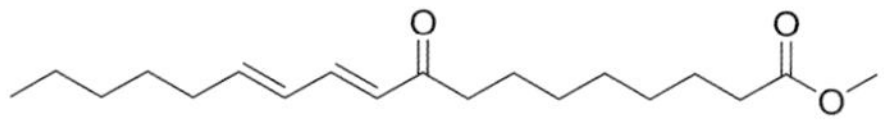

66

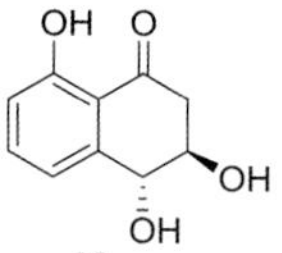

68

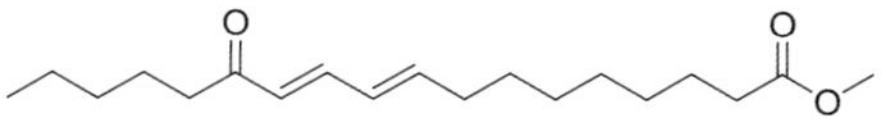

67

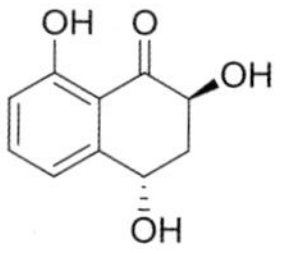

69

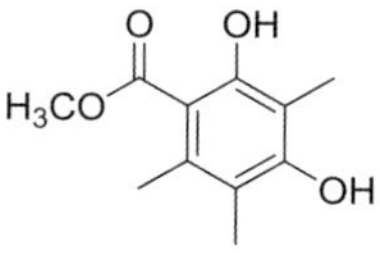

70

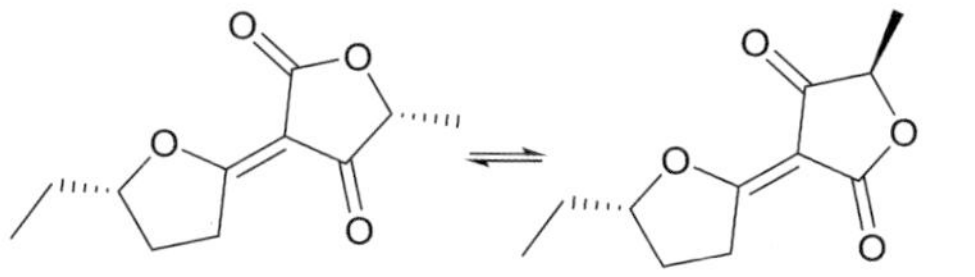

71

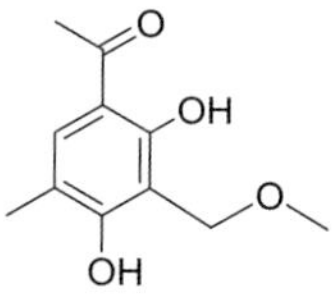

72

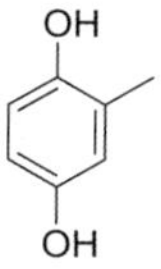

73

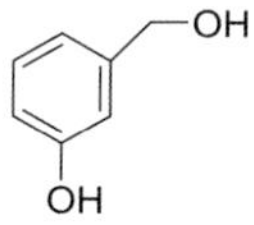

74

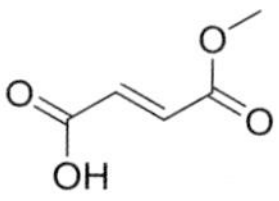

75

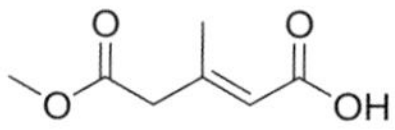

76

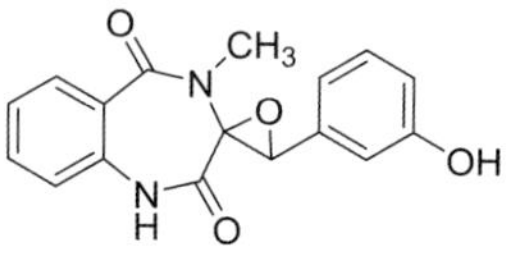

77

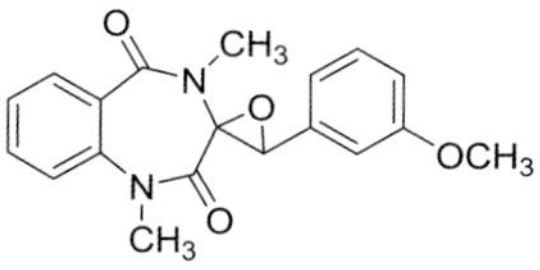

78

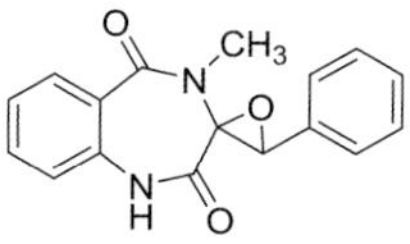

79

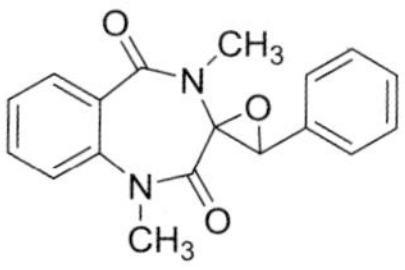

80

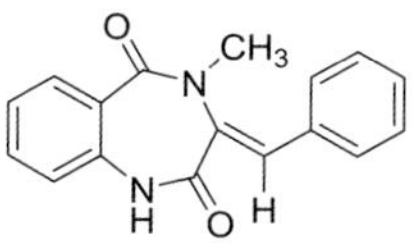

81

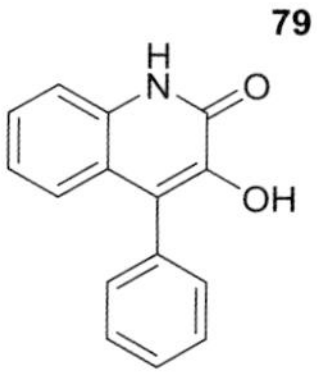

82

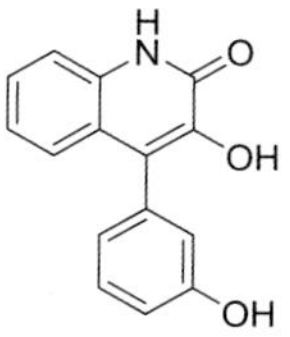

83

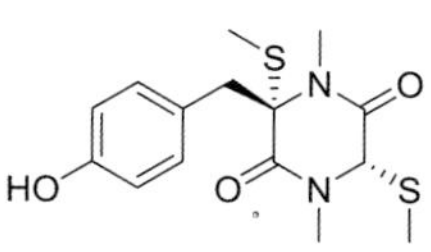

84

图 5－183 菌株 *Penicillium* sp. PRB－2 中获得化合物结构

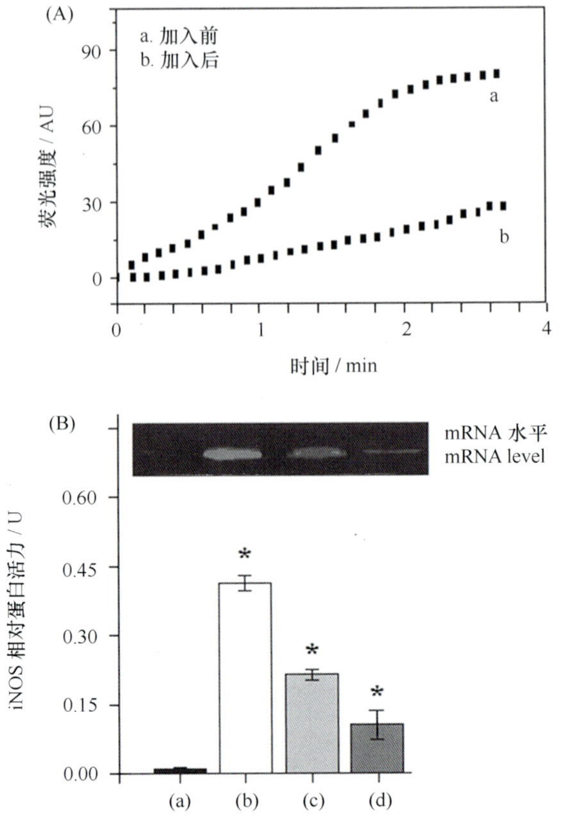

图 5-184　PQQ 对 ECV-304 细胞内释放 NO 的荧光强度（A）及 iNOS 基因与蛋白表达量（B）的影响

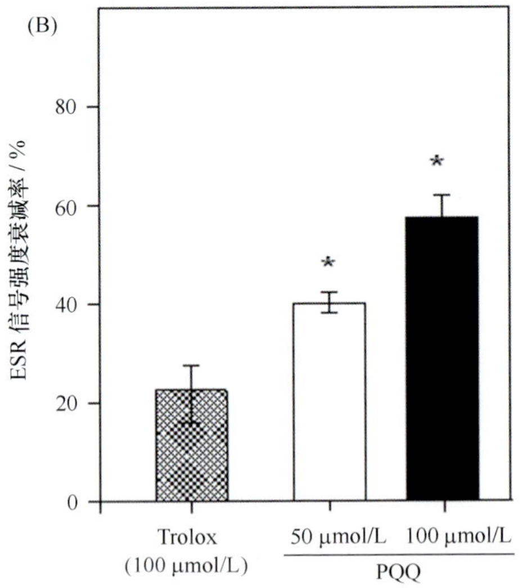

图 5-185　PQQ 对羟自由基清除能力测定的 ESR 信号衰减率比较图

速增加，且没有细胞毒性，可以作为谷氨酸受体激动剂。其类似物 108 具有抗肿瘤活性。化合物 113 类似物 frigocyclinone 对 *Bacillus subtilis*、*Staphylococcus aureus* 具有中等抑制作用，MIC 分别为 10 μmol/L、33 μmol/L。此外，采用虚拟筛选手段发现 NJ-94 主要成分 *Gephyromycin*

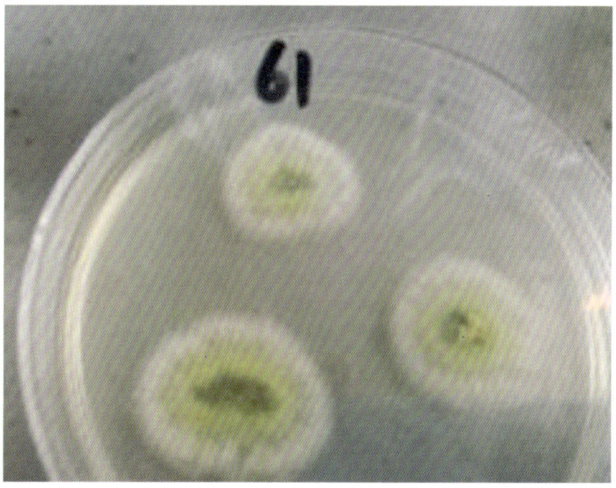

图 5－186 菌株 *Aspergillus ruber* HDN14－385 形态照片

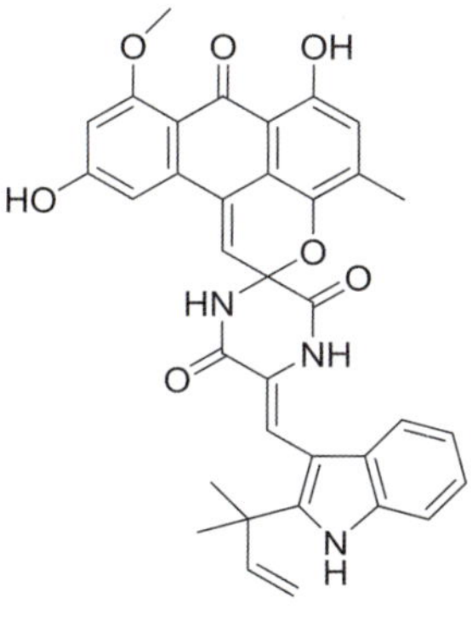

85

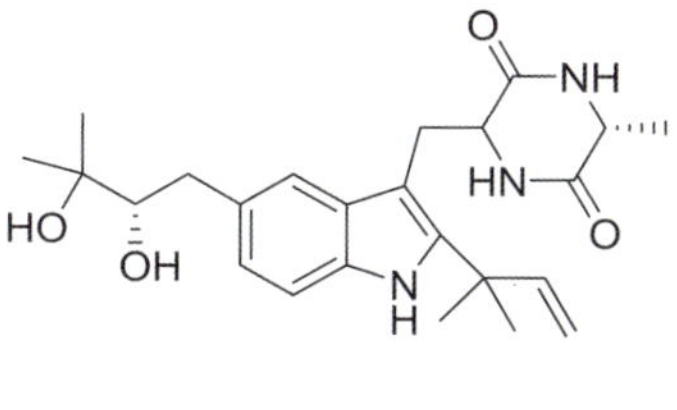

86

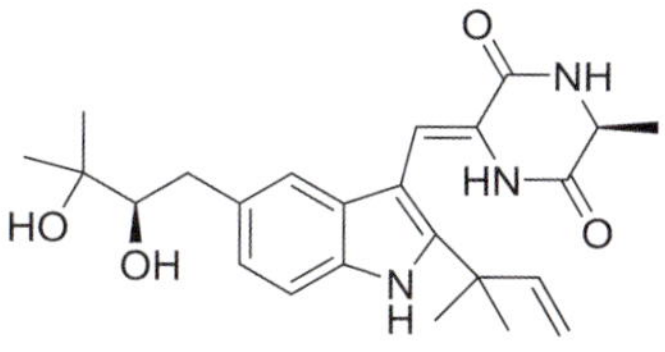

87

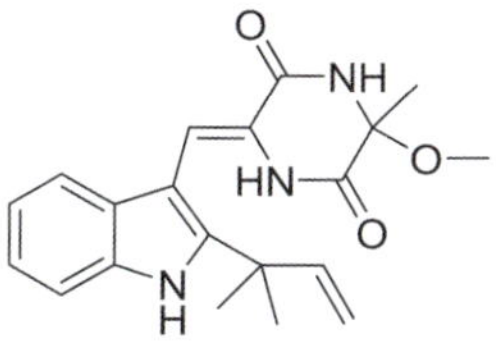

88

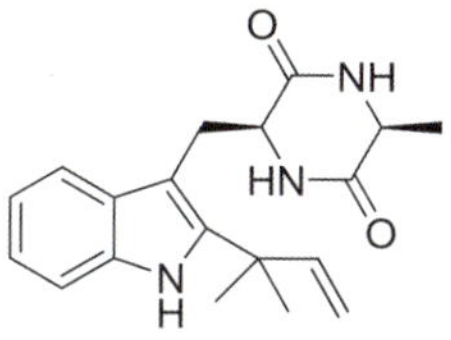

89

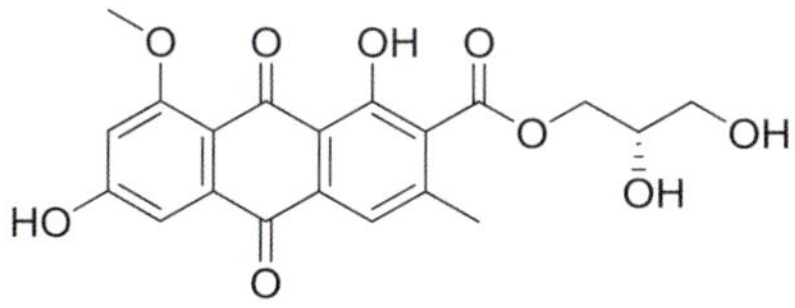

90

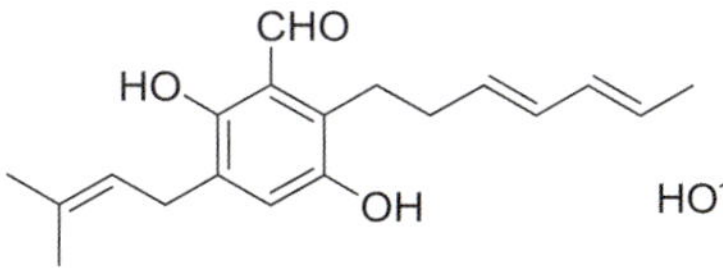

91

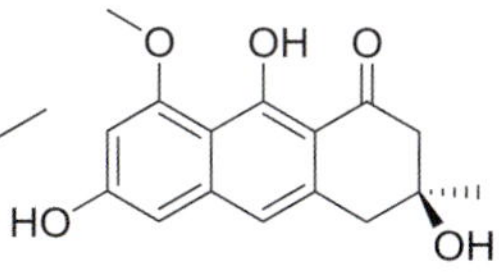

92

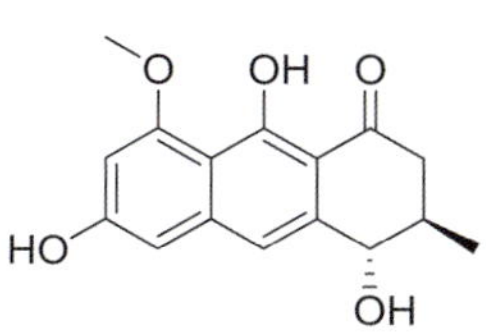

93

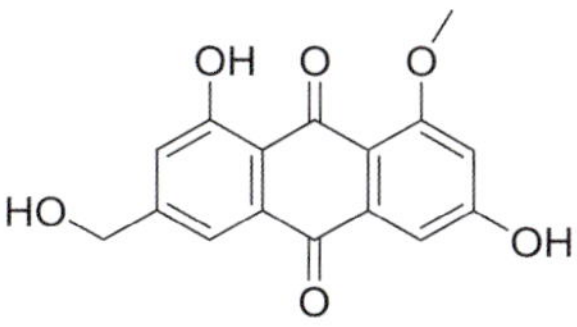

94

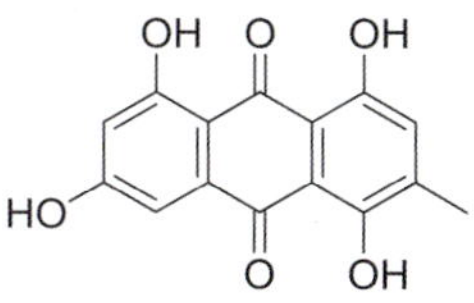

95

图 5－187 菌株 HDN14－385 中分离的代谢产物

存在于 chembl 数据库中（CHEMBL2208052），可能的靶点为雌激素 α 受体（Estrogen receptor alpha），该类化合物尚未报道与该预测靶点相关的活性（表 5－80）。

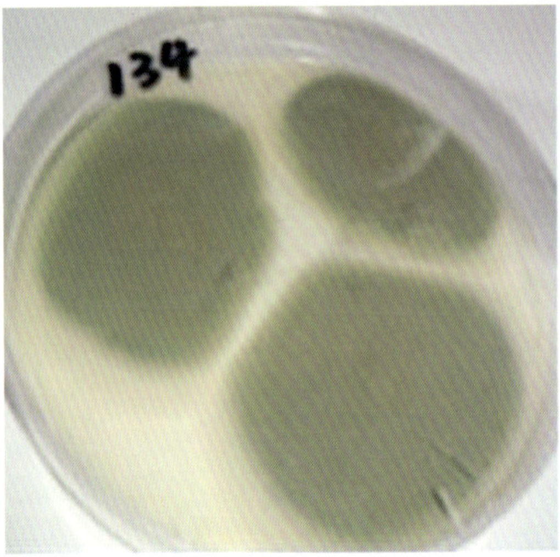

图 5－188　菌株 *Pencillium* sp. HDN14－431 形态照片

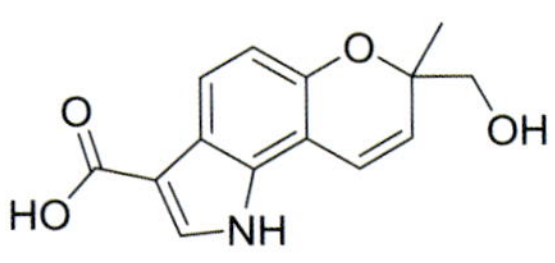

96

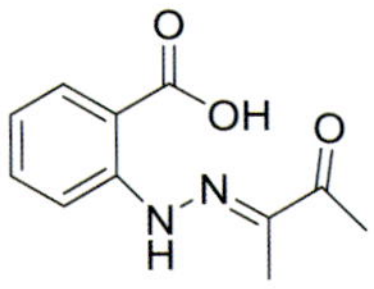

97

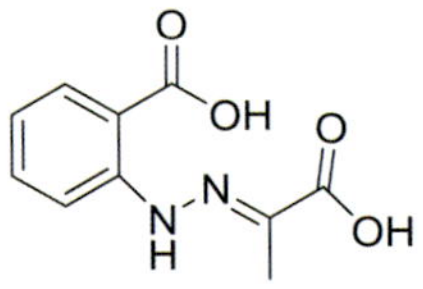

98

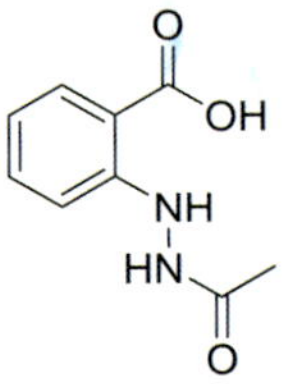

99

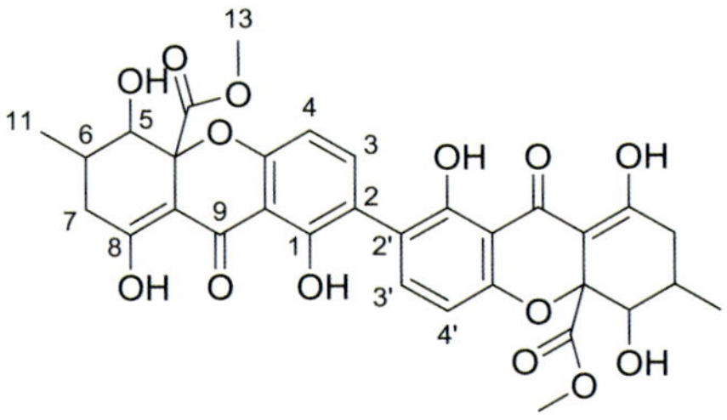

100

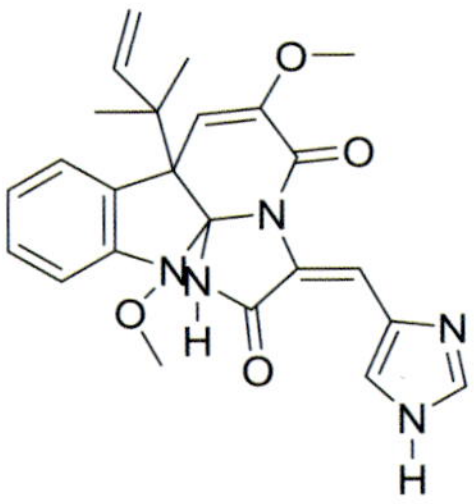

101

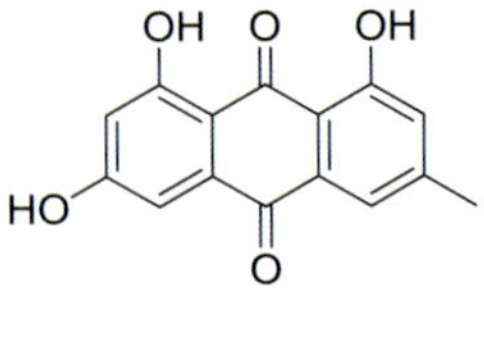

102

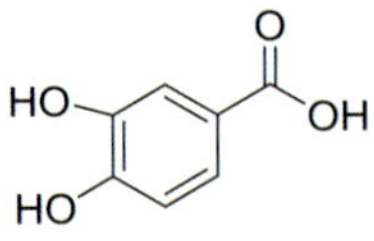

103

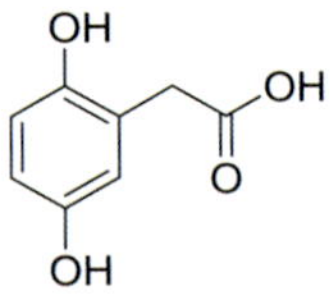

104

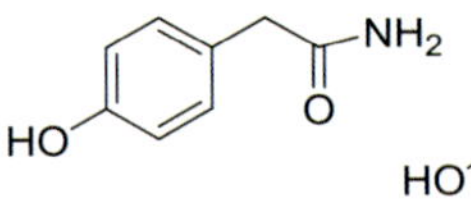

105

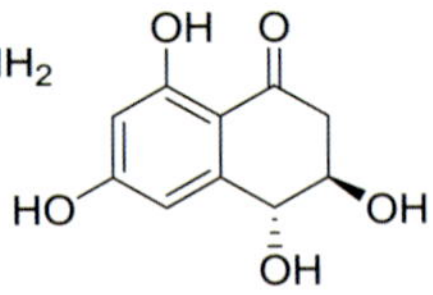

106

图 5－189　菌株 HDN14－431 中分离的代谢产物

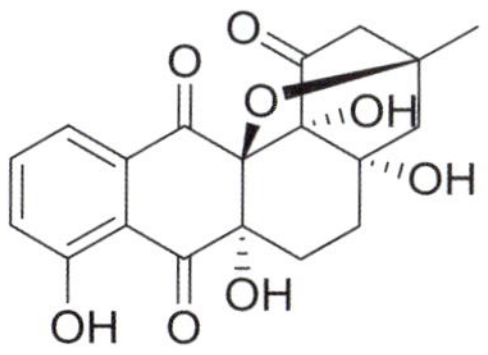

107

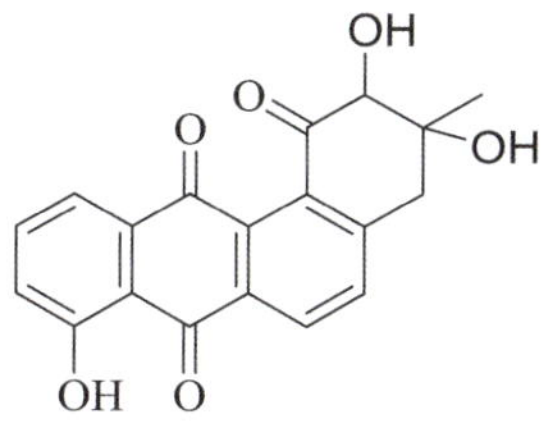

108

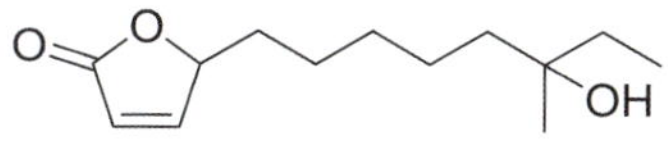

109

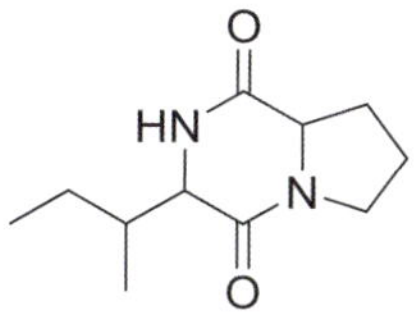

110

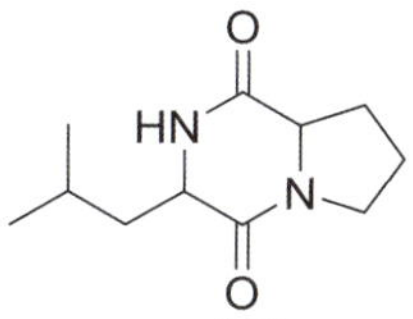

111

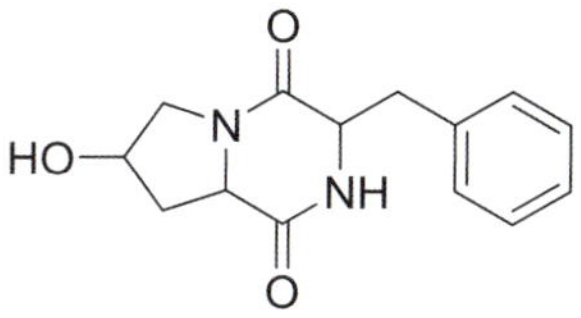

112

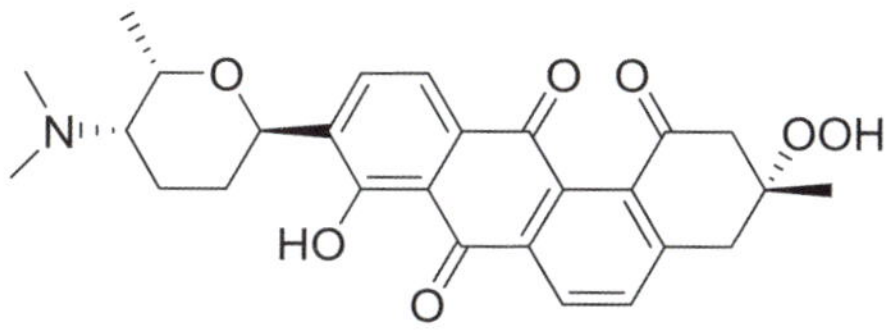

113

图 5 - 190 菌株 *Streptomyces* sp. NJ94 中分离的代谢产物

表 5 - 80 化合物 113 的的虚拟筛选结果

目标物编号	分子编号	*p* 值（atompair）	*p* 值（maccs）	*p* 值（topological）	目标物名称	来源生物	PDB 配体对接得分	分子对接得分
CHEMBL 206	11		0.005333 273		Estrogen receptor alpha	Homo sapiens	-11.036	-2.289

组蛋白去乙酰化酶抑制剂 SAHA 在 100 μmol/L 已经被证实的对真菌蛋白表达以及发酵产物优化具有极强效果。尝试在放线菌 NJ94 发酵条件中加入不同含量的 SAHA，通过对比三组发酵产物甲醇提取物的 HPLC - TOF MS 数据（表 5 - 81），发现加入 50 μmol/L 的 SAHA 的培养基所产生的次级代谢产物的种类相比于其他两组多，说明加入 50 μmol/L 的 SAHA 能够增加 NJ94 次级代谢产物的种类。优化 *Streptomyces* sp. NJ94 发酵条件提高 angucyclinone 类抗生素结构多样性和产量，显示出菌株一定的药用潜力。

表 5 - 81 三种培养基代谢产物对比分析

组别	总信号峰	具有合理分子式信号峰	含 N 信号峰	含卤族元素信号峰	含 S 信号峰
高氏一号（G1）	86	55	35	6	2
高氏一号 +0.5SA（G2）	88	57	33	5	0
高氏一号 +1SA（G3）	82	59	36	5	2

续表

组别	总信号峰	具有合理分子式信号峰	含 N 信号峰	含卤族元素信号峰	含 S 信号峰
G1：G2	34	21：23	20	4	0
G1：G3	33	22：24	17	4	1
G2：G3	38	19：21	17	5	0

11）南极来源真菌 H92 粗提物具有抗茶叶致病真菌 *Pestalotiopsis theae* 和 *Colletotrichum gloeosporioides* 的活性潜力评估

南极来源真菌 H92 粗提物具有抗茶叶致病真菌 *Pestalotiopsis theae* 和 *Colletotrichum gloeosporioides* 活性，将大米海水培养基培养 30 天的 H92 发酵产物乙酸乙酯浸泡过夜并萃取，萃取物 20 克经柱层析和制备液相分离，得化合物 10 个（化合物 114 – 123），如图 5 – 191所示。

以茶叶致病真菌 *Pestalotiopsis theae* 和 *Colletotrichum gloeosporioides* 为指示菌检测这些化合物单体的抗致病菌活性，结果显示 Fructigenine A、Aurantiomide C 具有抗致病真菌活性。

12）南极来源真菌 *Penicillium funiculosum* GWT2 – 24 的抗流感病毒活性潜力评估

菌株 *Penicillium funiculosum* GWT2 – 24 分离自南极长城站附近苔藓样品中，菌株经 ITS 序列鉴定为鉴定为 *Penicillium funiculosum*。该菌株初筛发酵浸膏对 H1N1 流感病毒具有抑制活性。TLC 和 HPLC 分析表明该菌代谢产物丰富。

菌株经大量发酵，乙酸乙酯萃取，获得浸膏，利用薄层色谱、硅胶柱色谱、凝胶柱色谱以及高效液相色谱等分离纯化手段共分离得到了 7 个（124 ~ 130）化合物，其中 2 个为新化合物（124 和 135）（图 5 – 192）。化合物经 H1N1 流感病毒活性评价，结果显示化合物 126，128，129 具有抗 H1N1 流感病毒活性，其 IC_{50} 值分别为 21 μmol/L，55 μmol/L 和 57 μmol/L（Zhou Haibo 2015）。

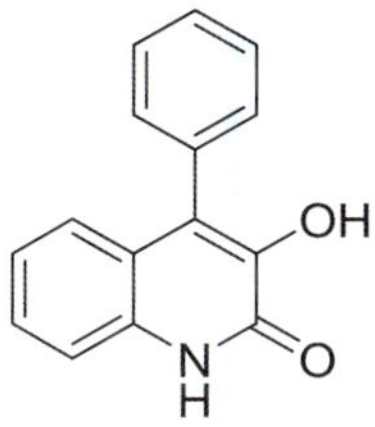

114

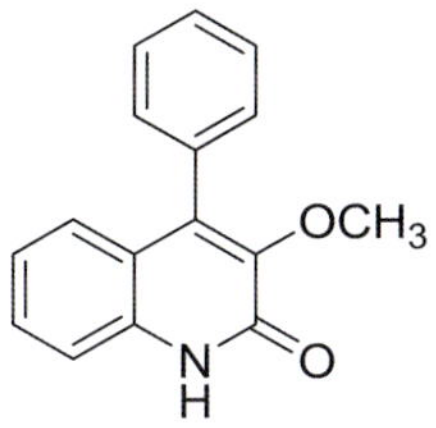

115

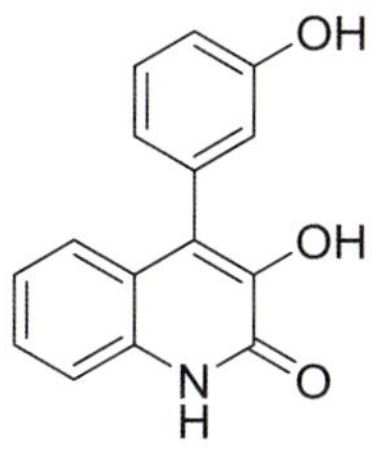

116

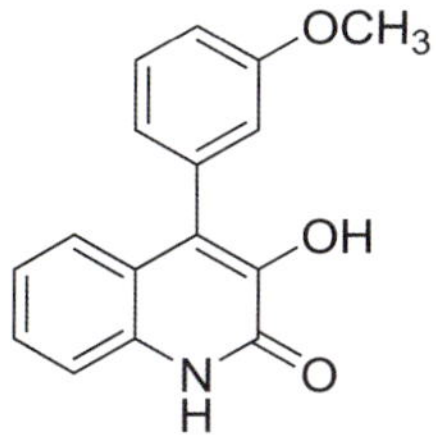

117

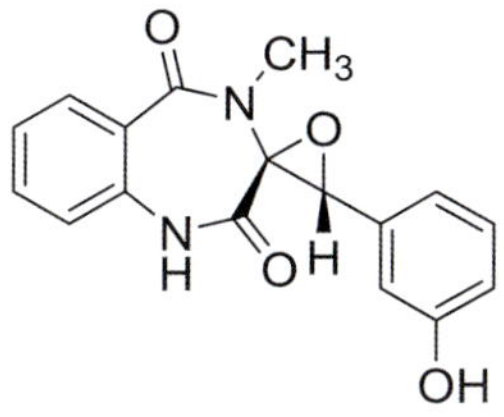

118

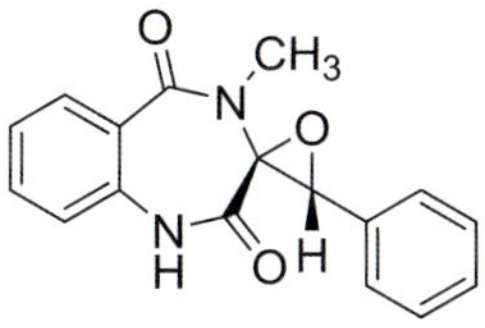

119

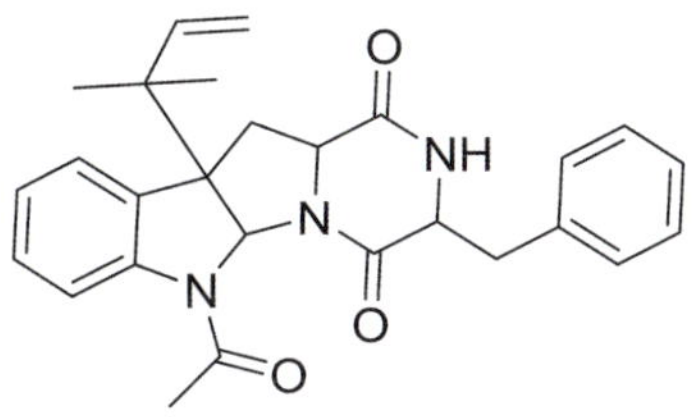

120

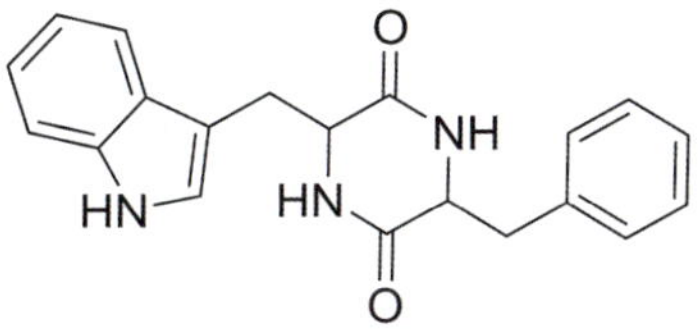

121

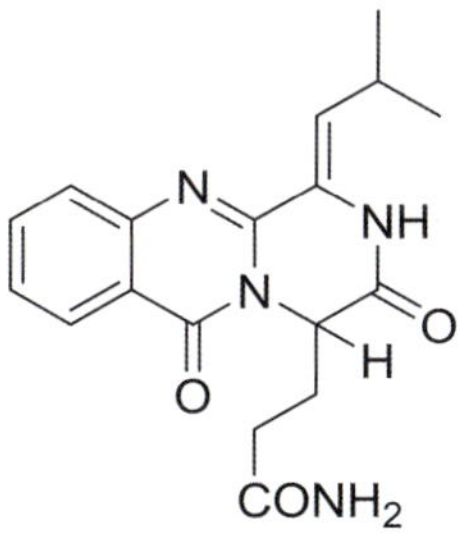

122

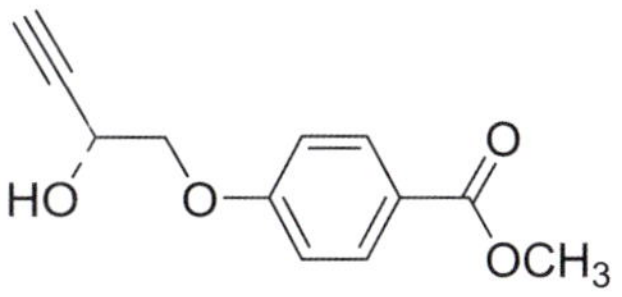

123

图 5－191　来源于真菌 H92 的化合物结构

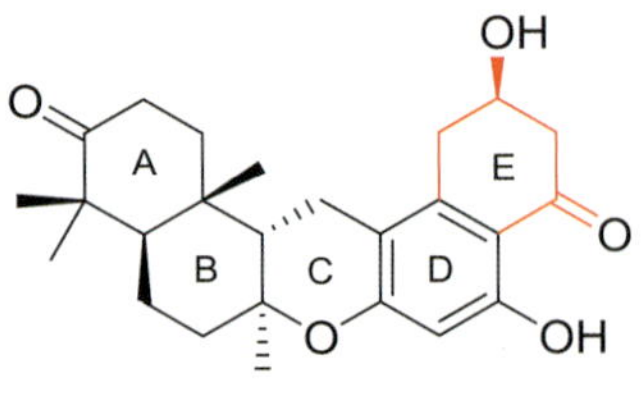

124

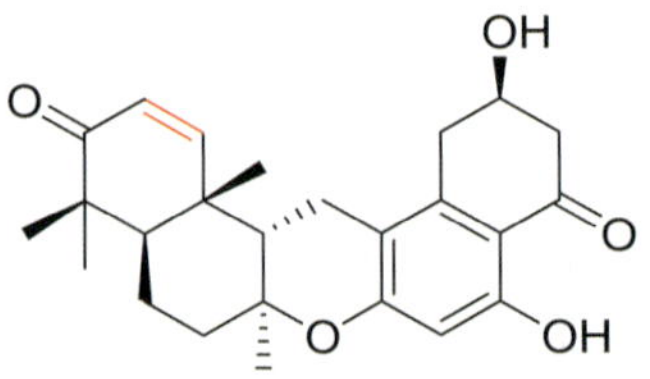

125

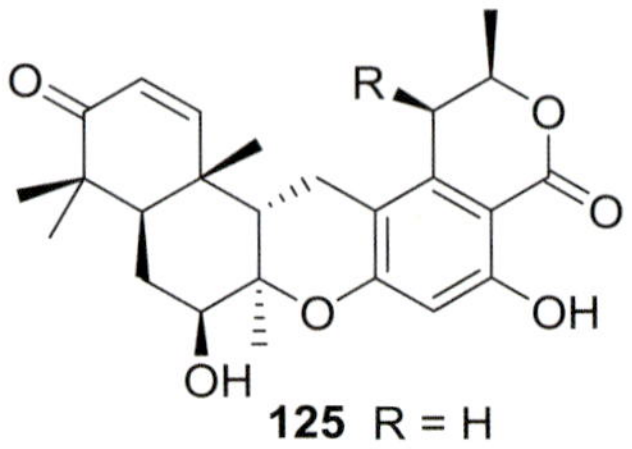

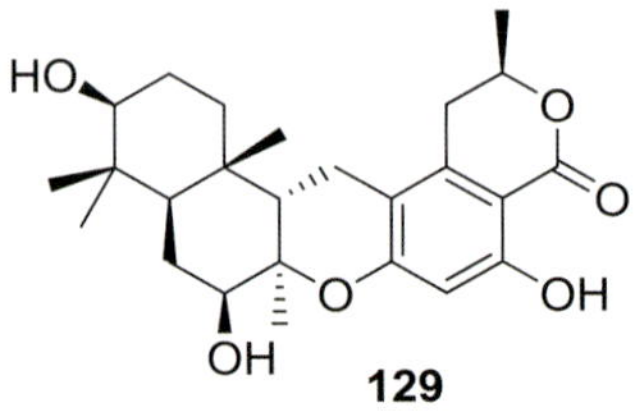

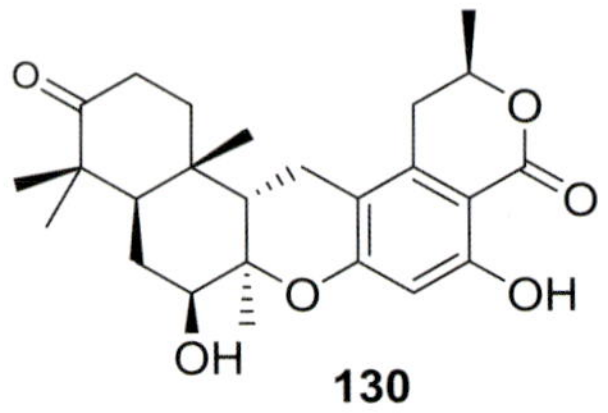

125 R = H
127 R = OH
128 R = acetoxy

129

130

图 5 – 192　来源于真菌 *Penicillium funiculosum* GWT2 – 24 的化合物结构

参考文献

柏帅，李德海，顾谦群，等 . 2014. 南极来源真菌 GW# – 13 产 chetracin B 发酵优化研究。中国海洋药物，33（1）：40 – 44.

丁壮，李德海，顾谦群，等 . 2014. 极地微生物次级代谢产物及其活性研究进展，中国抗生素杂志，39（1）：6 – 13.

方海霞，赵惠娅，陈发荣，等 . 2012. 南大洋抗植物病原真菌活性菌株的筛选及系统发育分析 . 安徽农业科学，40（3），1268 – 1270

何培青，王红梅，沈继红，等 . 2011. 南极芽孢杆菌 *Bacillus* sp. 107 生长特性及抑制植物病原真菌的研究 . 海洋科学进展 . 29（2）：179 – 185.

李贺，林学政，何培青，等 . 2011. 南极抗细菌活性菌株的筛选及系统发育分析 . 微生物学通报，38（2），264 – 269.

罗万春 . 2002. 世界新农药与环境 . 世界知识出版社 . 1 – 3.

马红艳，李德海，顾谦群，等 . 2011. 极海洋真菌 *Penicillium chrysogenum* PR4 – 1 – 3 的活性次级代谢产物研究 . 中国海洋药物杂志，30（4）：18 – 24.

马晓梅 . 2006. 我国微生物农药研究与应用的新进展 . 武汉科技学院学报，19：42 – 46.

牛德庆，田黎，周俊英，等 . 2007. 南极生境真菌 *Gliocladium catenaulatum* T31. 极地研究，19（2）.

王红梅，何培青，林学政，等 . 2012. 抑制尖刀镰孢菌（*fusarium oxysporum*）南极细菌的筛选及 *psychrobacter* sp. p4 – 11 – 07 – 1 的生长特性 . 海洋科学进展，30（1），102 – 110.

叶萱 . 2015. 2015 南极真菌：有潜力作为新颖微生物杀虫剂 . 农化市场十日讯，24 – 26.

曾胤新，陈波，邹扬，等 . 2008. 极地微生物 – 新天然药物的潜在来源 . 微生物学报，48（5），695 – 700.

Aiqun Lin, Guangwei Wu, Qianqun Gu, Tianjiao Zhu and Dehai Li. 2014. New Eremophilane – type Sesquiterpenes from an Antarctic Deep – sea Derived Fungus, *Penicillium* sp. PR19N – 1. *Arch. Pharm. Res.* 37, 839 – 844.

Asencio G, Lavin P, Alegría K, et al. 2014. Antibacterial activity of the Antarctic bacterium *Janthinobacterium* sp. : SMN 33. 6 against multi – resistant Gram – negative bacteria. Electronic Journal of Biotechnology, 17（1），1 – 1.

Gesheva V, Vasileva – Tonkova E. 2012. Production of enzymes and antimicrobial compounds by halophilic Antarctic Nocardioides sp. grown on different carbon sources. World journal of microbiology and biotechnology, 28 (5), 2069 – 2076.

Guangwei Wu, Aiqun Lin, Qianqun Gu, Tianjiao Zhu and Dehai Li. 2013. Four new chloro – eremophilane sesquiterpenes from an Antarctic deep – sea derived fungus, *Penicillium* sp. PR19N – 1. *Mar. Drugs*, 11, 1399 – 1408.

Guangwei Wu, Hongyan Ma, Tianjiao Zhu, Jing Li, 2012. Qianqun Gu, and Dehai Li. 2012. Penilactones A and B, Two Novel Polyketides from Antarctic Deep – sea Derived Fungus *Penicillium crustosum* PRB – 2. *Tetrahedron.* 68 (47), 9745 – 9749.

Haibo Zhou, Liyuan Li, Wei Wang, Qian Che, Dehai Li, Qianqun Gu, and Tianjiao Zhu. 2015. Chrodrimanins I and J from the Antarctic Moss – Derived Fungus *Penicillium funiculosum* GWT2 – 24. *J. Nat. Prod.* 78 (6), 1442 – 1445.

Henríquez M, Vergara K, Norambuena J, et al. 2014. Diversity of cultivable fungi associated with Antarctic marine sponges and screening for their antimicrobial, antitumoral and antioxidant potential. World Journal of Microbiology and Biotechnology, 30 (1), 65 – 76.

Huang J P, Mojib N, Goli R R., et al. 2012. Antimicrobial activity of PVP from an Antarctic bacterium, Janthinobacterium sp. Ant5 – 2, on multi – drug and methicillin resistant Staphylococcus aureus. Natural products and bioprospecting, 2 (3), 104 – 110.

Lee L H, Cheah Y K, Sidik S M, et al. 2012. Molecular characterization of Antarctic actinobacteria and screening for antimicrobial metabolite production. World Journal of Microbiology and Biotechnology, 28 (5), 2125 – 2137.

Liyuan Li, Dehai Li, Yepeng Luan, Qianqun Gu and Tianjiao Zhu. 2012. Cytotoxic metabolites from the antarctic psychrophilic fungus *Oidiodendron truncatum. J. Nat. Prod.* 75 (5), 920 – 927.

Lo Giudice A, Bruni V, Michaud L. 2007. Characterization of Antarctic psychrotrophic bacteria with antibacterial activities against terrestrial microorganisms. Journal of basic microbiology, 47 (6), 496 – 505.

Maida I, Bosi E, Fondi M, et al. 2015. Antimicrobial activity of Pseudoalteromonas strains isolated from the Ross Sea (Antarctica) versus Cystic Fibrosis opportunistic pathogens. Hydrobiologia, 1 – 15.

Maida I, Fondi M, Papaleo M C, et al. 2014. Phenotypic and genomic characterization of the Antarctic bacterium Gillisia sp. CAL575, a producer of antimicrobial compounds. Extremophiles, 18 (1), 35 – 49.

Nedialkova D, Naidenova M. 2005. Screening the antimicrobial activity of actinomycetes strains isolated from Antarctica. Journal of Culture Collections (ISSN: 1310 – 8360) 4 (1).

Romoli R, Papaleo M C, De Pascale D, et al. 2014. GC – MS volatolomic approach to study the antimicrobial activity of the antarctic bacterium Pseudoalteromonas sp. TB41. Metabolomics, 10 (1), 42 – 51.

Shekh R M, Singh P, Singh S M, Roy U. 2011. Antifungal activity of Arctic and Antarctic bacteria isolates. Polar biology, 34 (1), 139 – 143.

Tomova Iva, Margarita Stoilova – Disheva, Irina Lazarkevich, et al. 2015. "Antimicrobial activity and resistance to heavy metals and antibiotics of heterotrophic bacteria isolated from sediment and soil samples collected from two Antarctic islands." Frontiers in Life Science ahead – of – print, 1 – 10.

第 6 章 南极周边海域磷虾等生物资源考察的主要经验与建议

6.1 主要经验

南极科学考察受考察时间和考察平台条件的限制，预定考察任务与实际执行可能存在一定的不确定性。因此，切实保障考察任务的顺利完成，必须制定周全的试验方案和试验预案，并在考察方案和考察手段上做好充分的预案准备，以应对考察期间可能面对的各种困难的考验；在考察人员的统筹与安排方面，要利用已有的平台，根据项目迫切程度和重要性，力所能及地安排综合能力和协调能力强的科研骨干进行现场考察；在考察过程中，受现场执行人员的限制，必须发挥团队协作精神，互帮互爱，共同完成考察任务与目标；在样品处理考察过程中，应体现认真处理局部利益和整体利益的矛盾，力所能及地做到考察数据与样品的共享，为专项的实施和质量保障提供支持。

南极微生物的分类学、多样性、酶学/农用/药源活性等资源特性研究是南极微生物学及其资源学研究中非常活跃的研究领域，大量低温、新型酶和酶基因不断被认识，成为具有潜在酶制剂、工业催化、生物技术工具和医用品种研发和应用的核心基础，现有的研究正在逐层铺开，对发现和认识具有生物工程潜力的新型酶及其基因的做了大量的基础性研究工作，后续须得到大力发展才能体现其潜在性向可利用性的转变。

南极微生物农用活性和药源活性的研究相对较少，世界范围内均缺乏系统的药用价值评估研究，截止到 2013 年，共报道的南极微生物代谢产物仅有 101 个（丁壮，2014）。在本项目实施过程中，从南极来源的样品中筛选获得了很多具有农用活性的微生物，发现了一批具有植物病害的生物防治潜力的菌株和活性产物，同时还发现了具有杀虫活性的南极微生物，表明持续开展筛选和活性分析对发现和深入研发农用潜力、拓展该领域资源和技术发展并显现其应用潜力是首要的。

对来源于南极的细菌和真菌进行了初步的筛选，针对抗肿瘤、抗菌、抗炎、抗氧化等活性成分展开研究。从中获得小分子次级代谢产物 130 个，其中具有新颖化学结构的化合物 36 个。部分化合物表现出良好的生物活性，如新化合物 1 具有 nmol/L 水平的细胞毒活性；新化合物 97 具有抑制变形杆菌的活性；化合物 129 具有比阳性药物利巴韦林强一倍的抗甲型流感病毒活性；Fructigenine A、Aurantiomide C 具有抗致病真菌活性。虽然本项目研究的极地微生物代谢产物及其生物活性评估工作范围和数量还不是太大，但依然能够显现南极微生物作为具有独特生存环境的物种资源，所代谢产生的小分子结构依然丰富多样，化合物的结构类型涵盖聚酮、萜类、生物碱、环肽等结构，基本上涵盖了所有天然产物的结构类型，呈现了结构多样性。而另一方面，天然产物的结构复杂性和含量低微的特点，对南极微生物代谢产物的深入活性筛选和药用价值评价具有一定的限制，需要采取诸如计算机辅助的虚拟筛选等技术手段，从确认可能的活性靶点，到有目的地进行细胞或者动物水平的活性评价来验证虚拟筛选的结构。比如在本研究中发现的化合物113并未在已有的药理筛选模型上表现出引人注的活性，但采用虚拟筛选手段发现NJ－94主要成分Gephyromycin存在于chembl数据库中（CHEMBL2208052），可能的靶点为雌激素α受体（Estrogen receptor alpha），该类化合物尚未报道与该预测靶点相关的活性，有可能具有新的用途。此外，南极微生物最大的环境低温特点，对于相关化合物是否具有对抗低温环境的脂代谢和糖代谢方面具有更好的作用和活性特点，是将来值得深入评价和研究的方向。

6.2 相关建议

拖网采样主要用于单体目标强度估算、补充和验证资源声学映像数据，是资源评估准确性的重要保证。资源调查过程中，拖网采样站位应该根据渔探仪声学信号设置，采样站位分布与资源声学信号分布区域重叠。目前南极磷虾资源断面调查拖网采样站位设置采用选点和定点的方法，出现拖网采样站位与资源分布不一致现象，这极大限制了拖网采样的作用，并进一步影响资源评估准确性。

建议今后增加固定拖网调查站位的设置，特别是经过对调查海域的理化因子和目标生物的生活习性进行研究后制定的系统固定站位拖网，更好地反映出调查海域目标生物种群结构的分布情况，目标生物的资源量预报提供重要依据。增加随机拖网站位调查，帮助数据分析人员辨别回波图中各种生物信号的来源和目标强度判别，为合理分析评估南极磷虾资源分布与资源丰度提供依据，提高我国参与CCAMLR海洋生物资源管理的话语权。

南极海洋生物资源可以分为以南极磷虾和鱼类品种为主的可捕资源、各类生物类群及其涵盖的基因构成的物种和基因资源以及基于生物物种和基因产生的产物资源。随着现代海洋生物技术的快速发展及其在南极海洋生物资源研究和开发中的应用，已经对南极生物资源的属性、特性和可利用性获得了越来越丰富的认识，因而使南大洋生物资源的研究、开发和利用成为国际科学界和国际社会关注的焦点，具有科学和利益双重价值，从而又引发了南极生物资源的勘探技术、南极磷虾等渔业资源调查/捕捞/加工技术、基因工程技术、生物化学技术和生物信息学技术等一系列前沿技术的深入融合，极大地激发了全球性的开展南极生物科学前沿问题的热情投入和从南极生物资源中寻找有用的生物资源产品的广泛兴趣，因而南极海洋生命科学及相关的生物资源勘探与研究的基础认知、技术开发、利用战略成为当前和未来的重大热点。随着近十几年来南极科学考察活动的深入和后勤支撑能力的提高，南大洋生物资源逐渐成为发达国家竞相挖掘的重要战略资源。

南极微生物及其基因资源的勘探和利用在技术上具有一定的隐秘性，且对自然物种和环境不产生明显影响或压力，长期研究活动和成果趋势表明，南极生物资源研究已不仅仅限于传统意义上的对生物多样性及其遗传物质的探查、筛选和研究，商业化扩展的可能大大增加，包含对生物资源进行的系统研究、收集、采集和抽样，对其中有商业应用价值的化合物进行筛选、分离和特征鉴定，测试、试验以及基于商业目的对筛分的化合物进行进一步应用和研究的整个过程。

我国在南极“长城”站和“中山”站及其临近的南极半岛北部/西北部海域和普里兹湾海域广泛开展了南极微生物菌种的采集、分离、培养和菌株资源的保藏，及基于微生物菌株资源开展的大量富有成效的微生物多样性、酶学、基因组学和代谢产物研究，积累了丰富的技术经验，形成了众多新的认识和丰硕的研究成果，架构了为我国南大洋生物资源的调查、研究和开发利用等重要的科学、资源与技术基础，正面临着具有战略远见的决策、支持、融合和发展。

附件 1

南极周边海域磷虾等生物资源考察有关申请专利栏表

［1］黄洪亮，陈雪忠，李灵智，冯春雷，陈帅，刘健，王磊。框架式南极磷虾资源评估用双囊拖网，发明专利号：201210172557. 4

［2］李学英，杨宪时，吕传萍，郭全友．一种利用生石灰降低南极磷虾酶解液中氟含量的方法，发明专利公开号 CN 102342541A，2012. 02. 08

［3］刘志东，黄洪亮，陈雪忠，李灵智，冯春雷。一种小型甲壳动物壳肉分离的方法（1），发明专利号：201210285250. 5

［4］刘志东，黄洪亮，陈雪忠，李灵智，冯春雷，刘健，陈帅，徐冰，吴越。一种虾类壳肉分离的方法，发明专利号：201210243789. 2

［5］刘志东，黄洪亮，陈雪忠，李灵智，冯春雷。一种小型甲壳动物壳肉分离的方法（2），发明专利号：201210285267

［6］刘志东，黄洪亮，陈雪忠，李灵智，刘健。一种虾类油脂的无溶剂制备方法。发明专利号：201210350450. 4

［7］高露娇，黄艳青，陆建学。南极大磷虾蛋白肽混合物的制备方法，发明专利授权号：ZL 2010 1 0575072. 0

［8］黄艳青，陆建学，龚洋洋，高露娇，林听听，李子牛。一种南极大磷虾粉添加至颗粒饲料的实验装置，实用新型专利授权号：ZL 2013 2 0063870. 4

［9］龚洋洋，陆建学，黄艳青，高露姣，黄洪亮。一种提高俄罗斯鲟饲料效率和蛋白效率的方法。发明专利号：201310139192. X

［10］李灵智，吴越，刘健，黄洪亮，屈泰春。南极磷虾活体样品采集方法，发明专利申请号：201310338197. 5

［11］樊成奇，黄艳青，杨 桥，田晓清，王成，陆亚男，马丽艳，黄洪亮。冰鲜南极磷虾的蛋白水解产物的制备及其用途，发明专利，申请号：201410075726. 1

［12］樊成奇，田晓清，陆亚男，张建同，杨 桥，马丽艳，黄洪亮。一种快速提取冰冻南极大磷虾、星座短腹海鞘中总磷脂的方法，发明专利，申请号：201410709266. 3

［13］李灵智，黄洪亮，杨桥，陈帅，刘健，吴越，徐国栋。便于安装的框架拖网，实用新型专利，专利号：ZL 2014 2 0072678. 6

［14］李灵智，黄洪亮，陈帅，刘健，吴越，徐国栋。南极磷虾活体采样敷网，实用新型专利，专利号：ZL 2013 2 0364744. 2

［15］龚洋洋，陆建学，黄艳青，高露姣，黄洪亮。一种利用南极大磷虾粉制备的俄罗斯鲟饲料，发明专利，专利号：ZL 2013 1 0139192. X

附件 2

南极周边海域磷虾等生物资源考察发表论文栏表

[1] 冯春雷，黄洪亮，周爱忠，张勋，刘健，徐国栋，陈雪忠．南极磷虾拖网的性能优化分析，中国水产科学 2012，19（4）：662－670

[2] 刘志东，陈雪忠，黄洪亮，陈帅，李灵智，刘健．高温挤压技术的研究进展，食品工业科技，2012，33（07）：424－426

[3] 刘志东，陈雪忠，黄洪亮，江航，冯春雷，高露姣，黄艳青．南极磷虾粉的营养成分分析及评价，中国海洋药物，2012，31（2）：43－48

[4] 刘志东，曲映红，王媛，李灵智，黄洪亮．南极磷虾生物活性物质的研究进展天然产物研究与开发，2012，24（10）：1491－1495

[5] 袁玥，李学英，杨宪时，迟海．黄洪亮南极磷虾粉营养成分的分析与比较，海洋渔业，2012，34（4）：457－463

[6] Liyuan Li, Dehai Li, Yepeng Luan, Qianqun Gu, and Tianjiao Zhu. 2012. Cytotoxic Metabolites from the Antarctic Psychrophilic Fungus Oidiodendron truncatum, J. Nat. Prod., 75: 920－927. (SCI)

[7] Guangwei Wu, Hongyan Ma, Tianjiao Zhu, Jing Li, Qianqun Gu, Dehai Li. 2012. Penilactones A and B, two novel polyketides from Antarctic deep－sea derived fungus Penicillium crustosum PRB－2, Tetrahedron, 68: 9745－9749. (SCI)

[8] Qiao Yang. 2012. Direct Superoxide Anion Scavenging Measurement by Carotenoids from Radiation－resistant Bacterium Deinococcus radiodurans by EPR Spectroscopy, Applied Mechanics and Materials, accepted. (EI)

[9] 王毓舒，曾倩，俞勇，陈波. 2012. 北极海洋放线菌 R－527F 的抗菌活性筛选、鉴定及其抗菌物质合成条件研究．极地研究，24（1），8－14.

[10] 许丹，马吉飞，苗祯，李会荣，陈波. 2012. 北极 Ny－Alesund 地区真菌多样性分析及其龙胆苦苷转化菌株的筛选．极地研究，24（4）.

[11] 周啟辉，许丹，樊成奇，杨益平，李会荣，陈波. 2013. 高纬北极真菌 C－5 的天然产物初步研究，中国海洋药物，32（2）：26－30.

[12] 周莉莉，陈波. 2013. 应用 HiTail－PCR 技术克隆 *Marinomonas* sp. BSi20584 菌株乳糖酶基因，极地研究，12（3）：249－256.

[13] 靳永轩，丛柏林，王能飞，刘胜浩，沈继红，黄晓航. 2013. 南极阿德雷岛不同基底中真菌的分离培养及初步鉴定．极地研究，25（1）：71－77.

[14] 张晓玲，陆亚男，樊成奇，马艳丽，蒋平，俞勇，黄洪亮，陈雪忠，杨桥. 2012. 一批产吡咯喹啉醌南极海洋细菌的分离鉴定及生物活性，海洋渔业，34（1），89－95.

[15] Shenghao Liu, Pengying Zhang, Bailin Cong, Xiaohang Huang, Nengfei Wang. Phylogenetic Analysis and In Vitro Culture of Mosses from Antarctic Fildes Peninsula. 期刊 Extremophiles，审稿中。(SCI)

[16] Shenghao Liu, Pengying Zhang, Bailin Cong, Xiaohang Huang. Characterization and expression analysis of mitochondrial heat shock protein 70 from Antarctic moss Pohlia nutans. Biologia, 审稿中 (SCI)

[17] Qiao Yang, Taxonomic Identification and Bioactivity Screening of the Symbiotic Bacteria Strains of Euphausia superba from Antarctic Ocean

[18] 龚洋洋，黄艳青，陆建学，高露姣，黄洪亮. 2013. 南极磷虾粉在水产饲料中的应用研究进展，海洋渔业. 35 (2): 236 – 242

[19] 龚洋洋，黄艳青，陆建学，黄洪亮，高露姣. 2013. 南极磷虾粉作为鲟鱼饲料蛋白源的营养和氟含量的分析，海洋渔业. 35 (3): 349 – 357

[20] 陆建学，林听听，黄艳青，高露姣，龚洋洋，夏连军，黄洪亮. 2013. 南极大磷虾粉对卤虫脂肪酸和氨基酸的营养强化作用，生态学杂志. 32 (6): 1563 – 1570

[21] 黄艳青，龚洋洋，陆建学，黄洪亮，高露姣. 2013. 不同加工方式的南极大磷虾粉营养品质的比较分析，南方水产科学，9 (6): 58 – 65

[22] 刘勤，黄洪亮，王茜，周雨思，阮雯. 2013. 加拿大海王星生物科技有限公司企业危机处理启示. 渔业信息与战略. 28 (3): 233 – 238

[23] 刘健，黄洪亮，李灵智，陈帅，吴越，徐国栋，徐冰. 2013. 南极磷虾连续捕捞技术发展状况，渔业现代化. 40 (4): 51 – 54

[24] 龚洋洋，陆建学，黄艳青，高露姣，黄洪亮. 2013. 南极磷虾粉氨基酸营养价值分析与评价，饲料工业. 34 (16): 38 – 41

[25] 屈泰春，黄洪亮，汤勇，陈帅，刘健，李灵智，冯春雷，吴越，徐冰. 2013. 渔业声学后处理中噪声剔除的研究进展。渔业信息与战略，28 (3): 208 – 213

[26] Aiqun Lin, Guangwei Wu, Qianqun Gu, Tianjiao Zhu, Dehai Li. 2014. New eremophilane – type sesquiterpenes from an Antarctic deep sea derived fungus, Penicillium sp. PR19N – 1. Archives of Pharmacal Research, 37 (7): 839 – 844. (SCI 收录)

[27] Shenghao Liu, Jing Wang, Bailin Cong, Xiaohang Huang, Kaoshan Chen, Pengying Zhang. 2014. Characterization and Expression Analysis of a Mitochondrial Heat – shock Protein 70 Gene from the Antarctic moss Pohlia nutans. Polar Biology, 37 (8): 1145 – 1155. (IF = 2.1). (SCI 收录)

[28] Cheng Wang, Xiaoqing Tian, Qiao Yang, Yanan Lu, Liyan Ma, Hongliang Huang, Chengqi Fan. 2014. Diversity of Secondary Metabolites from Two Antarctic Microbes *Rhodococcus* sp. NJ – 008 and *Pseudomonas* sp. NJ – 01. Open Journal of Marine Science, 4: 214 – 220.

[29] Shenghao Liu, Zhang Zhaohui, Wang Nengfei, Cong Bailin, Pengying Zhang, Lin Xuezheng, Xiaohang Huang. 2014. Phylogenetic Analysis and In Vitro Culture of Mosses from Antarctic Fildes Peninsula. Advances in Polar Science, 25 (2): 97 – 104.

[30] Shi Yongqiang, Sun Song, Li Chaolun, TAO Zhencheng. 2014. Population distribution, structure and growth conditions of Antarctic krill (Euphausia superba Dana) during the austral sum-

mer in the Southern Ocean. Advances in Polar Science, 25 (3): 183 – 191.

[31] 陈瑞勤，廖丽，张晓华，陈波. 2014. 北极海洋链霉菌604F的卤化酶基因克隆及特征，微生物学报，54 (6): 702 – 711.

[32] 丁壮，李德海，顾谦群，朱天骄. 2014. 极地微生物次级代谢产物及其活性研究进展，中国抗生素杂志，1: 6 – 13.

[33] 郝文惠，王凡羽，郭玉，汤熙翔. 2014. 南极深海沉积物中产低温脂肪酶菌株的筛选与基因克隆. 应用海洋学学报，33 (3): 306 – 311.

[34] 王成，杨桥，马丽艳，田晓清，陆亚男，樊成奇，黄洪亮. 2014. 南极海洋假单胞菌NJ013的化学成分，海洋渔业，36 (4): 350 – 356.

[35] 丁新彪，丛柏林，张扬，靳永轩，祝茜，黄晓航，王能飞. 2014. 南极普里兹湾及邻近海域沉积物微生物多样性与生理生化研究，海洋科学进展，2: 209 – 221.

[36] 时永强，孙松，陶振铖. 2014. 夏季南大洋南极大磷虾种群分布、结构及生长研究。极地研究，26 (4): 441 – 450.

[37] 李学英，刘会省，杨宪时，迟海，黄洪亮，李灵智，饶玉林. 2014. 冻藏温度对南极磷虾品质变化的影响，现代食品科技，30 (6): 191 – 196.

[38] 刘会省，迟海，杨宪时，李学英. 2014. 解冻方法对船上冻结南极磷虾品质变化的影响，食品与发酵工业，40 (2): 51 – 54.

[39] 黄艳青，龚洋洋，陆建学，等. 2014. 南极大磷虾木瓜蛋白酶酶解产物氟浓度及营养成分研究。渔业信息与战略，29 (1): 37 – 42.

[40] 黄艳青，龚洋洋，陆建学，等. 2014. 养殖鲟鱼鱼子酱营养品质分析及比较，食品工业科技，35 (10): 346 – 351.

[41] 屈泰春，陈帅，黄洪亮，汤勇，刘健，吴越，李灵智，冯春雷，戴阳. 2014. 南极大磷虾声学调查数据噪声处理与资源密度评估，极地研究，26 (4): 451 – 459.

[42] 黄洪亮，陈雪忠，刘健，李灵智，吴越，杨家樑，周斌，齐广瑞，陈帅，徐国栋. 2015. 南极磷虾渔业近况与趋势分析，极地研究，27 (1): 25 – 30.

[43] 李灵智，黄洪亮，屈泰春，杨桥，陈帅，刘健，齐广瑞. 2015. 南极普里兹湾南极大磷虾资源时空分布与海洋环境要素的相关性，中国水产科学，22 (3): 488 – 500.